电 器 原 理

主编　张文义　刘宏达

HEUP 哈尔滨工程大学出版社

内容简介

本书共分7章,书中主要介绍了电器中关于发热与电动力、电接触与电弧、电磁机构等的理论基础,还介绍了低压电器中的主令电器、继电器、接触器、刀开关、熔断器、断路器等和高压电器中的断路器、隔离开关、熔断器等的基本结构、工作原理、主要技术参数与设计选用方法,同时介绍了典型的组合电器和成套电器的结构、工作原理与技术要求,最后介绍了电器控制线路的相关知识。本书将使读者对电器的基本理论、典型电器产品的基本结构、工作原理和电器控制线路的设计与应用等有较深入的了解。

本书可作为高等院校电气工程及自动化类专业的本科生教材,也可供从事高低压电器设计、制造、试验与运行和电器控制线路设计方面工作的工程技术人员参考。

图书在版编目(CIP)数据

电器原理/张文义,刘宏达主编. —哈尔滨:哈尔滨工程大学出版社, 2017.1

ISBN 978-7-5661-1459-4

Ⅰ. ①电… Ⅱ. ①张… ②刘… Ⅲ. ①电器学—高等学校—教材 Ⅳ. ①TM501

中国版本图书馆 CIP 数据核字(2017)第021714号

选题策划 史大伟
责任编辑 张玮琪
封面设计 卓印堂设计

出版发行 哈尔滨工程大学出版社
社　　址 哈尔滨市南岗区东大直街124号
邮政编码 150001
发行电话 0451-82519328
传　　真 0451-82519699
经　　销 新华书店
印　　刷 哈尔滨工业大学印刷厂
开　　本 787 mm×1 092 mm 1/16
印　　张 17
字　　数 458千字
版　　次 2017年1月第1版
印　　次 2017年1月第1次印刷
定　　价 41.80元
http://www.hrbeupress.com
E-mail:heupress@hrbeu.edu.cn

前 言

本书是根据教育部普通高等教育“十三五”国家级规划教材以及工信部“十三五”规划教材建设规划的教学计划编写的。

为适应高等学校教学改革的要求以及满足加强基础理论、拓宽知识面、实行模块式教学的需要，专业调整后，“电器”以外的其他一部分专业要求讲授这门实际需要、知识面广、理论基础知识相对“淡化”的电器原理。为满足这种需要，编者决定编写本教材。因为学生在今后的学习和工作中有电器控制的知识需求，所以本教材拓展电器控制的内容。

本书的主要内容包括电器的发热与电动力理论、电器的电接触与电弧理论、电器的电磁机构理论、低压电器、高压电器和电器控制线路。由于学时较少，内容较多，取舍不当之处在所难免。

本书由张文义副教授和刘宏达副教授主编。张文义对全部书稿进行了编校及删改，使其内容尽量满足现行的教学计划。

全书共分7章，其中绪论，第1、2、3、4、7章和附录由张文义编写，第5、6章由刘宏达编写，全书的修改和统稿由张文义完成。

本书可作为高等院校电气工程及自动化类专业的本科生教材，也可供从事高低压电器设计、制造、试验与运行和电器控制线路设计方面工作的工程技术人员参考。

感谢在审稿中给予巨大帮助的付家才教授，同时感谢许志红教授提出的宝贵意见。

由于编者水平有限，时间仓促，书中错误和不妥之处在所难免，敬请读者批评指正。

编 者

2016年11月

主要符号表

A——截面积、散热面积；

B——磁感应强度；

B_r——剩磁感应强度；

B_s——饱和磁感应强度；

B_m——最大磁感应强度；

C——电容；

c——弹簧刚度、比热容；

d——直径；

E——电场强度；

e——电子电荷；

F——力；

F_x——吸力；

F_c——斥力；

F_f——反力；

F_j——接触压力；

F_0——触头初压力；

F_z——触头终压力；

F_{pj}——平均力；

f——频率，电路振荡频率；

G——电导；

H——磁场强度；

H_c——矫顽磁力；

H_-——直流磁场强度；

$H_\sim$——交流磁场强度；

I,i——电流；

I_c——触动电流；

I_w——稳态电流；

I_b——开释电流；

I_h, i_h——电弧电流；

I_m——正弦电流幅值；

I_0——生弧电流、起始电流；

I_-——直流电流；

$I_\sim$——交流电流；

j——电流密度；

K_f——返回系数；

K_T——综合散热系数；

l——长度；

m——质量；

N——匝数；

P——功率；

p——导体截面周长、压强；

n_P——功率过载系数；

n_i——电流过载系数；

Q——热流，热量；

R——电阻；

R_b——束流电阻；

R_f——膜层电阻；

R_h——电弧电阻、弧柱电阻；

R_j——接触电阻；

R_M——磁阻；

R_T——热阻；

r——半径；

r_h——弧柱半径；

T——时间常数、热力学温度；

T_h——弧柱温度；

t——时间；

t_c——触动时间；

t_d——吸合时间；

t_f——释放运动时间；

t_k——开释时间；

目　录

t_{rh}——燃弧时间；

t_s——释放时间；

t_{sh}——熄弧时间；

t_x——吸合运动时间；

U,u——电压；

U_a——近阳极区电压降；

U_c——近阴极区电压降；

U_p——弧柱电压降；

U_f——释放电压；

U_h,u_h——电弧电压；

U_m——交流电压幅值、磁压降；

U_0——生弧电压、近极区压降；

U_δ——气隙磁压降；

U_{hf}——电压恢复强度；

U_{if}——介质恢复强度；

V——体积；

v——速度；

W——能量；

W_M——磁能；

X——电抗；

X_M——磁抗；

Z——电阻抗；

Z_M——磁阻抗；

α——电阻温度系数；

γ——恢复电压振幅系数、密度；

δ——气隙长度，介质损耗角，恢复电压振幅衰减系数；

θ——温度；

θ_0——周围介质温度；

Λ——磁导；

Λ_σ——漏磁导；

Λ_δ——气隙磁导；

λ——热导率，单位长度漏磁导；

μ——磁导率；

μ_r——相对磁导率；

μ_0——真空磁导率；

ρ——电阻率；

σ——漏磁系数；

τ——温升,电弧时间常数；

τ_s——稳态温升；

Φ——磁通；

Φ_f——释放磁通；

Φ_m——交变磁通最大值；

Φ_x——吸合磁通；

Φ_σ——漏磁通；

Φ_δ——气隙磁通；

φ——电压和电流的相角差；

Ψ——磁链。

绪　论

0.1　电器的定义、用途与分类

广义地说,凡属电气器具均可称为电器。但电工行业所说的电器是指能够根据外界指定信号或要求,自动或手动地接通和分断电路,断续或连续地改变电路参数,以实现对电路或非电量对象的切换、控制、保护、检测、变换和调节用的电气器具。简单地说,电器就是接通、分断、调节、控制、保护电路以及其中电气设备用的电工器件和装置。

电器具有以下用途[1]:

(1)对电力系统或者电路实行通、断操作转换和电路参数变换;

(2)对电动机实行启动、停止、正转、反转、调速,完成控制任务;

(3)对电路负载和电工设备或电机设备等进行过载、过电压、欠电压、短路、断相、三相负载不平衡、接地等保护;

(4)在电路中传递、变换、放大电的或非电的信号,实现自动检测和参数自动调节的功能。

电器是电气化和自动化的基本元件。电器元件与电器成套装置是发电厂、电力网、工矿企业、农林牧副渔业和交通运输业以及国防军事等方面的重要技术装备。电器在电力输配电系统、电力传动和自动控制设备中起着重要作用。据估计,每新增 10^4 kW 的发电容量,就需要大小高压电器 500 ~ 600 件,以及各种低压电器 6 万件左右[2]。

电器有以下分类方法[1~3]。

1. 按电器在电路中所处的地位和作用分类

(1)配电电器

用于电力系统中,如刀开关、熔断器、断路器等。对这类电器的主要技术要求是通断能力强、限流效果好、电动稳定性和热稳定性高、操作过电压低、保护性能完善等。

(2)控制电器

用于电力拖动自动控制系统中,如主令电器、继电器、接触器等。对这类电器的主要技术要求是有一定通断能力、操作频率高、电气寿命和机械寿命长等。

(3)弱电电器

用于自动化通信中,如微型继电器、舌簧管、磁性或晶体管逻辑元件等。对这类电器的主要技术要求是动作时间快、灵敏度高、抗干扰能力强、特性误差小、寿命长、工作可靠等。

2. 按电压高低、结构和工艺特点分类

(1)高压电器

额定电压 3 kV 及以上的电器,如高压断路器、隔离开关、接地开关、高压负荷开关、高压熔断器、避雷器、电抗器等。

(2)低压电器

额定电压为交流 1 200 V 及以下、直流 1 500 V 及以下的电器,如主令电器、继电器、低压接触器、刀开关、低压熔断器、低压断路器等。

(3)自动电磁元件

微型继电器、逻辑元件等。

(4)成套电器和自动化成套装置

高压开关柜、低压开关柜、电力用自动化继电保护屏、可编程序控制器、半导体逻辑控制装置、无触头自动化成套装置等。

3. 按操作方式分类

(1)手动电器

主令电器、刀开关等。

(2)自动电器

接触器、断路器等。

4. 按电器的使用场合及工作条件分类

(1)一般工业用电器

适用于大部分工业环境,无特殊要求的电器。

(2)矿用及化工用防爆电器

适用于矿山、化工等特殊环境而派生的电器。

(3)农用电器

适用于农村环境而派生的电器。

(4)热带用电器

适用于热带、亚热带地区而派生的电器。

(5)高原用电器

适用于高原山区而派生的电器。

(6)船用电器

适用于船舶而派生的电器。

(7)航空及航天用电器

适用于航空及航天而派生的电器。

(8)牵引电器

适用于电气铁道等的牵引而派生的电器。

5. 按电器执行功能分类

(1)有触头电器

电器通断电路的执行功能由触头来实现的电器,如接触器,断路器等。其特点为有弧通断电路、接触电阻小、绝缘电阻大、通断能力强等。

(2)无触头电器

电器通断电路的执行功能不是由触头来实现,而是根据开关元件输出信号的高低电平来实现,如饱和电抗器、晶闸管接触器及晶闸管启动器等,其特点为无弧通断电路、动作时间快、电气寿命及机械寿命长、无噪声等。无触头电器目前还不能完全切断电流,不如有触头电器那样对电源起隔离作用。

(3)混合式电器

它是无触头与有触头互相结合、相辅相成的电器新品种,有着广阔的发展前途,如低压断路器采用半导体脱扣器,高压断路器应用微型计算机控制智能断路器等。

有触头电器的主要问题是通断过程存在电弧和磨损、电气和机械寿命短;而无触头电器的主要问题是闭合时压降大和发热温升高,断开时绝缘电阻小和耐电压能力差。如果通断过程由晶闸管无弧转换来完成,而闭合状态和断开状态由触头来实现,则可以取长补短,提高电器性能。

此外,还有电器与电子器件相结合的智能化和机电一体化电器。

0.2 电器在电力系统和电器控制系统中的作用

由发电厂、电力网及电能用户组成的系统称为电力系统,由按钮、接触器、继电器等组成的系统称为电器控制系统。为说明电器在电力系统和电器控制系统中的作用,下面介绍几种典型的电气线路。

图 0-1 是高压电网线路图[3]。发电机 G_1 和 G_2 发出的电力经断路器 QF、电流互感器 TA 和隔离开关 QS 输送到 10 kV 的母线上。此母线经隔离开关 QS 和熔断器 FU 接电压互感器 TV,并经隔离开关 QS、断路器 QF 和电抗器 L 接向近处的电力传输线路。此外,10 kV 母线还经隔离开关 QS、断路器 QF 及电流互感器 TA 接向升压变压器 TU,后者又经断路器 QF 及其两端的隔离开关 QS 接到 220 kV 母线上。与此母线连接的有:与熔断器 FU 串联着的电压互感器 TV、通向电力传输线路的断路器 QF 和接在这些线路中的电流互感器 TA。所有这些线路均通过隔离开关 QS 接到 220 kV 母线上。另外,220 kV 母线还经隔离开关 QS 接避雷器 F。

断路器 QF 的作用是在电力系统的正常工作条件下和故障条件下接通与分断电路。熔断器 FU 的作用是对线路及其中的设备提供过载和短路保护。隔离开关 QS 的作用是在母线与其他高压电器之间建立必要的绝缘间隙,以保障维修时的人身安全。避雷器 F 的作用是为高压线路提供过电压保护。电抗器 L 的作用是限制短路电流,以减轻断路器 QF 等的工作,并在出现短路故障时使母线电压能维持一定的水平。电压互感器 TV 和电流互感器 TA 的作用是将高压侧的电压和电流变换为与它们成正比的低电压和小电流,便于安全测量,并为继电保护装置和自动控制线路提供信号。

图 0-2 是低压电网线路图[3]。高压电网输送来的电力经降压变压器 TD 变换为低压后,通过刀开关 QS 和低压断路器 QF 送到中央配电盘母线上。这段线路称为主线路,电能由此或经刀开关 QS 和断路器 QF 接向动力配电盘母线,或经刀开关 QS 和熔断器 FU 直接接向负载。两级母线之间的线路称为分支线路,接向负载的线路称为馈电线路。一条馈电线路经熔断器 FU_2、接触器 KM_1 和热继电器 FR_1 接向负载 M_1;另一条馈电线路经断路器 QF_4、接触器 KM_2 和热继电器 FR_2 接向负载 M_2。断路器 QF 是一种多功能的保护电器,当线路出现过载、短路、失压或欠压故障时,能自动切断故障线路。刀开关 QS 用于维修线路时隔离电源用,以保证维修时非故障线路的安全进行。接触器 KM 用于正常工作条件下频繁地接通或分断线路,但不能分断短路电流。熔断器 FU 主要用于过载及短路保护,热继电器 FR 主要用于电动机的过载保护。

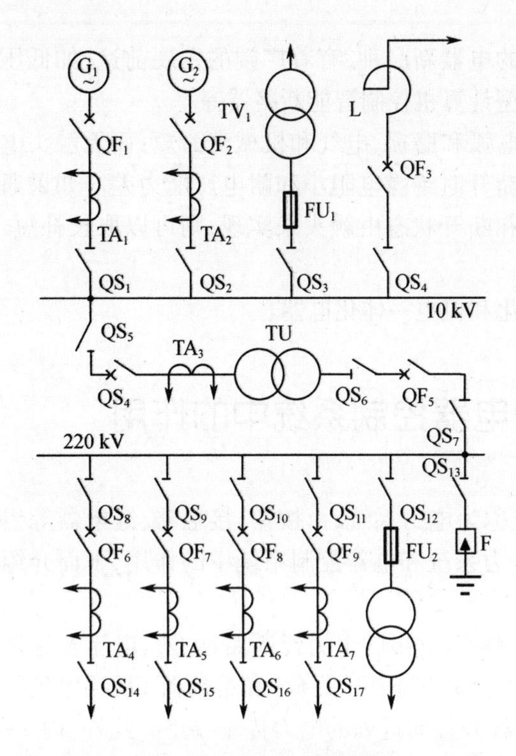

图 0－1　高压电网线路图

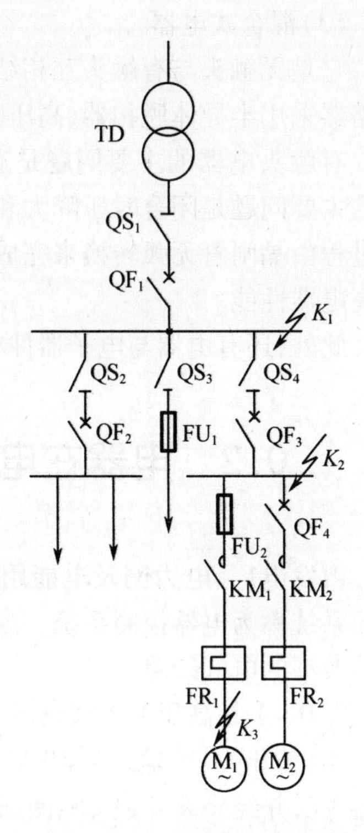

图 0－2　低压电网线路图

低压电网线路中还要使用其他种类的电器，如各种控制继电器、主令电器、启动器及调节器等。它们在线路中起着不同的作用，以满足不同的要求。

图 0－3 为三相鼠笼型异步电动机直接启动控制线路图[2]。由三相交流电源经刀开关 QS、熔断器 FU、接触器 KM 的动合主触头、热继电器 FR 的热元件接到异步电动机 M 定子绕组的电路称为主电路。由按钮 SB_1（动断按钮）、SB_2（动合按钮）、接触器 KM 的线圈及其动合辅助触头、热继电器 FR 的动断触头组成的电路称为控制电路。

启动时，首先合上刀开关 QS，引入电源。按下启动按钮 SB_2，交流接触器 KM 的线圈接通电源，三对主触头闭合，电动机 M 启动运转。与此同时，并联在按钮 SB_2 两端的辅助触头 KM 也闭合。这样，当手松开而按钮 SB_2 自动复位后，接触器 KM 的线圈也不会断电，所以称此动合辅助触头为自锁触头。这种电路具有自锁功能，同时具有失压保护和过载保护的功能。

失电压保护：电动机 M 运行时，如果遇到电源临时停电，在恢复供电时，如果未加防范措施而让电动机自行启动，很容易造成设备或人身事故。采用自锁控制电路，由于自锁触头和主触头在停电时一起断开，控制电路和主电路都不会自行通电，所以在恢复供电后，如果不按下启动按钮 SB_2，电动机 M 就不会自行启动。

过载保护：电动机 M 在运行过程中，如果由于过载、操作频繁、断相运行等原因使电动机电流超过额定值，将引起电动机 M 过热。串接在主电路中的热继电器 FR 的热元件因受热而弯曲，产生推力，使串联在控制电路中的热继电器 FR 的动断触头断开，切断控制电路，接触器 KM 的线圈断电，接触器 KM 的主触头断开，电动机 M 停转。

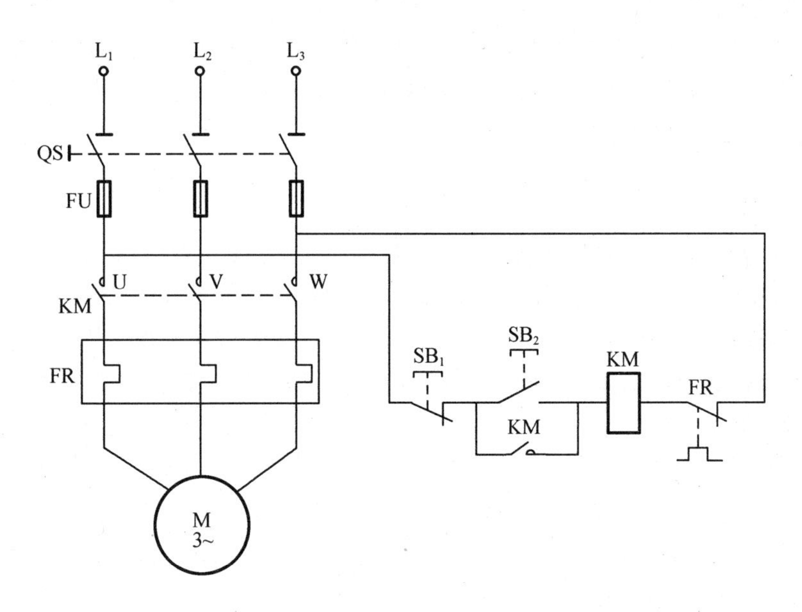

图0-3 三相鼠笼型异步电动机直接启动控制线路图

KM—接触器;FR—热继电器;SB—按钮;QS—低压隔离开关;

FU—熔断器;M—异步电动机

热继电器 FR 的热元件有热惯性,即使通过它的电流超过额定值的几倍,也不会瞬时动作,因此它仅能作为过载保护用,对于电动机 M 的短路保护,要靠熔断器 FU 来完成。

要电动机 M 停止运转,按下停止按钮 SB_1,控制电路断电,接触器 KM 的线圈失电,接触器 KM 的衔铁打开,主触头即断开,电动机 M 停止运行。

以上简单介绍了高低压电器在电力系统和电器控制系统中的作用,可以对电器功能及其与电力系统和电器控制系统的联系有初步概念。

随着工业自动化及农业机械化程度的不断提高,电器的使用范围日益扩大,对品种、产量及质量的要求日益提高,电器制造业已成为国民经济建设中重要的一环。

0.3 电力系统和电器控制系统对电器的要求及电器的正常工作条件

不同的电力系统和电器控制系统对工作于其中的电器有不同的要求,这些要求又决定了电器的主要参数。在此,仅就一些共同性的要求加以叙述[3]。

1. 电力系统和电器控制系统对电器的要求

(1)安全可靠的绝缘

电器应能长期耐受最高工作电压和短时耐受相应的大气过电压和操作过电压。在这些电压的作用下,电器的触头断口间、相间以及导电回路对地之间均不应发生闪络或击穿。表征电器绝缘性能的参数有额定电压、最高工作电压、工频试验电压和冲击试验电压等。

(2)必要的载流能力

电器的载流件应允许长期通过额定电流而其各部分的温升不超过标准规定的极限值;同时还应允许短时通过故障电流不致因其热效应使温度超过标准规定的极限值,又不致因其电动力效应使之遭到机械损伤。表征电器载流能力的参数有额定电流、热稳定电流和电动稳定电流等。

(3)较高的通断能力

除隔离开关外,一般的开关电器均应能可靠地接通和(或)分断额定电流及一定倍数的过载电流。其中断路器还应能可靠地接通和分断短路电流,有的还要求能满足重合闸的要求。经过这些操作后,触头和其他零部件均不应损坏,并能可靠地保持在接通或分断的位置上,且不发生熔焊及误动作等现象。表征电器通断能力的参数有接通电流、分断电流和通断电流(或容量等)。

(4)良好的机械性能

电器的运动部件的特性必须符合要求,其同相触头的断口以及异相触头的断口在分合时应满足同期性的要求。此外,整个电器的零部件经规定次数的机械操作后应不损坏,且无需更换,即有一定的机械寿命。

(5)必要的电气寿命

开关电器的触头在规定的条件下应能承受规定次数的通断循环而无需修理或更换零件,即具有一定的电气寿命。

(6)完善的保护功能

凡保护电器以及具备某些保护功能的电器,必须能准确地检测出故障状况,及时地做出判断并可靠地切除故障。至于本身不具备保护功能但具有切断故障电路能力的电器,在从保护继电器取得信号后,亦应能及时而可靠地切除故障。同时,为了充分利用各种电气设备的过载能力、缩小故障范围及保障供电的连续性,各类电器的保护功能还应能相互协调配合、实行有选择性地分断。

2. 电器的正常工作条件

(1)周围环境温度

此温度对电器的工作影响很大。温度过低,作为电介质和润滑剂的各种油的黏度将上升,影响电器的正常动作和某些电气性能。温度过高,将使电器的载流能力降低,以及导致密封胶渗漏等,因此对电器的周围环境温度必须在标准中加以限定。如高压电器的使用环境温度户外型为 -30 ~ +40 ℃;户内型为 -5 ~ +40 ℃;低压电器的使用环境温度为 -5 ~ +40 ℃,而且日平均值不超过 +35 ℃。若实际使用环境温度超过此范围,就必须按照标准或技术文件的规定采取相应措施,如减小负载电流和提高耐压试验电压等。

(2)海拔高度

高海拔地区大气压低,使散热能力和耐压水平都降低。但随着海拔高度的升高,环境温度也会降低一些,故海拔高度主要影响耐压水平及灭弧能力。根据我国的地形和工业布局的情况,高压电器使用环境的海拔高度为 1 000 m,低压电器为 2 000 m。如果实际运行地点的海拔高度超过上述规定值,则应适当提高耐压试验电压及降低容量。

(3)相对湿度

相对湿度高会导致电器产品中的金属零件锈蚀、绝缘件受潮以及涂覆层脱落,其后果是使电器绝缘水平降低和妨碍电器的正常动作。因此,标准中对电器工作环境的相对湿度做了限制,而且在超出限制范围时应采取相应的工艺措施。

(4)其他条件

影响电器工作的其他条件还有污染等级、振动、介质中是否含易燃易爆气体以及是否有风霜雨雪等天气条件。

在选择和使用各种电器时,只有了解其正常工作条件后,才能保证其安全可靠地运行。

0.4 电器研究的主要理论范畴

电器在运行时存在着电、磁、光、热、力、机械等多种能量转换,这些转换规律大多是非线性的,许多现象又是一种瞬态过程,因此使电器的理论分析、产品设计、性能检验变得极为复杂。在分析与设计电器产品时,除采用电器传统理论,即对发热理论、电动力理论、电接触理论、电弧理论、电磁机构理论等进行必要的理论推导、分析计算之外,还使用了大量的经验数据。即使这样,有时设计计算数据与产品实际性能仍然存在较大差异,需要反复修改和试验,导致开发周期长、资金投入大,要设计出性能优良、价格合理的电器产品十分困难。同时,电网容量的不断增大及控制要求的不断提高,配电与控制系统日益复杂化,对电器产品的性能与结构提出了更高的要求。另外,科学技术的进步和新技术、新材料、新工艺的不断出现给电器的发展提供了良好的发展空间。因此掌握电器的结构原理及设计计算需要广泛的知识和相应的理论基础。

作为一个学科,电器的基本理论范畴主要有以下几个方面[1]。

1. 发热理论

电器的导电部件如触头、母线和线圈都有电阻,因而都有损耗。此外,交流铁芯有涡流磁滞损耗,在高电场下有介质损耗。所有这些损耗均为热源,由它们形成的温度场有时是很复杂的。在大电流情况下,不仅产生巨大的热效应,还产生巨大的磁效应,使交流导电部件内部电流线分布不均匀,使相邻的交流母线在各自导体上的电流线分布不均匀,这就是集肤效应和邻近效应。一般来讲,由于集肤效应和邻近效应,载流体产生附加损耗,影响发热温升,从而降低了它的允许载流量。

为了提高电器的工作可靠性和确定过载能力,有必要研究电器在长期、短时和断续周期工作制下的发热冷却过程和过载能力计算,还要研究导电部件在大电流但作用时间极短(例如导线上存在短路电流)的情况下,电器的发热温升计算,校验导体在短时温升下的可靠程度(即热稳定性)。

采用传统的热路计算方法对电器进行热分析,通过经验参数、实验校准等手段修正,在一定程度上,可以了解电器在工作中的温升情况,但是其计算中,忽略不计的因素较多,不易得到准确的结果,无法掌握电器中的各个部件的温升分布规律,只能计算电器的平均温升,无法考虑热参数随温度变化情况,需要精确计算时遇到困难。20 世纪 90 年代后期,研究者开始采用场的数值方法来分析计算电器的发热问题,建立三维温度场计算模型,这样不仅可以计算电磁场、温度场耦合发热问题,还可以清楚了解电器中各部件的温升分布规律,为全面提高电器产品的整体性能指标提供理论依据。

2. 电动力理论

对各种不同几何形状的载流体在不同的空间和平面位置上进行电动力的分析和计算，也是电器理论的研究内容之一。众所周知，短路电流通过载流导体所产生的强大的电动力往往使载流体本身或载流体支持件变形甚至破损，这就是对电器提出电动稳定性要求的依据，通过计算和分析避免这种损害。在电器中，电动力并不都是有害因素，通过合理改变导体结构，利用电动力进行吹弧或利用电动力进行快速分断的情况得到越来越多的应用。

3. 电接触理论

触头是电器的执行部分，是有触头开关电器的重要组成部分。触头工作的好坏直接影响开关电器的质量和特性指标。电接触理论是电器的基本理论之一。

电接触理论的主要内容：电接触的物理－化学过程及其热、电、磁和金属变形等各种效应，接触电阻的物理化学本质及其计算，接触和离开过程中触头的腐蚀、磨损和金属迁移，触头在闭合操作过程中的振动、磨损和熔焊等。研究接触电阻中束流电阻和膜层电阻的理论和计算，有助于影响接触电阻的各种因素的分析，有助于对触头结构材料和结构参数（触头的压力、超程等）的正确选择，有助于触头的使用和维护。触头有熔焊和冷焊现象。前者是在电弧或电火花作用下，触头局部金属斑点熔融黏焊，后者则是由分子黏附力引起的黏结。对熔焊的消除，必须和电弧问题联系综合解决，而对冷焊的消除，则主要从触头材料和加工工艺方面解决。

电接触现象受到关注，几乎与电工学科同时起步。电接触理论是研究开关电器触头系统的关键理论。触头系统承担着接通、分断电路，以及承载正常工作电流的职能，如配电电器的分断能力、控制电器的工作寿命、继电器的可靠性，都取决于触头系统。在涉及电工技术、通信技术、自动控制技术和航空航天技术等诸多领域中，触头系统既承担了电能传递和信号输送的重要职能，同时由于工作条件恶劣，触头系统又是整个工作可靠性最薄弱的环节和最容易发生故障的部分。加强电接触基本现象和基本理论的研究，开发质优价廉的电接触材料，对最终提高电接触的工作可靠性和工作寿命有着重大的现实意义。

4. 电弧理论

电弧是有触点开关电器在分断过程中必然产生的物理现象。开关电器触头上电弧的存在不仅延缓了电路开断的时间，而且还灼伤触头表面，使之工作不可靠并缩短使用期限。另一方面，触头上的电弧也是电路中电磁能泄放的场所，由此可减轻电路开断时的过电压；在限流式断路器中，开关电弧还可以起到限流作用。但总的来讲，电弧在开关电器中是弊多利少的，因此电器工作者研究电弧的主要目的在于熄灭电弧。

电器中电弧理论的内容很广泛。触头分离时如何引弧，气体放电和击穿的物理过程，火花放电、辉光放电和弧光放电的界限和过程，电离和激励的概念，这些均为电弧的物理基础。电离的同时存在消电离的物理过程，弧柱中离子平衡的物理化学状态，电弧的直径、温度分布，电弧的弧根和斑点，电弧的等离子流，电弧的电位梯度，这些均为弧柱方面的理论。对于近极区，则有阴极正空间电荷、阳极负空间电荷、阴极压降和阳极压降方面的理论。

电弧的研究可以从仿真和实验两个方面展开。电弧仿真方法起源于 70 年代，在 90 年代得到快速发展。电弧仿真是从电弧机理和内部现象出发，通过建立描述电弧微观或宏观过程的数学模型，利用数值方法实现电弧数学模型的求解，得到电弧温度场、流体场、电磁场特性。电弧实验方法直接观测电弧的电、磁、热、光等物理现象，获得电弧形态、组份、温度等特性，通过测量电弧的电压、电流等外部特征，分析电弧金属相或气相阶段以及电弧运动特性。早期电弧的研究由于受到技术水平的限制,大多以实验方法为主,或者从宏观的角度根据电弧对外电路产生的影响进行分析计算,把电路的参数和电弧的特性联系起来,如直流电弧的静态伏安特性、动态伏安特性研究,交流电弧的介质恢复速度和电压恢复速度研究等。近年来,随着智能算法、仿真技术、计算机技术的飞速发展,电弧仿真理论得到全面的关注,电弧理论的研究有了很大的发展。尤其是在中高压开关中,对真空、SF_6等开关中电弧的产生、重燃、熄灭理论的研究得到全面关注,电弧仿真理论和仿真技术正处于一个迅速发展的阶段。

5. 电磁机构理论

电磁机构是自动化电磁电器的感测部分,在电器中占有十分重要的位置。它的理论基础不仅仅是磁路和电磁场,并且是电磁 - 力 - 运动的综合理论。电器中电磁铁或电磁装置的结构形式很多,既不同于变压器的静止铁芯,又不同于旋转电机不变的均匀磁气隙,而是一种具有可动铁芯和可变气隙的电磁装置,在理论计算方面有自己的特殊规律。电磁机构计算内容主要是正确描绘电磁场的分布和正确处理带铁芯电路的非线性,围绕电磁力计算这个中心任务,研究它的静态吸力特性和动态吸力特性,计算电磁 - 力 - 运动综合的过渡过程,确定各项电磁参数和电磁机构的动作时间,因此必须深入研究可动铁芯与静止铁芯之间各种形状的气隙磁通分布与磁导计算,研究气隙磁通与漏磁通的分布规律,研究气隙磁位与铁芯磁位的分配关系,这些均为交流和直流电磁机构的共同问题。由于磁场的分布性和铁芯磁路的非线性,因此电磁机构中的电磁计算十分复杂。近年来,随着大型有限元商业软件的快速发展,使得计算机技术和现代设计技术在电磁机构设计中得到了广泛的应用。目前常采用的计算方法有以下三种。

(1)“磁场”的计算方法

采用三维有限元方法,通过对各种商用计算软件的二次开发,建立电磁机构的电磁计算模型,通过三维仿真计算,可以得到不同工作气隙情况下,电磁机构中铁芯磁通、气隙磁通、漏磁通等分布规律,以及电磁机构中电磁吸力的数值与变化。这种方法计算准确、直观,三维结果能够形象地反映电磁系统磁通、磁感应强度、磁场强度、漏磁的分布状况,还可以进行耦合场的计算和分析;缺点是需要的资源多、计算软件价格高、维护升级费用不容忽视。三维磁场建模与计算,必须耗费大量的计算机资源,如果需要计算动态过程的话,必须进行二次开发。目前市面上的商业有限元软件,大都是针对静态过程进行计算的,在优化设计时所需的时间太长,尤其是在考虑交流分磁环计算、考虑动态计算的情况下,不是十分适合。

(2)“磁路”的计算方法

这是一种传统的计算方法,是将三维电磁机构简化为二维的磁路进行计算,结合经验公式,等效磁动势、磁阻、漏磁通等参量,根据等效磁路进行分析和计算。虽然以“磁路”的方法计算电磁机构常常会出现较大的误差,但是这并非“磁路”方法本身的问题,而是“磁路”未能准确地等效“磁场”所致。实际上,将三维场简化为二维场后进行计算,同样会引入误差,或者在三维建模中未能建立与实际相符的磁场模型,也会引起较大误差,因此即使在电子计算机和数值计算方法已经得到迅速发展和广泛应用的今天,由于种种技术上和经济上的原因,在实际应用中,“磁路”计算方法还是电磁机构设计与计算的一种工程上常用算法,尤其是在优化设计和动态特性分析中,“磁路”计算方法仍不失为一种简便可行的计算方法。

(3)“场”“路”结合的计算方法

通过对软件系统的二次开发,在大气隙时采用“磁场”模型,在小气隙时由于磁场相对比较均匀采用“磁路”的模型完成整体计算;或者在工作气隙处采用“磁场”的模型计算气隙磁场的分布和气隙磁导,然后进行整体“磁路”等效与计算。这种方法能发挥“场”“路”各自的优点,满足计算需求。

随着计算机技术、虚拟仿真技术、优化设计技术的进一步发展,对电磁机构的仿真和计算必定更加完善。

上面介绍的发热理论、电动力理论、电接触理论、电弧理论和电磁机构理论均为电器研究的主要理论范畴。此外,电器的理论范畴中还包括机构运动学、电器运动部件的阻尼消振理论等。

随着电器技术的发展,作为无触头电器的理论基础,电器的理论范畴还在不断地充实、更新、完善和发展中,不但已包括了各种半导体、晶体管、晶闸管、磁性元件和其他光敏、压敏自动化元件的工作原理、线路设计和参数选择等内容,而且依赖于电力电子学等基础理论,同时也存在相应的特殊问题和特殊理论。

0.5 电器技术的发展过程和国内外电器工业发展概况

1. 电器技术的发展过程[1]

电器的产生和发展是和电的发现与广泛使用分不开的。强电领域和弱电领域都需要电器。从强电领域看,根据电器所控制的对象有电网系统和电力拖动两大方面。

电器技术的发展经历了从手动到自动控制的过程;经历了从开关、调节和保护作用到多功能的过程;经历了从有触头开关到无触头开关和混合式开关的过程;经历了从单个电器到组合电器的过程;经历了从普通开关到智能开关的过程,接下来还将会进入智能开关到人工智能开关的过程。

从手动控制到自动控制是电器控制的一次飞跃;从静态设计到动态设计是电器设计的一次飞跃。静特性无法准确反映电器在工作过程中的实际特性,而动态特性则描述电器实际的工作过程与状态变化。分析动态特性能揭示在不同时刻点上各参量间的关系,表明各参量随时间的变化规律,建立优化动态数学模型。掌握电器的动态特性,可更好地设计出体积小、质量小、成本低、价格合理、工作可靠、性能优良的电器产品。

由于生产效率的不断提高,对控制电器提出了新的要求,如动作时间长、操作频率高、电气与机械寿命长、转换能力强、工作可靠和维护方便等,于是无触头电器和混合式电器便应运而生。有触头电器执行机能强而感测机能弱,而无触头则反之,混合式电器则可以取长补短。

2. 国内外电器工业发展概况[2]

20 世纪 50 年代以前,我国电器工业十分薄弱,只能制造小型低压电器(如刀开关及熔断器),以及小型户内式高压断路器等,只用它们还不能配齐起码的发电厂与变电所或普通机床所需的电器设备。

50 年代以后，我国电器工业迅速发展，在产品、标准及检测等方面已形成比较完整的体系，产品品种、技术性能、产品质量及生产能力等方面基本满足国民经济发展的需要。

低压电器方面，我国分别在 60 年代和 80 年代完成了第一代和第二代产品的研发及生产。90 年代初，我国开始研发第三代产品，部分产品性能已达到国际同类产品水平。这批产品从 20 世纪末开始推广，目前已形成批量生产能力，使国产低压电器总体水平达到国外 90 年代水平。

进入 21 世纪后，随着微处理器在低压电器中大量应用，低压电器智能化、网络化、可通信已成为国内外新一代产品的主要特征之一。

国外低压电器厂从 20 世纪末到 21 世纪初相继推出了新一代低压电器产品，这批产品以新技术、新材料和新工艺为支撑，在产品性能、结构、小型化、智能化和环保节能等方面都有重大突破。我国也在研发第四代低压电器产品，已于 2009 年完成第一批四个项目的研发工作。第四代低压电器产品具有高性能、小型化、智能化、网络化和可通信等特点；在产品结构上也有所创新，模块化程度进一步提高；在可靠性、安装方式多样化、工艺性及环保节能等方面也有所提高。

高压电器方面，我国生产的 500 kV 及以下各电压等级的各类高压电器系列化产品已能基本满足电力系统及国民经济各方面的需要。在高压断路器产品中，SF_6断路器及其成套组合电器（简称 GIS）在 66～500 kV 电压等级中已占 99% 份额；在 35 kV 及以下电压等级中真空断路器占优势，也有少部分 SF_6断路器；油断路器已基本退出生产领域，其产量仅占高压交流断路器年产量的 1% 以下，我国已基本实现了高压开关设备的无油化。

随着电力工业的高速发展，国内外均在建设 750 kV 及 1 000 kV 的高压输电线路，因此对高压电器的研发和生产提出了更高的要求，目前国内外均在研发额定电压高、容量大、可靠性高、智能化、少（免）维护和节能环保的高压电器新产品。我国已研制出 800 kV 的 SF_6断路器，1 100 kV 的 SF_6断路器及其 GIS 也在研制中。我国高压电器行业整体技术水平正在全面提升。

0.6 本课程的任务

本课程是为电类专业中非电器制造专业设置的一门专业课，其任务是学习各种电器的共性问题——电器的理论基础、工业上常用的低压电器和高压电器的结构及工作原理、电器控制线路的原理及设计。

通过学习本课程应达到下列要求：

（1）了解电器中电流的热效应和电动力效应及其计算方法；

（2）了解电接触和电弧理论；

（3）了解电磁机构的原理及其计算方法；

（4）掌握低压电器主要产品的工作原理、结构、选择及应用；

（5）掌握高压电器主要产品的工作原理、结构、选择及应用；

（6）掌握电器控制线路的原理及设计方法。

第1章 电器的发热与电动力理论

各种电器都具有载流系统,其工作又毫无例外地伴随着热效应和电动力效应。在正常工作条件下它们不致影响电器的正常运行。如果遇到短路故障,不论是热效应还是电动力效应均有可能破坏电器的工作,损坏电器,乃至引起灾害性事故,因此对这类问题不可忽视。

本章主要讨论发热过程和载流体受到的电动力的计算方法,以及载流体在大电流下的热稳定性和电动稳定性的计算方法。

1.1 电器中发热的基本概念

1.1.1 电器中的基本热源

当电器中的载流系统通过直流电流时,载流导体中损耗的能量便是电器的唯一热源。如果载流系统通过交变电流,则在交变电磁场作用下在铁磁体中产生的铁损——磁滞损耗和涡流损耗、以及在绝缘体内产生的电介质损耗也是电器的热源。至于机械摩擦等产生的热能,与前三种热源相比是较小的,常常可以不予考虑,因此载流体中的能量损耗、铁损和电介质损耗就被称为电器的基本热源。

1. 导体通过电流时的能量损耗

根据焦耳定律,当导体通过电流 I 时,其中的能量损耗为

$$W = \int_0^t I^2 R \mathrm{d}t \tag{1-1}$$

式中 R——导体电阻;

t——通电时间。

此公式既适用于直流,也适用于交流(如果将 I 理解为交流的有效值)。当导体的横截面积和温度为恒值,即电流值和电阻值均不变时,式(1-1)将变为

$$W = I^2 Rt \tag{1-2}$$

在直流情况下,导线的电阻为

$$R = \frac{\rho l}{A}$$

式中 A——导线的横截面积;

l——导线的长度;

ρ——导线材料的电阻率,它是温度的函数,即

$$\rho = \rho_0(1 + \alpha\theta + \beta\theta^2 + \gamma\theta^3 + \cdots)$$

式中　ρ_0——导线材料在 0 ℃时的电阻率；

α、β、γ——均为电阻温度系数。

若在上式中只考虑前两项，对于铜质导线，当 θ 分别为 300 ℃、200 ℃及 100 ℃时，误差分别为 1.8%、0.97% 和 0.32%；对于铝质导线，误差分别为 4.2%、2.4% 和 0.8%，因此工程计算中常采用简化式

$$\rho = \rho_0(1 + \alpha\theta)$$

当导线通过交变电流时，其中的能量损耗将增大，这是电流在导线内分布不均匀所致。

如图 1－1(a)(b)所示，当一个正方形截面铜导体内通过工频正弦交变电流时，电流密度 J 和电流相位 φ 在截面内的分布是不均匀的。越接近导体表面，电流密度值越大(图中数字为实际电流密度与其平均值之比)，相位越超前(图中角度值是相对总电流密度的相位移)，这种现象称为集肤效应，它使导体的有效截面减小，使电阻值增大。

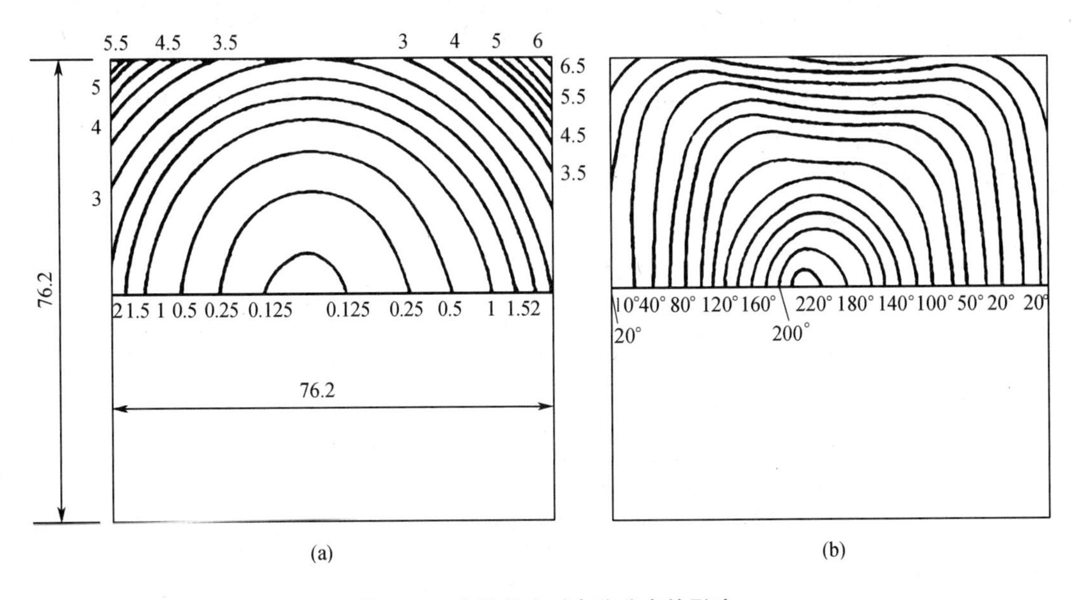

图 1－1　集肤效应对电流分布的影响

(a)电流密度分布；(b)电流相位分布

当构成回路的二平行导线通过交变电流时，其磁场间的相互作用也会使导线截面内的电流密度分布不均匀(图 1－2)，这种现象称为邻近效应。

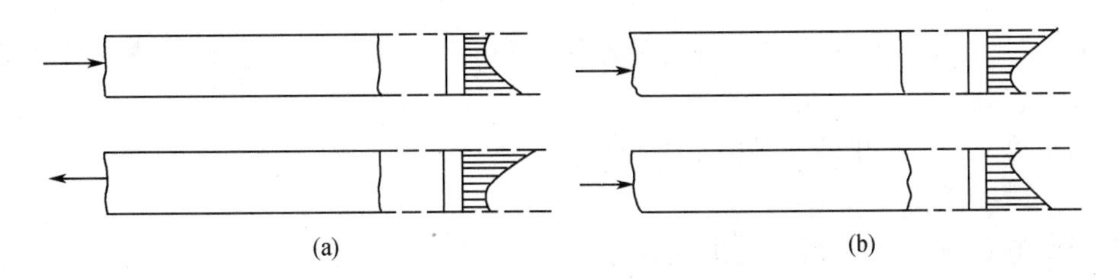

图 1－2　邻近效应对电流分布的影响

(a)两电流异向；(b)两电流同向

集肤效应与邻近效应的存在使同一导线在通过交变电流（如交变电流的有效值与直流电流值相等）时的损耗比通过直流电流时的大，即有了附加损耗。通过交变电流和通过直流时产生的损耗之比称为附加损耗系数 K_a，它等于考虑集肤效应影响的系数 K_s 与考虑邻近效应影响的系数 K_n 之积

$$K_a = K_s K_n \tag{1-3}$$

集肤效应系数可按下式计算

$$K_s = \frac{A}{p}\sqrt{\frac{2\pi f\mu}{\rho}}$$

式中 A、p——导线的截面积及其周长；

f——交变电流的频率；

ρ、μ——导线材料的电阻率和磁导率。

导线截面的形状对 K_s 值影响很大，而上式又未反映，故在实用上大都利用不同形状截面所做的诸模图来查取 K_s 值。集肤效应系数恒大于 1。

邻近效应系数与电流的频率、导线间距和截面的形状及尺寸、电流的方向及相位等因素有关，其值也大于 1。但较薄的矩形母线宽边相对时，邻近效应部分地补偿了集肤效应的影响，故 K_n 值略小于 1。

2. 非载流铁磁质零部件的损耗

非载流铁磁质零部件在交变电磁场作用下产生的损耗称为铁损 P_{Fe}，它包含磁滞损耗 P_n 和涡流损耗 P_e 两部分，即

$$P_{Fe} = P_n + P_e \tag{1-4}$$

而

$$P_n = \begin{cases} \sigma_n \left(\dfrac{f}{100}B_m\right)^{1.6} \rho V & (B_m \leqslant 1T) \\ \sigma_n \left(\dfrac{f}{100}B_m\right)^{2} \rho V & (B_m > 1T) \end{cases}$$

$$P_e = \sigma_e \left(\frac{f}{100}B_m\right)^2 \rho V$$

式中 f——电源频率；

B_m——铁磁件中磁感应的幅值；

ρ——铁磁材料的密度；

V——铁磁材料零部件的体积；

σ_n、σ_e——磁滞损耗系数和涡流损耗系数，其值与铁磁材料的品种规格有关，一般由试验来确定。

铁损也可从工厂提供的产品样本中查得。

3. 电介质损耗

在交变电磁场中，绝缘层内将出现电介质损耗

$$P_d = \omega C U^2 \tan\delta \tag{1-5}$$

式中 ω——电压的角频率；

C——绝缘层的电容；

U——施加在绝缘件上的电压；

$\tan\delta$——绝缘材料介质损耗角的正切。

介质损耗角与绝缘材料的品种规格、温度、环境状况以及处理工艺等有关。高频及高压技术所用绝缘材料的 $\tan\delta$ 值一般在 $10^{-4} \sim 10^{-3}$之间。

1.1.2　电器的允许温度和温升

电器中损耗的能量几乎全部直接转换为热能，其中一部分散失在周围介质中，另一部分则用以加热电器，使之升温。

金属载流体的温度超过某一极限值后，机械强度明显降低，因此轻则发生形变，影响电器的正常工作；重则使电器损坏，以致影响其所在系统的工作。此外，与载流体连接或相邻的非载流体亦将不同程度地受损。这类现象在出现短路故障时尤甚。材料的机械强度开始明显降低的温度称为软化点，它不仅与材料品种有关，也与加热时间有关。例如，长期加热时铜材的软化点为100～200 ℃，短暂加热时则可达300 ℃(图1－3)。

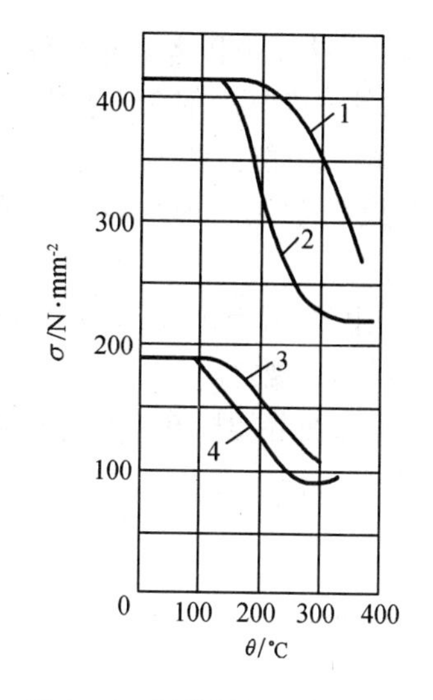

图1－3　导体材料机械强度与温度的关系

1—加热时间为10 s的铜材；
2—长期加热时的铜材；
3—加热时间为10 s时的铝材；
4—长期加热时的铝材

显然，电器中未绝缘的裸导体的极限允许温度应低于其软化点。温度升高会加剧电器中电接触连接表面与其周围大气中某些气体间的化学反应，使接触面上生成氧化膜及其他膜层，增大接触电阻，并进一步使接触面温度再升高，形成恶性循环，因此对电接触的温度也必须加以限制。

绝缘材料按其耐热能力分为7级(表1－1)。通常，绝缘材料的电阻随温度上升将按指数规律降低，而且因温度上升影响发生的老化是经常的和不可逆的，故绝缘材料在长期工作制下的极限允许温度同样要受到限制，即不得超过表1－1中所规定的极限温度。

表1－1　电器绝缘材料耐热等级

耐热等级	极限温度/℃	属该耐热等级的绝缘材料示例
Y	90	未浸渍的棉纱、丝、纸等材料或其组合物形成的绝缘结构
A	105	浸渍过或浸在液态电介质中的棉纱、丝及纸等材料或其组合物形成的绝缘结构
E	120	合成有机膜、合成有机磁漆等材料或其组合物形成的绝缘结构
B	130	以适当的树脂黏合或浸渍、涂覆后的云母、玻璃纤维、石棉等，以及其他无机材料、适当的有机材料或其组合物形成的绝缘结构
F	155	
H	180	以硅有机树脂黏合、浸渍或涂覆后的云母、玻璃纤维及石棉等材料或其组合物形成的绝缘结构

表 1-1(续)

耐热等级	极限温度/℃	属该耐热等级的绝缘材料示例
C	>180	以适当的树脂(如热稳定性特别优良的硅有机树脂)黏合、浸渍或涂覆后的云母、玻璃纤维等,以及未经浸渍处理的云母、陶瓷、石英等材料或其组合物形成的绝缘结构(C级绝缘材料的极限温度应根据不同的物理、机械、化学和电气性能来确定)

尽管决定电器各类零部件工作性能的是它们的温度,但考核电器的质量时却是以温升(零部件温度与周围介质温度之差)作为指标。这是因为电器运行场所的环境温度因时因地而异,故只能人为地规定一个统一的环境温度(我国规定为35 ℃),据此再规定允许的温升τ,以便考核。如果令零部件的温度为θ,则有

$$\tau = \theta - 35$$

我国的国家标准、部标准和企业标准中,按电器不同零部件的工作特征对其允许温升都有详细的规定。

虽然在各类标准中对电器载流体于短时通过短路电流时的极限允许温度未做统一规定,但多年来一直是以不超过表1-2规定为准则。

表 1-2　短路时的短时允许温度

载流部件		极限允许温度/℃			
		铜	黄铜	铝	钢
未包绝缘导体		300	300	200	400
包绝缘导体	Y级	200	200	200	200
	A级	250	250	200	250
	B、C级	300	300	200	400

校核电器载流部件的热稳定性——电器能够短时承受短路电流的热效应而不致损坏的能力,就是以表1-2中的数据为标准。至于主触头的短时极限允许温度则应限制在200 ℃以内,弧触头以不发生触头熔焊为准。

1.1.3　电器的散热与综合散热系数

电器中损耗的能量转换为热能后,有一部分借热传导、热对流和热辐射三种方式散失到周围的介质中。

1. 热传导

热能从物体的一部分向另一部分,或从一物体向与之接触的另一物体传递的现象称为热传导,它是借分子热运动而实现的。参与金属热传导过程的是自由电子,它明显地加速了此过程。热传导是固态物质传热的主要方式,温差的存在是热交换的充要条件。

两等温线的温差 $\Delta\theta$ 与等温线间距 Δn 之比的极限称为温度梯度，即

$$\lim_{\Delta n \to 0}\left(\frac{\Delta\theta}{\Delta n}\right)=\frac{\partial\theta}{\partial n}=\mathrm{grad}\theta \tag{1-6}$$

在单位时间内通过垂直于热流方向单位面积的热量称为热流密度，即

$$q=\frac{Q}{At} \tag{1-7}$$

式中　Q——热量；

A——面积；

t——时间。

热传导的基本定律——傅立叶定律确立了热流密度与温度梯度之间的关系：

$$q=-\lambda\mathrm{grad}\theta \tag{1-8}$$

由于热量是向温度降低的方向扩散，而温度梯度则是指向温度升高的方向，故式(1－8)中有一负号。式(1－8)中的比例系数 λ 称为热导率或导热系数，其单位为 W/(m·K)。它相当于沿热流方向单位长度上的温差为1 K时在单位时间内通过单位面积的热量。各种物质有不同的热导率，且为其物理性质所决定。一般来说，热导率

$$\lambda=\lambda_0(1+\beta_\lambda\theta)$$

式中　λ_0——发热体温度为0 ℃时的热导率；

θ——发热体的温度；

β_λ——热传导温度系数。

热导率值范围很大，银为425、铜为390、铝为210、黄铜为85、某些气体为0.006，其单位均为 W/(m·K)。这是由不同物质有不同的热传导过程所决定的。金属的 β_λ 值为负值，液体的 λ 值在0.07～0.7之间，除水和甘油外，其 β_λ 值亦为负值；气体的 λ 值为0.006～0.6，其 β_λ 值为正值。

2. 热对流

借液体或气体粒子的移动传输热能的现象称为对流。然而，热对流总是与热传导并存，只是前者在直接毗邻发热体表面处才具有较大意义。对流转移热量的过程与介质本身的转移互相联系，故只有在粒子能方便地移动的流体中才存在对流现象。影响对流的因素很多，其中包括粒子运动的本质和状态、介质的物理性质以及发热体的几何参数和状态。

载流体表面的散热大多由自由对流，即由热粒子与冷粒子的密度差引起的流体运动完成的。由于同发热体接触，空气被加热，其密度也减小了。两种粒子的密度差产生上升力，使热粒子上升，冷粒子则补充到热粒子的位置上。

流体运动有层流与紊流之分。做层流运动时，粒子与通道壁平行地运动；做紊流运动时，粒子则无序且杂乱无章地运动。然而，并非整层流体均做紊流运动，近通道壁处总有一薄层流体因其黏滞性而保留层流性质，此薄层内的热量靠热传导传递。层流厚度取决于流速，并因流速之增大而减小。

散热能力主要取决于边界层，因为此处温度变化最大(图1－4)。热量传递过程随流体性质而异，直接影响此过程的因素有热导率、比热容、密度和黏滞系数等。

对流形式的热交换可按下列经验公式计算

$$\mathrm{d}Q=K_c(\theta-\theta_0)A\mathrm{d}t \tag{1-9}$$

式中　dQ——在 dt 时间内以对流方式散出的热量；

θ、θ_0——发热体和周围介质的温度；

A——散热面的面积；

K_c——对流散热系数。

对流散热过程很复杂，影响它的因素又很多，故 K_c 值一般以实验公式确定，也可借经验公式计算。

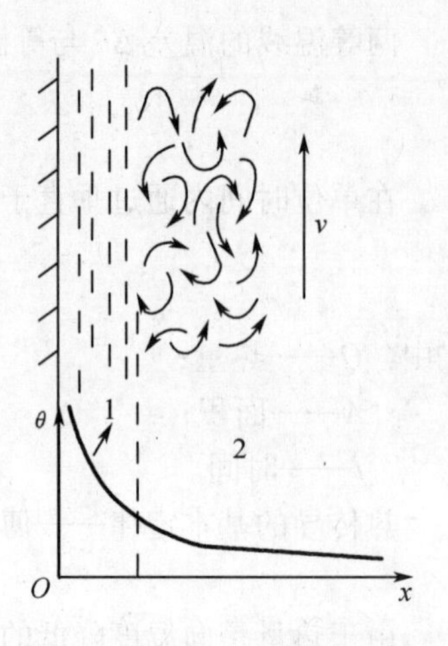

图 1－4　边界层的对流散热

1—层流区；2—紊流区

3. 热辐射

以电磁波转移热量的现象称为热辐射。它具有二重性：将热能转换为辐射能，再将辐射能转换为热能。热辐射能穿越真空传输能量。

关于热辐射的基本定律是斯忒藩－玻耳兹曼定律：

$$dQ_r = \varepsilon K(T^4 - T_0^4)\,dt \qquad (1-10)$$

式中　ε——物体的黑度，其值在 0～1 之间；

K——玻耳兹曼常数，$K = 5.67 \times 10^{-8}\ W/(m^2 \cdot K^4)$；

T、T_0——辐射面和受热体的热力学温度；

dQ_r——在 dt 时间内以热辐射方式散出的热量。

式(1－10)表明，热辐射能量与辐射面热力学温度 T 的四次方成比例。电器零部件的极限温度才数百 K，故热辐射的散热效果甚微。然而，电弧温度可达成千上万 K，故其热幅射不容忽视。

4. 综合散热系数

发热体虽然同时以热传导、热对流和热辐射三种方式散热，但分开来计算却颇不便。因此，电器发热计算习惯上是以综合散热系数 K_T 来考虑三种散热方式的作用。它在数值上相当于每 1 m^2 发热面与周围介质的温差为 1 K 时，向周围介质散出的功率，故其单位为$W/(m^2 \cdot K)$。

影响综合散热系数的因素很多，例如介质的密度、热导率、黏滞系数、比热容与发热体的几何参数和表面状态等，此外，它还是温升的函数。

综合散热系数值通常是以实验方式求得，故其值(表 1－3)既与实验条件有关，也与散热面的选取有关，故引用时宜慎重对待。

表 1－3　综合散热系数值

散热表面及其状况	$K_T/W \cdot (m^2 \cdot K)^{-1}$	备　注
直径为 1～6 cm 的水平圆筒或圆棒	9～13	直径小者取大的系数值
窄边竖立的紫铜质扁平母线	6～9	
涂覆有绝缘漆的铸铁件或铜件表面	10～14	
浸没在油箱内的瓷质圆柱体	50～150	
以纸绝缘的线圈	10～12.5	
	25～36	置于油中

表 1-3(续)

散热表面及其状况	K_T/W·(m^2·K)$^{-1}$	备　注
叠片束	10~12.5	
	70~90	置于油中
垂直放置的丝状或带状康铜及铜镍合金绕制的螺旋状电阻	20	考虑导线全部表面时的 K_T 值
垂直放置的烧釉电阻	20	只考虑外表面
绕在有槽瓷柱上的镍铬丝或康铜丝电阻	23	不考虑槽时圆柱体外表面时的 K_T 值
丝状或带状康铜或镍铬合金绕制的成形电阻	10~14	以导体的全部表面作为散热面
螺旋状铸铁电阻	10~13	以螺旋的全部表面作为散热面
具有平板箱体的油浸变阻器	15~18	以箱体外侧表面作为散热面

计算散热时还采用下列经验公式求综合散热系数。

对于矩形截面母线

$$K_T = 9.2[1 + 0.009(\theta - \theta_0)]$$

对于圆截面导线

$$K_T = 10K_1[1 + K_2 \times 10^{-2}(\theta - \theta_0)]$$

式中　θ、θ_0——发热体和周围介质的温度；

K_1、K_2——系数,其值见表 1-4。

对于电磁机构中的线圈,当散热面积 $A = (1 \sim 100) \times 10^{-4}$ m^{2}时

$$K_T = 46[1 + 0.005(\theta - \theta_0)] / \sqrt[3]{A \times 10^4}$$

而当 $A = 0.01 \sim 0.05$ m^{2}时

$$K_T = 23[1 + 0.05(\theta - \theta_0)] / \sqrt[3]{A \times 10^4}$$

表 1-4　K_1 和 K_2 的数值

圆导线直径/mm	10	40	80	200
K_1	1.24	1.11	1.08	1.02
K_2	1.14	0.88	0.75	0.68

1.2　电器中发热的计算

1.2.1　电器的发热计算与牛顿公式

电器的发热计算是有内部热源时的发热计算。在计算时假定:热源是温度为 θ 的均匀发热体,其功率 P 为恒值,且其比热容 c 和综合散热系数 K_T 也是均匀的,并且与温度无关。

发热体的质量为 m，散热面积为 A。于是，热源的热平衡方程为

$$P\mathrm{d}t = cm\mathrm{d}\tau + K_{\mathrm{T}}A\tau\mathrm{d}t \tag{1-11}$$

等式左端为热源在时间 dt 内产生的热量，右端的两项分别为消耗于发热体升温的热量和散失到周围介质中的热量。现将上式改写为

$$\frac{\mathrm{d}\tau}{\mathrm{d}t} + \frac{K_{\mathrm{T}}A}{cm}\tau - \frac{P}{cm} = 0 \tag{1-12}$$

其特解为

$$\tau_1 = \frac{P}{K_{\mathrm{T}}A}$$

这正是牛顿公式。方程(1-12)的辅助方程为

$$\frac{\mathrm{d}\tau_2}{\mathrm{d}t} + \frac{K_{\mathrm{T}}A}{cm}\tau_2 = 0$$

其解为

$$\tau_2 = C_1\mathrm{e}^{-\frac{t}{T}}$$

式中　C_1——取决于具体问题初始条件的积分常数；

T——发热体的发热时间常数，$T = \mathrm{cm}/(K_{\mathrm{T}}A)$。

因此方程(1-12)的通解，即发热体的温升为

$$\tau = \tau_1 + \tau_2 = \frac{P}{K_{\mathrm{T}}A} + C_1\mathrm{e}^{-\frac{t}{T}} \tag{1-13}$$

当 $t=0$ 时，温升 $\tau=0$，故 $C_1 = -P/(K_{\mathrm{T}}A)$，而

$$\tau = \frac{P}{K_{\mathrm{T}}A}(1-\mathrm{e}^{-\frac{t}{T}}) \tag{1-14}$$

显然，当 $t\to\infty$ 时，温升 τ 将达到其稳态值

$$\tau_{\mathrm{s}} = \frac{P}{K_{\mathrm{T}}A} \tag{1-15}$$

它是电器通电经无限长时间后已不再增高的温升。

式(1-15)是计算稳态稳升的牛顿公式。根据式(1-14)可绘制均匀体发热时其温升与时间的关系(图1-5(a))。由式(1-14)可求得发热时间常数

$$T = \frac{\tau_{\mathrm{s}}}{\left.\frac{\mathrm{d}\tau}{\mathrm{d}t}\right|_{t=0}} \tag{1-16}$$

这就是说，在坐标原点作曲线 $\tau(t)$ 的切线与水平线 τ_{s} 相交，其交点的横坐标就等于 T。不难证明，当 $t=T$ 时，$\tau_T = 63.2\%\tau_{\mathrm{s}}$，故可将发热时间常数定义为使温升上升到其稳态值的63.2%时所需的时间。若允许有1%～2%的误差，则可认为建立稳态发热过程需要 $4T$ 或 $5T$ 的时间。

电器脱离电源后就开始冷却。由于发热体已不再吸收能量，故式(1-11)将变为

$$cm\mathrm{d}\tau + K_{\mathrm{T}}A\tau\mathrm{d}t = 0 \tag{1-17}$$

其解为 $\tau = C_2\mathrm{e}^{-\frac{t}{T}}$。由于 $t=0$ 时，$\tau=\tau_{\mathrm{s}}$，故积分常数 $C_2=\tau_{\mathrm{s}}$，因此冷却过程的方程为

$$\tau = \tau_{\mathrm{s}}\mathrm{e}^{-\frac{t}{T}} = \frac{P}{K_{\mathrm{T}}A}\mathrm{e}^{-\frac{t}{T}} \tag{1-18}$$

此过程的 $\tau(t)$ 曲线见图 1-5(b)。

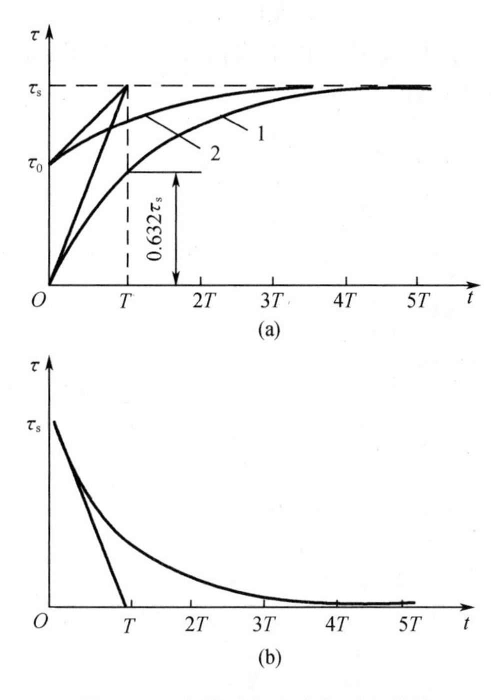

图 1-5 发热过程和冷却过程曲线

(a)发热过程 $1-\tau_0=0$, $2-\tau_0\neq0$;(b)冷却过程

若电器接通电源时已有初始温升 τ_0,即 $t=0$ 时,$\tau=\tau_0$,则方程(1-13)的通解将是

$$\tau=\tau_0 e^{-\frac{t}{T}}+\tau_s(1-e^{-\frac{t}{T}}) \tag{1-19}$$

由于发热体温度不可能均匀分布,且比热容 c 和综合散热系数 K_T 又是温度的函数,故实际发热过程要复杂得多。虽然如此,上述分析的结论仍能在相当程度上反映客观实际,故一直被普遍用于工程计算。

【例 1-1】 横截面为 $a\times b$ 的矩形导体外包一层厚度为 δ 的绝缘层,其热流方向见图 1-6(a)。已知导体单位长度内的功率损耗为 p,导体温度为 θ_1,绝缘层热导率为 λ,试作其发热计算。

解 令导体和绝缘层单位长度上的外表面积为 A_{10} 及 A_{20},绝缘层外表面的温度为 θ_2,周围介质温度为 θ_0。按傅立叶定律,绝缘层内温差

$$\theta_1-\theta_2=\frac{p}{A_{10}}\cdot\frac{\delta}{\lambda}$$

而按牛顿公式,绝缘层外表面与周围介质间的温差

$$\theta_2-\theta_0=\frac{p}{K_T A_{20}}$$

因此导体与周围介质的温差,即温升为

$$\tau=\theta_1-\theta_0=p\left(\frac{\delta}{\lambda A_{10}}+\frac{1}{K_T A_{20}}\right)$$

上式括号内的两项正是绝缘层的热阻及其向周围介质过渡的热阻,以符号 R_T 表示,有

$$R_{\mathrm{T}}=\frac{\delta}{\lambda A_{10}}+\frac{1}{K_{\mathrm{T}}A_{20}}$$

因此上述热系统可借与两电阻串联的电路相似的等效电路表示图 1－6(b)，热系统的温度分布见图 1－6(a)下方曲线。

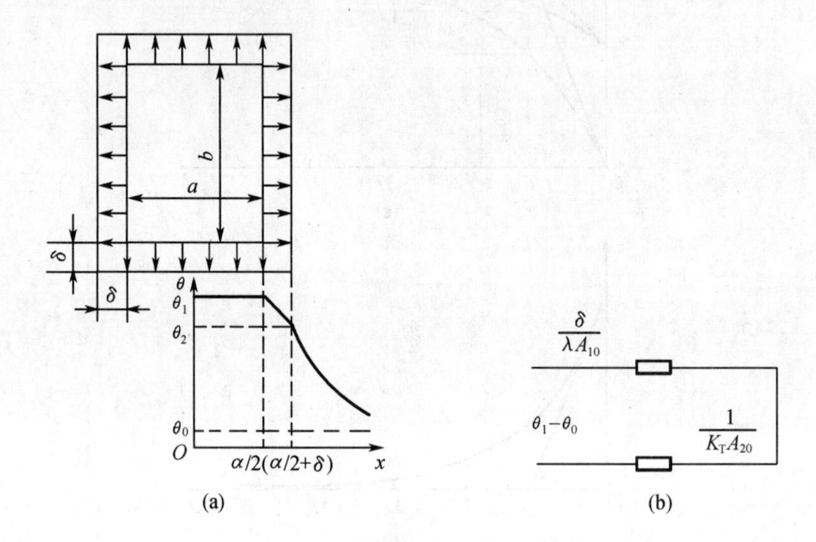

图 1－6　有绝缘导体的发热计算

(a)包有绝缘层的导体；(b)等效热路

【例 1－2】　试讨论电磁铁励磁线圈的温升计算。

解　线圈发热计算通常是考虑其平均温度，即认为全部线匝温度相同。但实际上表层热量是直接而迅速地散往周围介质，内层热量要先传至毗邻的也已发热的各层，故线圈内层温度比表层高。线圈绕组温度分布大致如图 1－7 所示，其最高温度 θ_{m} 与表面温度 θ_1 之差

$$\Delta\theta=\theta_{\mathrm{m}}-\theta_1=p\left(\frac{R^2-r^2}{4\lambda_{\mathrm{e}}}-\frac{r^2\ln\dfrac{R}{r}}{2\lambda_{\mathrm{e}}}\right)$$

式中　p——线圈单位体积内的功率损耗；

λ_{e}——线圈的等效热导率。

对于圆截面导线绕的线圈

$$\lambda_{\mathrm{e}}=0.6\lambda_{\mathrm{i}}d/(2\delta)$$

对于矩形截面导线绕的线圈

$$\lambda_{\mathrm{e}}=[\lambda_{\mathrm{i}}a/(a+2\delta)][(b+2\delta)/(2\delta)]$$

式中　λ_{i}——绝缘材料的热导率；

d——圆截面导线芯线直径；

δ——导线绝缘层厚度；

a、b——矩形截面导线沿高度及宽度方向的尺寸。

线圈相对周围介质的温升以牛顿公式计算，其等效散热面积为

$$A=A_{\mathrm{o}}+\beta A_{\mathrm{i}}$$

式中 A_o、A_i——线圈的外侧和内侧表面积；

β——反映内侧表面散热作用的系数。

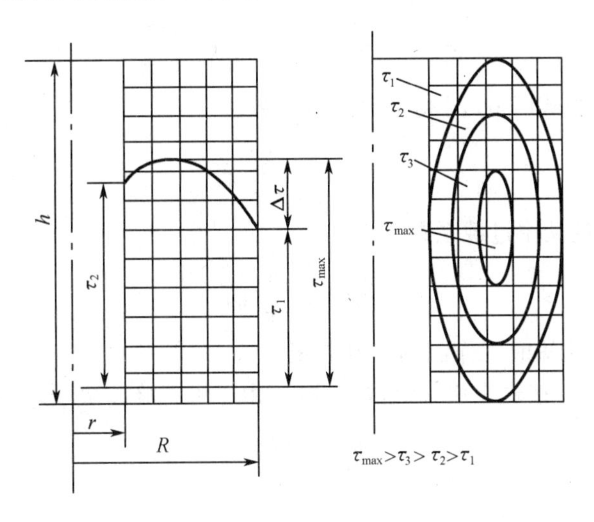

图1－7 线圈内的温度分布

直流电磁铁的铁芯无铁损，故可帮助线圈散热。当线圈直接绕在铁芯柱上时，$\beta=2.4$；当线圈绕在套于铁芯柱上的金属衬套上时，$\beta=1.7$；如果线圈是以布带绑扎后才套上铁芯柱，则 $\beta=0.9$。交流电磁铁的铁芯有铁损，其线圈要绕在胶木等绝缘材料制成的骨架上，再套入铁芯，以隔绝与铁芯间的热交换，故 $\beta=0$。至于线圈上、下两端的散热作用，在一般计算时可不予考虑。

线圈的允许温度取决于其所用最低等级绝缘材料的允许温度。

1.2.2 电器的工作制及其发热计算

电器的额定工作制有八小时工作制、不间断工作制、短时工作制和断续周期工作制。其中前两种工作制又统称为长期工作制。如果把通电时间用 t_1 表示、断电时间用 t_2 表示，则长期工作制的特征为 $t_1\gg4T$，短时工作制的特征为 $t_1<4T$，$t_2\gg4T$，断续周期工作制的特征为 $t_1<4T$，$t_2<4T$。

1. 长期工作制

电器工作于长期工作制时，其温升可以达到稳态值。按牛顿公式求得的稳态温升值应当小于或等于其极限允许温升，即

$$\tau_s\leqslant\tau_p \tag{1-20}$$

而且应在载流体通过的电流为额定值且含上限容差的条件下计算。

2. 短时工作制

由于通电时温升不致上升到稳态值，断电后却能完全冷却，故工作于短时工作制的电器允许通过大于额定值的电流。问题在于要知道电流允许增大到额定值的多少倍。

设短时工作制的载流体通过的电流为 $n_{i_s}I_n$（I_n 为额定电流）；$n_{i_s}>1$，为电流过载系数。若长期通过此电流，稳态温升将是

$$\tau_{s_s}=\frac{(n_{i_s}I_n)^2R}{K_TA}>\tau_P \tag{1-21}$$

式中,R 为载流体的电阻。

但通电时间仅为 $t_1<4T$,而此时的温升又应小于或等于极限允许温升 τ_p,故有

$$\tau_1=\tau_p=\tau_{s_s}(1-e^{-\frac{t_1}{T}})=\frac{I_n^2R}{K_TA} \tag{1-22}$$

比较式(1-21)和式(1-22)得电流过载系数

$$n_{i_s}=\frac{1}{\sqrt{1-e^{-t_1/T}}} \tag{1-23}$$

显然,短时工作制时的功率过载系数

$$n_{p_s}=\frac{1}{1-e^{-t_1/T}} \tag{1-24}$$

图1-8(a)所示为短时工作制的温升曲线。

如果 $t_1\ll T$,将 $e^{-t_1/T}$ 按麦克洛林级数展开后,由于可忽略高次项,故又有:

$$n_{i_s}=\sqrt{T/t_1}$$

$$n_{P_s}=\frac{T}{t_1}$$

3. 断续周期工作制

在断续周期工作状态,如果发热和冷却过程严格地交替重复着,在第一个循环的通电和断电过程末,即 $t=t_1$ 及 $t=t_1+t_2$ 时,温升将为 τ_{max_1} 和 τ_{min_1};及至第二个循环,通电时温升由 τ_{min_1} 上升到 τ_{max_2},断电时则由 τ_{max_2} 降到 τ_{min_2},以此类推。总之,在各循环通电过程末,温升未达其稳态值;断电过程末,温升也降不到其初值。经多次循环后,终将出现图1-8(b)所示,温升在 τ_{max} 与 τ_{min} 之间反复的过程。

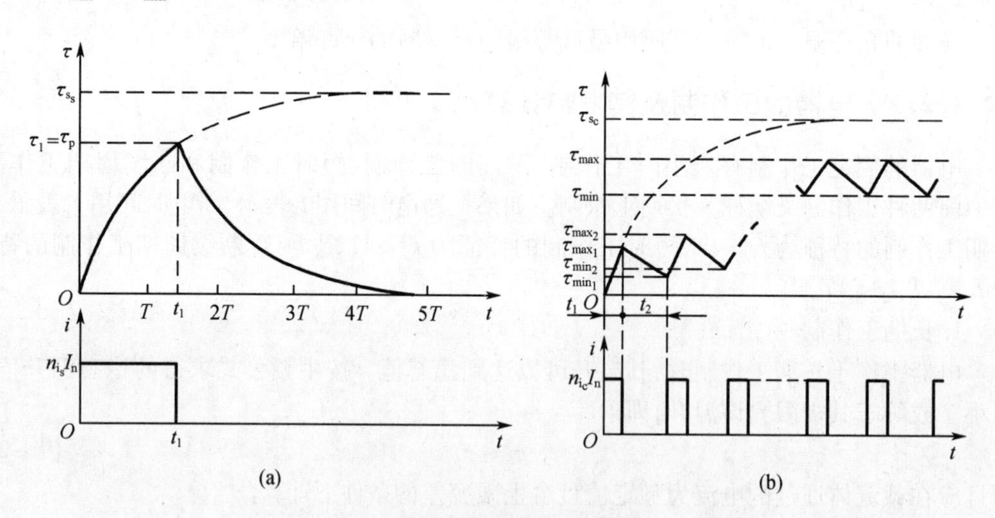

图1-8 短时工作制与断续周期工作制的温升曲线

(a)短时工作制;(b)断续周期工作制

在断续周期工作制时,电流也允许增至 $n_{i_c}I_n$(n_{i_c} 为电流过载系数)。令长期通过电流 $n_{i_c}I_n$ 时的稳态温升为 τ_{s_c}($>\tau_p$)。在第 n 次(n 值足够大)循环以后,便开始了温升在 τ_{max} 与 τ_{min} 间交替变化的振荡过程。按式(1-18)和式(1-19)有

$$\tau_{max}=\tau_{min}e^{-\frac{t_1}{T}}+\tau_{s_c}(1-e^{-\frac{t_1}{T}})$$

$$\tau_{\min}=\tau_{\max}e^{-\frac{t_2}{T}}$$

综合以上二式得

$$\tau_{\max}=\tau_{s_c}(1-e^{-\frac{t_1}{T}})/(1-e^{-\frac{t_1+t_2}{T}})\leqslant\tau_p \tag{1-25}$$

将 $\tau_p=I_n{}^2R/(K_TA)$ 带入上式，并与 $\tau_{s_c}=(n_{i_c}I_n)^2R/(K_TA)$ 比较，得断续周期工作制的电流过载系数 n_{i_c} 和功率过载系数 n_{p_c} 的计算公式为

$$n_{i_c}=\sqrt{\frac{1-e^{-(t_1+t_2)/T}}{1-e^{-t_1/T}}} \tag{1-26}$$

$$n_{P_c}=\frac{1-e^{-(t_1+t_2)/T}}{1-e^{-t_1/T}} \tag{1-27}$$

计算断续周期工作制的发热时常应用通电持续率的概念，其定义为

$$TD\%=\frac{t_1}{t_1+t_2}\times100\%$$

此外，也常给定每小时的循环次数——操作频率 z，它们之间的关系是

$$t_1+t_2=3600/z;\quad t_1=3600TD\%/z$$

因此式(1-26)和式(1-27)又可写为

$$n_{i_c}=\sqrt{\frac{1-e^{-3600/(Tz)}}{1-e^{-3600TD\%/(Tz)}}}$$

$$n_{P_c}=\frac{1-e^{-3600/(Tz)}}{1-e^{-3600TD\%/(Tz)}}$$

当 $t_1+t_2\ll T$ 时则有

$$n_{i_c}=\sqrt{(t_1+t_2)/t_1}=\sqrt{1/(TD\%)}$$

$$n_{P_c}=(t_1+t_2)/t_1=1/TD\%$$

1.3　短路时的发热和热稳定性

电路中的短路状态虽历时甚短，一般仅十分之几秒至数秒，但却可能酿成严重灾害。由于短路电流存在时间 $t_{s_c}\ll T$，致使其产生的热量还来不及散往周围介质，故短路过程是全部热量均用以使载流体升温的绝热过程。若短路时间 $t_{s_c}\leqslant0.05T$，绝热过程的发热方程根据式(1-14)当为

$$\tau=\tau_{s_c}t_{s_c}/T \tag{1-28}$$

式中 τ_{s_c} 为长期通以短路电流 I_{s_c} 时的稳态温升，其值按牛顿公式为

$$\tau_{s_c}=I_{s_c}^2R/(K_TA) \tag{1-29}$$

若短路电流沿载流体截面作均匀分布，且其体积元 $\mathrm{d}A\mathrm{d}l$ 内的发热过程遵循方程 $p\mathrm{d}t=cm\mathrm{d}\theta$，即

$$(j_{s_c}\mathrm{d}A)^2\rho\mathrm{d}l\mathrm{d}t/\mathrm{d}A=c\gamma\mathrm{d}l\mathrm{d}A\mathrm{d}\theta$$

经整理后再进行积分得

$$\int_0^{t_{s_c}} j_{s_c}^2 \mathrm{d}t = \int_{\theta_0}^{\theta_{s_c}} \frac{c\gamma}{\rho}\mathrm{d}\theta = [A_{s_c}] - [A_0] \tag{1-30}$$

式中 j_{s_c}——短路时的电流密度；

c、γ、ρ——载流体材料的比热容、密度和电阻率；

m、l、A——载流体的质量、长度和截面积；

θ_0、θ_{s_c}——短路过程始末的载流体温度。

若已知 c、γ、ρ 和 θ 间的关系，而起始温度 θ_0 又已给定，函数$[A_0]$和$[A_{s_c}]$均可求得，且可用曲线表示(图 1-9)，它可用于下列计算。

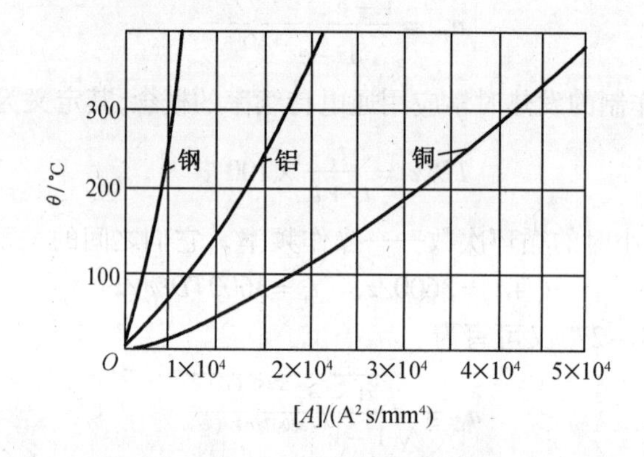

图 1-9 确定[A]值用的曲线

(1)根据已知的短路电流、起始温度和短路持续时间，校核已知截面积的载流体的最高温度是否超过表 1-2 规定的允许温度。

(2)根据已知的短路电流、起始温度、短路持续时间和材料的允许温度，确定载流体应有的截面积。

现以第 1 种任务，介绍运用图 1-9 中曲线进行计算的步骤。

(1)在纵轴上对应于载流体起始温度 θ_0的一点 a 作水平线，使之与对应于载流体材料的曲线相交，再从交点作垂线交横轴于点 b，从而得 A_0值。

(2)计算$[A_{s_c}]$值，即

$$[A_{s_c}] = [A_0] + \int_0^{t_{s_c}} j_{s_c}^2 \mathrm{d}t = [A_0] + \left(\frac{I_\infty}{A}\right)^2 t_{s_c} \tag{1-31}$$

式中 I_∞——短路电流稳态值(有效值)/A；

A——载流体截面积/mm^2。

若 $t_{s_c} \leqslant 1$ s，应以$(t_{s_c}+0.05)$取代 t_{s_c}。

(3)在横轴上对应于$[A_{s_c}]$的一点 c 作垂线与相应材料的曲线相交，再自交点作水平线交纵轴于点 d，即得 θ_{s_c}值。

实用上是用热稳定电流衡量电器的热稳定性。所谓热稳定电流是指在规定的使用条件和性能下，开关电器在接通状态于规定的短暂时间内所能承载的电流。电器的热稳定性以热稳定电流的平方值与短路持续时间之积表示。习惯上以短路持续时间为 1 s，5 s，10 s 时的热稳定电流 I_1、I_5、I_{10}表示电器的热稳定性。按热效应相等的原则，三种电流间存在下

列关系

$$I_1^2 \times 1 = I_5^2 \times 5 = I_{10}^2 \times 10$$

因此热稳定电流

$$\left.\begin{aligned} I_1 &= \sqrt{5} I_5 = \sqrt{10} I_{10} \\ I_5 &= \sqrt{2} I_{10} \end{aligned}\right\}$$

【例 1 - 3】 某车间变电站低压侧的短路电流 $I_\infty = 21.4$ kA。母线为铝质，其截面积 $A = (60 \times 6)\mathrm{mm}^2$。短路保护动作时间为 0.6 s，断路器分断时间为 0.1 s。若母线正常工作时的温度 $\theta_0 = 55$ ℃，试校核其热稳定性合格与否。

解　根据图 1 - 9 中的曲线，$\theta_0 = 55$ ℃时，有 $A_0 = 1 \times 10^4 A^2\mathrm{s/mm}^4$。

按式(1 - 31)，短路过程结束时有

$$\begin{aligned} [A_{s_c}] &= [A_0] + \left(\frac{I_\infty}{A}\right)^2 (t_{s_c} + 0.05) \\ &= \left[1 \times 10^4 + \left(\frac{21.4 \times 10^3}{60 \times 6}\right)^2 \times (0.6 + 0.1 + 0.05)\right] A^2 \cdot \mathrm{s/mm}^4 \\ &= 1.265 \times 10^4 A^2\ \mathrm{s/mm}^4 \end{aligned}$$

据此由图 1 - 9 中曲线上查得 $\theta_{s_c} = 75$ ℃。它比允许温度 200 ℃低，故母线的热稳定性为合格。

1.4　电器中电动力的基本概念

电器的载流件，如触头、母线、绕组线匝和电连接板等，彼此间均有电动力作用着。此外，载流件、电弧和铁磁材料制件之间也有电动力在作用。在正常工作条件下，这些电动力都不大，不会损坏电器。但出现短路故障时，情况就很严重了。短路电流值通常为正常工作电流的十至上百倍，在大电网中可达数十万安。因此，短路时的电动力非常大，在其作用下，载流件和与之连接的结构件、绝缘件(如支持瓷瓶、引入套管和跨接线等)均可能发生形变或损坏，更何况载流件在短路时的严重发热还将加重电动力的破坏作用。必须指出，电动力也能从电气方面损坏电器，例如巨大的电动斥力会使触头因接触压力减小太多而过热以致熔焊，使电器无法继续正常运行，严重时甚至使动、静触头斥开，产生强电弧而烧毁触头和电器。

电动力还有可供利用的一面。除它能将电弧拉长及驱入灭弧室以增强灭弧效果外，限流式断路器就是利用电动斥力使动、静触头迅速分离，从而只需分断比预期电流小得多的电流。

电动力一般用两种方法计算，一种方法是将它看作一载流体的磁场对另一载流体的作用，且以毕奥 - 萨伐尔定律和安培力公式进行计算；另一种方法是根据载流系统的能量平衡关系求电动力。在后面将对此详细讨论。

1.5 电器中电动力的计算

1.5.1 毕奥－萨伐尔定律计算电动力

当载有电流 i_1 的导体元 $\mathrm{d}\boldsymbol{l}_1$ 处于磁感应强度为 $\boldsymbol{B}$ 的磁场内时(图 1－10(a)),按安培力公式,作用于它的电动力为

$$\mathrm{d}\boldsymbol{F} = i_1 \mathrm{d}\boldsymbol{l}_1 \times \boldsymbol{B} \tag{1-32}$$

或

$$\mathrm{d}\boldsymbol{F} = i_1 \mathrm{d}\boldsymbol{l}_1 \boldsymbol{B} \sin\beta \tag{1-33}$$

式中 $\boldsymbol{B}$——磁感应矢量;

$\mathrm{d}\boldsymbol{l}_1$——取向与 i_1 一致的导体元矢量;

β——由 $\mathrm{d}\boldsymbol{l}_1$ 按最短路径转向 $\boldsymbol{B}$ 而确定的、介于此二矢量间的平面角。

为计算载流体间的相互作用力,必须应用毕奥－萨伐尔定律求电流元 $i_2 \mathrm{d}\boldsymbol{l}_2$ 在导体元 $\mathrm{d}\boldsymbol{l}_1$ 上一点 M 处产生的磁感应(图 1－10(b))

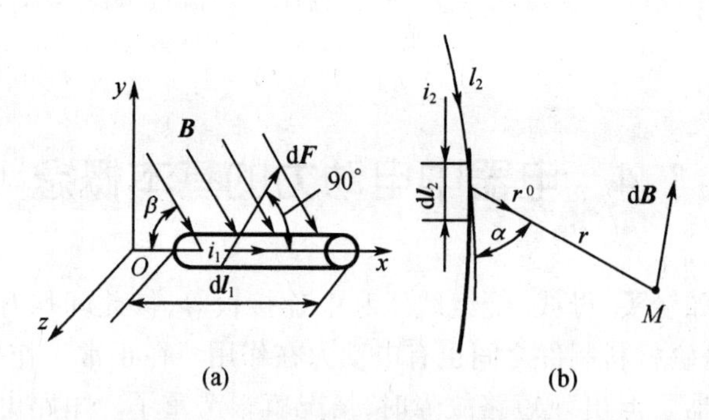

图 1－10 载流导体间的相互作用力

$$\mathrm{d}\boldsymbol{B} = \frac{\mu_0}{4\pi} i_2 \frac{\mathrm{d}\boldsymbol{l}_2 \times \boldsymbol{r}^0}{r^2} \tag{1-34}$$

或

$$\mathrm{d}\boldsymbol{B} = \frac{\mu_0}{4\pi} i_2 \mathrm{d}\boldsymbol{l}_2 \frac{\sin\alpha}{r^2}$$

式中 r——由导体元 $\mathrm{d}\boldsymbol{l}_2$ 至点 M 的距离;

$\boldsymbol{r}^0$——单位矢量;

$\mathrm{d}\boldsymbol{l}_2$——沿方向 i_2 取向的导体元矢量;

α——$\mathrm{d}\boldsymbol{l}_2$ 和 $\boldsymbol{r}^0$ 二矢量间的夹角;

μ_0——真空磁导率,$\mu_0 = 4\pi \times 10^{-7}\,\mathrm{H/m}$,在工程计算中,除铁磁材料外,其他材料的磁导率均取为 μ_0。

当导体截面的周长远小于两导体的间距时,可认为电流集中于导体的轴线上。于是整个载流导体 $\boldsymbol{l}_2$ 在点 M 处建立的磁感应为

$$B = \frac{\mu_0}{4\pi}\int_0^{l_2} \frac{i_2 \mathrm{d}\boldsymbol{l}_2 \sin\alpha}{r^2} \tag{1-35}$$

将上式代入式(1－33)并积分,得二载流导体间相互作用的电动力

$$F = \frac{\mu_0}{4\pi} i_1 i_2 \int_0^{l_1} \sin\beta \mathrm{d}\boldsymbol{l}_1 \int_0^{l_2} \frac{\sin\alpha}{r^2} \mathrm{d}\boldsymbol{l}_2 = \frac{\mu_0}{4\pi} i_1 i_2 K_c \tag{1-36}$$

式中 K_c 为仅涉及导体几何参数的积分量,称为回路系数。

当二导体处于同一平面内时,$\beta = \pi/2$,$\sin\beta = 1$,故回路系数

$$K_c = \int_0^{l_1}\int_0^{l_2} \frac{\sin\alpha \mathrm{d}\boldsymbol{l}_1 \mathrm{d}\boldsymbol{l}_2}{r^2} \tag{1-37}$$

这样,载流系统中各导体间相互作用的电动力的计算便归结为有关的回路系数的计算。

1. 平行载流导体间的电动力

有两根无限长直平行载流导体,其截面周长远小于间距 a(图 1－11(a))。显然,电流元 $i_2\mathrm{d}\boldsymbol{l}_2$ 在导体元 $\mathrm{d}\boldsymbol{l}_1$处建立的磁感应为

$$\mathrm{d}\boldsymbol{B} = \frac{\mu_0}{4\pi} i_2 \mathrm{d}\boldsymbol{l}_2 \frac{\sin\alpha}{r^2}$$

由图可见,$r = a/\sin\alpha$,$l_2 = a\cot\alpha$,故 $\mathrm{d}\boldsymbol{l}_2 = -(a/\sin^2\alpha)\mathrm{d}\alpha$。因此整个载流导体Ⅱ中的电流 i_2在导体Ⅰ处建立的磁感应

$$\boldsymbol{B} = \frac{\mu_0}{4\pi}\frac{i_2}{a}\int_{\alpha_2}^{\alpha_1} \sin\alpha \mathrm{d}\alpha = \frac{\mu_0}{4\pi}\frac{i_2}{a}(\cos\alpha_1 - \cos\alpha_2) \tag{1-38}$$

由于导体为无限长,故 $\alpha_1 = 0$,$\alpha_2 = \pi$,而

$$\boldsymbol{B} = \frac{\mu_0}{2\pi}\frac{i_2}{a}$$

故作用于导体 I 中线段 l_1上的电动力

$$\boldsymbol{F} = \frac{\mu_0}{2\pi} i_1 i_2 \frac{1}{a}\int_0^{l_1} \mathrm{d}\boldsymbol{l}_1 = \frac{\mu_0}{4\pi}\frac{2l_1}{a} i_1 i_2 = \frac{\mu_0}{4\pi} i_1 i_2 K_c \tag{1-39}$$

可见无限长直平行导体的回路系数

$$K_c = 2l_1/a \tag{1-40}$$

若载流导体为有限长(图 1－11(b)),则

$$\cos\alpha_1 = \frac{l_2 - x}{\sqrt{(l_2 - x)^2 + a^2}};\quad \cos\alpha_2 = -\frac{x}{\sqrt{x^2 + a^2}}$$

结合式(1－38)和式(1－39),得此二载流体导体间相互作用的电动力为

$$\begin{aligned} F &= \frac{\mu_0}{4\pi}\frac{i_1 i_2}{a}\int_0^{b+l_1}\left(\frac{l_2 - x}{\sqrt{(l_2 - x)^2 + a^2}} + \frac{x}{\sqrt{x^2 + a^2}}\right)\mathrm{d}x \\ &= \frac{\mu_0}{4\pi} i_1 i_2 \frac{1}{a}\left[\sqrt{(l_1 + b)^2 + a^2} + \sqrt{(l_2 - b)^2 + a^2} - \sqrt{(l_2 - l_1 - b)^2 + a^2} - \sqrt{a^2 + b^2}\right] \end{aligned} \tag{1-41}$$

由图 1－11(c)可见,上式方括号内的四项依次为 D_1、D_2、S_2和 S_1,前二者为导体Ⅰ、Ⅱ所构成的四边形的对角线,后二者为其腰,因此回路系数为

$$K_c = [(D_1 + D_2) - (S_1 + S_2)]/a$$

在特殊场合，例如 $l_1 = l_2 = l$ 时（$b=0$），有

$$K_c = 2(\sqrt{l^2 + a^2} - a)/a \tag{1-42}$$

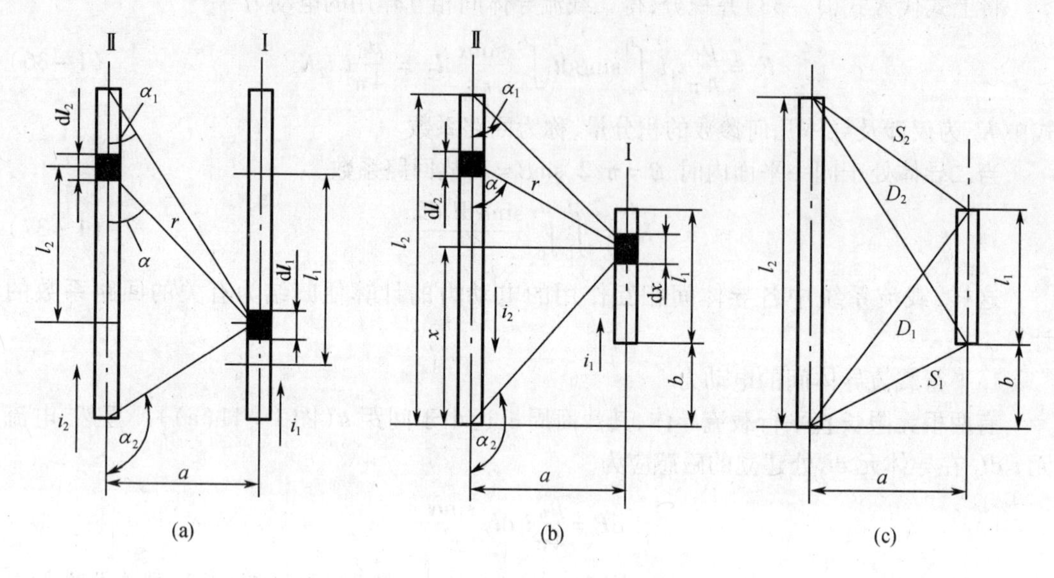

图 1-11　平行载流导体间的电动力

2. 载流导体互成直角时的电动力

设载流导体如图 1-12(a) 所示，其半径为 r_0，通过电流 i，且竖直导体Ⅱ为无限长。在水平导体Ⅰ上取一导体元 dx，按式（1-37），电流元 idl_2 在 dx 处建立的磁感应为

$$d\boldsymbol{B} = \frac{\mu_0}{4\pi}\frac{i}{x}\sin\alpha dx$$

故全部载流导体Ⅱ在 dx 处建立的磁感应为

$$\boldsymbol{B} = -\frac{\mu_0 i}{4\pi x}\int_{\pi/2}^{0}\sin\alpha dx = \frac{\mu_0 i}{4\pi x}$$

而作用于导线Ⅰ的线段 $l = l_1 - r_0$ 上的电动力为

$$\boldsymbol{F} = \frac{\mu_0}{4\pi}i^2\int_0^{l_1}\frac{dx}{x} = \frac{\mu_0}{4\pi}i^2\ln\frac{l_1}{r_0} \tag{1-43}$$

作用在 dx 上的电动力产生的关于点 O 的转矩为

$$d\boldsymbol{T} = x d\boldsymbol{F} = \frac{\mu_0}{4\pi}i^2\frac{dx}{x}x = \frac{\mu_0}{4\pi}i^2 dx$$

故整个导体Ⅰ所受电动力关于点 O 的转矩为

$$\boldsymbol{T} = \frac{\mu_0}{4\pi}i^2\int_{r_0}^{l_1}dx = \frac{\mu_0}{4\pi}i^2(l_1 - r_0) = \frac{\mu_0}{4\pi}i^2 m_c^0 \tag{1-44}$$

式中 m_c^0 为计算关于点 O 的转矩的回路系数。

由式（1-43）及式（1-44）可见，回路系数

$$K_c = \ln\frac{l_1}{r_0} + \frac{1}{4};\quad m_c^0 = l_1 - r_0 \tag{1-45}$$

在电流从竖直导体过渡到水平导体($x<r_0$)处,电流分布非常复杂,实际上已不能应用式(1-43)计算考虑导线半径时的电动力。在这种场合应以下文将讲到的能量平衡法计算。考虑到过渡处电流的影响,在式(1-45)中出现了“1/4”这一项。

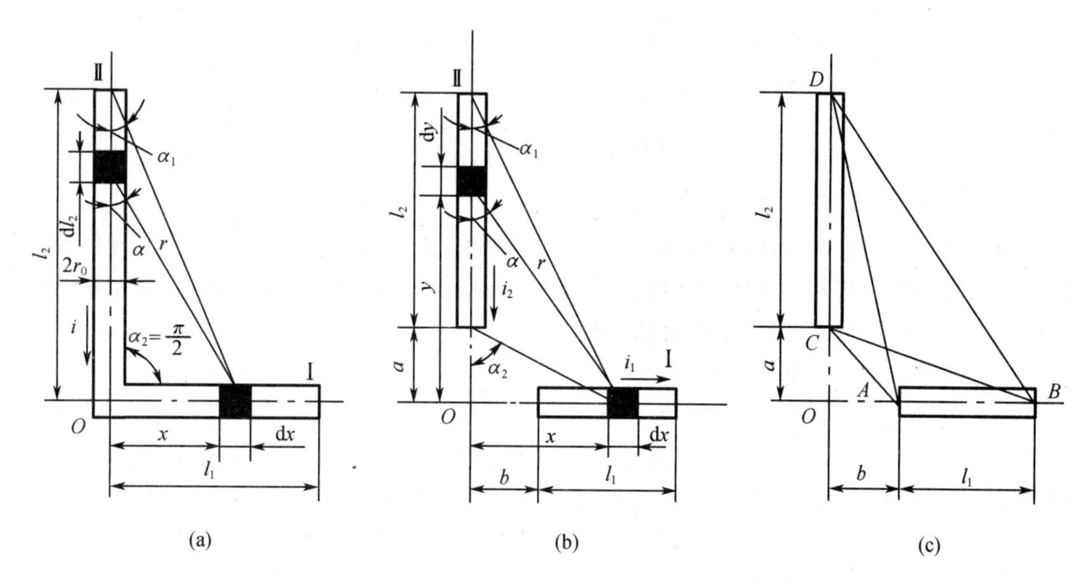

图1-12　载流导体互成直角时的电动力

如果竖直导体也是有限长,那么电流元$i\mathrm{d}\boldsymbol{l}_2$在导体元$\mathrm{d}x$处建立的磁感应为

$$\mathrm{d}\boldsymbol{B}=-\frac{\mu_0 i}{4\pi x}\sin\alpha\mathrm{d}x$$

故全部载流导体Ⅱ在$\mathrm{d}x$处建立的磁感应

$$\boldsymbol{B}=-\frac{\mu_0 i}{4\pi x}\int_{\pi/2}^{\alpha_1}\sin\alpha\mathrm{d}\alpha=\frac{\mu_0 i}{4\pi x}\cos\alpha_1$$

由于$\cos\alpha_1=l_2/\sqrt{{l_2}^2+x^2}$,故作用在导体上的电动力

$$\boldsymbol{F}=\int_{r_0}^{l_1}\frac{\mu_0 i^2}{4\pi x}\frac{l_2}{\sqrt{l_2^2+x^2}}\mathrm{d}x=\frac{\mu_0}{4\pi}i^2\ln\left[\frac{l_1}{r_0}\frac{(l_2+\sqrt{r_0^2+l_2^2})}{(l_2+\sqrt{l_1^2+l_2^2})}\right]$$

因此回路系数

$$K_c=\ln\left[\frac{l_1}{r_0}\frac{(l_2+\sqrt{r_0^2+l_2^2})}{(l_2+\sqrt{l_1^2+l_2^2})}\right]+\frac{1}{4}\tag{1-46}$$

若导体位置如图1-12(b)所示,则按式(1-38),载流导体Ⅱ在导体Ⅰ上$\mathrm{d}x$处建立的磁感应

$$\boldsymbol{B}=\frac{\mu_0 i}{4\pi x}(\cos\alpha_1-\cos\alpha_2)$$

由于$\cos\alpha_1=(l_2+a)/\sqrt{(l_2+a)^2+x^2}$,$\cos\alpha_2=a/\sqrt{x^2+a^2}$,故作用在导体Ⅰ上的电动力

$$F=\frac{\mu_0}{4\pi}i_1i_2\int_b^{l_1+b}\left(\frac{l_2+a}{x\sqrt{(l_2+a)^2+x^2}}-\frac{a}{x\sqrt{x^2+a^2}}\right)\mathrm{d}x$$

$$=\frac{\mu_0}{4\pi}i_1i_2\ln\left[\frac{a+\sqrt{(l_1+b)^2+a^2}}{l_2+a+\sqrt{(l_1+b)^2+(l_2+a)^2}}\times\frac{l_2+a++\sqrt{(l_2+a)^2+b^2}}{a+\sqrt{a^2+b^2}}\right]$$

综合图 1－12(c)，得回路系数

$$K_c=\ln\frac{(BC+OC)(AD+OD)}{(AC+OC)(BD+OD)} \tag{1-47}$$

3. 载流导体与铁磁件之间的电动力

载流导体总是力图向铁磁件靠拢。按电磁场理论，铁磁件可代之以位于载流导体对称位置上的另一等电流载流导体。这样，载流导体与铁磁件间的相互作用力便可看作两载流导体间的相互作用力，而沿用上述方法进行计算。

4. 导体几何参数对电动力的影响

以上关于电动力的计算，是认为导体或者为圆截面的，或者其截面的周长与导体间距相比可以忽略不计。若圆截面导体通过直流电流，其直径大小仍不致影响电动力；但它通过交变电流时，邻近效应的影响已不容忽视。工程上大截面导体以矩形截面的居多，而其中的电流分布对电动力的影响也较明显。对这种影响通常是在电动力计算公式中设一修正系数——形状系数 K_f 来考虑。于是，电动力计算公式将是

$$F=\frac{\mu_0}{4\pi}i_1i_2K_cK_f \tag{1-48}$$

形状系数值与导体尺寸、形状、导体间的相对位置有关。它既可通过计算求得，也可从图表中查得。图 1－13 给出了矩形截面导体的形状系数曲线。当导体截面的周长远小于导体间距，也即 $(a-b)/(b+h)>2$ 时，基本上可不计导体几何参数的影响而取 $K_f=1$。

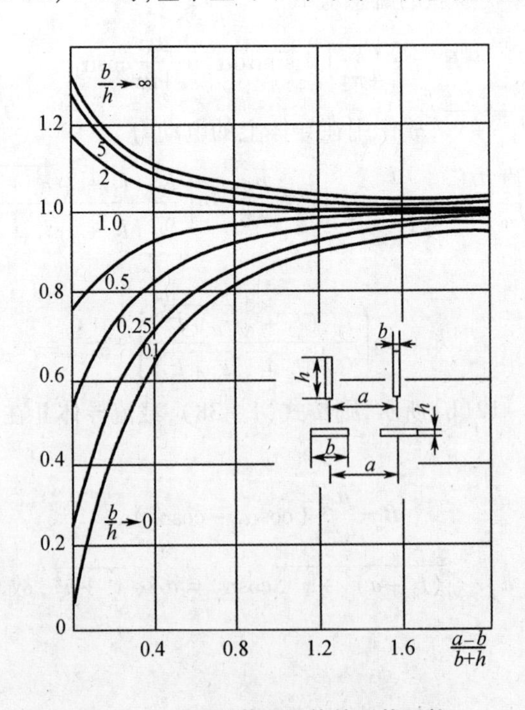

图 1－13　矩形截面导体的形状系数

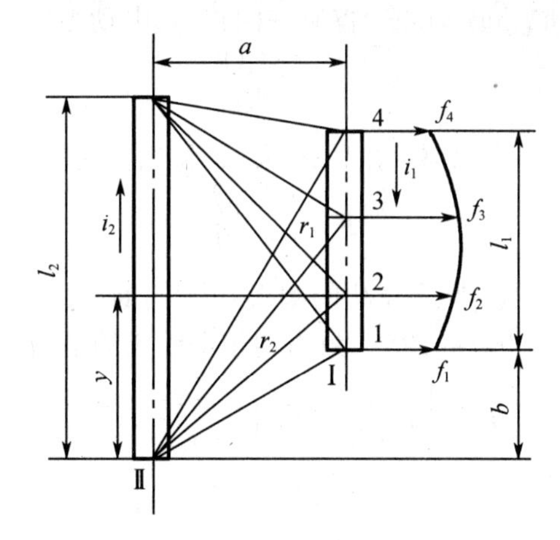

图 1－14　载流导体上的电动力分布

5. 电动力沿导线的分布

为确定载流导体内的机械应力及其紧固件和支持件的机械负荷，不仅需要知道导体所受的电动力，而且要知道它的分布。

当载流导体处于同一平面时，不论它们平行与否，电动力分布情况均易求得。以图 1－14 所示系统为例，计算步骤如下：

(1)将导体Ⅰ分割为若干段(如3段)；

(2)计算导体Ⅱ中电流 i_2 在导体Ⅰ各段边界点上建立的磁感应强度

$$\boldsymbol{B}=\frac{\mu_0 i_2}{4\pi a}\left[\frac{l_2-y}{\sqrt{(l_2-y)^2+a^2}}+\frac{y}{\sqrt{y^2+a^2}}\right]$$

(3)计算边界点所在处单位长度上受到的电动力

$$f=\mathrm{d}\boldsymbol{F}/\mathrm{d}x=i_1\boldsymbol{B}$$

(4)绘制 f 的分布曲线。

有了电动力的分布曲线，即可通过求面积的方法(图解积分法)确定导体上的总机械负荷。至于等效电动力的作用点，应当是在过此图形的中心的垂线上。

1.5.2　能量平衡法计算电动力

用安培力公式计算复杂回路中导体所受电动力很不方便，有时甚至不可能。这时，应用基于磁能变化的能量平衡法是适宜的。如果忽略载流系统的静电能量，并认为载流系统在电动力作用下发生形变或位移时各回路电流保持不变，则根据虚位移原理，广义电动力

$$\boldsymbol{F}_b=\frac{\partial W_{\mathrm{M}}}{\partial b} \tag{1-49}$$

式中　W_{M}——磁场能量；

b——广义坐标。

式(1－49)的意义是：导体移动时所做的机械功等于回路磁能的变化。以偏微分形式表示是为了说明磁能变化只需要从力图改变待求电动力的那个坐标的变化来考虑。如欲求使载流线匝断裂的力，广义坐标应取线匝半径；而欲求二载流线匝间相互作用的电动力，广义坐标则应取匝间距离。

磁能对磁链的导数 $\mathrm{d}W_{\mathrm{M}}/\mathrm{d}\psi = i/2$。仅有一回路时，电动力

$$\boldsymbol{F} = \frac{i}{2}\frac{\mathrm{d}\psi}{\mathrm{d}b}$$

但 $\psi = N\Phi = Li$（Φ 为磁通，N 为回路的匝数，L 为该回路的电感），故电动力

$$\boldsymbol{F} = \frac{1}{2}i^2\frac{\mathrm{d}L}{\mathrm{d}b}$$

现计算导线半径为 r、平均半径为 R 的圆形线匝的断裂力（图 1－15（a））。当 $R \geqslant 4r$ 时，线匝电感 $L = \mu_0 R[\ln(8R/r) - 1.75]$，故作用于全线匝的电动力为

$$\boldsymbol{F} = \frac{1}{2}i^2\frac{\mathrm{d}L}{\mathrm{d}R} = \frac{\mu_0}{2}i^2\left(\ln\frac{8R}{r} - 0.75\right)$$

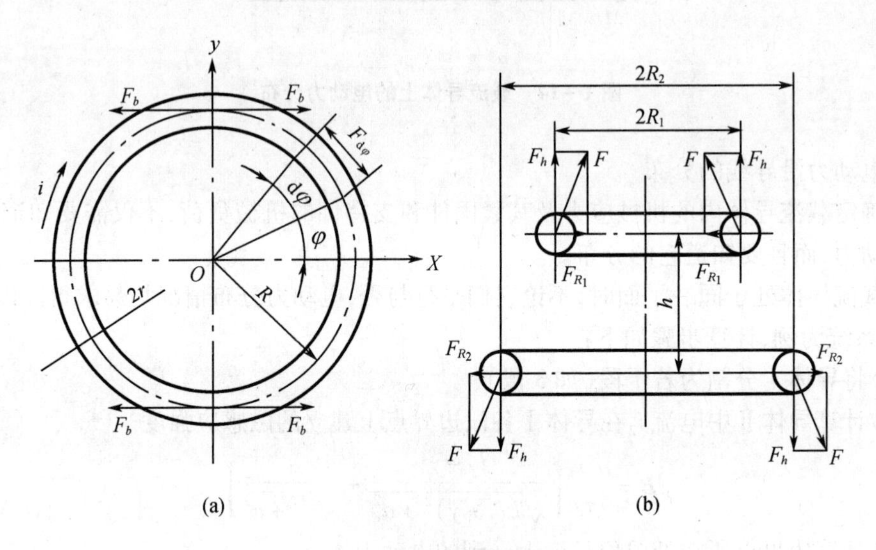

图 1－15 导体电动力

（a）线匝断裂力；（b）与线匝间的电动力

出现于单位长度线匝上且沿半径取向的电动力为 $f = F/(2\pi R)$，而作用于线匝使之断裂的电动力，即 f 在 1/4 圆周上的水平分量之总和

$$\boldsymbol{F}_b = \int_0^{\pi/2} Rf\cos\varphi \mathrm{d}\varphi = \frac{\mu_0}{4\pi}i^2\left(\ln\frac{8R}{r} - 0.75\right)$$

如果有两个圆形线匝（图 1－15（b）），彼此间的距离为 h，且 h 与线匝半径 R_1、R_2 为可比，又接近于 R_1，则其间的互感为

$$\boldsymbol{M} = \mu_0 R_1\left(\ln\frac{8R_1}{\sqrt{h^2 + c^2}} - 2\right)$$

式中 $c = R_2 - R_1$。于是两线匝间相互作用的电动力为

$$\boldsymbol{F}_h = i_1 i_2\frac{\mathrm{d}\boldsymbol{M}}{\mathrm{d}h} = -\mu_0 i_1 i_2\frac{R_1 h}{h^2 + c^2}$$

式中的负号说明：随着距离 h 的增大，互感 $\boldsymbol{M}$ 将减小。此电动力的值与 c 有关，且在 $c = 0$ 时有最大值

$$\boldsymbol{F}_{h_{\max}} = -\mu_0 i_1 i_2 R_1/h$$

电动力的方向是这样的，当两线匝产生的磁通同向时，它们互相吸引；反之则互相排斥。

除上述电动力外，作用于线匝的还有其本身电流产生的固有径向力，以及另一线匝建立的轴向磁场与该电流产生的电动力。既然 $\boldsymbol{M}=f(R_1,R_2)$ 已知，不难求得

$$\boldsymbol{F}_{R_1}=i_1 i_2\frac{\partial \boldsymbol{M}}{\partial R_1};\quad F_{R_2}=i_1 i_2\frac{\partial \boldsymbol{M}}{\partial R_2}$$

1.5.3　交变电流下的电动力

我国工程上应用的交变电流是以 50 Hz 的频率按正弦规律随时间变化的电流。既然电流是随时间变化的，作用在通过交变电流的导体上的电动力也将随时间而变化。

1. 单相系统中的电动力

设有一单相交流系统，其导体通过电流

$$i=I_{\rm m}\sin\omega t$$

式中　$I_{\rm m}$——电流的幅值；

ω——电流的角频率。

这时，导体间相互作用的电动力

$$F(t)=\frac{\mu_0}{4\pi}i^2K_{\rm c}=\frac{\mu_0}{4\pi}K_{\rm c}I_{\rm m}^2\sin^2\omega t \tag{1-50}$$

令 $C=\mu_0K_{\rm c}/(4\pi)$，且考虑到 $\sin^2\omega t=(1-\cos2\omega t)/2$，故有

$$F(t)=CI_{\rm m}^2(1-\cos2\omega t)/2=CI^2-CI^2\cos2\omega t=F_-+F_\sim$$

式中　F_-——交流电动力的恒定分量，也称平均力，$F_-=CI^2$；

$F_\sim$——交流电动力的交变分量，$F_\sim=-CI^2\cos2\omega t$，其幅值等于平均力，而频率为电流频率的 2 倍。

上式表明，交流单相系统中的电动力由恒定分量与交变分量两部分构成，它是单方向作用的，并按 2 倍电流频率变化。图 1-16 就是该电动力和电流随时间变化的曲线。

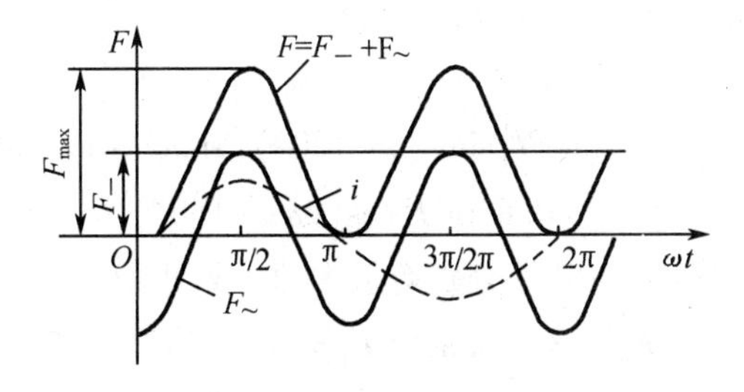

图 1-16　单相交流系统的电动力

显然，交流单相电动力有最大值

$$F_{\max}^{(1)}=CI_{\rm m}^2=2CI^2=2F_-$$

和最小值

$$F_{\min}^{(1)}=0$$

为便于比较，将单相交流电动力的最大值取为基准值，并用 F_0 表示。

2. 三相系统中的电动力

对称三相交流系统的电流为：

$$i_{\mathrm{A}} = I_{\mathrm{m}}\sin\omega t$$

$$i_{\mathrm{B}} = I_{\mathrm{m}}\sin(\omega t - 120°)$$

$$i_{\mathrm{C}} = I_{\mathrm{m}}\sin(\omega t - 120°)$$

令三相电流为同向，当三相导体平行并列时，作用于任一边缘相导体上的电动力为中间相及另一边缘相导体中电流对其作用之和。但边缘相导体间的距离是它们与中间相导体间距离的 2 倍(图 1 - 17)，故两边缘相导体中电流间的相互作用力仅为它们与中间相导体中电流间的相互作用力的一半，因此

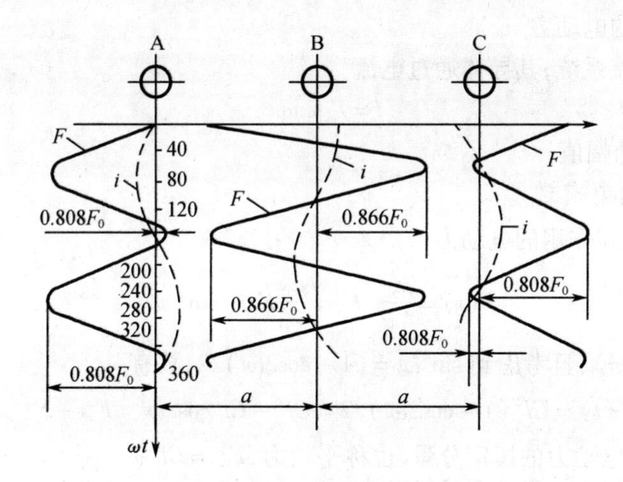

图 1 - 17　三相并列平行导体中的电流和电动力

$$\begin{aligned} F_{\mathrm{A}} &= F_{\mathrm{A/B}} + F_{\mathrm{A/C}} = Ci_{\mathrm{A}}(i_{\mathrm{B}} + 0.5i_{\mathrm{C}}) \\ &= CI_{\mathrm{m}}^2\sin\omega t[\sin(\omega t - 120°) + 0.5\sin(\omega t - 120°)] \\ &= -0.866CI_{\mathrm{m}}^2\sin\omega t\sin(\omega t + 30°) \end{aligned}$$

$$\begin{aligned} F_{\mathrm{B}} &= F_{\mathrm{B/A}} + F_{\mathrm{B/C}} = Ci_{\mathrm{B}}(i_{\mathrm{A}} - i_{\mathrm{C}}) \\ &= CI_{\mathrm{m}}^2\sin(\omega t - 120°)[\sin\omega t - \sin(\omega t - 120°)] \\ &= 0.866CI_{\mathrm{m}}^2\cos(2\omega t - 150°) \end{aligned}$$

电动力 F_{A} 在 $\omega t = 75°$ 及 $\omega t = 15°$ 处分别有最大值及最小值

$$F_{\max_{\mathrm{A}}}^{(3)} = -0.808CI_{\mathrm{m}}^2 = -0.808F_0$$

$$F_{\min_{\mathrm{A}}}^{(3)} = 0.055CI_{\mathrm{m}}^2 = 0.055F_0$$

而电动力 F_{B} 在 $\omega t = 75°$ 及 $\omega t = 165°$ 处分别有最大值及最小值

$$F_{\max_{\mathrm{B}}}^{(3)} = 0.866CI_{\mathrm{m}}^2 = 0.866F_0$$

$$F_{\min_{\mathrm{B}}}^{(3)} = -0.866CI_{\mathrm{m}}^2 = -0.866F_0$$

至于 C 相导体所受电动力的最大值和最小值的幅度均与 A 相的相同，只是出现的相位不同而已。

根据上面的分析可以得出两点结论：

(1)作用于中间相(B 相)导体上的电动力的最大值与最小值幅度一样，都比边缘相导体所受电动力的最大值大7%；作用在边缘相导体上的电动力，其最大值和最小值相差十几倍。

(2)若电流幅值相等，且二导线间距也相等，单相系统导线所受电动力比三相系统的大。

如果三相导体作等边三角形分布(见图1－18)，情况将完全不同。以A相导体为例，取其轴心为坐标原点，并作 x、y 坐标轴如图，再求其所受电动力沿此二轴方向上的分量

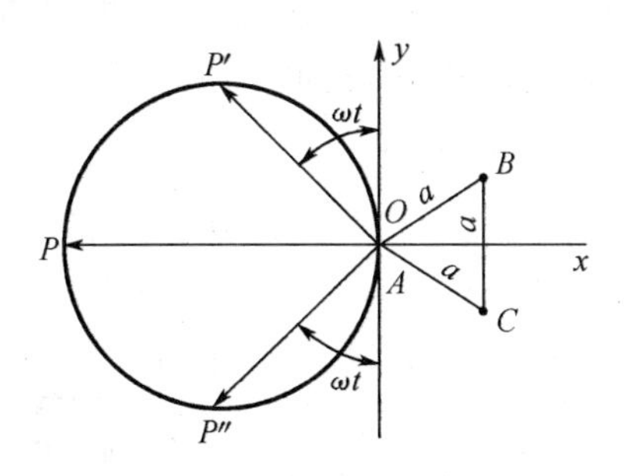

图1－18　三相导体在等边三角形顶点时的电动力

$$F_{A_x} = F_{A/B_x} + F_{A/C_x} = CI_m^2 \sin\omega t[\sin(\omega t - 120°) + \sin(\omega t - 120°)]\cos 30°$$

$$= -\sqrt{3}CI_m^2(1-\cos 2\omega t)/4$$

$$F_{A_y} = F_{A/B_y} + F_{A/C_y} = CI_m^2 \sin\omega t[\sin(\omega t - 120°) - \sin(\omega t - 120°)]\sin 30°$$

$$= -\sqrt{3}CI_m^2 \sin 2\omega t/4$$

因此作用在 A 相导体上的电动力

$$F_A = \sqrt{F_{A_x}^2 + F_{A_y}^2} = \pm\sqrt{3}CI_m^2 \sin 2\omega t/2 = \pm 0.866F_0 \sin 2\omega t \tag{1-51}$$

此电动力的量值和方向可借图1－18中的向量 OP 表示。力 F_x 在 x 轴上的射影恒在坐标原点左侧。注意：当 $2\omega t > 180°$ 时，式(1－51)取负号，反之则取正号，否则电动力 F_A 在 x 轴上的射影将出现在坐标原点右侧。

作用于B、C二相导体上的电动力与A相的一样，仅在空间及时间上有相位差。

1.6　短路时的电动力和电动稳定性

电力系统发生短路时，流过导体的短路电流将产生一个可能危害导体的巨大电动力。

1.6.1　单相系统短路时的电动力

单相系统发生短路时，短路电流除含正弦周期分量外，还含有非周期分量。前者也称为稳态分量，它取决于系统短路时的阻抗；后者也称为暂态分量或衰减分量，它主要取决于发生短路时电源电压的相位。短路电流的表达式为

$$i = I_m[\sin(\omega t + \psi - \varphi) - \sin(\psi - \varphi)e^{-Rt/L}] = i' + i'' \tag{1-52}$$

式中　I_m——短路电流稳态分量的幅值；

ψ——短路瞬间的电压相角；

φ——系统短路时的阻抗角；

i'、i''——短路电流的稳态分量和暂态分量；

R、L——系统短路后的电阻和电感。

短路电流与时间的关系见图 1－19。

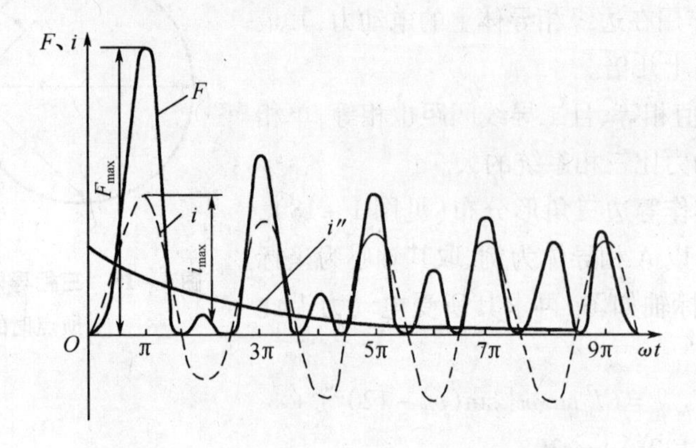

图 1－19　单相交流系统短路时的电流和电动力

由式(1－52)可见，当 $\psi=\varphi$ 时，短路电流的暂态分量为零，短路电流值最小；$\psi=\varphi-\pi/2$时，暂态分量和短路电流均最大，这时有

$$i=I_{m}(e^{-Rt/L}-\cos\omega t)=I_{m}(e^{-t/T}-\cos\omega t)$$

式中 T 电路的电磁时间常数，$T=L/R$。

因此电动力为

$$F=CI_{m}^{2}(e^{-t/T}-\cos\omega t)^{2}=F_{0}(e^{-t/T}-\cos\omega t)^{2} \tag{1-53}$$

图 1－19 还给出了短路时电动力与时间的关系。

在短路电流达到冲击电流值，即 $t=\pi/\omega$ 时，电动力有最大值

$$F_{\max_{sc}}^{(1)}=CK_{i}^{2}I_{m}^{2}$$

式中 K_i 冲击系数，其值与系统容量、短路点位置以及电路的电磁时间常数等有关。对于一般工业电网，可以取 $K_i=1.8$。因此，发生单相短路时电动力的最大值为

$$F_{\max_{sc}}^{(1)}=3.24CI_{m}^{2}=6.48CI^{2} \tag{1-54}$$

1.6.2　三相系统短路时的电动力

以并列于同一平面内的平行三相导体为例。当发生短路时，各相电流为

$$i_{A}=I_{m}[\sin(\omega t+\psi-\varphi)-\sin(\psi-\varphi)e^{-t/T}]$$
$$i_{B}=I_{m}[\sin(\omega t+\psi-\varphi-120°)-\sin(\psi-\varphi-120°)e^{-t/T}]$$
$$i_{C}=I_{m}[\sin(\omega t+\psi-\varphi+120°)-\sin(\psi-\varphi+120°)e^{-t/T}]$$

根据前面的分析可知，发生三相短路时，中间一相导体所受的电动力最大。若短路电流稳态分量值与单相短路时相同，则三相短路时电动力的最大值为

$$F_{\max_{sc}}^{(3)}=0.866F_{\max_{sc}}^{(1)}=2.8CI_{m}^{2}=5.6CI^{2} \tag{1-55}$$

图 1－20 所示为三相短路时电动力与时间的关系。

【例 1－4】　当图 1－21 所示 6 kV 油断路器载流系统通过的短路电流值为 $I=20$ kA 时，计算各载流件所受的电动力（由于箱体的屏蔽作用，箱体外的载流件对箱体内的载流件无作用）。

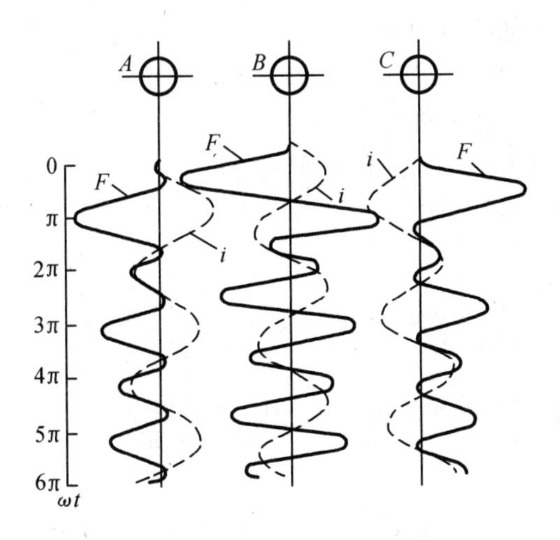

图 1-20　三相交流系统短路时的电流和电动力

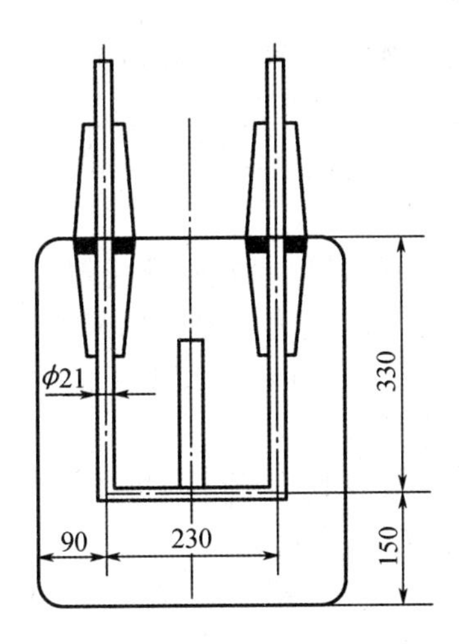

图 1-21　油断路器载流体的电动力计算

解　作用在横担上的电动力

$$F_a = F_1 + F_2$$

式中　F_1——垂直于横担的两载流体中电流对横担的作用力；

F_2——横担与箱体底部间的作用力。

按式(1-44)及式(1-54)有

$$F_1 = 6.48 \times \frac{\mu_0}{4\pi} \times (20 \times 10^3)^2 \times 2\ln\left(\frac{230}{10.5} + \frac{1}{4}\right) N = 1610\ \mathrm{N}$$

而按电磁场理论及式(1-54)和式(1-42)有

$$F_2 = 6.48 \times \frac{\mu_0}{4\pi} \times (20 \times 10^3)^2 \times 2\left[\sqrt{\left(\frac{230}{2 \times 150}\right)^2 + 1} - 1\right] N = 135\ \mathrm{N}$$

因此

$$F_a = (1610 + 135)\,\text{N} = 1745\ \text{N}$$

作用在引入线箱体内部的电动力

$$F_l = F_3 + F_4 + F_5 = F_3 + F_4 + F_1/2$$

式中 F_3——两引入线间的相互作用力；

F_4——引入线与箱体侧壁间的相互作用力；

F_5——引入线与横担间的相互作用力。

同前

$$F_3 = 6.48 \times \frac{\mu_0}{4\pi} \times (20 \times 10^3)^2 \times 2\left[\sqrt{\left(\frac{330}{230}\right)^2 + 1} - 1\right]\text{N} = 388\ \text{N}$$

$$F_4 = 6.48 \times \frac{\mu_0}{4\pi} \times (20 \times 10^3)^2 \times 2\left[\sqrt{\left(\frac{330}{2 \times 90}\right)^2 + 1} - 1\right]\text{N} = 564\ \text{N}$$

因此

$$F_l = (388 + 564 + 1610/2)\,\text{N} = 1757\ \text{N}$$

1.6.3　电器的电动稳定性

电器的电动稳定性是指电器能短时耐受短路电流的作用而不致产生永久性形变或遭到机械损伤的能力。由于在短路电流产生的巨大电动力作用下，载流导体以及与其刚性连接的绝缘件和结构件均可能发生形变甚至损坏，故电动稳定性也是考核电器性能的重要指标之一。

导体通过交变电流时，电动力的量值和方向都会随时间变化（方向的变化仅出现于三相系统）。众所周知，材料的强度不仅受力的量值的影响，也受其方向、作用时间和增长速度的影响。但导体、绝缘件和结构件等在动态情况下的行为相当复杂，故电动稳定性照例仅在静态条件下按最大电动力来校核。

电器的电动稳定性一般可直接以其零部件的机械应力不超过容许值时的电流（幅值）I_{m_p}表示，或以该电流与额定电流 I_n 之比表示

$$K_I = I_{m_p}/I_n \tag{1-56}$$

有时也用机械应力不超过容许值时，发生短路后第一个周期的冲击电流有效值 I_{i_1} 表示。

对于单相设备或系统，电动力是按短路冲击电流

$$i_i = K_i I_m^{(1)}$$

计算。如果短路点很接近发电机，则应取短路时的超瞬变电流（幅值）作为电流 I_m。

对于三相设备或系统，计算电动力时依据的电流是

$$i_i = K_i I_m^{(3)}$$

式中 $I_m^{(3)}$ 三相短路电流对称分量的幅值。

计算三相系统的电动力时，应注意到三相导体平行时，中间相电动力为最大的特点。

导体材料的应力必须小于下列数值：铜为 $13.7 \times 10^7\ \text{N/m}^2$；铝为 $6.86 \times 10^7\ \text{N/m}^2$。

电器或系统的大电流回路往往为若干导体并联构成的导体束。这时，电动力含邻相或相邻电路间的电动力和同相并联导体间的电动力。同相并联导体的间距常取为导体的厚度，故其间的电动力可能比邻相间的大得多。

如果令相邻电路或邻相导体间的电动力产生的应力为 σ_1，而同相并联导体间的电动力

产生的应力为 σ_2,则导体中的总应力为

$$\sigma = \sigma_1 + \sigma_2$$

以汇流排为例,如果视母线为多跨梁,则应力为

$$\sigma_1 = \frac{M_w}{W} = 0.1\frac{f_1 l_1^2}{W}$$

式中　M_w——弯矩;

W——关于弯曲轴线的断面系数;

f_1——作用于单位长度母线上的邻相间或相邻导体间的电动力;

l_1——绝缘子间的跨距。如果同相并联导体作刚性连接,那么应力

$$\sigma_2 = \frac{M}{W} = \frac{1}{12}\frac{f_2 l_2^2}{W} \tag{1-57}$$

式中　f_2——导体束单位长度母线上相互作用的电动力;

l_2——绝缘垫块间的距离。

由于导体束中母线间的距离与母线截面周边尺寸为可比,故计算电动力时应引入形状系数 K_f。

作用于绝缘子上的力为

$$F = f_1 l_1$$

故选择绝缘子时应使冲击电流产生的电动力小于制造厂规定的最小破坏力的60%。至于形状复杂的绝缘件(如瓷衬套等),容许机械应力还与厚度有关。此外,还应注意到绝缘子的抗拉强度比其抗压强度小很多。

【例1-5】　有一三相隔离开关,其闸刀用空心硬紫铜管制造。铜管外直径 $D=40$ mm,内直径 $d=36$ mm,长度 $l=1000$ mm。相间距离 $a=600$ mm。硬紫铜的抗拉强度 $[\sigma]=250\times10^6$ Pa。若通过闸刀的极限电流为 $I_m^{(3)}=50$ kA,试校核开关的电动稳定性。

解　如前所述,中间相闸刀承受的电动力为最大。按式(1-55),此电动力

$$\begin{aligned}F_{\max_{sc}}^{(3)} &= 2.8CI_m^2 = 2.8\times\frac{\mu_0}{4\pi}\times K_c I_m^2\\&= 2.8\times\frac{4\pi\times10^{-7}}{4\pi}\times\frac{2\times1000}{600}\times\left[\sqrt{1+\left(\frac{600}{1000}\right)^2}-\frac{600}{1000}\right]\times(50\times10^3)^2\text{N}\\&= 1320\text{N}\end{aligned}$$

视闸刀为两端固定的横梁,按式(1-57),闸刀断面内的最大应力为

$$\sigma = \frac{F_{\max_{sc}}^{(3)} l}{12W} = \frac{1320\times1000\times10^{-3}}{12\times\frac{\pi}{32}\left[\frac{(40\times10^{-3})^4-(36\times10^{-3})^4}{40\times10^{-3}}\right]}\text{Pa} = 50.9\times10^6\text{ Pa}$$

因此刀开关的电动稳定性是合格的。

习　题

1.1 电器中有哪些热源,它们各有何特点?

1.2 散热方式有哪几种,它们各有何特点?

1.3 为什么决定电器零部件工作性能的是其温度、而考核质量的指标却是其温升？

1.4 发热过程和冷却过程的发热时间常数是否相同，为什么？

1.5 在整个发热过程中，发热时间常数和综合散热系数是否改变，为什么？

1.6 如果短时工作制的通电时间接近于4倍发热时间常数，还允许过载吗？

1.7 当 *TD* 值相同而发热时间常数却不同时，两载流体的过载能力是否相同？

1.8 同一导体通过直流及等效的交变电流时，其温升是否相同？

1.9 同截面积的圆导体和矩形导体，哪个载流量大？

1.10 截面积为 100 mm×10 mm 的矩形铜母线每 1 cm 长度内的功率损耗为 2.5 W，其外层包有 1 mm 厚的绝缘层（$\lambda=1.14\ \mathrm{W/(m\cdot k)}$），试作其发热计算。如果将它以窄边为底置于静止空气中（$\theta_0=35\ ℃$），试求其长期允许工作电流（设绝缘为 *B* 级，K_T 值按式 $K_T=9.2[1+0.009(\theta-\theta_0)]$ 计算）。

1.11 一直流电压线圈绕在套于铁芯柱上的金属衬套上，其额定电压 $U_n=36$ V。线圈的外直径 $D_1=40$ mm、内直径 $D_2=20$ mm、高度 $h=60$ mm、匝数 $N=5\ 500$。绕组线直径 $d=0.33$ mm。设线圈外表面的综合散热系数 $K_T=12\ \mathrm{W/(m^2\cdot k)}$，试求线圈的平均温升。

1.12 一车间变电站低压侧短路电流 $I_\infty=31.4$ kA，所用铝母线截面积 $A=60$ mm×6 mm。母线短路保护动作时间和断路器分断时间共计 1 s。若母线正常工作时的温度 $\theta_0=55\ ℃$，试校核其热稳定性。若将母线更换为铜质，试求其能满足热稳定性要求的最小截面积。

1.13 载流导体间为什么相互间有电动力作用？

1.14 计算载流导体间的电动力时，为什么要引入回路系数和形状系数？

1.15 交变电流下的电动力有何特点？

1.16 三相短路时，各相导线所受电动力是否相同？

1.17 一载流体长 1 m，其中通有电流 $I=20$ kA，若此导体平行于相距 50 mm 的一无限大钢板，试求作用于导体上的电动力。

第 2 章　电器的电接触与电弧理论

电路的通断和转换是通过电器中的执行部件（主要是其触头和灭弧装置）来实现的。触头既是一切有触点电器的执行元件，同时又是其中最薄弱的环节。其工作优劣不仅直接影响到整个电器的性能，还将影响到一个系统的工作可靠与否。触头接通和分断电流的过程往往伴随着气体放电现象和电弧的产生及熄灭。电弧对电器大多有害，例如，电弧出现会延缓电路的分断过程、烧伤触头、缩短触头乃至整个电器的寿命，严重时甚至还会引起火灾和人身伤亡事故。然而，电弧又是电路所储电磁能量泄放的主要途径，否则难以降低电路分断时出现的过电压。

触头的工作与电弧密切相关，它在工作过程中将被高温电弧所灼伤，并因之而发生质量转移和电侵蚀，因此本章将讨论电接触现象的本质、触头在各种工作状态下的行为、以及延长触头寿命和改善触头工作性能的技术措施，同时还要讨论电弧的产生原因、性质、熄灭方法以及电器中常用的灭弧装置。

2.1　电接触的基本概念

2.1.1　电接触与触头

任何电工装置皆由彼此间以任意方式联系着的单元构成，其中赖以保证电流流通的导体间的联系称为电接触，它是一种物理现象。通过互相接触以实现导电的具体物件称为电触头（简称触头），它是接触时接通电路、操作时因其相对运动而断开或闭合电路的两个或两个以上的导体。

1. 触头的分类

（1）连接触头

连接触头以机械方式——焊接、铆接和栓接来连接电路的不同环节，使电流能够从一环节流向另一环节。

这种触头在工作过程中无相对运动，它永远闭合着。连接触头除栓接的为可卸式外，其余为不可卸式（图 2－1）。对连接触头的基本要求：在其所在装置的使用期限内，应能完整无损地长期通过正常工作电流和短时通过规定的故障电流，因此它的电阻应当不大而且稳定。这就要求它既能耐受周围介质的作用，又能耐受温度变化引起的形变和通过短路电流时所产生的电动力的机械作用。

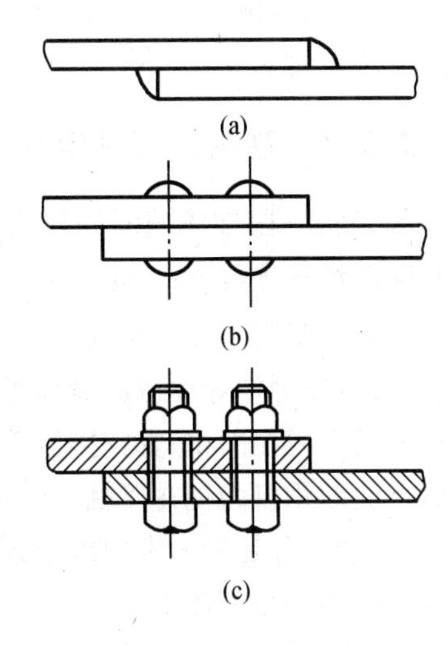

图 2－1　连接触头

（a）焊接式；（b）铆接式；（c）栓接式

(2)换接触头

换接触头是电器中用以接通、分断及转换电路的执行部件,并且总是以动触头和静触头的形式成对地出现。它具有多种形式,诸如楔形触头、刷形触头、指形触头、桥式触头和瓣式触头等(图2-2)。

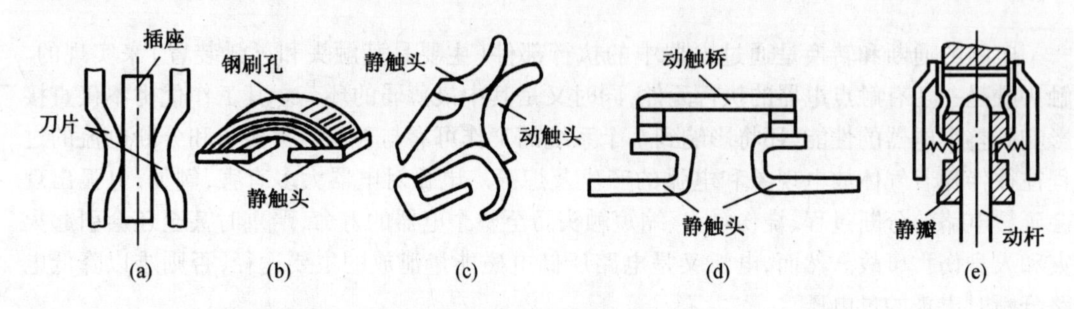

图2-2 换接触头

(a)楔形触头;(b)刷形触头;(c)指形触头;(d)桥式触头;(e)瓣式触头

对换接触头的基本要求:电阻小而稳定,并且耐电弧、抗熔焊和电侵蚀。顾及到有触点电器的故障很大一部分是触头工作不良所致,且后果往往还较严重,故对此决不可掉以轻心。

2. 换接触头的工作状态和基本参数

换接触头有两种稳定工作状态:对应于电路通路的闭合状态和对应于电路断路的断开状态。换接触头还有两种过渡工作状态:从断开状态向闭合状态过渡的接通过程和从闭合状态向断开状态过渡的分断过程。

这种触头有四个基本参数:开距、超程、初压力和终压力。开距是触头处于断开状态时其动静触头间的最短距离,其值是由它能否耐受电路中可能出现的过电压以及能否保证顺利熄灭电弧来决定的。超程是触头运动到闭合位置后将静触头移开时动触头还能移动的距离,其值取决于触头在其使用期限内遭受的电侵蚀。初压力是触头刚闭合时作用于它的压力,终压力是触头闭合终止位置的压力,其值由许多因素(如温升、熔焊等)决定。这四个参数是决定触头在运行中行为的主要因素。

2.1.2 触头的接触电阻

如果将一段导体截断后再小心翼翼地对接好,则在测量其电阻时将发现一电阻增量,这是因两截导体接触产生的,故称为接触电阻,以 R_j 表示。

接触电阻是怎样产生的呢?原来两互相接触的导体间的电导是在接触压力 F_j 作用下形成的,该压力使导体彼此紧压并以一定的面积互相接触。试验表明,导体接触处的整个面积只是个视在面积,真正接触着的是离散性的若干个被称为a斑点的小点(图2-3)。这种斑点的面积仅为视在接触面的很小一部分。就是a斑点本身也只有一小部分是纯金属接触区,其余部分是受污染的准金属接触区和覆盖着绝缘膜的不导电接触区。因此,实际的金属导体接触面非常小。

实际接触面缩小到局限于少量的a斑点引起了束流现象,即电流线收缩现象。它的出现总是伴随着与接触压力反向的电动斥力

$$F_e = \frac{\mu_0}{4\pi} I^2 \ln \frac{R_0}{r(\theta)}$$

以及由 pinch 效应导致的附加力

$$F_p = \frac{\mu_0}{6\pi} I^2$$

式中　I——通过电流束的电流；

R_0——束流区的半径；

$r(\theta)$——接触面半径，它是该处温度 θ 的函数。

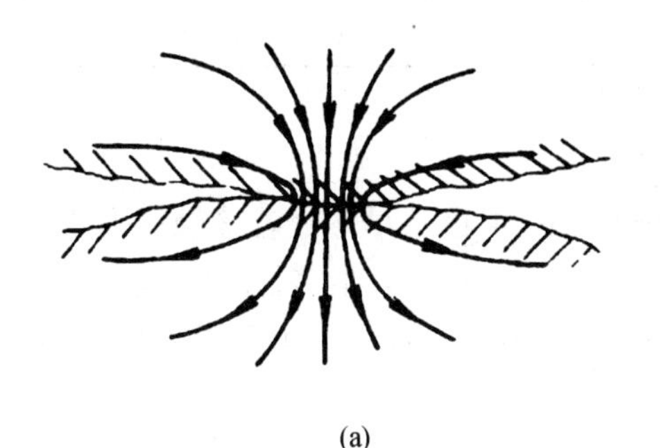
(a)

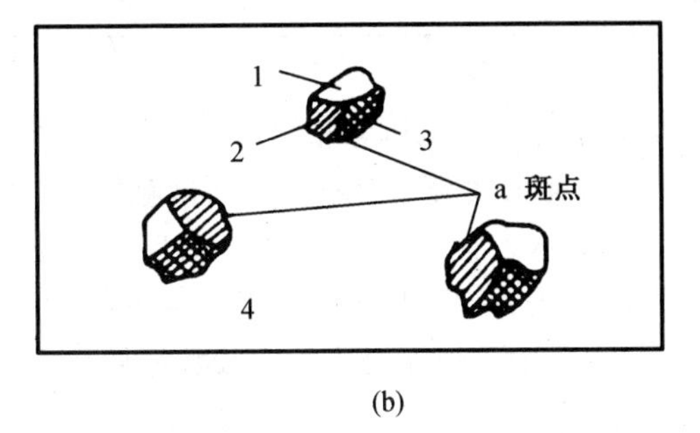

(b)

图 2－3　金属导体表面接触情况

(a)束流现象；(b)表面情况

1—纯金属接触区；2—准金属接触区；3—绝缘区；4—未接触区

这两种力都将使实际接触面进一步缩小，因此束流现象将引起称为束流电阻 R_b 的电阻增量。由于 R_0 和 $R(\theta)$ 及 a 斑点均为随机量，故束流电阻迄今仍难以通过解析方式计算。

接触面暴露在大气中会导致表面膜层的产生。它包含尘埃膜、化学吸附膜、无机膜和有机膜。尘埃膜由灰尘、织物纤维、介质中的杂质和放电产生的含碳微粒形成，它易生成也易脱落。化学吸附膜由气体分子和水分子吸附在接触面上形成，其厚度与电子固有波长相近，电子能以一定概率通过它。以上两种膜层虽会使接触电阻略增，但一般无害，仅使之欠稳定。无机膜主要是氧化膜及硫化膜，它能使电阻率增大 3～4 个数量级（如银的氧化膜）至十几个数量级（银的硫化膜和铜的氧化膜），严重时甚至呈现半导体状态（如氧化亚铜膜）。银的氧化膜温度较高时即可分解，铜的氧化膜要近于其熔点时才能分解，故危害很大。有机膜由绝缘材料或其他有机物排出的蒸汽聚集在接触面上形成。它不导电，击穿强度又高，对接触极有害。但当其厚度不超过 5×10^{-9} m 时，尚可借隧道效应导电，否则只能借空穴或电子移动导电，而其电阻亦类同于绝缘电阻。膜层导致的电阻增量称为膜层电阻 R_f，其随机性非常大，故更难以解析方式计算。

因此电接触导致的电阻增量——接触电阻 R_j 工程上往往以下面的经验公式计算

$$R_j = \frac{K_c}{(0.102F_j)^m} \tag{2-1}$$

式中　K_c——与触头材料、接触面加工情况以及表面状况有关的系数（表 2－1）；

F_j——接触压力；

m——与接触形式有关的指数（点接触 $m=0.5$、线接触 $m=0.5\sim0.7$、面接触 $m=1.0$，参见图 2－4）。

表 2-1 系数 K_c 的数值

触头材料	表面状况	$K_c/(\Omega \cdot N^m)$
银-银	未氧化	60×10^{-6}
铜-铜		$(80 \sim 140) \times 10^{-6}$
铝-铜		980×10^{-6}
铝-黄铜		1900×10^{-6}
银氧化镉 12-银氧化镉 12		170×10^{-6}
	已氧化	350×10^{-6}

影响接触电阻的因素很多,其中主要有以下几种。

(1)接触形式表面上看似乎面接触的接触电阻最小,但也不尽然。若接触压力不大,面接触时 a 斑点多,每个斑点上的压力反而很小,以致接触电阻增大很多,因此继电器和小容量电器的触头普遍采用点-点及点-面接触形式,大中容量电器触头才采用线和面接触形式。表 2-2 中关于铜触头的实验数据便是实证。

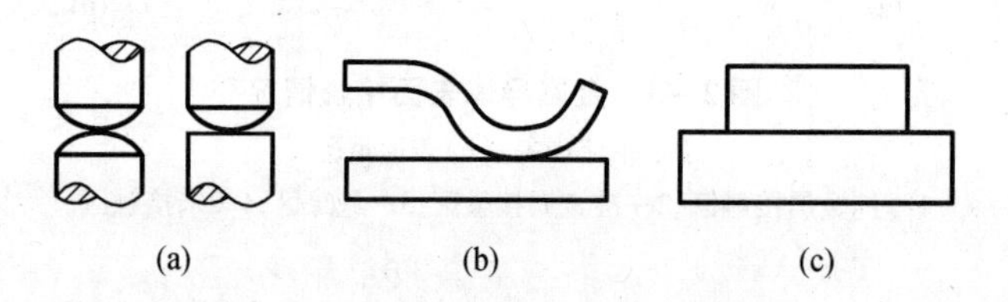

图 2-4 接触方式

(a)点接触;(b)线接触;(c)面接触

表 2-2 接触形式与接触电阻值

接触形式		点接触	线接触	面接触
$R_j/\times 10^{-6}\ \Omega$	$F_j = 9.8$ N	230	330	1 900
	$F_j = 980$ N	23	15	1

(2)接触压力

它是确定接触电阻的决定性因素。接触面受压后总有弹性及塑性形变,使接触面积增大。压力还能抑制表面膜层的影响。从黄铜质球-平面接触触头通过 20 A 电流时的试验结果来看(图 2-5),接触压力越小,R_j 越大,且分散性很大,可是过分增大接触压力也并不见佳。

弱电继电器接触压力很小,为使接触电阻值稳定,压力不得小于表 2-3 中的数值。

表 2-3 接触压力的规定最小值

触头材料	金	铂	铂-铱	银	钯	钨	铜
$F_{j\min}/\times 10^{-3}$ N	9.9	29.5	29.5	147	147	393	2 950

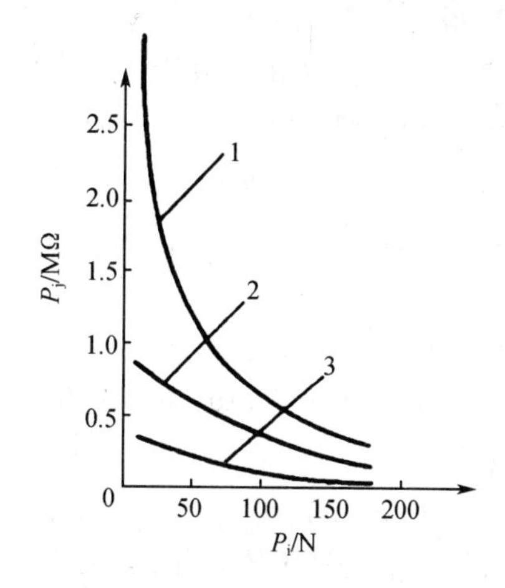

图 2－5　接触电阻与接触压力的关系

1—实测上限值;2—计算值;3—实测下限值

(3)表面状况

接触面越粗糙,越易污染和氧化,R_j 也越大,其后果不仅是发热损耗增大,还会妨碍电路正常接通,特别是当电压和电流都很小时。

(4)材料性能

影响 R_j 值的材料性能主要是电阻率和屈服点。屈服点越小(材料越软)越易发生塑性形变,R_j 值也越小。

2.2　触头在不同工作状态时的电接触

2.2.1　闭合状态下的触头

触头闭合后,由于通过电流,其温度将升高,并在动静触头间产生电动斥力。这些现象均将影响触头的工作。

1. 触头的发热

触头的发热与一般导体不同,它分本体发热和触点发热两部分。触点处有接触电阻,产生的热量很大,同时其表面积很小,热量只能通过热传导传给触头本体,因此触点的温度要比触头本体的高。

触点相对本体的温升可按下式估算

$$\tau_{jp} = I^2 R_j^2/(8\lambda\rho) = U_j^2/(8\lambda\rho) \tag{2-2}$$

式中　U_j——接触电压降;

I——通过触点的电流;

λ、ρ——触头材料的热导率和电阻率。

金属材料的 λ 值越大,ρ 值就越小。任何金属的 $\lambda\rho$ 值仅与绝对温度 T 有关,即

$$\lambda\rho = LT \tag{2-3}$$

式中 L 为洛仑兹常数,其值为 $2.4\times10^{-8}V^2/K^2$。

将式(2-3)代入式(2-2)得

$$\tau_{jp}=I_2R_j^2/(8LT) \tag{2-4}$$

考虑到触头本体发热和触点发热的特殊性,触点相对周围介质的温升为

$$\tau_{jm}=I_2R_j^2/(8\lambda\rho)+I^2R_j/(2\sqrt{\lambda pK_TA})+\tau_j \tag{2-5}$$

式中 A、p——触头本体的截面积及其周长;

K_T——综合散热系数;

τ_j——温升 $\tau_j=I^2\rho/(K_TpA)$。

【例2-1】 一桥式银触头的 $U_j=0.01$ V,$\lambda\rho=8.2\times10^{-6}$ V^2/K,触头本体的 $\tau_j=70$ K,求触点的温升 τ_{jm}。

解 将 $\tau_j=I^2\rho/(K_TpA)$ 代入式(2-5),得 $\tau_{jm}=U_j^2/(8\lambda\rho)+175U_j\sqrt{\tau_j}+\tau_j$。考虑到动触桥导体截面积小、长度也小,且一般是被弧罩盖住,故忽略其散热作用,认为热量全由静触头传出,同时还把动触桥看作等温体,因此有

$$\tau_{jm}=\frac{U_j^2}{8\lambda\rho}+175U_j\sqrt{\tau_j}+\tau_j=\frac{0.01^2}{8\times8.2\times10^{-6}}+175\times0.01\sqrt{70}+70=86.2(K)$$

2. 接触电阻与接触电压降

触头接触面温度上升时,由于接触电阻 R_j 增大,接触电压降 U_j 也会增大,反之亦然。

但实验所得"R_j-U_j"特性并非全然如此(图2-6)。由图可见,当 U_j 增大时,R_j 开始是增大的,但当 U_j 增大到 U_s 时,触点温度已高达能令触点金属材料机械性质发生变化——软化的地步,故 U_s 称为软化电压。这时,在接触压力作用下,接触面积增大,使 R_j 骤减。此后,R_j 仍将随 U_j 而逐渐增大,并于 U_j 增至 U_m 时再度猛降,因为此时接触面积因温度已达熔点而增大很多。电压降 U_m 称为熔化电压。软化电压和熔化电压均为触点材料的特性参数(表2-4)。

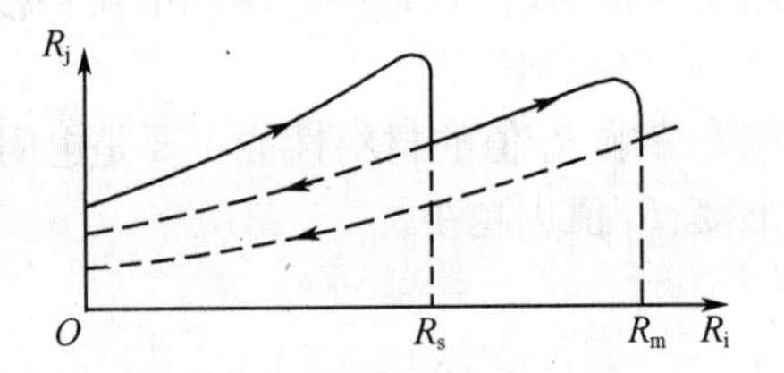

图2-6 触头的 R_j-U_j 特性

表2-4 触点材料的 U_s 和 U_m 值(V)

触头材料	锡	金	银	铝	铜	镍	铂	钨
U_s	0.07	0.08	0.09	0.10	0.12	0.22	0.25	0.40
U_m	0.13	0.43	0.37	0.30	0.43	0.65	0.65	1.10

对于继电器触头,通常取

$$U_j=(0.5\sim0.8)U_s$$

若已知触点允许通过的电流 I,则大体上可以求得触点的允许接触电阻

$$[R_j]=U_j/I$$

即使在稳定工作状态,触头的接触电阻也不是恒值,而是随时间不断变化的(图2-7)。因为触点表面受腐蚀性气体作用产生的薄膜,其厚度是与时俱增的,故 R_j 也不断增大。然而随着 R_j 之增大,U_j 也在增大,使能破坏薄膜的膜层电场强度和温度同时在增大。及至它们增至一定值,薄膜就被破坏,R_j 随即骤降。在此之后,前述过程又重复着。如果形成了足

够坚固的薄膜，R_j 将增大到不能允许的地步。达时的触头温升已足以危害电器的绝缘，故必须注意防止产生这样的薄膜。

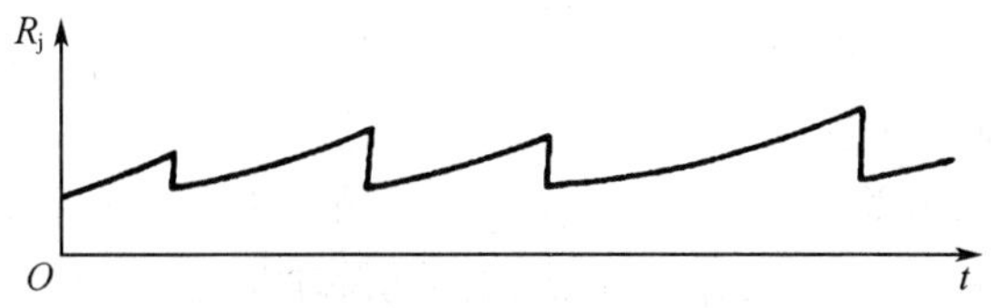

图 2－7　接触电阻随时间的变化

形成薄膜的主要原因是金属在大气中的腐蚀——氧化。在这方面铜的问题比银严重得多，故生产中常给铜触头镀银或在接触处嵌上银或银合金块。此外，还在结构上采取措施使触头在通断过程中能自行破坏氧化膜，以减小接触电阻。线接触的触头便是如此。

至于连接触头，为防止生成氧化膜，常于装配前在接触面上涂敷工业凡士林等防锈油脂来进行保护，但装配前应将它擦净，以免妨碍导电。近年来，在接触面上已广泛涂敷兼有降低接触电阻和保护接触面两种作用的导电膏。

3. 触头间的电动力

触头间的电动力相当于变截面载流导体受到的电动力。当导体截面变化时，电力线会弯曲，而电动力 d$\boldsymbol{F}$ 是与电力线垂直的，故它恒指向截面变大的一侧(图 2－8)。此电动力有两个分量：径向分量 d$\boldsymbol{F}_x$和轴向分量 d$\boldsymbol{F}_y$。前者是径向压力，后者是趋于在截面变化处将导体拉断的电动收缩斥力。

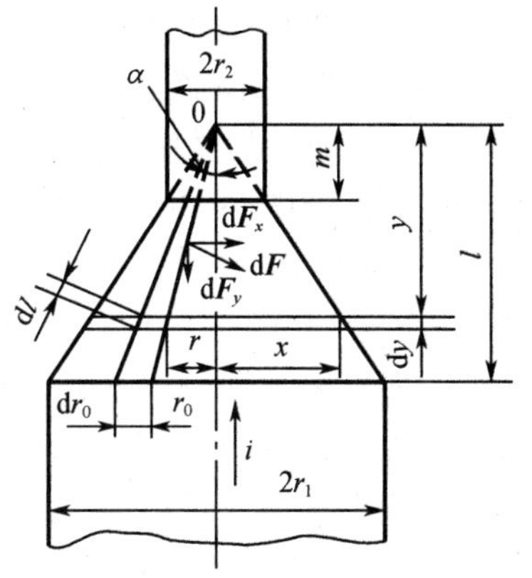

运用安培力公式可以导出总电动力的轴向分量为

$$\boldsymbol{F}_y = \int \mathrm{d}\boldsymbol{F}_y = \frac{\mu_0}{4\pi} i^2 \ln \frac{r_1}{r_2}$$

或

$$\boldsymbol{F}_y = \frac{\mu_0}{4\pi} i^2 \ln \sqrt{\frac{A_1}{A_2}}$$

图 2－8　触头间的电动力

式中　r_1、r_2——导体粗处和细处的半径；

A_1、A_2——导体粗处和细处的截面积。

由上两式可见：轴向电动力与导体粗细处的半径或截面积之比有关，而与一截面向另一截面过渡处的渐缩段的形状、尺寸以及电流的方向无关。如果导体有若干个渐缩段，则当电流值一定时，总电动力仅与最大截面和最小截面之比有关。显然，单点接触处导体截面的变化最大，当发生短路时，巨大的电动力很可能将触头斥开，并导致产生电弧或发生触头熔焊。

当接触压力为 F_j、触点材料的挤压强度为 σ、接触点数量为 n，且压力和电流都均匀分布时，触点的接触面积为

$$A_2 = F_j/(n\sigma)$$

故总电动力的轴向分量将变为

$$F_y = \frac{\mu_0 i_m^2}{4\pi n}\ln\sqrt{\frac{n\sigma A_1}{F_j}}$$

式中　I_m——通过触头的电流的幅值；

A_1——触点的横截面积。

这样求出的电动斥力并不准确，因为接触面积在通过短路电流时不能保持不变，它往往是随电动力增大而减小。另外，作用于狭颈段的除轴向力外，还有箍缩效应引起的径向力。根据弹性力学原理，该段可能发生径向形变，以致出现附加轴向力，使 F_y 实际上比按上式求出的大些。狭颈段的复杂形变结合很大的热负荷后，可能使之损坏，因为此处产生的高压金属蒸气也可能使触头分离。总之，电接触区的互相作用极其复杂，其计算结果只能是近似的。

2.2.2　触头接通过程及其熔焊

触头的接通过程常伴随着机械振动，并因之在间隙内产生电弧。由于接通时负载电流往往较大，故接通电弧危害有时很严重，其中最危险的便是触头的熔焊。

1. 接通过程中的机械振动

接通时动触头以一定速度朝静触头运动，它们接触时就发生了机械碰撞。结果动触头被弹开，然后再朝静触头运动，多次重复发生碰撞。由于每碰撞一次都要损失部分能量，故振动幅度将逐渐减小（图 2-9）。

除触头本身的碰撞外，电磁机构中衔铁与铁芯接触时的撞击以及短路电流通过触头时产生的巨大电动斥力，均可能引起触头振动。

如图 2-10 所示，在接通过程中动触头以速度 v_1 朝静触头运动，并于 $t=t_1$ 时与之相撞。由于碰撞，触头接触面上将发生弹性及塑性形变。动触头具有的动能一部分消耗于接触面的摩擦和塑性形变，其余部分则转化为弹性形变势能。当形变达最大值 δ_m 时，形变势能最大，动触头的动能减小到零，运动中止。继之，触头形变转向恢复，释放形变势能，使动触头以速度 v_2 反向运动，此即反弹运动。这时，接触弹簧为动触头压缩，并将部分动能转化为弹簧的弹性势能，及至反弹力与弹簧的伸张力相等，反弹过程就结束，动触头的反弹距离也达最大值 x_m。此后，动触头第二次朝静触头运动。如此周而复始，直到振动完全消失。

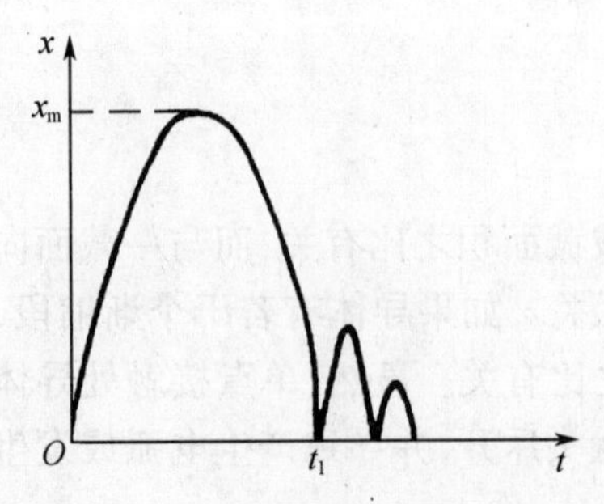

图 2-9　触头接通时的机械振动

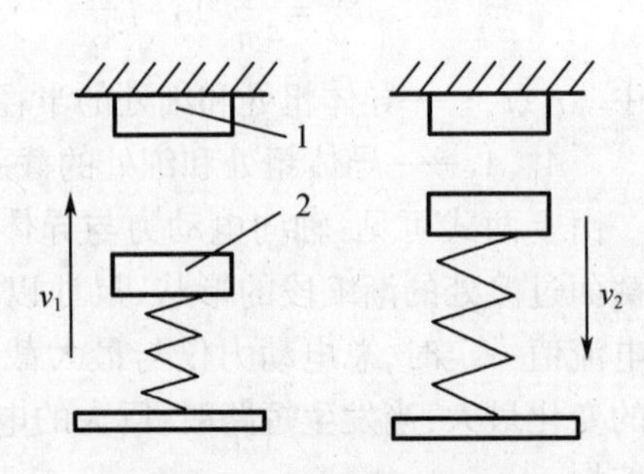

图 2-10　触头的机械振动过程

(a)接通过程；(b)反弹过程

1—静触头；2—动触头

通过力学分析,得触头机械振动的最大幅度——第一次碰撞的反弹距离为

$$x_m = \frac{\sqrt{\left(\frac{F_0}{c}\right)^2 + (1-K)\frac{mv_1^{\ 2}}{c}} - \frac{F_0}{c}}{1 + \frac{2}{\sqrt{1-K}}} \tag{2-6}$$

式中 F_0——触头刚接触时的接触压力,即初压力;

c——弹簧刚度;

m——动触头的质量;

v_1——动触头第一次与静触头接触时具有的运动速度;

K——决定于触头材料弹性的碰撞损失系数,对于钢、铁、银、黄铜和铜,其值依次为 0.5、0.75、0.81、0.87 和 0.95。

触头第一次振动的持续时间

$$t_1 = 2mv_1\sqrt{1-K}/F_0 \tag{2-7}$$

全部振动时间一般为(120% ~130%)t_1。

显然,适当减小动触头的质量和运动速度、增大触头初压力对减轻振动是有益的。然而,完全消除触头接通时的振动是不可能的,只要使 x_m 小于或等于触头接触面的形变,使振动不致使动静触头在碰撞时分离,振动也就无害了。

2. 触头的熔焊

动静触头因被加热而熔化以致焊在一起无法正常分开的现象称为触头的熔焊。它有静熔焊与动熔焊之分,前者是连接触头或闭合状态下的转换触头于通过大电流时、因热效应和正压力的作用使 a 斑点及其邻域内的金属熔化并焊为一体的现象,其发生过程一般无电弧产生;后者是转换触头在接通过程中因电弧的高温作用使接触区局部熔化发生的熔焊现象。若触头接通过程伴随有机械振动,由于电弧和金属桥的出现,发生动熔焊的可能性更大。闭合状态的转换触头被短路电流产生的巨大电动力斥开时,同样有可能发生动熔焊。

影响熔焊的因素主要有以下几个。

(1)电参数

它包括流过触头的电流、电路电压和电路参数。导致熔焊的根本原因是通过触头的电流产生的热量。触头开始熔焊时的电流称为最小熔焊电流 I_{min},它与触头材料、接触形式和压力、通电时间等许多因素有关。此电流迄今尚无可信的计算公式,故通常是以实验方式确定。线路电压对静熔焊的影响仍是电流的影响,对动熔焊则表现为电压越高越易燃弧,且电弧能量越大。电路参数的影响是指电感和电容的影响。接通电感性电路时,若负载无源,电感有抑制电流增长的作用;若负载有源,则因启动电流很大而易发生熔焊。接通电容性负载时,涌流的出现也易导致触头熔焊。

(2)机械参数

主要是接触压力,其增大可降低接触电阻,提高抗熔焊能力。触头闭合速度也对熔焊有影响,速度大,易发生振动,因而也易发生熔焊。

(3)表面状况

接触面越粗糙,接触电阻就越大,也越易发生熔焊。但接触面的氧化膜虽对导电不利,但其分解温度高,对提高抗熔焊能力却是有利的。

(4)材料

影响熔焊的是材料品种、比热容、电导率和热导率。粉末冶金材料的抗熔焊能力一般较强。当动静触头采用不同材料时,就静熔焊而论,抗熔焊能力仅相对弱的一方有所提高;就动熔焊而论,不仅未必能提高抗熔焊能力,有时还可能会降低。

3. 触头的冷焊

当接触面上的氧化膜(它本来就不易生成)被破坏因而纯金属接触面扩大时,继电器所用贵金属触头因金属受压力作用致使连接处的原子或分子结合在一起的现象称为冷焊。它一旦发生就很难处理,因为金属间的内聚力往往非微小的接触压力所能克服,况且弱电触头又常密封于外壳内,很难以其他手段使之分离。目前,为防止发生冷焊一般是通过实验、在触头及其镀层材料的选择方面采取适当的措施。

2.2.3 触头分断过程及其电侵蚀

触头接通过程中虽伴随着电火花或电弧的产生,但只要振动是无害的,而且是在非故障状态下闭合,电弧对触头危害就很小。分断过程则不然,因为它历时较长,在此期间由于金属在触头间的转移和液态金属的溅射以及金属蒸气的扩散,将使触点材料有明显的损失。结果是触头和整个电器的使用期限都缩短了。

触头材料在工作过程中的损失称为侵蚀,按产生原因区分有机械的、化学的和电的三种。机械侵蚀由触头在通断过程中的机械摩擦引起,化学侵蚀由触头表面的氧化膜破碎所致,这些侵蚀量都不大,一般不作考虑。电侵蚀是触头通断过程中因电火花和电弧而产生的,它是触头损坏的主要原因。本节要讨论的就是电侵蚀。

1. 电侵蚀的类型

电侵蚀有两种类型:桥蚀与弧蚀。如前所述,若分断电流足够大,最后分断点的电流密度可高达($10^7 \sim 10^{12}$) A/m^2。于是,该点及其附近的触头表面金属材料将熔化,并在动触头继续分离时形成液态金属桥。当动静触头相隔到一定程度时,金属桥就断裂。由于其温度最高点偏于阳极一侧,故断裂也发生在近阳极处。这就使阳极表面因金属向阴极转移而出现凹陷,阴极表面出现针状凸起物,结果阳极遭到电蚀。液态金属桥断裂以致材料自一极向另一极转移的现象称为桥蚀或桥转移。触头每分断一次都出现一次桥蚀,只是转移的金属量甚小而已。

液态金属桥断裂并形成触头间隙后,若触头工作电流不大,间隙内将发生火花放电。这是电压较高而功率却较小时特有的一种物理过程。较高的电压使触头间隙最薄弱处可能为强电场所击穿,较小的功率则使间隙内几乎不可能发生热电离,最终只能形成火花放电。火花放电电流产生的电压降可能使触头两端的电压下降到不足以维持气体放电所需的强电场,以致放电中止。此后气体又会因电压上升再度被击穿,重新发生火花放电,因此火花放电呈间歇性,而且很不稳定。火花放电时是阴极向阳极发射电子,故将有部分触头金属材料自阴极转移到阳极,也即阴极遭受电蚀。

若液态金属桥断裂时触头工作电流较大,就会产生电弧。它是稳定气体放电过程的产物。电弧弧柱为等离子体,其中正离子聚集于阴极附近成为密集的正空间电荷层,使该处出现很强的电场。质量较大的正离子被电场加速后轰击阴极表面,使之凹陷,而相应地阳极表面则出现凸起物。换言之,即阴极材料转移到了阳极,形成阴极电蚀。与此同时,在电弧高温作用下阴极和阳极表面的金属均将局部熔化和蒸发,并在电场力作用下溅射和扩散到周围中间，使材料遭受净侵蚀。

不论火花放电还是电弧放电，均使触头材料逐渐耗损，这就是弧蚀，它属阴极电蚀。

2. 小电流下的触头电侵蚀

小电流下的触头电侵蚀主要表现为桥蚀和火花放电性质的弧蚀，因为产生电弧需要一定的电压和电流（表2-7）。

据实验，桥蚀中阳极材料的侵蚀程度可按下式计算

$$V = aI^2$$

式中　V——一次分断的材料体积转移量；

I——通过触头的电流；

a——转移系数。

表2-5给出了在无弧或无火花、线路电压小于最小燃弧电压、线路电感 $L < 10^{-6} H$ 条件下断开电路时的 a 值。表中的 $I_b = I(1 - U_b/E)$ 为液态金属桥断裂时的电流，而式中的 I 为触头闭合时的电流，U_b 为对应于材料沸点的电压，E 为被分断电路的电动势。

表2-5　部分金属的转移系数

金属或合金	金	银	铂	钯	金-镍（84-16）	金-银-镍（70-25-5）
$a/(10^{-12}\text{cm}^3\text{A}^{-2})$	0.16	0.6	0.9	0.3	0.04	0.07
I_b/A	0.4	1~10	1.5~10	3.0	4.0	3~20

火花放电时触头材料的侵蚀量为

$$V = \gamma q$$

式中　γ——与材料有关的系数；

q——通过触头的电量。

如果触头两端并联电容器，触头接通过程中也可能出现火花放电。在额定电压低于燃弧电压（270~300 V）的低压电网中，如果电路含电感，分断时也会因出现过电压而发生火花放电。

为降低火花放电导致的电侵蚀，通常是采用灭火花电路。

3. 大电流下的触头电侵蚀

大电流时，触头材料的电侵蚀主要表现为弧蚀。触头在一次分断中被侵蚀的程度决定于电弧电流、电弧在触头表面上的移动速度和燃烧时间、触头的结构形式等，它也与操作频率有关。在电流较大而操作频率不高时，触头的电侵蚀量与分断次数通常呈线性关系。此外，如果电流不是太大（在数百A以内），触头电侵蚀量还与磁吹磁场有关。当磁吹磁场的磁感应强度 B 值较小时，电弧在触头表面移动的速度是随它一起增大的，故侵蚀量会减小，并在某一 B 值时达到最小。此后，当 B 值增大时，侵蚀量先是增大，然后趋于一稳定值。因为在强磁场中会出现液态金属从触头向外喷溅的现象，而当磁场较弱时，有一部分液态金属还能重新凝固并残留在触头表面上。

据实验，若触头操作次数为 n、分断的电流为 I、则以质量 m 来衡量的电侵蚀量为

$$m = KnI^{\alpha} \times 10^{-9}(\text{g})$$

式中　α——与电流值有关的指数，当 $I=100\sim200$ A 时，$\alpha=1$；当 $I>400$ A 时，$\alpha=2$；

　　K——侵蚀系数，对于铜、银、银－氧化镉（85－15）合金和银－镍合金，其值分别为 0.7、0.3、0.15 和 0.1。

必须指出，这类经验公式很多，但都有其一定的适用范围。

4. 电侵蚀与触头的使用期限和超程

触头的接通和分断过程都伴随着其材料的侵蚀，其中以电侵蚀最为严重。影响电侵蚀量的因素很多，现象和规律又十分复杂，涉及到的学科也非常多，所以迄今尚未能就此建立能够令人满意的数学模型。

电侵蚀直接影响到触头的使用期限，因为当触头材料耗损到一定程度后，它本身乃至整个电器都无法继续正常工作。这时，即可认为触头的使用期限已告终结，而不必等到触头材料耗损殆尽。

触头的电侵蚀并不是均匀的，若电弧很少在其表面移动、触头表面损伤过甚以致接触电阻猛增、复合材料中某一组分丧失导致材料性能劣化等，均将使触头提前失效。

为保证触头在其规定使用期限内能正常运行，必须设有能够补偿其电侵蚀的超程。电器触头的超程值主要取决于其允许的最大侵蚀量。铜质触头常取超程值为一个触头的厚度。有银或银合金触点的触头则取超程值为两触头总厚度的 75% 左右。当然，超程值的选取最终还要视具体运行或试验情况而定。

2.3 触头材料

电器触头的性能（如接触电阻、温升、抗熔焊能力和抗侵蚀能力等）均与其材料性能密切相关。可以毫不夸大地说，采用具有优异性能的触头材料是改善电器性能和制造出高技术经济指标电器产品的关键性措施之一。

对触头材料通常有下列要求：具有低的电阻率和低的电阻温度系数；具有高的最小燃弧电压和最小燃弧电流；具有高的热导率、比热容、以及高的熔点和沸点；具有高的抗氧化和抗化学腐蚀能力；具有适当的硬度和良好的工艺性能。显然，要求一种材料兼具所有上述性能并不现实，所以实用上应根据主要矛盾选择触头材料。

触头材料一般有纯金属、合金和粉末合金三类。

2.3.1 纯金属材料

1. 银

在金属材料中它具有最高的电导率和热导率。其氧化膜电阻率较低，且易去除；其硫化膜电阻率虽较高，仍易破除，因此银触头接触电阻小，而且稳定。银的工艺性一般也优于其他材料。由于熔点和硬度均较低，故银的耐弧、耐侵蚀和抗熔焊性能均较差，所以银触头多用于中小容量开关电器。

2. 铜

铜的电导率和热导串均很高，仅次于银。其比热容大、工艺性好、价格低廉。铜易氧化，其氧化膜的电阻率非常大，又不易去除，故铜触头接触电阻大而且不稳定。目前，仅动静触头的接触面之间有相对运动（摩擦）的电器才使用纯铜质触头。

3. 铝

其电导率和热导率在纯金属材料中居第三位，故也是最常用的导电材料。铝材极易氧化，其氧化膜的电阻率极大、并且非常稳定，极难去除。然而铝材经济电导率高，为铜材的二倍，价格又低廉，所以被广泛地用作母线材料及其他线材。

4. 钨

它具有高的熔点、沸点和硬度，故耐弧、耐电侵蚀和耐熔焊。但其电阻率大、易氧化，且氧化膜几乎不导电，需要很大的接触力才能破坏，故适用于大功率电器触头。

此外，继电器和弱电电器还常用金、铂等贵金属及其合金作为触头材料。

2.3.2　合金材料

1. 铜钨合金

其含铜量在20%～80%。由于钨的熔点高，故此合金有非常高的耐弧、耐侵蚀及抗熔焊能力。但因电阻率高，需要高接触压力，故主要用于高压及大电流断路器。

2. 铜石墨合金

其石墨含量为4%～5%，性能与铜钨合金相近。由于它在很大的冲击电流作用下也不致发生熔焊，故也常用于大中容量开关电器。

总之，铜基合金虽然电阻率高，但工艺性强、价格低廉，至今仍被广泛应用。

3. 银钨合金

其含钨量为30%～80%。它耐弧、基本上不熔焊，而在工艺性及电阻率方面均优于铜钨合金。因此，它尤适用于大容量开关电器。

4. 银镍合金

其含镍量为5%～40%。镍熔点较高，加入后可提高抗硫化及抗熔焊性能；它的接触电阻稳定，耐侵蚀，易作辗压加工，但抗熔焊能力仍很低，且价格较高。此合金一般用于中小容量开关电器。

5. 银石墨合金

其含碳量与铜石墨合金相近、具有高抗熔焊能力，但质地软，不耐摩擦，一般用于非频繁操作的大中容量电器。

6. 银碳化钨合金

碳化钨的化学稳定性优于钨，耐腐蚀性也较高，故接触电阻较稳定，能耐受大电流，适用于低电压大电流电器。

7. 银铜合金

铜之掺入可提高硬度和抗侵蚀性能，故用于频繁操作处优于纯银。但铜含量达一半后极易氧化，使接触电阻不稳定，因此它不宜用于接触压力小的电器。

此外，继电器和弱电电器还常采用金与镍、铂、锆的合金以及铂和铱或钌的合金。

2.3.3　粉末合金材料

粉末合金材料亦称金属陶瓷材料，它是两相金属的机械混合物，而每相金属均保留其原有性能。两相金属中有一相是硬度大、熔点高的难熔相，它在合金结构中起骨架作用；另一相是高电导率和热导率的载流相，它主要起载流作用。载流相金属在电弧高温作用下熔化后能保留在难熔相金属骨架形成的孔隙中，故可防止发生大量喷溅现象。因此，粉末合金既有较低的接触电阻,又耐弧、耐侵蚀和抗熔焊。

(1)银氧化镉粉末合金

其氧化镉含量为12% ~15%。含量过低,氧化镉(难熔相)效用难以发挥;含量过高,不仅不能扩大效果,反而有损工艺性。氧化镉除在合金中起骨架作用外,还有下列作用,一是它具有较低的蒸气压,易为电弧热量所蒸发,从而去除接触面上的氧化物,并有助于吹灭电弧和驱使弧斑迅速移动,最终减小了电侵蚀量;二是其分解要吸收大量热能,有助于冷却及熄灭电弧;三是分散的镉微粒能增大触头表面熔融物黏度,减少液态金属喷溅;四是镉蒸气有部分会与氧重新结合,生成固态氧化镉沉积在触头表面,加强抗熔焊能力。其缺点是镉蒸气有毒。

近年来、此合金中还添加少许其他元素(硅、铝、钙等)以细化晶粒,提高抗侵蚀性能。

(2)银氧化锡铟粉末合金

它的优点是无毒,且抗熔焊和分断能力均与银氧化镉相当,而耐侵蚀能力强。原因在于氧化镉在电弧高温作用下分解、同时镉蒸气又将扩散到周围空间、使氧化镉含量随分断次数增加而逐渐减少,而触头电侵蚀日渐严重。至于氧化锡骨架则有较高的热稳定性,能不被电弧高温所分解和蒸发,因而自始至终能有效地阻止银的蒸发和喷溅。银氧化锡的缺点是弧斑移动较少,易使电弧运动停滞。但适当控制铟的含量,并着力去除触头表面层内所含的碳等易产生热电子发射的元素,同时再注意表面加工质量,问题是可以解决的。

(3)银氧化锌粉末合金

它抗熔焊、抗电侵蚀好,而且电导率高,常用于各种低压开关电器。

(4)银镍粉末合金

其电阻率小,接触电阻小,抗电侵蚀性能好,又无毒,多用于小容量电器。

(5)银铬粉末合金

这种合金由于铬分散于银母相中,故抗熔焊及抗电侵蚀性能好,接触电阻小而稳定。它常用于小容量电器。

(6)银钨粉末合金

其抗熔焊及抗电侵蚀性能因两种元素均保持了各自的本色而优于银钨合金,而且是随含钨量增加而提高。用于低压电器时,钨含量为30% ~40%;用于高压电器时,钨含量达60% ~80%。此合金的缺点是分断过程中表面会生成三氧化钨或钨酸银薄膜,它们是不导电的,故接触电阻将随分断次数增加而剧增。

(7)银碳化钨粉末合金

它具有很好的抗熔焊和抗电侵蚀性能。由于其抗氧化性好,故接触电阻稳定。此外,它还具有体积小、质量轻的优点,又能节银。

2.3.4 真空开关电器触头材料

真空开关电器用的触头材料是采用真空冶炼方法制造的。它们的电导率高、抗熔焊性强、分断能力高。其中真空断路器用的触头材料有适用于大中容量产品的铜铋银合金、适用于中小容量产品的铜铋铈合金和适用于作触头跑弧面的真空铜。用于真空接触器的触头材料有作镶嵌式触头材料的铜铁镍钴 - 锑铋合金以及铜 - 钨 - 碳化钨合金。前者截止电流小、抗熔焊性能好、分断能力大;后者耐绝缘电压高、分断能力大、耐侵蚀。

总之,近年来触头材料无论在元素配合还是在制造工艺方面都做了许多深入的研究工作,并取得了很有益的成果。

2.4 电弧的基本概念

2.4.1 电弧及其产生过程

1. 载流电路的开断过程

动静触头的接触原本是许多个点在接触,而接触压力一般是由弹簧产生的。由于超程的存在,触头开始分断时,电路并没开断,仅仅是动触头朝着与静触头分离的方向运动。这时,超程和接触压力都逐渐减小,接触点也减少。及至极限状态(仅剩一个点接触)时,接触面积减至最小,电流密度非常巨大,故电阻和温升剧增。以致触头虽仍闭合,但接触处的金属已处于熔融状态。此后,动触头继续运动,终于脱离,但动静触头间并未形成间隙,而由熔融的液态金属桥所维系着。液态金属的电阻率远大于固体金属的,故金属桥内热量高度集中,使其温度达到材料的沸点,并随即发生爆炸形式的金属桥断裂过程,触头间隙也形成了。

金属桥刚断裂时,间隙内充满着空气或其他介质及金属蒸气,它们均具有绝缘性质。于是,电流被瞬时截断,并产生过电压,将介质和金属蒸气击穿,使电流以火花放电乃至电弧的形式重新在间隙中流通。此后,随着动触头不断离开静触头以及各种熄弧因素作用,电弧终将转化为非自持放电并最终熄灭,使整个触头间隙成为绝缘体,触头分断过程也告终结。至此,触头已处于断开状态。

2. 电弧的形成过程

两个触头即将接触或开始分离时,只要它们之间的电压达 12 ~ 20 V、电流达 0.25 ~ 1 A,触头间隙内就会产生高温弧光,这就是电弧。它通常是有害的:因为其温度达成千上万开,足以烧伤触头、使之迅速损坏;它也能使触头熔焊而破坏电器的正常工作,甚至会酿成火灾及人员伤亡等严重事故;它还会产生干扰附近的通信设施的高次谐波。然而,电弧也有益处,且不说电弧焊、电弧熔炼和弧光灯等专门利用它的设备,就是电器本身也可借助它来防止产生过高的过电压和限制故障电流。

(1)气体的电离

电子在一定能级的轨道上环绕原子核旋转。离原子核越远,轨道能级越高。若电子吸收了外界能量但仍不足以脱离原子核束缚,它只能跃迁到能级更高的轨道上,处于激励状态。电子在激励状态只能延续 0.1 ~ 1 μs。在此期间,电子再获得外界能量,它便将脱离原子核的束缚而逸出,成为自由电子。否则,它将按量子规律释放多余的能量而返回原轨道

$$W = h\nu = E_1 - E_2$$

式中 W——电子辐射的量子能;

ν——辐射能的频率;

h——普朗克常数,$h = 6.624 \times 10^{-34}$ J/s;

E_1, E_2——外轨道和内轨道的能级。

当电子受激励跃迁到特殊能级的轨道时,它能在激励状态持续 0.1 ~ 10 ms;这就更易再次吸收外界能量而逸出。此类状态称为亚稳态,它在电离过程中起着主要作用。

如果电子获得足以脱离原子核束缚的能量，它便逸出成为自由电子，而失去电子的原子则成为正离子，这种现象称为电离。发生电离所需能量称为电离能 W_i，其值为

$$W_i = eU_i$$

式中 e——一个电子的能量，$e = 1.6 \times 10^{-19}$ C；

U_i——电离电位。

使一个电子激励所需的能量称为激励能 W_e，它与电离能 W_i 均以电子伏 eV 为单位。表 2－6 中列举了部分气体和金属蒸气的 W_e 及 W_i 值，其中括号内的数值是使第二个、第三个……电子激励或电离所需的能量值。

电离形式主要有表面发射和空间电离两种形式。

表面发射发生于金属电极表面，它分热发射、场致发射、光发射及二次电子发射等四种形式。

热发射出现于电极表面被加热到 2 000～2 500 K 时。此时电极表面的自由电子因获得足以克服表面晶格电场产生的势垒的能量而逸出到空间。一个电子从金属或半导体表面逸出所需要的能量称为逸出功 W_f，部分电极材料元素的 W_f 值见表 2－6。

表 2－6　某些气体和金属蒸气的 W_e 和 W_i 值及电极材料元素的 W_f 值（eV）

元素	W_e	W_i	W_f	元素	W_e	W_i	W_f
氢	10.2（12.1）	13.54	—	镍	—	7.63	5.03
氮	6.3	14.55（29.5、47.73）	—	铜	—	7.72	4.6
氧	7.9	13.5（35、55、77）	—	锌	4.02（5.77）	9.39（18.0）	4.24
氟	—	17.4（35、63、87、114）	—	银	—	7.57	4.7
氩	11.5（12.7）	15.7（23、41）	—	镉	3.95（5.35）	9.0（16.9）	4.1
碳	—	11.3（24.4、48、65）	4.4	锡	—	7.33	4.38
钠	2.12（3.47）	5.14（47.3）	—	铬	—	—	4.6
铝	—	5.98	4.25	钨	—	798	4.5
铁	—	7.9	4.77	汞	4.86（6.67）	10.4（19、35、72）	4.53

场致发射是因电极表面存在的强电场使表面势垒厚度减小而令电子借隧道效应逸出的。

光发射是光和各种射线照射于金属表面，使电子获得能量而逸出的现象。

二次电子发射是指正离子高速撞击阴极或电子高速撞击阳极引起的表面发射。一般是阴极表面的二次电子发射较强，并在气体放电过程中起着重要作用。

空间电离发生在触头间隙内，它有光电离、碰撞电离（电场电离）和热电离等三种形式。

光电离发生在 $h\nu \geq W_i$ 时，光频率 ν 越高，光电离便越强。可见光通常不引起光电离。

带电粒子在场强为 E 的电场中运动时，它在两次碰撞之间的自由行程 λ 上可获得动能

$$W = qE\lambda$$

式中 q 带电粒子的电荷量。

若上述能量大于或等于中性粒子的电离能，该粒子被碰撞后即电离。由于电子的自由

行程大,故引起碰撞电离的主要是电极发射或空间中性粒子电离时释放的电子。有时,碰撞能量不足以使中性粒子电离,只能使之处于激励状态或使电子附于中性粒子上成为负离子。必须注意,此处所谓碰撞并不是指机械(直接)碰撞,而是指电磁场的互相作用。

热电离是气体粒子由于高速热运动相互碰撞而产生的电离。在室温下,产生热电离的可能性极小。只有当温度高达3 000 ~4 000 K以上时,气体的热电离才显著起来。温度越高,气体的热电离度越高。

实际电离过程绝非单一形式的,而是各种电离形式的综合表现。

(2)消电离及其形式

电离气体中的带电粒子自身消失或失去电荷而转化为中性粒子的现象称为消电离。电离与消电离是同时存在也同时消亡的矛盾统一体。

消电离主要有两种形式:复合和扩散。

两带异性电的带电粒子彼此相遇后失去电荷成为中性粒子的现象称为复合。它有表面复合与空间复合两种形式。电子进入阳极或负离子接近阳极把电子转移给阳极、以及正离子接近阴极从它取得电子时,这些带电粒子均失去电荷化为中性粒子。还有,当电子接近不带电的金属表面(图2-11(a))或负离子接近之(图2-11(b))时,它们将因金属表面感应而生的异性电荷作用被吸附于其上,一旦附近出现带异性电的带电粒子,这些粒子便互相吸引,复合形成中性粒子。即使带电粒子到达绝缘体表面,由于感应所生极化电荷的作用,也会发生类似于出现在金属表面的复合过程。上述这些发生在带电或不带电物体表面的复合过程统称为表面复合。若正离子和电子在极间空隙内相遇(图2-11(c)),它们将复合成为一个中性粒子,这就是空间复合。若电子在空间运动中被一中性粒子俘获形成一负离子,然后再与正离子相遇复合成为两个中性粒子(图2-11(d)),这就是间接空间复合。

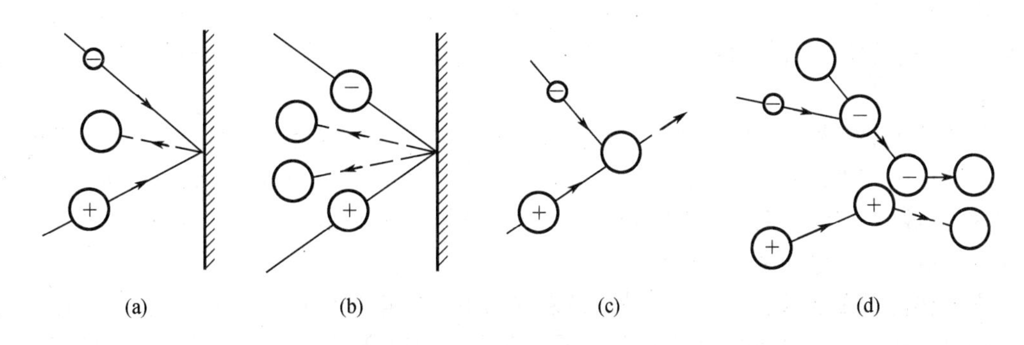

图2-11 表面和空间的复合过程

复合的概率与气体性质及纯度有关,如惰性气体和纯净的氢气及氮气都不会与电子结合成为负离子,而氟原子及其化合物(如SF_6气体)就具有极强的俘获电子的能力,因此SF_6被称为电负性气体,它是一种良好的灭弧介质。

带电粒子在复合时将释放出部分能量,后者或被用来加热物体的表面(表面复合时);或被用来增大所形成中性粒子的运动速度及以光量子形式向周围空间辐射(空间复合时)。

带电粒子从高温高浓度处移向低温低浓度处的现象称为扩散。它能使电离空间内的带电粒子减少,所以有助于熄火电弧。

不言而喻，带电质点流入异性电极而中和也是一种消电离，但这种过程可能引起新的电离，如二次发射等。

(3)气体放电过程

如果在两电极之间施加电压，当逐渐增大电压 U 至一定值时，便发生了间隙内的气体放电现象。图 2－12 所示即为直径 10 cm、间隙为数厘米、气压约 133 Pa 的低气压放电管气体放电的静态伏安特性。

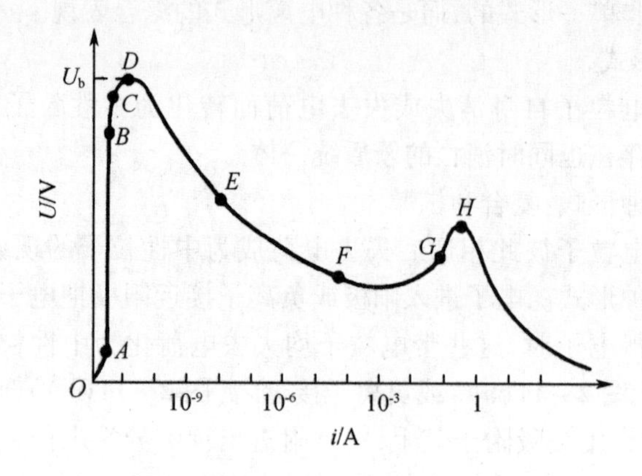

图 2－12　气体放电的静态伏安特性

在 OA 段，外施电压极低，由外界催离因素（如阴极被加热和各种射线的作用）产生的带电粒子还难以全部到达阳极，故电流 i 虽随电压 u 上升而增大，但其值极微小。在 AB 段，随着电压增大，电流已达饱和值，但该值仍由因外界催离因素的作用从阴极释放的电子数所决定。在 BC 和 CD 段，由于电压继续增大已导致场致发射和二次电子发射以及不甚强的碰撞电离，故电流又在增大，开始很慢（BC 段）、然后较快（CD 段）。然而，在整个 OD 段，若无外界催离因素的作用，间隙内就没有自由电子，放电也将终止，故此阶段被称为非自持放电阶段。

从 D 点起，场致发射及二次电子发射的电子已很多，以致除去外界电离因素后仍可借空间的碰撞电离维持放电，故气体放电已有质的变化，进入了自持放电阶段。于是，电流增长迅速，且放电伴随有不强的声光效应。对应于 D 点的电压是决定自持放电的主要因素，它称为气隙的击穿电压 U_b。

在气体间隙的击穿过程中，先是阴极发射的电子在电场作用下向阳极运动，并在此过程中通过碰撞产生许多新的电子和正离子。电子运动速度大，多集中在前进方向端部；正离子则反之，处在尾部，这种形式的分布称为电子雪崩。随着雪崩数量增多及其端部和尾部分别向阳极和阴极发展，间隙内就形成了自阴极至阳极的离子化通道，即气隙的击穿。

汤逊最先研究了 CE 段的放电现象，所以该段被称为汤逊放电区。但即使是自持性汤逊放电也是无光的，故称作无光放电或黑暗放电。从 E 点至 F 点称为过渡阶段，放电由无光转向有辉光，电流也在增大。但由于碰撞电离增强，为维持放电所需的电压反而降低了。在此阶段内，阴极附近的正离子部分被中和，阴极区电压降也逐渐降低。在 FG 段，放电电流继续增大，辉光放电向着扩张到整个阴极表面发展，故电流密度不大（约 0.1 A/m^2），而且稳定，并使阴极区电压降也较稳定，其值约数百伏。在 GH 段，由于电流和电流密度均在增大，阴极区电压降和维持放电所需电压亦增大，这个阶段被称作异常辉光放电阶段。

从 H 点开始，气体放电已进入弧光放电阶段，它伴随着强烈的声光和热效应。这时，电流密度已高达 $10^7\ A/m^2$ 以上，故放电通道温度极高（在 6 000 K 以上）。放电形式以热电离为主，阴极区电压降较小，仅数十伏。

必须指出，自持放电形式很多，例如无光放电、辉光放电、电晕放电、火花放电和弧光放电（电弧）等。但它们是否转化为弧光放电以及如何转化，则受到许多客观因素的影响。

3. 电弧的外观与本质

从外表来看，电弧是存在于电极（触头）间隙内的一团光度极强、温度极高的火焰。电弧形成时，阴极表面有一块或若干块光度特别强的区域——阴极斑点。它的温度常为阴极材料的气化温度，电流密度也达 $10^7\ A/m^2$ 以上。在电弧电流本身磁场作用下，此斑点在阴极表面不断移动，并发射电子。临近阴极斑点的一段极短的电弧区（约等于电子的平均自由行程、即 $<10^{-6}$ m）称为近阴极区。其中电弧光度较小，电压降却很大。阴极发射的电子在此区域内被电场加速后具有很大能量，故一旦与中性粒子相撞常可使之电离。与此对应，阳极表面也有阳极斑点，它接受来自电弧间隙的电子。其附近也有称为近阳极区的薄层，但厚度约为近阴极区的数倍。两近极区的电压降均在 20 V 以内，且几乎与电流值无关。但近阴极区厚度特别小，故该处电位梯度高达 $10^8 \sim 10^9$ V/m。两近极区之间的一段电弧称为弧柱，它几乎占有电弧的全部长度。弧柱内气体已全部电离（但同时也不断在进行消电离），且正负带电粒子电量相等，所以是等离子区。弧柱温度特别高，中心温度达 $(1 \sim 3) \times 10^4$ K，故特别明亮；弧柱外层有一层晕圈，其温度在 $(0.5 \sim 4) \times 10^4$ K 范围内，故较红暗。图 2-13 所示为电弧的构造和温度分布。

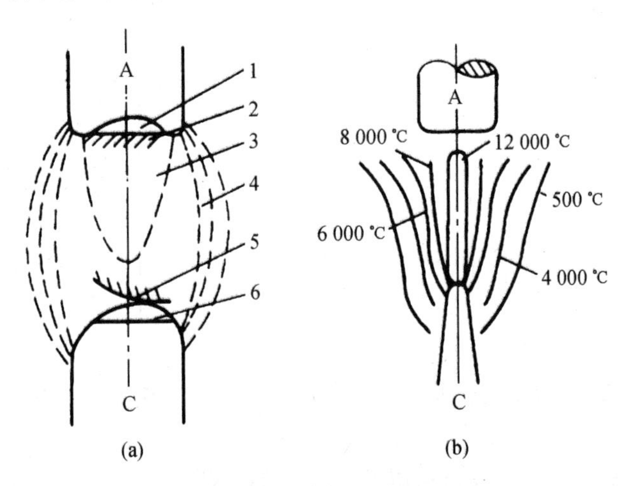

图 2-13　电弧的构造和温度分布

（a）电弧构造；（b）电弧温度分布

综上所述，可知电弧-弧光放电是自持放电的一种形式，也是它的最终形式。从本质上来看，电弧是生成于气体中的炽热电流、是高温气体中的离子化放电通道，是充满着电离过程和消电离过程的热电统一体。

2.4.2　电弧的特性和方程

1. 电弧的电压方程

电弧电压包括近阴极区电压降 U_c、近阳极区电压降 U_a 和弧柱电压降 U_p，即

$$U_A = U_c + U_a + U_p \tag{2-8}$$

两近极区电压降基本不变，故以 $U_0 = U_c + U_a$ 表示，并称之为近极区压降；弧柱区内的电场强度 E 又接近恒值，约 $(1\sim5)\times10^3$ V/m，在特殊介质内还可达 $(10\sim20)\times10^3$ V/m，故电弧电压

$$U_A = U_0 + El \tag{2-9}$$

式中 l 为弧柱区长度，可近似地取它为整个电弧的长度。

图 2-14 给出了电弧各区域内的电压降和电场强度的分布。

2. 直流电弧的伏安特性

伏安特性是电弧的重要特性之一，它表示电弧电压与电弧电流间的关系。图 2-15 是直流电弧的伏安特性。当外施电压达到燃弧（击穿）电压 U_b、电流亦达到燃弧电流 I_b 后，电弧便产生了，而且随着电流的增大电弧电压反而降低。这是因为电流增大会使弧柱内热电离加剧、离子浓度加大，故维持稳定燃弧所需电压反而减小，这种特性称为负阻特性。

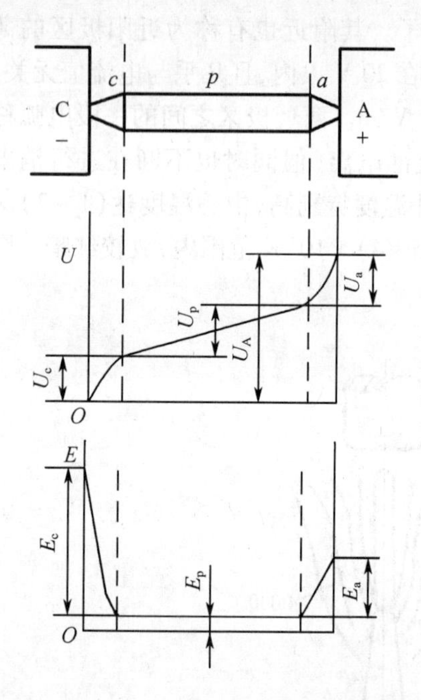

图 2-14　电弧的电压和电场强度分布

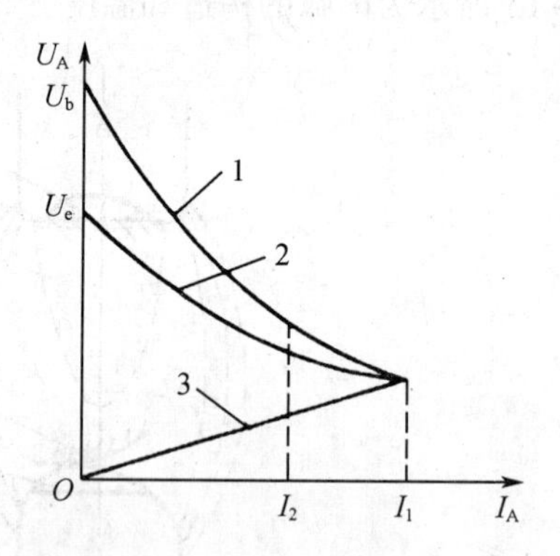

图 2-15　直流电弧伏安特性

燃弧电压和燃弧电流与电极材料以及间隙内的介质有关。当直流电器触头分断时，若电压和电流均超过表 2-7 所列数值，将产生电弧。

表 2-7　最小燃弧电压和电流值

电极材料	银	锌	铜	铁	金	钨	钼
$U_{b_{min}}$/V	12	10.5	13	14	15	15	17
$I_{b_{min}}$/A	0.3~0.4	0.1	0.43	0.45	0.38	1.1	0.75
介质条件	相对湿度为 45% 的空气中	在大气中					

图 2-15 中曲线 1 是在弧长不变的条件下逐渐增大电流测得的。实际上曲线起点 U_b 不在纵轴上(参见图 2-12)。如果从 $I_A=I_1$ 处开始减小电流,由于电弧本身的热惯性,电弧电阻的增大总是滞后于电流的变化。例如,当电流减至 $I_A=I_2$ 时,电弧电阻大致仍停留在 $I_A=I_1$ 时的水平上,故曲线 2 位于曲线 1 下方。电流减小越快,曲线 2 位置越低;在极限情况下、即电流减小速度为无穷大时,电弧温度、热电离程度、弧柱直径和尺寸均来不及变化,伏安特性也就变成过坐标原点的曲线 3 了。电流减小时伏安特性与纵轴相交处的电压 U_e 称为熄弧电压。除非在极限场合,即电流无限缓慢减小时,均有 $U_e<U_b$。

3. 交流电弧的伏安特性和时间特性

交流电弧的伏安特性不同于直流电弧的伏安特性(图 2-16),因为交变电流总是随着时间变化,所以伏安特性只能是动态的。值得注意的是交变电流每个周期有两次自然通过零值,而电弧也通常在电流过零时自行熄灭。如果不能熄灭,则另一半周内电弧将重燃,且其伏安特性与原特性是关于坐标原点对称的。

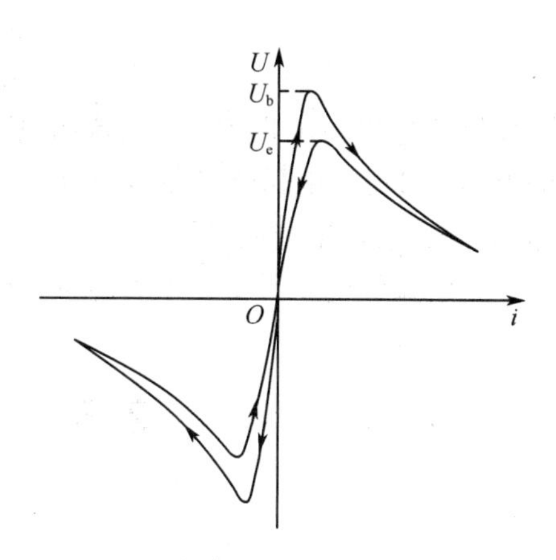

图 2-16　交流电弧伏安特性

交流电弧电压和电流随时间的变化见图 2-17。今以电阻性负载时的特性为例加以说明。当电弧电流 i_A 过零时,因电源电压 u 与之同相,且电弧电阻又很大,故电弧间隙上的电压实际上等于电源电压。随着电源电压的上升,弧隙电流不断增大,电弧电阻则逐渐减小,等到弧隙电压上升到燃弧电压,间隙便被击穿,重新燃弧。此后电弧电阻继续减小,使电弧呈现负阻性,故电弧电压反而因电流增大而下降,并趋于某定值 U_A。在半周即将结束时,为维持电弧电流,电弧电压又要升高。到某一时刻,电弧电压已不足以维持电弧电流,电弧就熄灭,$i_A=0$,而电弧电压又和电源电压一样。

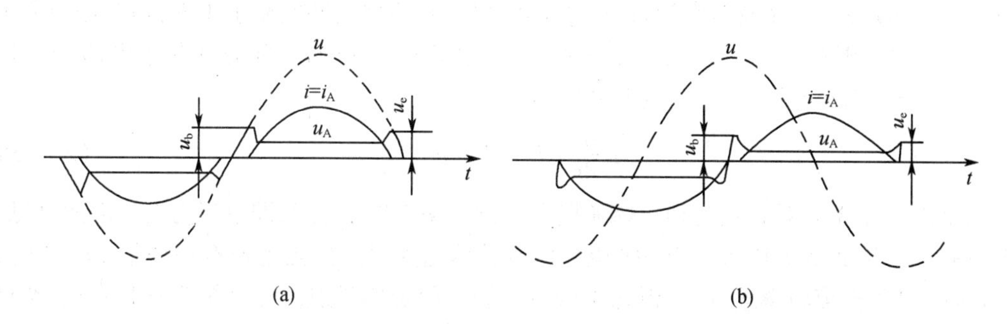

图 2-17　交流电弧电压和电流的时间特性

(a)电阻性负载;(b)电感性负载

4. 电弧的能量平衡

电弧的功率为

$$P_A=U_AI_A=U_0I_A+ElI_A \tag{2-10}$$

按 U_0和 El 在 U_A中所占比例,电弧有长弧与短弧之分。若 U_0在 U_A中占主要地位,电弧就是短弧;反之,则是长弧。短弧的能量损耗是转化为热能,并经电极和与之连接的金属件散往周围介质。长弧的能量损耗可近似地认为是转化为热能,并经弧柱散往周围介质。就一般工业电器而论,弧柱的散热具有重要意义。

弧柱是高温等离子体。燃弧时的弧柱温度通常为$(4\sim20)\times10^3$ K,熄弧时则仅有$(3\sim4)\times10^3$ K。弧柱温度与电极材料、灭弧介质种类和压力以及其冷却作用的强烈程度等有关。

若以 Q_A表示电弧能量,以 P_d 表示电弧散出的功率,电弧的动态热平衡方程便是

$$\frac{dQ_A}{dt}=P_A-P_d \tag{2-11}$$

如果 $dQ_A/dt>0$,即 $P_A>P_d$,说明电弧能量在增大,使燃弧更加炽烈;反之,若 $dQ_A/dt<0$,即 $P_A<P_d$,说明电弧能量在减小,电弧将趋于熄灭;当 $dQ_A/dt=0$,即 $P_A=P_d$ 时,电弧能量达到平衡,并且稳定地燃弧。

了解电弧的电压平衡关系和能量平衡关系,对分析各种灭弧方法和装置是有益的。

2.5 电弧及其熄灭

2.5.1 直流电弧及其熄灭

对于含电阻 R、电感 L 的直流电路,当其中的触头间隙内产生电弧时,如果用 U 表示电源电压,i 表示电弧电流,则电压平衡方程为

$$U=iR+L\frac{di}{dt}+u_A \tag{2-12}$$

在绘制电弧伏安特性的同时(图 2-18),再作 $u=U-iR$ 特性。后者为连接纵轴上的点 U 与横轴上的点 $I=U/R$ 及斜率为 $\tan\alpha=R$ 的线段。它与伏安特性交于 A、B 两点,故点 A、B 是电路在有电弧时的两个工作点。在此两点上,电源电压 U 的一部分降落于电路的电阻上,另一部分降落于电弧电阻上(电弧电压 u_A),而

$$L\frac{di}{dt}=U-iR-u_A \tag{2-13}$$

两个工作点 A、B 是否均为稳定燃弧点呢? 设电路工作于点 A,即电流为 I_A。由图可见,当电流有一增量 $\Delta i>0$ 时,$Ldi/dt>0$,电弧电流继续增大;反之,当电流有一增量 $\Delta i<0$ 时,$Ldi/dt<0$,电弧电流将继续减小,因此 A 点不可能是稳定燃弧点。经分析后不难看出,B 点将是电路的稳态工作点、即稳定燃弧点。显然,要熄灭电弧就必须消除稳定燃弧点。

1. 熄灭直流电弧的方法

为消除直流电弧的稳定燃弧点,应使其伏安特性处于特性 $u=U-iR$ 的上方,使电弧电压 u_A与电阻电压降 iR 之和超过电源电压 U,以使电弧无法稳定燃烧。因此,按电弧电压方程(2-9)及电压平衡方程(2-12),可采取下列技术措施。

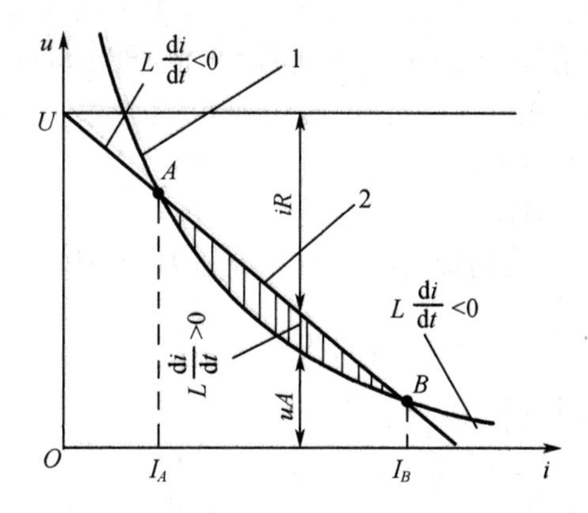

图2-18　直流电弧燃弧点及熄灭条件

(1)拉长电弧或对其实行人工冷却

此二者在原理上均为借增大弧柱电阻使电弧伏安特性上移,与特性 $u=U-iR$ 脱离,即由原来的曲线1变为曲线1′(图2-19)。

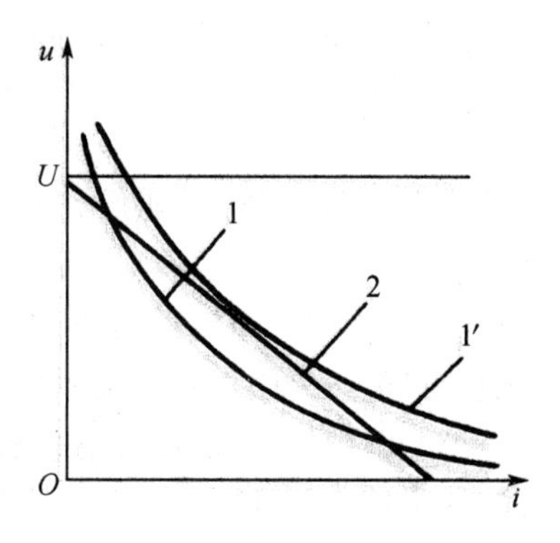

图2-19　直流电弧灭弧原理

因此可增大纵向触头间隙(图2-20(a)),也可借电流本身的磁场或外加磁场从法向吹弧以拉长电弧(图2-20(b)),或借磁场使弧斑沿电极上移(图2-20(c))。这些措施除能机械地增大电弧长度 l 外,还能使电弧在运动中不断与新鲜冷却介质接触而增大弧柱电场强度 E,从而增大弧柱电压降。

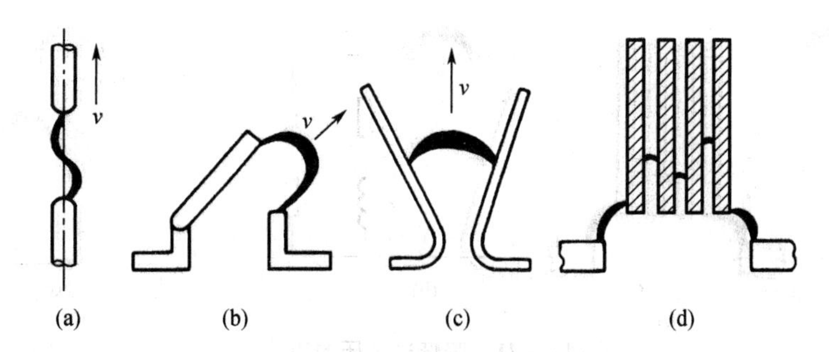

图2-20　直流电弧灭弧措施

(a)增大纵向触头间隙;(b)法向拉长电弧;(c)借使弧斑上移拉长电弧;(d)截割电弧

(2)增大近极区电压降

如果在灭弧室内设置若干垂直于电弧的栅片(如 n 片),则电弧被驱入灭弧室后将被它们截割为 $n+1$ 段短弧(图2-20(d)),故电弧电压降

$$u_A=(n+1)U_0+El \tag{2-14}$$

这比无栅片时增大了 nU_0,所以也能起到使电弧伏安特性上移的作用。

(3)增大弧柱电场强度

具体措施有增大气体介质的压强、增大电弧与介质间的相对运动速度、使电弧与温度较低的绝缘材料紧密接触以加速弧柱冷却、采用加 SF_6 气体等具有强烈消电离作用的特殊灭弧介质以及采用真空灭弧室等。

2. 分断直流电路时的过电压

分断直流电路时,电弧熄灭的瞬间有 $i=0$ 及 $u_A=U_e$,故式(2-12)变成了

$$U=L\frac{\mathrm{d}i}{\mathrm{d}t}+u_A=L\frac{\mathrm{d}i}{\mathrm{d}t}+U_e \tag{2-15}$$

所以出现在触头间隙上的过电压为

$$\Delta U=U_e-U=-L\frac{\mathrm{d}i}{\mathrm{d}t} \tag{2-16}$$

它与电流减小的速度,即灭弧强度有关。灭弧能力越强,电流减小就越快,过电压也越高。

由式(2-16)能导出燃弧时间计算公式

$$t_b=L\int_I^0\left(\frac{1}{\Delta U}\right)\mathrm{d}i \tag{2-17}$$

此式宜以图解积分法求解,即先作 $1/\Delta U=f(i)$ 曲线,在求曲线在由 I 至 0 一段内包围的面积,最后乘以电感值 L。显然,线路的电感越大,其所储存并需要经由电弧间隙散出的能量也越大,因而灭弧越困难,所需时间也越长。

决定过电压的因素主要是灭弧强度:过强会导致很高的过电压,过低将延长灭弧时间。为防止分断电感性负载时出现过高的、危及绝缘或导致电弧重燃的过电压,必须采取限制措施。如果给负载并联一电阻 R_s(图2-21(a)),则切断电流时应有

$$L\frac{\mathrm{d}i}{\mathrm{d}t}+(R+R_s)i=0$$

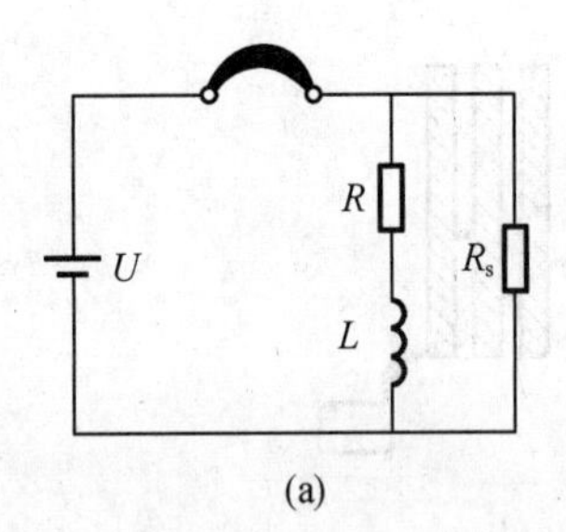

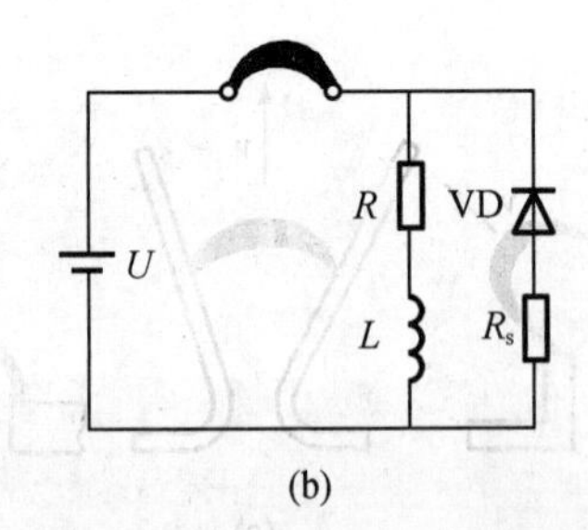

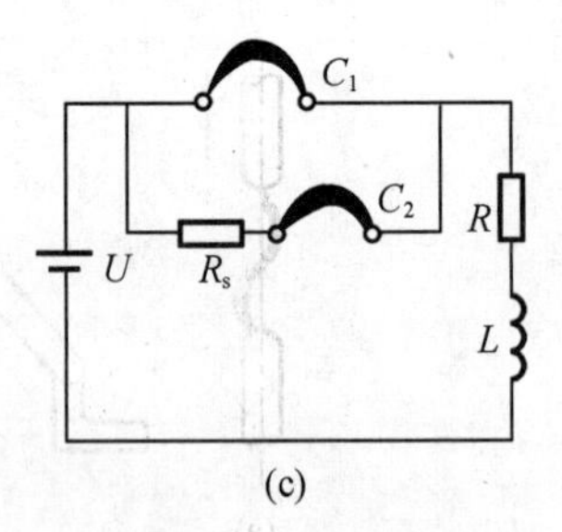

图2-21 降低过电压的措施

(a)负载并联电阻;(b)并联电阻与VD串联;(c)双断口电路

将初始条件($t=0$ 时,$I=I_0=U/R_s$)代入上式,并求解得

$$i=I_0\mathrm{e}^{-\frac{R+R_s}{L}t}$$

故负载两端电压

$$U_{ab}=iR_s=R_sI_0\mathrm{e}^{-\frac{R+R_s}{L}t}$$

而 $t=0$ 时弧隙两端过电压的最大值为

$$U_{max}=U+U_{ab}=U+R_sI_0$$

由此可见，选择适当的 R_s 值可将过电压降低到容许的水平。但为避免增大功率损耗，应给并联电阻 R_s 串联一个二极管 VD(图 2－21(b)。

有时也采用双断口电路(图 2－21(c))来降低过电压。分断时，断口 C_1 先分断，C_2 后分断。由于断口 C_2 和电阻 R_s 的存在，断口 C_l 处的电弧就容易熄灭了。断口 C_2 处的电弧则因 R_s 的限流作用，并且它又被设计为具有较小的灭弧强度，故也易熄灭。这种电路多用于高压系统。

2.5.2　交流电弧及其熄灭

就直流电弧而论，只要电弧电流等于零即可认为它已熄灭，除非弧隙被过电压重新击穿。交流电弧则不然，因为其电流会自然过零。在此之后同时有两种过程在进行着，一为电弧间隙内绝缘介质强度的恢复过程——介质恢复过程；另一为弧隙电压恢复过程。若介质强度恢复速度始终高于电压恢复速度，弧隙内的电离必然逐渐减弱，最终使弧隙呈完全绝缘状态，电弧也不会重燃。否则弧隙中的电离将逐渐加强，及至带电粒子浓度超过某一定值，电弧便重燃，因此交流电弧熄灭与否需视电弧电流过零后介质恢复过程是否超过电压恢复过程而定。如图 2－22 所示，当介质恢复速度(曲线 1)始终超过电压恢复速度(曲线 3)时，由于 $u_{jf} > u_{hf}$，电弧不会重燃。反之，当介质恢复速度在某些时候(曲线 2)小于电压恢复速度时，电弧还会重新燃烧，也即电弧未能熄灭。

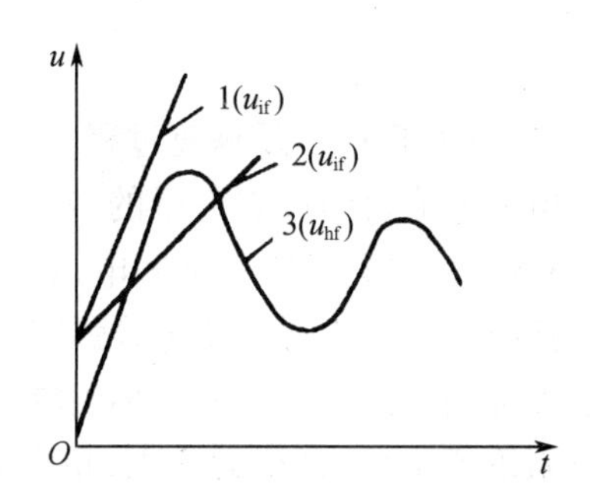

图 2－22　介质恢复过程和电压恢复过程

1. 弧隙介质恢复过程

交流电弧电流自然过零后，弧隙介质恢复过程已开始，但在近阴极区和其余部分(主要是弧柱区)恢复过程有所不同。

(1)近阴极区的介质恢复过程

电弧电流过零后弧隙两端的电极立即改变极性。在新的近阴极区内外，电子运动速度为正离子的成千倍，故它们在刚改变极性时就迅速离开而移向新的阳极，使此处仅留下正离子。同时，新阴极正是原来的阳极，附近正离子并不多，以致难以在新阴极表面产生场致发射以提供持续的电子流。另外，新阴极在电流过零前后的温度已降低到热电离温度以下，也难以借热发射提供持续的电子流。因此，电流过零后只需经过 0.1～1 μs，即可在近阴极区获得 150～250 V 的介质强度(具体量值视阴极温度而定，温度越低，介质强度越高)。图 2－23 给出了刚改变极性时近阴极区的状况。

如果在灭弧室内设若干金属栅片，将进入灭弧室内的电弧截割成许多段串联的短弧，则电流过零后每一短弧的近阴极区均将立即出现 150～250 V 的介质强度(由于弧隙热惯性的影响，实际介质强度要低一些)。当它们的总和大于电网电压(包括过电压)时，电弧便熄灭。

出现于近阴极区的这种现象称为近阴极效应，综合利用截割电弧和近阴极效应灭弧的方法称为短弧灭弧原理，它广泛用于低压交流开关电器。

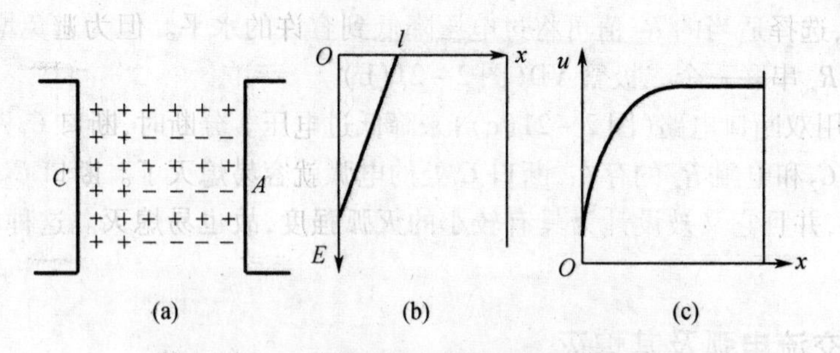

图 2-23 近阴极区的电场强度和电压分布

(a)带电粒子;(b)电场强度 E;(c)电压 U

(2)弧柱区的介质恢复过程

电弧电流自然过零前后的数十微秒内,电流已接近零,故这段时间被称为零休时间。由于热惯性的影响,零休期间电弧电阻 R_h 并非无穷大,而是因灭弧强度不同呈现不同量值。

弧隙电阻非无穷大意味着弧隙内尚有残留的带电粒子和它们形成的剩余电流,故电源仍向弧隙输送能量。当后者小于电弧散出的能量时,弧隙内温度降低,消电离作用增强,弧隙电阻不断增大,直至无穷大,也即弧隙变成了具有一定强度的介质,电弧也将熄灭。反之,若弧隙取自电源的能量大于其散出的能量,R_h 将迅速减小,剩余电流不断增大,使电弧重新燃烧。这就是所谓热击穿。

然而,热击穿存在与否还不是交流电弧是否能熄灭的唯一条件。不出现热击穿固然象征着热电离已基本停止,但当弧隙两端的电压足够高时,仍可能将弧隙内的高温气体击穿,重新燃弧,这种现象称为电击穿,因此交流电弧电流自然过零后的弧柱区介质恢复过程大致可分为热击穿和电击穿两个阶段。交流电弧的熄灭条件则可归结为:在零休期间,弧隙的输入能量恒小于输出能量,因而无热积累;在电流过零后,恢复电压又不足以将已形成的弧隙介质击穿。

2. 弧隙电压恢复过程

电弧电流过零后,弧隙两端的电压将由零或反向的电弧电压上升到此时的电源电压。这一电压上升过程称为电压恢复过程,此过程中的弧隙电压则称为恢复电压。

电压恢复过程进展情况与电路参数有关。分断电阻性电路时(图 2-24(a)),电弧电流 i 与电源电压 U 同相,故电流过零时电压也为零。这样,电流过零后作用于弧隙的电压——恢复电压 u_{hf} 将自零开始按正弦规律上升,而无暂态分量,只有稳态分量——工频正弦电压。

若分断电感性电路(图 2-24(b)),因电流滞后于电源电压约 90°,故电流过零时电源电压恰为幅值,因此电流过零后加在弧隙上的恢复电压将自零跃升到电源电压幅值,并在此后按正弦规律变化。这时的恢复电压含上升很快的暂态分量。分断电容性电路时(图 2-16(c)),因电流超前电源电压约 90°,电流过零时电压也处于幅值,因而电容被充电到具有约为电源电压幅值的电压,且因电荷在电路分断后无处泄放而保持着此电压,因此电弧电流为零时恢复电压有一个几乎很少衰减的暂态分量和一工频正弦稳态分量,并且是从零开始随着 u 的变化逐渐增大,最终达到约二倍电源电压幅值。

实际的电压恢复过程要复杂得多,它要受到被分断电路的相数、一相的断口数、线路工作状况、灭弧介质和灭弧室构造及分断时的初相角等许多因素的影响。鉴于电路以电感性

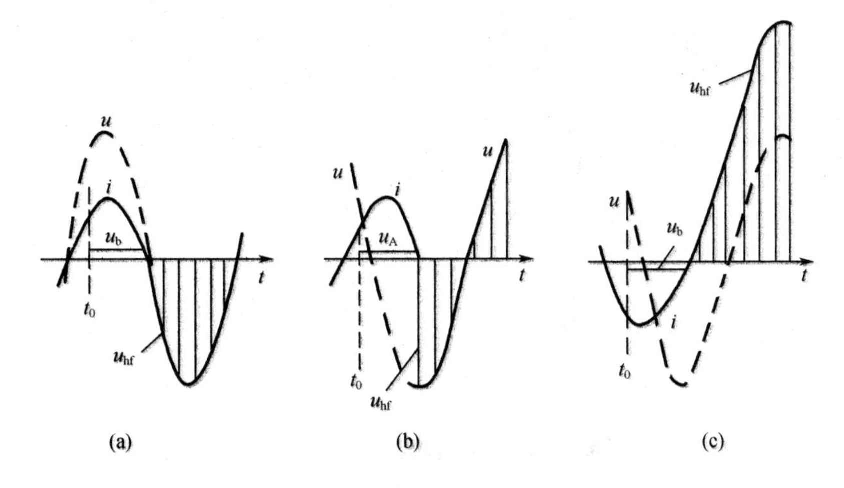

图2-24　分断不同性质电路时的恢复电压波形

(a)电阻性电路;(b)电感性电路;(c)电容性电路

t_0—触头分断时刻

的为多,所以分析电压恢复过程也以它为例。

为便于分析起见,只讨论理想弧隙的电压恢复过程,并设电路本身的电阻为零,且在此过程(约数百微秒)中电源电压不变。顾及到电源绕组间的寄生电容、线路的对地电容和线间电容(其总值为 C),则电路的电压方程为

$$u = U_{gm} = L\frac{di}{dt} + u_c = LC\frac{d^2u_c}{dt^2} + u_c \tag{2-18}$$

其解为

$$u_c = A\cos\omega_0 t + B\sin\omega_0 t + U_{gm}$$

式中　A、B——积分常数;

ω_0——无损耗电路的固有振荡角频率 $\omega_0 = 1/\sqrt{LC}$;

U_{gm}——工频电源电压的幅值。

当电弧电流过零($t=0$)时,$u_c=0$,$du_c/dt=0$,故积分常数 $A=-U_{gm}$,$B=0$,于是

$$u_c = U_{gm}(1-\cos\omega_0 t) \tag{2-19}$$

此电压 u_c 就是弧隙上的恢复电压 u_{hf},它含稳态分量 U_{gm} 和暂态分量 $U_{gm}\cos\omega_0 t$,因此电压恢复过程是角频率为 ω_0 的振荡过程(图2-25(a))。

然而,实际电路总是具有电阻的,即 $R\neq 0$,同时电弧电阻在电流过零前后也不会等于零和无穷大,所以电压恢复过程是有衰减的振荡过程(图2-25(b))。

3. 交流电弧的熄灭

前已指出,交流电弧的熄灭条件是在零休期间不发生热击穿,同时在此之后弧隙介质恢复过程总是胜过电压恢复过程,也即不发生电击穿。从灭弧效果来看,零休期间是最好的灭弧时机。一则这时弧隙的输入功率接近零,只要采取适当措施加速电弧能量的散发以抑制热电离,即可防止因热击穿引起电弧重燃;二则这时线路所储能量很小,需借电弧散发的能量不大,不易因出现较高的过电压而引起电击穿。反之,若灭弧非常强烈,在电流自然过零前就"截流",强迫电弧熄灭,则将产生很高的过电压,即使不致影响灭弧,对线路及其

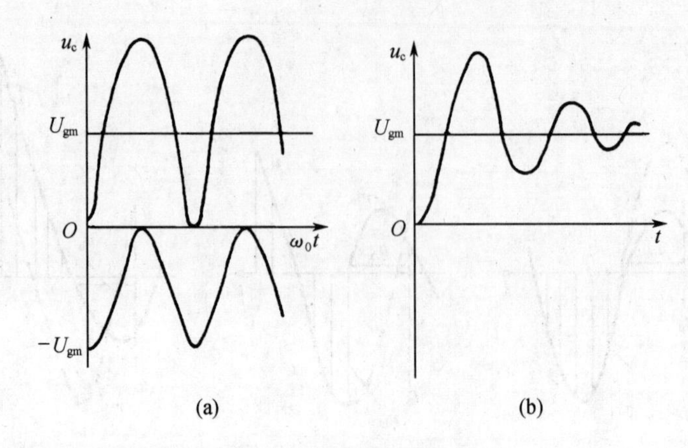

图 2-25 电感性电路的恢复电压

(a)$R=0$;(b)$R\neq0$

中的设备也很不利,因此除非有特殊要求,交流开关电器多采用灭弧强度不过强的灭弧装置,使电弧是在零休期间、而且是在电流首次自然过零时熄灭。

实际上交流电弧未必均能在电流首次自然过零时熄灭,有时需经 2~3 个半周才熄灭。如图 2-26 所示,触头刚分离($t=t_0$)时,弧隙甚小,u_h 也不大,故电流在首次过零($t=t_1$)前,其波形基本上仍属正弦波,且在电流过零处比电源电压滞后约为 $\varphi_1\approx90°$。这时,介质强度 u_{jf} 不大,当恢复电压 u_{hf} 在不久后上升到大于燃弧电压 u_{b1} 时,弧隙被击穿,电弧重燃。

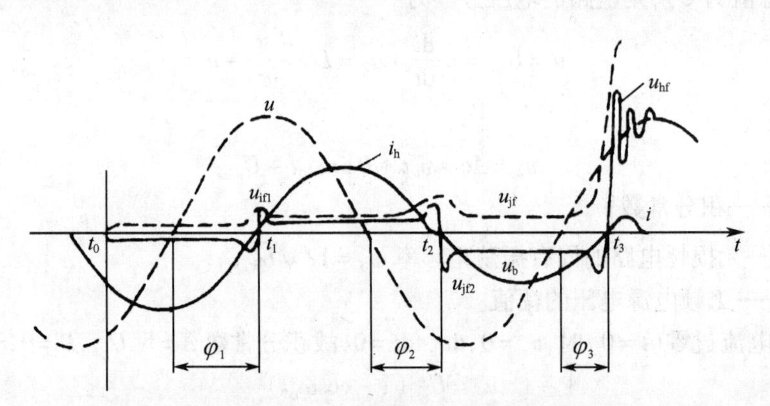

图 2-26 分断交流电路时的各弧隙参数波形

在第二个半周,弧隙增大了,u_{hf} 和 u_{jf} 均增大,电流再过零($t=t_2$)时的滞后角 $\varphi_2<\varphi_1$。由于 u_{jf} 仍不够大,在 $u_{hf}>u_{jf2}$ 时,弧隙再次被击穿,电弧仍重燃。此后,因弧隙更大,当 $t=t_3$(电流第三次过零)时,$\varphi_3<\varphi_2$,且 u_{jf} 始终大于 u_{hf},电弧不再重燃,电弧终被熄灭,交流电路也完全切断了。

2.6 灭弧装置

电弧燃烧空间的扩展及其导致的触头电侵蚀，能危及电器本身和它所在系统的安全可靠运行，故必须采用适当灭弧装置来加速并可靠地熄灭电弧。

2.6.1 灭火花电路

灭火花电路（图2－27）用于保护直流继电器的触头系统，降低其电侵蚀、提高其分断能力，进而保证其安全可靠运行。因为继电器工作电流虽不大，但为提高灵敏度和减小体积及质量，其接触压力取得很小，兼之操作频率高、负载又多为电感性的，故必须增强其灭弧能力。

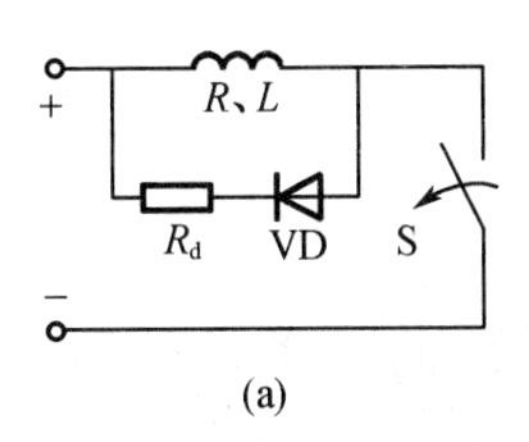

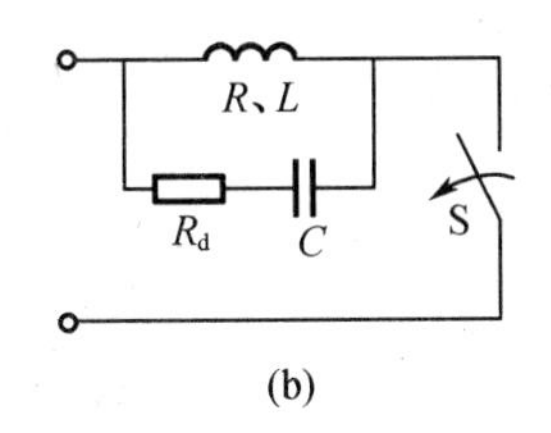

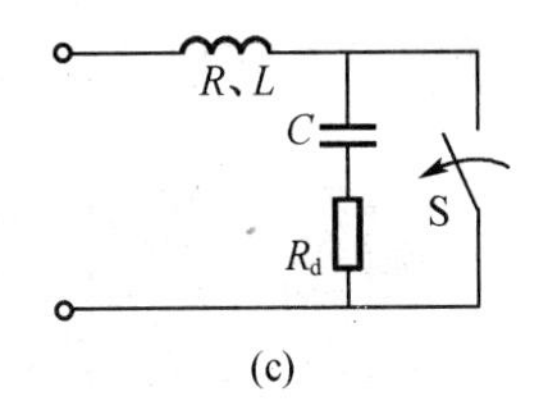

图2－27　灭火花电路

所谓灭火花电路，或并联在负载上（图2－27（a、b））、或并联在继电器触头上（图2－27（c））作为放电回路。线路a、b中放电电阻R_d宜取为负载电阻R的5～10倍，二极管VD的反峰电压宜取为电源电压（峰值）的2倍，而放电电容C与负载电感L间应满足$L<C(R+R_d)^2/4$，以防止发生振荡。线路c中取$C=0.5\sim2\ \mu F$，$R_d=U_c^2/a$。，其中U_c为电容器端电压，a为与触头材料有关的系数，例如银触头取$a=140$。线路a对连接极性有要求。

2.6.2 简单灭弧

这是指在大气中分开触头拉长电弧使之熄灭。它借机械力或电弧电流本身产生的电动力拉长电弧，并使之在运动中不断与新鲜空气接触为其冷却。这样，随着弧长l和弧柱电场强度E的不断增大，使电弧伏安特性因电弧电压u_h增大而上移。当$u_h>u-iR$时，电弧熄灭。

低压电器中的刀开关和直动式交流接触器均有利用简单灭弧原理者。但为保护触头有时还设弧角，使电弧在弧角上燃烧，同时为限制电弧空间扩展有时也设置灭弧室。

2.6.3 磁吹灭弧装置

需要较大的电动力将电弧吹入灭弧室时，要采用专门的磁吹线圈（图2－28）建立足够强的磁场。它通常有一至数匝，与触头串联（虽也可与电源并联，但很少见）。为使磁场较集中地分布在弧区以增大吹弧力，线圈中央穿有铁芯，其两端平行地设置夹着灭弧室的导磁钢板。串联磁吹线圈的吹弧效果在触头分断大电流时很明显，分断小电流时则比较逊色。

2.6.4 弧罩与纵缝灭弧装置

为限制弧区扩展并加速冷却以削弱热电离，常采用陶土或耐弧塑料（如三聚氰胺与 MP－1 塑料）制造的灭弧室。有些灭弧室还设有狭窄的纵缝，使电弧进入后在与缝壁的紧密接触中被冷却。

纵缝灭弧装置有单纵缝、多纵缝和纵向曲缝等数种（图 2－29）。为克服电弧进入宽度略小于其直径的狭缝的阻力，有时还需磁吹配合。

纵缝多采取下宽上窄的形式，以减小电弧进入时的阻力。多纵缝的缝隙甚很窄，且入口处宽度是骤变的，故仅当电流很大时卓有成效。纵向曲缝兼有逐渐拉长电弧的作用，故其效果更好。这种灭弧方式多用于低压开关电器，偶尔用于 3～30 kV 的高压开关电器。

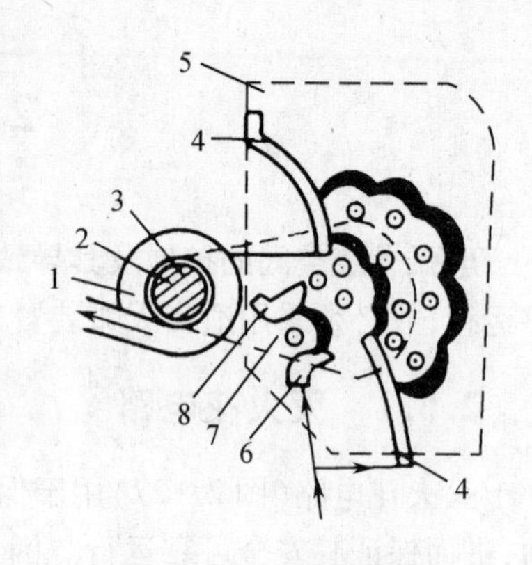

图 2－28 串联磁吹线圈

1—磁吹线圈；2—绝缘套；3—铁芯；4—导磁夹板；5、7—动触头；6、8—静触头

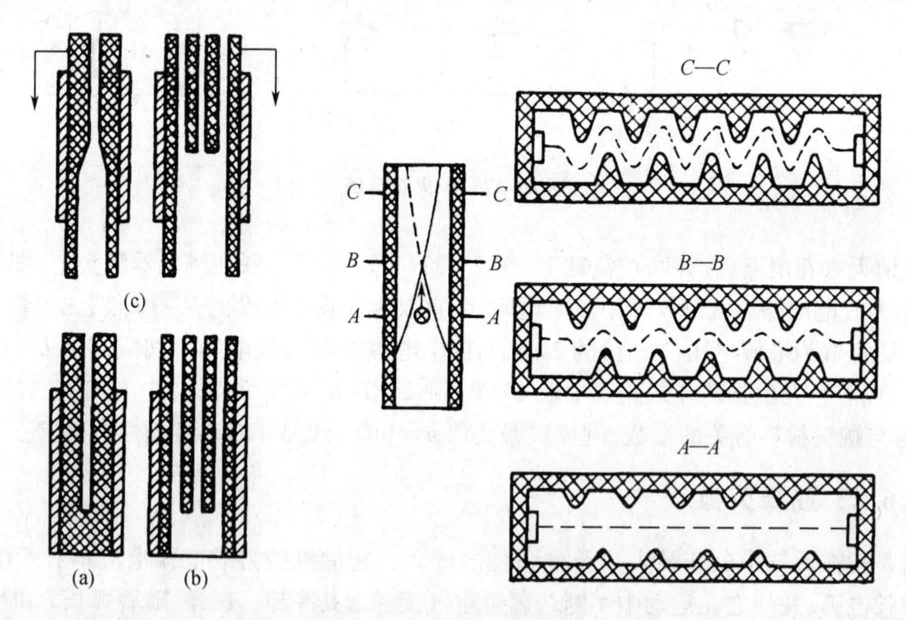

图 2－29 纵缝灭弧装置

（a）单纵缝；（b）多纵缝；（c）纵向曲缝

2.6.5 栅片灭弧装置

栅片灭弧装置有绝缘栅片与金属栅片两种：前者借拉长电弧并使之与它紧密接触而迅速冷却；后者借将电弧截割为多段短弧，利用增大近极区电压降（特别是交流时的近阴极效应）以加强灭弧效果（图 2－30）。金属栅片为钢质，它有将电弧吸引的作用和冷却作用，但其 V 形缺口是偏心的，且要交错排列以减小对电弧的阻力。

栅片灭弧装置适用于高低压直流和交流开关电器，但以低压交流开关电器用得较多。

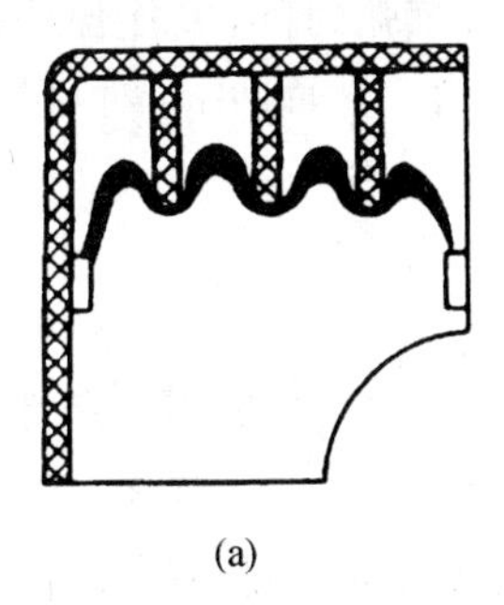

(a)

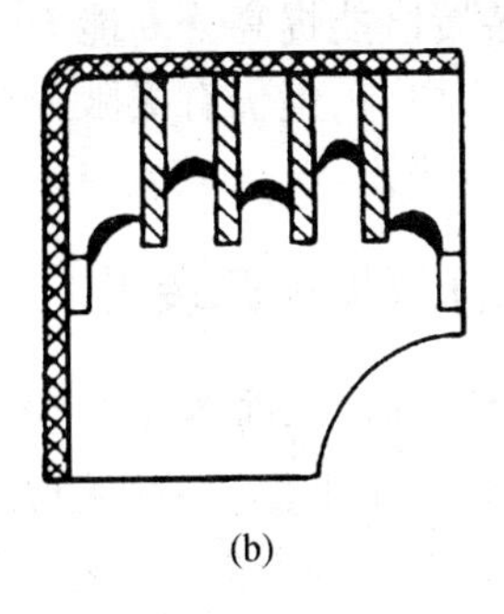

(b)

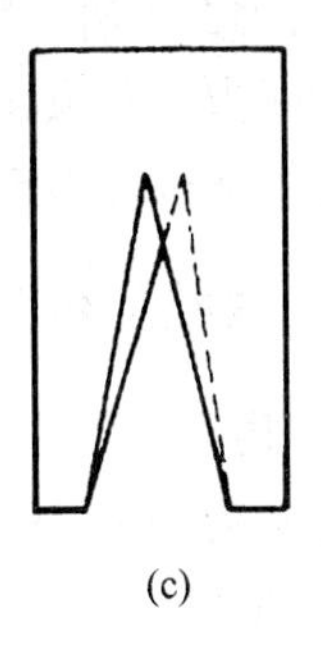

(c)

图 2-30　栅片灭弧装置

(a)绝缘栅片;(b)金属栅片(c)金属栅片的排列方式

2.6.6　固体产气灭弧装置

它主要用于高低压熔断器。以低压封闭管式熔断器为例,它是利用能产生气体的固体绝缘材料兼作绝缘管和灭弧室。电路发生短路时,熔体窄部迅速熔化和汽化,形成若干串联短弧,而绝缘管则在电弧高温作用下迅速分解汽化,产生压强达数 MPa 的含氢高压气体。电弧便在近阴极效应和高压气态介质共同作用下很快熄灭,有时甚至能在短路电流尚未达到预期值之前就截流,提前分断电路。

2.6.7　石英砂灭弧装置

它也是主要用于高低压熔断器。石英砂填充在绝缘管内作为灭弧介质。熔断器的熔体熔化后产生的金属蒸气被石英砂所限无法自由扩散,就形成高压气体,使电离了的金属蒸气扩散于石英砂缝隙内,在该处冷却并复合。这种装置灭弧能力强,截流作用显著。但分断小倍数过载电流时,可能因熔体稳态工作温度较高而将石英砂熔解,形成液态玻璃,并与金属熔体作用生成绝缘性能差的硅酸盐,以致发生稳定燃弧现象,特别是在直流的场合。

2.6.8　油吹灭弧装置

油吹灭弧装置是以变压器油为介质。产生电弧后,它会使油气化为含氢量达 70% ~ 80% 的气体,后者与占总体积约 40% 的油蒸气共同形成油气泡,使电弧在其中燃烧。油吹灭弧主要是利用氢气的高导热性和低黏度以加强对弧柱的冷却作用,利用油气为四周冷油所限不能迅速膨胀而形成的 0.5 ~ 1 MPa 高压以加强介质强度,以及利用因气泡壁各处油的气化速度不同产生的压力差使油气做紊乱运动,将刚生成的低温油气引至弧柱以加速其冷却。油吹灭弧的燃弧时间有一最大值,与之对应的电流称为临界电流,其值因灭弧装置结构而异。由于弧室机械强度的限制,油吹灭弧还有一极限开断电流。

油吹灭弧装置曾在高压断路器中占重要地位,但由于结构复杂且效果不太理想,它已越来越多地为其他形式的灭弧装置所取代。

2.6.9　压缩空气灭弧装置

压缩空气灭弧装置也是用于高压电器。开断电路时,用管道将预储的压缩空气引向弧区猛烈吹弧。一方面带走大量热量、降低弧区温度,另一方面则吹散电离气体将新鲜高压气体补充空间,因此这种灭弧装置既能提高分断能力、缩短燃弧时间,又能保证自动重合闸时不降低分断能力。它虽无临界电流,但仍有极限分断能力。然而,由于种种原因,压缩空气灭弧装置近年来也用得比较少了。

2.6.10 六氟化硫(SF_6)气体灭弧装置

SF_6气体为共价键型的完全对称正八面体分子结构的气体,故具有强电负性,极为稳定。它无色、无臭、无味、无毒、既不燃也不助燃、一般无腐蚀性。在常温常压下 SF_6的密度是空气的 5 倍,分子量也大,故其热导率虽低于空气,但热容量大,总的热传导仍优于空气。

SF_6气体化学上很稳定。仅在 100 ℃以上才与金属有缓慢作用;热稳定性也很好,150 ~ 200 ℃以上开始分解。在 1 727 ~ 3 727 ℃,它逐渐分解出 SF_4、SF_3、SF_2、SF 等气体分子,高于此温度则分解出 S 和 F 单原子和离子。在电弧的高温作用下,少量 SF_6气体会分解产生 SOF_2、SOF_4和 SO_2F_2等有毒物,其含量随含水量而增大,因此通过干燥、提高纯度、设吸附剂和采取安全措施可降低有毒物含量,况且它们在温度降低后只消数十微秒又可化合为 SF_6气体。由于分解物不含 C 原子,SF_6的介质恢复过程极快;且又因分子中不含偶极矩,对弧隙电压的高频分量也不敏感。SF_6分子还易俘获自由电子形成低活动性的负离子,后者自由行程小,行动缓慢,不易参与碰撞电离,复合概率高。总之,SF_6气体的绝缘和灭弧性能均非常好。

概括起来,SF_6气体作为灭弧介质具有下列优点:它在电弧高温下生成的等离子体电离度很高,故弧隙能量小,冷却特性好;介质强度恢复快,绝缘及灭弧性能好,有利于缩小电器的体积和质量;基本上无腐蚀作用;无火灾及爆炸危险;采用全封闭结构时易实现免维修运行;可在较宽的温度和压力范围内使用;无噪声及无线电干扰。SF_6气体的主要缺点是易液化(-40 ℃时,工作压力不得大于 0.35 MPa; -35 ℃时不得大于 0.5 MPa),而且在不均匀电场中其击穿电压会明显下降。

目前,SF_6气体灭弧装置已广泛用于高压断路器,同时此气体还广泛用于全封闭式高压组合及成套设备中作为灭弧和绝缘介质。

2.6.11 真空灭弧装置

此灭弧装置以真空作为绝缘及灭弧手段。当灭弧室真空度在 1.33×10^{-3} Pa 以下时,电子的自由行程达 43 m,发生碰撞电离的概率极小,因此电弧是靠电极蒸发的金属蒸气电离生成的。若电极材料选用得当,且表面加工良好,金属蒸气就既不多又易扩散,故真空灭弧效果比其他方式都强得多。

真空灭弧具有下列优点:触头开距小(10 kV 级的仅需 10 mm 左右),故灭弧室小,所需操作力也小,动作迅速;燃弧时间短到半个周期左右,且与电流大小无关;介质强度恢复快;防火防爆性能好;触头使用期限长,尤适宜于操作频率高的场合。其缺点主要是截流能力过强,灭弧时易产生很高的过电压。

目前,高低压电器均发展了采用真空灭弧装置的工业产品。

2.6.12 无弧分断

实现无弧分断一般有两种方法,一是在交变电流自然过零时分断电路,同时以极快的速度使动静触头分离到足以耐受恢复电压的距离,使电弧甚弱或无从产生;二是是给触头并联晶闸管,并使之承担电路的通断,而触头仅在稳态下工作。

1. 同步开关

图2-31所示为带压缩空气灭弧装置的同步开关原理结构。其设计原则是使开关在电流将自然过零时(如1 ms前)分断,并加速触头运动,使之在电流过零时已有一定间距。这样,灭弧就能在电流很小、燃弧时间很短、弧隙介质恢复强度很高的条件下进行。

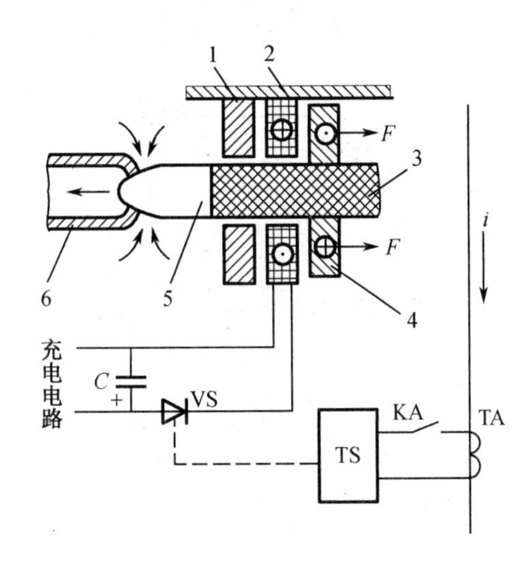

图2-31　同步开关原理结构

1—导向件;2—静止线圈;3—绝缘杆;4—金属盘;5—动触头;6—静触头

正常工作时,电容器 C 由充电电路充电。若运行中发生短路,过流继电器KA触头闭合,接通饱和电流互感器TA的二次电路。当一次电路(待分断电路)电流很大时,TA铁芯处于饱和状态,其二次绕组几乎无输出;而当电流自然减至一定值时,铁芯转入非饱和状态,二次绕组有输出。于是同步触发装置TS给出触发脉冲,令晶闸管导通,而电容器 C 经VS对静止线圈放电。该线圈电流产生强大的磁通,使金属盘出现感应电流。它与线圈电流互相作用,产生轴向电动斥力 F,使金属盘连同动触头一起右移。同时,压缩空气亦吹向弧隙,使其介质强度于电流过零后迅速恢复。这就实现了无弧分断或在很弱的电弧下分断。

同步分断结构复杂,故仅偶尔用于高压电器。

2. 混合式开关

以混合式交流接触器为例,它有电压触发式和电流触发式两类(图2-32)。就前者而论,在断开状态,由于继电器触头KA是断开的,虽然晶闸管 VT_1、VT_2 均有外施电压,但是门极无触发信号,故都是截止的;在运行时,又因 a、b 两点间的电压是接触器主触头KM的电压降,它小于晶闸管导通电压,虽有门极触发信号,晶闸管仍截止。但在接通过程中KA先于KM闭合,故晶闸管先导通,主触头后闭合;而在分断过程中,KA比KM后断开,使晶闸管因被加上电源电压而导通,并承担全部负载。待KA分断后,晶闸管也因无门极信号随即截止,切除负载。这样,就基本上实现了无弧通断。

混合式开关虽然具有很长的使用期限,但结构复杂,成本高,其使用仍未普及。

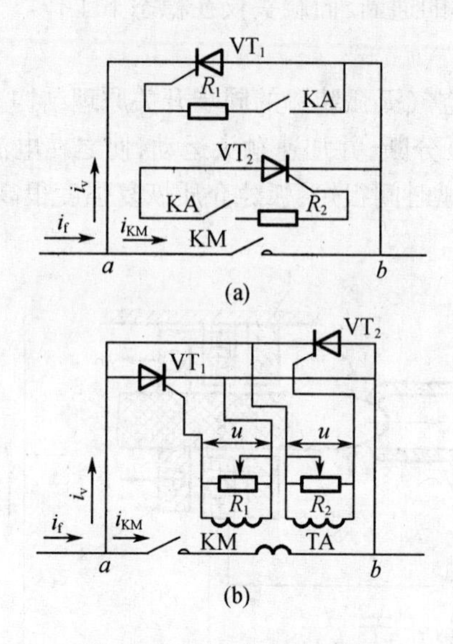

图 2-32　混合式开关线路

(a)电压触发式;(b)电流触发式

习　题

2.1 电弧对电器是否仅有弊而无益?

2.2 电接触和触头是同一概念吗?

2.3 触头有哪几个基本参数?

2.4 触头大体上分为哪几类,对它们各有何基本要求?

2.5 触头的分断过程是怎样的?

2.6 什么是电离和消电离,它们各有哪几种形式?

2.7 电弧的本质是什么,电弧电压和电场是怎样分布的?

2.8 试分析直流电弧的熄灭条件。

2.9 试分析交流电弧的熄灭条件,并阐述介质恢复过程和电压恢复过程。

2.10 为什么熄灭电感性电路中的电弧要困难些?

2.11 什么是近阴极效应,它对熄灭哪一种电弧更有意义?

2.12 试通过电弧的电压方程分析各种灭弧装置的作用。

2.13 怎样才能实现无弧通断?

2.14 接触电阻是怎样产生的,影响它的因素是哪些?

2.15 触头的接通过程为什么通常都伴随着机械振动,怎样减弱机械振动?

2.16 什么是熔焊,它有几种形式?

2.17 什么是冷焊,怎样防止发生冷焊?

2.18 在长期通电的运行过程中接触电阻是否不变,为什么?

2.19 触头电侵蚀有几种形式,它与哪些因素有关,如何减小电侵蚀?

2.20 对触头材料有何要求？

2.21 银氧化镉和银氧化锡铟粉末合金触头材料有何特点？

2.22 真空开关电器使用什么触头材料？

2.23 某小容量接触器采用银氧化镉粉末合金触头材料，其触头为桥式、点接触，接触压力 $F_j = 10$ N，试计算其接触电阻。

2.24 有一额定电流 $I = 400$ A 的交流接触器，采用纯银桥式触头，其参数为 $\lambda\rho = 8.2 \times 10^{-6}\ \mathrm{V^2/K}$，$U_j = 0.01$ V。铜质本体的截面积 $A = 7 \times 25\ \mathrm{mm^2}$，$\rho_{100} = 2.3 \times 10^{-8}\ \Omega \cdot \mathrm{m}$，$K_T = 7\ \mathrm{W/(m^2 \cdot K)}$。试计算触点的最高温升。

第3章　电器的电磁机构理论

电磁机构由磁系统和励磁线圈组成。它广泛用于电器中作为电器的感测元件（接受输入信号）、驱动机构（实行能量转换）以及灭弧装置的磁吹源。它既可以单独成为一类电器（如牵引电磁铁、制动电磁铁、起重电磁铁和电磁离合器等），也可作为电器的部件（如各种电磁开关电器和电磁脱扣器的感测部件、电磁操动机构的执行部件）。

电磁机构的磁系统包含由磁性材料制成的磁导体和各种气隙。当励磁线圈从电源吸取能量后，其周围空间内就建立了磁场，使磁导体磁化，产生了电磁吸力，吸引磁导体中的衔铁，借其运动输出机械功，以达到某些预定目的，因此电磁机构兼具能量转换和控制两方面的作用。

本章主要讨论各种电磁机构的计算方法、特性。

3.1　电磁机构的基本概念

3.1.1　电磁机构的种类和特性

电磁机构种类很多。按励磁电流种类区分有直流的和交流的（包括单相和三相的）；按励磁方式区分有并励的（线圈与电源并联）和串励的（线圈与电源串联）、含永久磁铁的以及交直流同时磁化的；按结构形式区分有内衔铁式（衔铁可伸入线圈内腔）和外衔铁式（衔铁只能在线圈外运动）。

作为借电磁力吸引衔铁使之运动作功的电磁机构，电磁力 F 与衔铁位移 x 或工作气隙 δ 的关系 $F=f(\delta)$ 是它的基本特性。如果衔铁绕某个固定轴转动，则电磁机构的基本特性是使衔铁转动的电磁力矩 M 与衔铁的角位移 α 之间的关系 $M=f(\alpha)$。这类特性称为吸引特性或吸力特性。严格地说，这种吸力特性应称为静态吸力特性，因为它是在电路参数保持不变、或者衔铁无限缓慢地运动的条件下获得的。但衔铁运动时电路参数总是会变化的，所以在衔铁的运动过程中只能有动态的特性。

电磁机构的衔铁在运动过程中是克服机械负载的阻力而做功的，习惯上把这种阻力称为反作用力，并以 F_r 表示。反作用力与工作气隙的关系 $F_r=f(\delta)$ 称为机械特性或反力特性，它也是电磁机构的基本特性。

1. 静态吸力特性和动态特性

电磁机构的静态吸力特性（简称吸力特性）因其结构而异。图3－1所示是各种内衔铁式电磁机构的结构和吸力特性。对于有止座的结构，止座形状对吸力特性的形状也有明显的影响。图3－2所示为各种外衔铁式电磁机构的结构和吸力特性。如果使其衔铁具有和静止磁导体（俗称铁芯）相似的形状，这些结构也能做成内衔铁式的。当然，这时吸力特性形状将有变化。

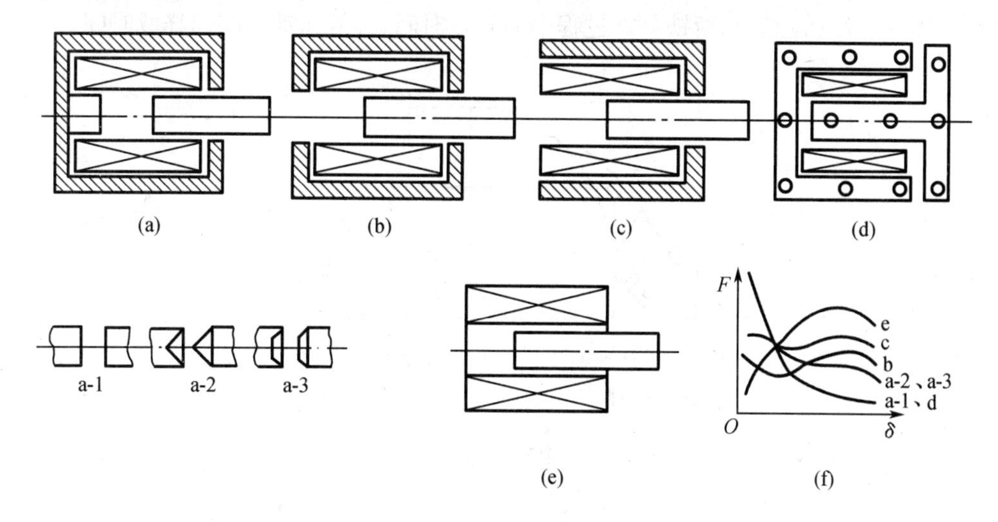

图 3－1　内衔铁式电磁机构的吸力特性

(a)有止座壳式;(b)无止座壳式;(c)无止座非闭合式;(d)交流叠片式;(e)螺线管式;(f)吸力特性

a－1、a－2、a－3 止座的形状

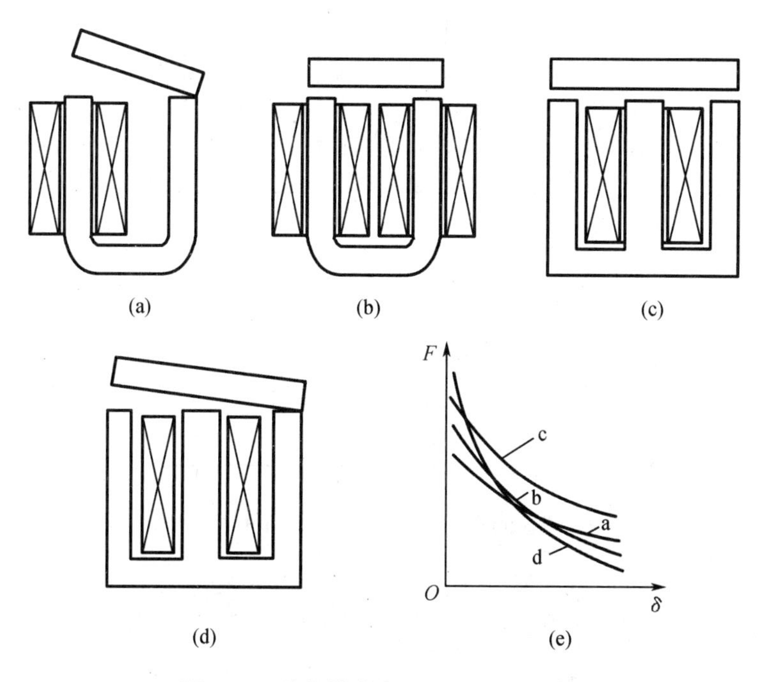

图 3－2　外衔铁式电磁机构的吸力特性

(a)U 形转动式;(b)U 形直动式;(c)E 形直动式;(d)转动式;(e)吸力特性

电磁机构的动态特性是指其励磁电流 i、磁通 ϕ、磁链 ψ、电磁吸力 F、衔铁运动速度 v 等参数在衔铁吸合(向铁芯运动)或释放(离开铁芯)过程中,与衔铁行程 x 或时间 t 之间的关系,以及衔铁位移与时间的关系。图 3－3 所示就是直流并励电磁铁的励磁电流 i、衔铁运动速度 v 和行程 x 等与时间 t 之间的关系。图中的符号 I_c、I_w、I_b 表示触动电流、稳态电流和开释电流;x_{max} 表示衔铁的最大行程;t_c、t_x 和 t_d 表示衔铁吸合过程中的触动时间、吸合运动时间和吸合时间；t_k、t_f 和 t_s 表示衔铁释放过程中的开释时间、释放运动时间和释放时间。

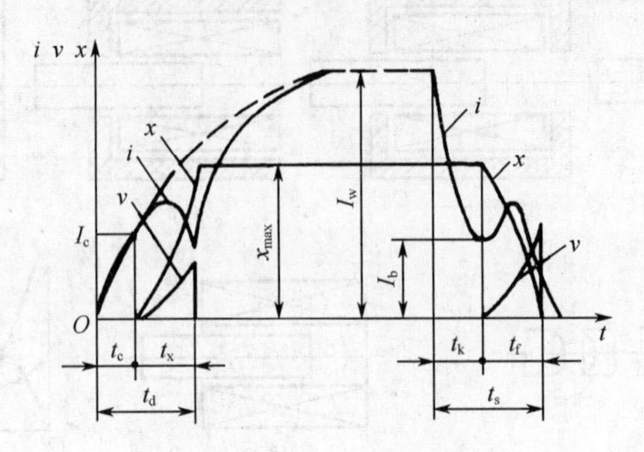

图 3－3　电磁机构的动态特性

2. 反力特性

电磁机构的反力特性因其控制对象而异。图 3－4 所示就是几种典型的反力特性。

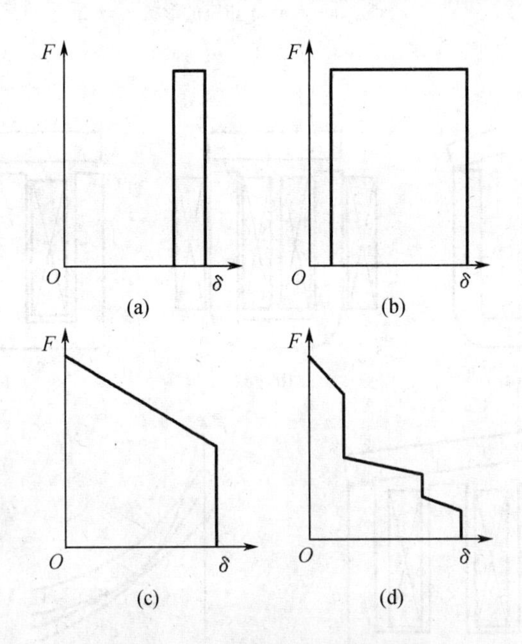

图 3－4　电磁机构的反力特性

(a)脱扣器特性；(b)起重特性；(c)(d)弹簧特性

虽然反力特性是电磁机构的负载特性，但电磁机构的设计是以此为依据的，所以将它作为电磁机构的一种特性来处理。

3.1.2　磁性材料及其基本特性

磁性材料是具有铁磁性质的材料，它包含铁、镍、钴、钆等元素以及它们的合金，其最大特点是具有比其他材料高数百至数万倍的磁导率，同时其磁感应强度与磁场强度之间存在着非常复杂的非线性关系。

1. 磁畴、各向异性和居里点

磁性材料内部有许多小区域——磁畴，它们能自发地磁化到饱和状态。无外界磁场时，磁畴的磁场因排列杂乱无章而对外不显磁性。一旦有了外界磁场，它们便整个地转向，使磁性材料强烈磁化。

铁磁物质单晶的磁化呈各向异性性质。以铁的单晶体为例，它沿侧面 100 方向很易磁化，沿平面对角线 110 方向磁化就困难些，沿立体对角线 111 方向则很难磁化（图 3－5）。

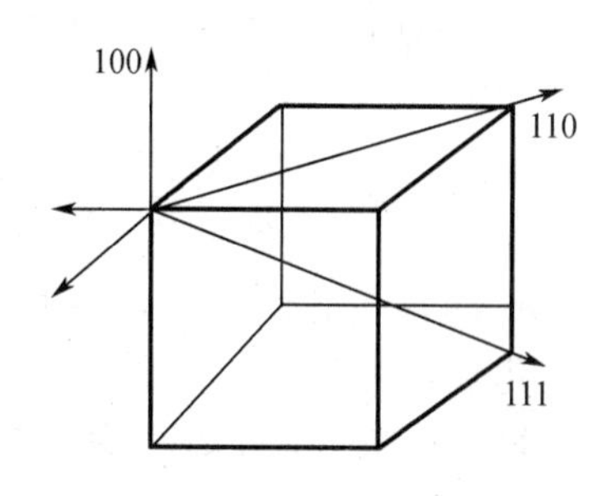

图 3－5　磁性材料磁化的各向异性

各种磁性材料都各有一临界温度值——居里点。若温度超过此值，磁性材料便会因磁畴消失而变成顺磁性材料。居里点的值因材料不同而异，如铁的居里点为 770 ℃、钴的为 1 120 ℃，镍的为 358 ℃。磁性材料的工作温度不允许接近其居里点。

2. 磁化曲线与磁滞回线

若将磁性材料去磁后，置于外磁场的作用下，使磁场强度 H 由零逐渐增大，磁感应强度 B 也自零开始增大。如图 3－6 所示，在 Oa 段，磁化是通过磁畴界壁转移而进行，使顺外磁场方向者增多，逆此方向者减少。由于此阶段磁化不消耗能量，故过程是可逆的，而且 B 与 H 成正比，也即 $\mu = \text{const}$ 并与 H 无关。在 ab 段，磁化通过磁畴的磁化方向突然做 90°的转变而进行，所以要消耗一定的能量，过程为不可逆。由于此刻磁畴方向变化突然，磁化曲线上升不平滑，呈现阶梯现象。若以听筒倾听，可听到因磁畴突然转向在线圈中感生电动势而出现的“噼啪”声，此即巴克豪森效应。在此阶段微弱的外磁场变化即可使磁感应强度发生很大变化，故 μ 值特别大，并且在中间的某一处有最大值 $\mu_{\max}$。到 bc 段，磁畴均已从容易磁化的方向转向较难的方向，所以需要消耗更多的能量和很强的外磁场，而 μ 值却在减小。在 c 点以后，所有磁畴的磁化方向已转到与外磁场一致，也即到了饱和状态。这时，B 随 H 的变化已与真空中相近，而过程又是可逆的。

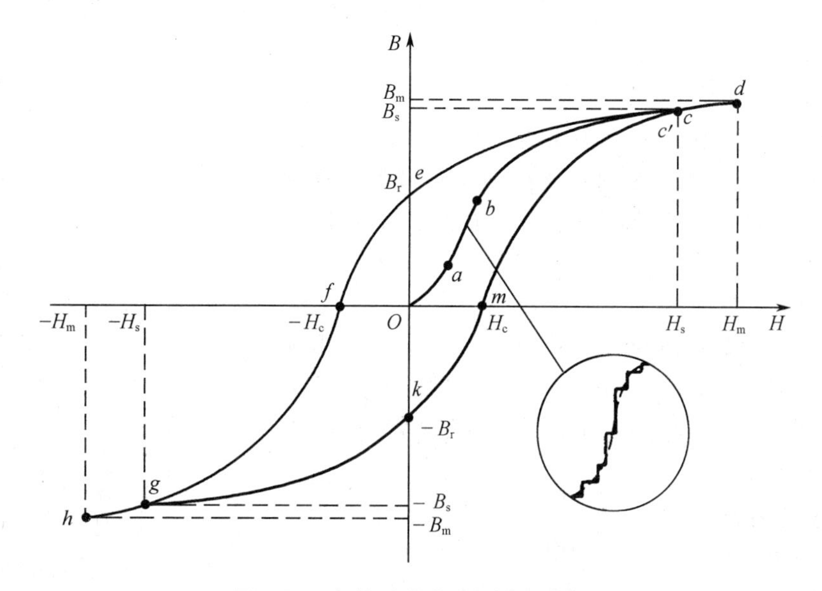

图 3－6　起始磁化曲线与磁滞回线

用去磁的磁性材料磁化所得的 $B=f(H)$ 曲线称为起始磁化曲线。从此曲线开始饱和的 c 点开始退磁,即减小磁场强度,由于过程是不可逆的,B 值将沿 ce 段变化。对应 c 点的 B 值以 B_s 表示,称为饱和磁感应强度;对应 e 点(H 值已减小到零)的 B 值以 B_r 表示,称为剩余磁感应强度。欲使 B 值减小到零,就需要施加反向磁场,而 B 值将沿 ef 段变化。对应于 $B=0$ 这一点 f 的磁场强度称为矫顽力 $-H_c$。B_s 值、B_r 值以及 $-H_c$ 值是磁性材料的主要特征参数。

继续增大反向磁场,B 将沿 fg 段变化,并在 g 点达到反向饱和。从这一点起逐渐减小反向磁场到它等于零,B 就沿 gk 段变化到 $-B_r'$。再加正向磁场,B 还会沿 km 段变化到等于零,这时的磁场强度 H_c 也称为矫顽力。进一步增大正向磁场,B 值又从零开始增大,并在 c' 点达到饱和。原则上说,c、c' 两点并不重合,而且 $B_r \neq -B_r$,$-H_c \neq H_c$。但多次重复上述过程即可得到一个基本上闭合的曲线,它称为磁滞回线。

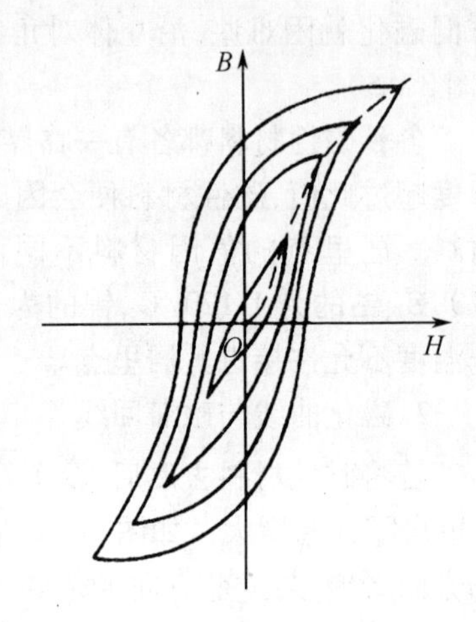

图 3-7 基本磁化曲线

在实际工作时,磁导体并非从去磁状态开始磁化,所以磁化曲线不能用于实际计算。在计算中所用的磁化曲线是由许多不饱和对称磁滞回线的顶点连接而成的基本磁化曲线(图 3-7)。不同的磁性材料有不同的起始和基本磁化曲线。

基本磁化曲线忽略了不可逆性而保留了饱和非线性特征,具有平均意义,故又称平均磁化曲线。根据励磁电流种类不同基本磁化曲线有直流磁化曲线与交流磁化曲线之分,它们分别适用于直流磁路计算和交流磁路计算。

3. 铁损和损耗曲线

交流励磁时,磁导体中有因磁滞和涡流现象导致的功率损耗,它们统称为铁损。此损耗与励磁电流的频率有关。当频率增大时,磁滞回线变宽,象征着磁滞损耗增大;同时,由于感应电动势增大,涡流损耗也将增大。铁损还与磁感应强度有关,磁感应强度越大,铁损也越大,其关系也是非线性的。

尽管铁损可用各种公式计算,但因其准确度不尽如人意,也不够便利、故工程上多用损耗曲线(图 3-8)进行计算。此曲线将铁损表示为磁感应强度和频率的函数,而且是单位质量材料的铁损。由于曲线得自实验,故其准确度较高。

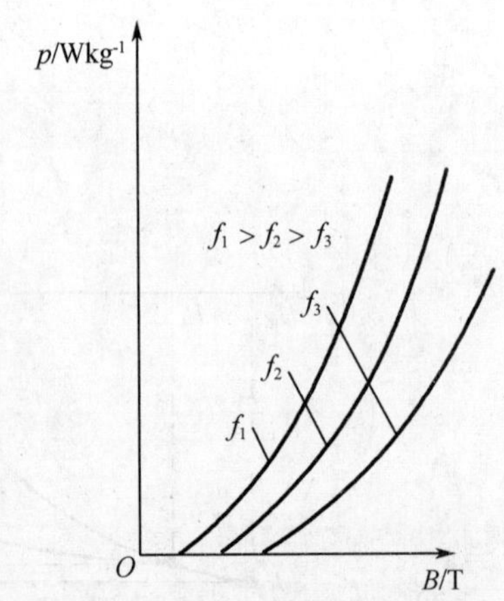

图 3-8 磁性材料的损耗曲线

4. 磁性材料

磁性材料按其特征参数可分为两类,硬磁材料和软磁材料。前者的矫顽力大,可达数十万安培/米,而且磁滞回线很宽;后者矫顽力小、可小到百分之几安培/米,同时磁滞回线很窄。

(1) 软磁材料

软磁材料矫顽力小($H_c < 10^2$ A/m),磁导率高,剩磁也不大,所以磁滞现象不明显。常用的如下。

①电工纯铁

它包括电解铁、羰基铁和工程纯铁等,其特点是电阻率小,故仅用作直流电磁机构的磁导体。其特征参数有 $\mu_{r_{max}}=(7\sim143)\times10^3$($\mu_{r_{max}}$为最大相对磁导率);$H_c=1.2\sim64$ A/m。

②硅钢

它含硅元素0.8%~4%。硅元素的作用在于促进碳化铁分解,使钢还原成铁以增大磁导率、减小矫顽力和磁滞损耗;增大电阻率和减少涡流损耗;阻止磁性老化并改善工艺性,因此硅钢适用于交流电磁机构。其特征参数有 $H_c<64\sim96$ A/m;$\mu_{r_{max}}>3\ 500\sim4\ 500$。它通常被制成板材或带材。

③高磁导率合金

主要是含镍35%~80%的铁镍合金——坡莫合金。经特殊处理后,其μ_{r_0}(起始相对磁导率)可达$(1\sim2)\times10^4$,$\mu_{r_{max}}$可达$(1\sim2)\times10^5$,而H_c却仅有2 A/m。另外,其$B_r\approx B_s$,故磁滞回线接近矩形。它的缺点是电阻率较小,且不能承受机械应力。它主要用于制造自动及通信装置中的变压器、继电器以及在弱磁场中有特高磁导率的电磁元件。

④高频软磁材料

主要是习惯上称为铁淦氧的铁氧体。它是铁的氧化物与其他金属氧化物烧结而成的。其相对磁导率仅数千,但矫顽力小(数A/m)、且电阻率比铁大数百万倍。它适用于高频弱电电磁元件。

⑤非晶态软磁合金

它是液体过渡态的合金,其磁性能与坡莫合金相似,而机械性能却远胜过坡莫合金。

(2)硬磁材料

硬磁材料的特点是矫顽力大($H_c>10^4$ A/m),磁滞回线宽,而且最大磁能积$(BH)_m$大。常用的硬磁材料有铸造铝镍钴系及粉末烧结铝镍钴系材料。此外,还有钡、锶和铁的氧化物烧结的铁氧体材料。20世纪60年代末又发展了由部分稀土族元素与钴形成的金属间化合物——稀土钴系材料,如钐钴、镤钴和镤钐钴等,它们具有较大的矫顽力和磁能积,$H_c=(270\sim660)\times10^3$ A/m,$(BH)_m=(60\sim160)\times10^3$ J/m^3。

第二代稀土永磁材料——钕铁硼,具有更大的矫顽力和磁能积,价格更便宜,其磁性能远高于稀土钴系材料。

硬磁材料经充磁后,能长久保持较强的磁性,所以被用来制作永久磁铁。

3.1.3　电磁机构中的磁场及其路化

当电磁机构的励磁线圈通电以后,其周围的空间就出现了磁场。通常,电磁机构的磁场都是三维场,其计算非常复杂,因此寻求一种简捷的计算方法是很有必要的。

1. 磁场的基本物理量

实验证明,一个电量为q的带电粒子以速度$\boldsymbol{v}$在磁场中运动时,将受到磁场对它的作用,即洛仑兹力的作用。此力为

$$\boldsymbol{F}=q\boldsymbol{v}\times\boldsymbol{B}\tag{3-1}$$

式中$\boldsymbol{B}$表征磁场性质的磁感应强度矢量。

洛仑兹力$\boldsymbol{F}$的方向与$\boldsymbol{v}$、$\boldsymbol{B}$方向之间的关系如图3-9(a)。磁场对载有电流I的导体元$\mathrm{d}l$的作用力由安培力公式

$$\mathrm{d}\boldsymbol{F}=I\mathrm{d}\boldsymbol{l}\times\boldsymbol{B}$$

所决定。磁场对整根载流导体 l 的作用则为

$$\boldsymbol{F} = \int \mathrm{d}\boldsymbol{F} = I\int_0^l \mathrm{d}\boldsymbol{l} \times \boldsymbol{B} \tag{3-2}$$

其方向与 $\mathrm{d}\boldsymbol{l}$、$\boldsymbol{B}$ 方向之间的关系见图 3-9(b)。

磁场对电流的作用与产生磁场的原因无关,不论它是电路中的宏观电流产生的、还是电真空器件中的电子流产生的,效果完全一样。

如果将一个与磁感应强度 $\boldsymbol{B}$ 垂直的电流元 $I\mathrm{d}\boldsymbol{l}$ 引入磁场,而电流元又不会使原磁场畸变,则

$$\boldsymbol{B} = \lim_{I\mathrm{d}l \to 0} \frac{\mathrm{d}\boldsymbol{F}}{I\mathrm{d}\boldsymbol{l}} \tag{3-3}$$

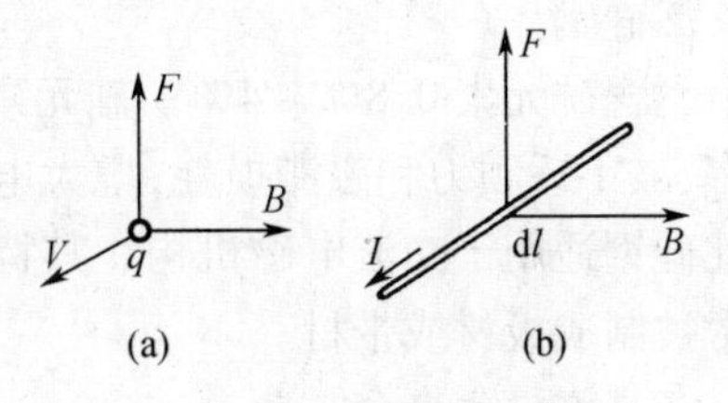

图 3-9 磁场对运动电荷及载流导体的作用

可见磁感应强度相当于作用在载有单位电流的单位长度导体上的、可能的最大磁场力。整个磁场可借场域内各点的磁感应强度来描述,但场内各点的 $\boldsymbol{B}$ 通常具有不同的量值和方向,所以 $\boldsymbol{B}$ 是空间坐标函数,即 $\boldsymbol{B} = \boldsymbol{B}(x,y,z)$。

为了形象化地表示磁场,人为地引入了一种空间曲线——磁力线,其每一点的切线方向代表该点 $\boldsymbol{B}$ 矢量的方向。磁场的强弱也能通过磁力线表示,即规定其密度与 $\boldsymbol{B}$ 值成正比。

根据矢量的通量的定义,$\boldsymbol{B}$ 矢量通过某个面 $\boldsymbol{A}$ 的通量——磁通为

$$\phi = \int_A \boldsymbol{B} \cdot \mathrm{d}\boldsymbol{A} \tag{3-4}$$

它表示磁场的分布情况。通常取磁力线的数量与 ϕ 的量值相等,故磁力线也称磁通线,而磁感应强度则称磁通密度。

同一电流所建立磁场的磁感应强度将因磁介质不同而异,这在某种意义上对磁场计算很不方便,故引入磁场强度

$$\boldsymbol{H} = \boldsymbol{B}/\mu = \boldsymbol{B}/(\mu_r\mu_0) \tag{3-5}$$

式中 μ、μ_r、μ_0 分别表示磁介质的磁导率、相对磁导率和真空磁导率。

磁感应强度 $\boldsymbol{B}$、磁场强度 $\boldsymbol{H}$、磁通 ϕ 和磁导率 μ 都是磁场的基本物理量。

2. 磁场的基本性质

实验表明,磁场中任一封闭曲面内不论其中有无载流导体,进入该曲面的磁通恒等于从该曲面穿出的磁通,即磁力线是连续的,从不间断。此性质称为磁通连续性定理,其数学形式为

$$\oint\!\!\!\oint_A \boldsymbol{B} \cdot \mathrm{d}\boldsymbol{A} = 0 \tag{3-6}$$

式中 $\mathrm{d}\boldsymbol{A}$ 的方向为封闭曲面在 $\mathrm{d}\boldsymbol{A}$ 处的外法线方向(图 3-10(a))。磁通连续性定理的微分形式是

$$\mathrm{div}\boldsymbol{B} = 0 \tag{3-7}$$

磁感应强度 $\boldsymbol{B}$ 的散度等于零揭示了磁场的一个重要性质——磁场是无源场,而磁力线为闭合曲线。

磁场的另一个重要性质是磁场强度 $\boldsymbol{H}$ 沿任一闭合回路 l 的线积分等于穿越该回路界定面积的所有电流之代数和,即

$$\oint_v \boldsymbol{H} \cdot \mathrm{d}\boldsymbol{l} = \sum I \tag{3-8}$$

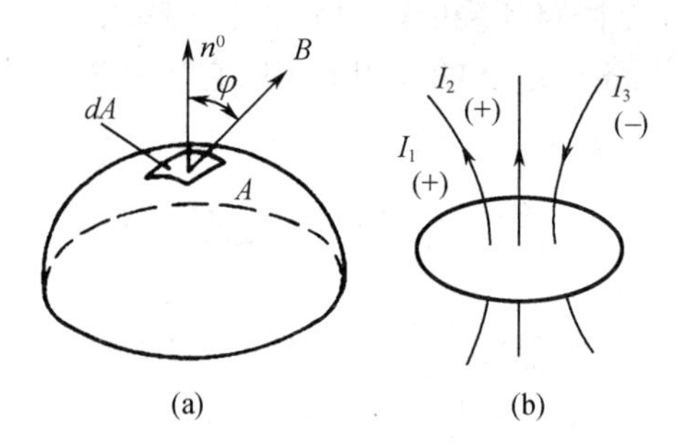

图 3－10　封闭曲面方向和电流方向

它称为安培环路定律。闭合回路界定的面积的方向按右螺旋定则确定。凡与该面积方向一致的电流取正号,反之取负号(图 3－10(b))。

安培环路定律反映磁场与建立它的宏观传导电流间的关系。它的微分形式是

$$\mathrm{rot}\boldsymbol{H}=\boldsymbol{J} \tag{3-9}$$

式中 $\boldsymbol{J}$ 表示电流密度矢量。

既然磁场是有旋场,除非场内某点无电流密度,$\boldsymbol{H}$ 的旋度才等于零。对有旋场来谈位函数是无意义的。但对磁场中 $\boldsymbol{J}=0$ 的区域也可看成具有位场性质的磁场。这样就可引入一种位函数——标量磁位 U_{m}(在不致与电位混淆处也可用 U 表示),并通过

$$\boldsymbol{H}=-\mathrm{grad}U_{\mathrm{M}} \tag{3-10}$$

来定义。由于磁场力总是与 $\boldsymbol{H}$ 矢量正交,故标量磁位与磁场力做功毫无联系,它只是一种没有物理意义的纯计算量。

公式(3－10)的积分形式(图 3－11(a))为

$$\int_{U_P}^{U_Q}\mathrm{d}U=\int_{Q}^{P}\boldsymbol{H}\cdot\mathrm{d}\boldsymbol{l} \tag{3-11}$$

式中　P、Q——磁场中任意两个点;

　　　U_P、U_Q——P、Q 两点的磁位。

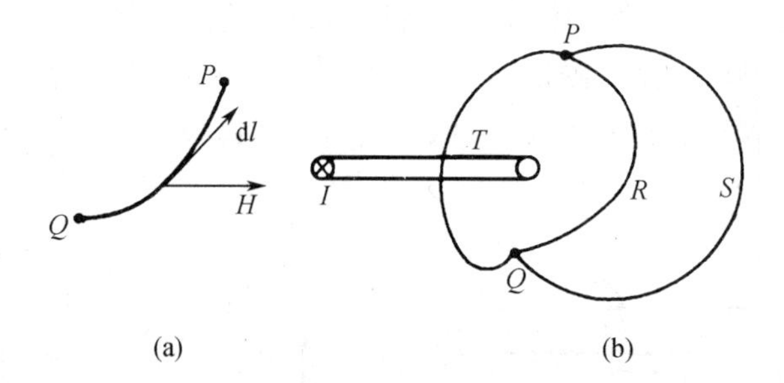

图 3－11　磁场中的磁位

由于磁场是有旋场,故磁场强度的线积分与积分路径有关。如图 3－11(b)所示,P、Q 两点间的标量磁位差(也称磁压降)

$$U=U_P-U_Q=\int_{P}^{Q}\boldsymbol{H}\cdot\mathrm{d}\boldsymbol{l} \tag{3-12}$$

因为此二路径形成的闭合回路环绕的面积无电流穿越，沿某一路径 PRQ 之值与沿另一路径 PSQ 之值是相等的。沿路径 PTQ 的线积分则因它与 PRQ 所形成闭合回路环绕的面积有电流穿越，其积分值是不同的

$$\int_{PRQ} \boldsymbol{H} \cdot \mathrm{d}\boldsymbol{l} = -I + \int_{PTQ} \boldsymbol{H} \cdot \mathrm{d}\boldsymbol{l} \tag{3-13}$$

3. 磁场的路化

在磁场内作一闭合曲线，并过曲线上所有各点作磁力线，即得一管——磁通管，其管壁处处与磁感应强度矢量 $\boldsymbol{B}$ 平行(图 3-12(a))。

借助于磁通管可形象化地认为磁通是沿着它流动，如同电流沿着导体流动似的。显然，整个磁场空间可看作是由许多磁通管并联组成。若将磁场空间内磁位相等的点连成一片，可得等磁位面；再以平面截割之又可得等磁位线。不言而喻，磁力线(以同心圆表示)与等磁位线(以射线表示)是正交的(图 3-12(b))。

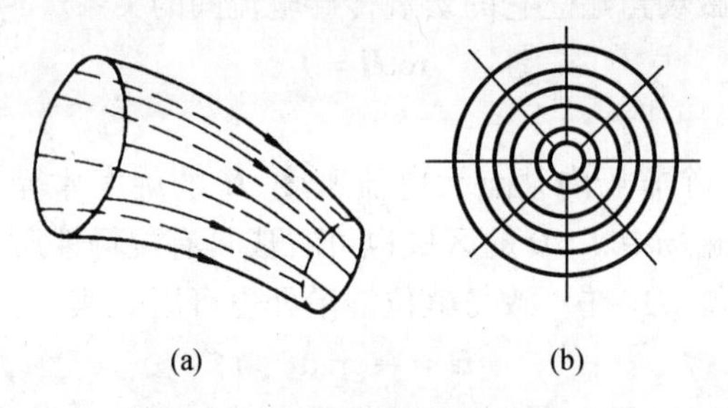

图 3-12　磁场的形象化表示

(a)磁通管；(b)磁力线与等磁位线

如果将整个磁场按磁通管和等磁位面划分为许多个串联和并联的小段，这就把磁场化为串并联的磁路了。然而，磁通管和等磁位线均属未知，故磁场的路化并不简单。但就大多数电磁机构而论，磁通分布往往很集中，而且是沿着以磁性材料构成的磁导体为主体的路径闭合。以图 3-13 所示电磁机构为例，由于磁导体在未饱和情况下的磁导率是空气的数千倍，故绝大部分磁通是以磁导体为主的路径作为通路，如同电流以导体作为通路一样。如果只考虑沿磁导体形成闭路的磁通(习惯上称它为主磁通，而把路径在磁导体外的磁通称为漏磁通)，则磁通便完全在磁导体内“流动”了。这样，磁导体也就成为与电路对应的磁路，这就是磁场的路化。

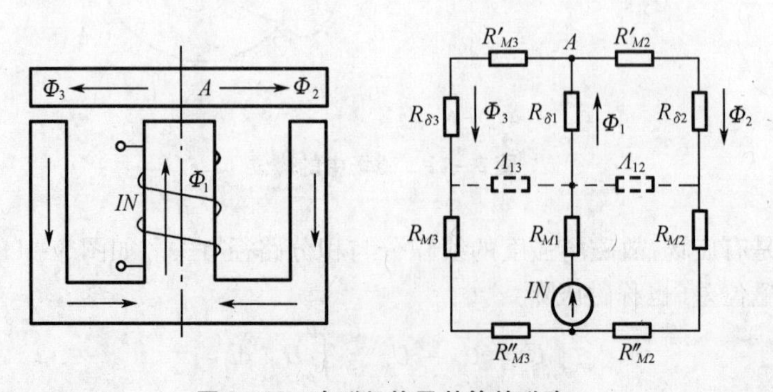

图 3-13　电磁机构及其等效磁路

3.1.4　磁路的基本定律和计算任务

磁路是将磁场集中化处理所得,故其基本定律是由磁场的基本定律——磁通连续性定理和安培环路定律导出来的。

1. 磁路的基本定律

根据磁通连续性定理,若将封闭曲面取在磁路分支处的一点(称为节点),则进入及流出该点的磁通代数和恒等于零。以图3-13中的A点为例,并取流出节点的磁通为正值有

$$\sum \phi = \phi_2 + \phi_3 - \phi_1 = 0 \tag{3-14}$$

这个定律称为磁路的基尔霍夫第一定律。

根据安培环路定律,磁场强度矢量$\boldsymbol{H}$沿任一闭合回路l的线积分等于穿越该回路所界定面积的全部电流的代数和。若沿各段磁导体的中心线取一包含相连接的空气隙在内的闭合回路,并认为$\boldsymbol{H}$处处与$\mathrm{d}\boldsymbol{l}$同向。而回路的磁动势等于同回路交链的全部电流——回路所包围的线圈的电流I与线圈匝数N之积的代数和(图3-13),则安培环路定律可表示为

$$\sum Hl = \sum IN \tag{3-15}$$

此即磁路的基尔霍夫第二定律。它说明磁路中沿任一闭合回路的磁压降的代数和等于回路中各磁动势的代数和。

这两个定律就是磁路的基本定律。

2. 磁路的参数与等效磁路

既然讨论磁路要借用电路的概念,其参数也应互相对应。如对应于电路的电阻和电导,磁路也有磁阻和磁导。若一段磁路两端的磁压降为U_{M},通过它的磁通为ϕ,则其磁阻

$$R_{\mathrm{M}} = \frac{U_{\mathrm{M}}}{\phi} \tag{3-16}$$

而它的磁导

$$\Lambda = \frac{1}{R_{\mathrm{M}}} = \frac{\phi}{U_{\mathrm{M}}} \tag{3-17}$$

若磁路是等截面的(面积为A)、且长度为l,则有

$$\left.\begin{aligned} R_{\mathrm{M}} &= \frac{U_{\mathrm{M}}}{\phi} = \frac{Hl}{BA} = \frac{l}{\mu A} \\ \Lambda &= \frac{\mu A}{l} \end{aligned}\right\} \tag{3-18}$$

为了清晰地表示磁路状况,也可仿照电路图作等效磁路(图3-13)。图中$R_{\delta 1}$、$R_{\delta 2}$、$R_{\delta 3}$为空气隙的磁阻,R_{M1}、R_{M2}、R'_{M2}、R''_{M2}、R_{M3}、R'_{M3}、R''_{M3}为磁导体的磁阻,Λ_{12}、Λ_{13}为漏磁通路径的磁导,IN为线圈磁动势。作等效磁路图有助于建立正确的关系式,避免发生差错。

3. 磁路的特点

(1)由于磁路主体磁导体的磁导率不是常数,而是H值的非线性函数,所以磁路是非线性的。

(2)电路中导体与电介质的电导率相差达20～21个数量级,故在非高电压高频率条件下忽略泄漏电流对工程计算几乎无影响,而磁导体与磁介质的磁导率相差才3～5个数量级,故忽略泄漏磁通可能导致不能容许的误差。

(3)显然泄漏磁通处处存在着,但主要集中于磁导体之间,所以构成等效磁路时,也只考虑这部分泄漏磁通。

(4)磁动势由整个线圈产生,它是分布性的,泄漏磁通也存在于整个磁导体之间,同样是分布性的,因而磁路也是分布性的。

(5)与电流在电阻上要产生电能与热能的转换不同,磁通并不是实体,所以说它通过磁导体不过是一种计算手段,绝无任何物质流动,结果当然也无能量损耗与交换。

4. 磁路计算的任务

磁路计算的任务有两类:设计任务和验算任务。前者是根据电器或其他电工装置对其电磁机构的技术要求,设计出外形尺寸、质量、静态和动态特性等均属上乘的电磁机构。后者是根据已有电磁机构的参数计算其特性,校核其是否符合电器或电工装置的要求。

设计电磁机构时,已知条件多为要求它应产生的电磁力,而此力又与磁通值有关,所以也可认为已知条件为该电磁机构必须产生的磁通,待求的则是电磁机构的几何参数和电磁参数,其中最主要的是建立已知磁通所需的磁动势,这种任务习惯上称为正求任务。显然,正求任务比较简单,因为已知磁通就不难求出磁路中各段磁导体的磁阻,并据此求所需磁动势。

验算任务恰恰相反,是在已知电磁机构几何参数和电磁参数(主要是磁动势)的条件下,求该磁动势能够产生的磁通,这种任务习惯上称为反求任务。由于未求得磁通之前无法知道磁路中各段磁导体的磁阻,故无法直接求解,往往要借试探方式——先设一磁通值,反过来求建立它所需的磁动势,与已知磁动势进行比较,直至它们互相吻合为止,因此反求任务较正求任务复杂得多。

根据磁通求磁动势或根据磁动势求磁通的运算称为磁路计算。它仅仅是电磁机构计算的一个部分。在设计或验算中还要计算电磁力、静态和动态特性等。

电磁机构计算内容间的关系,可借图3－14所示框图表示。当然,并不是说框图内的全部内容均需一一予以计算,有时根据要求只需计算其中的一项或者若干项即可。

随着计算机和计算技术的发展,近年来在电磁机构的设计和验算方面已越来越多地采用计算机辅助分析(CAA)与计算机辅助设计(CAD)。包括从零件到整个电磁机构的设计乃至优化设计,均由计算机来完成。它还能与计算机辅助制造(CAM)技术结合形成融设计与制造为一体的、完整的自动化设计系统,并朝向专家系统发展。但是,实现这些技术必须要有电磁机构的数学模型,下文讨论的传统计算方法就是数学模型的基础。

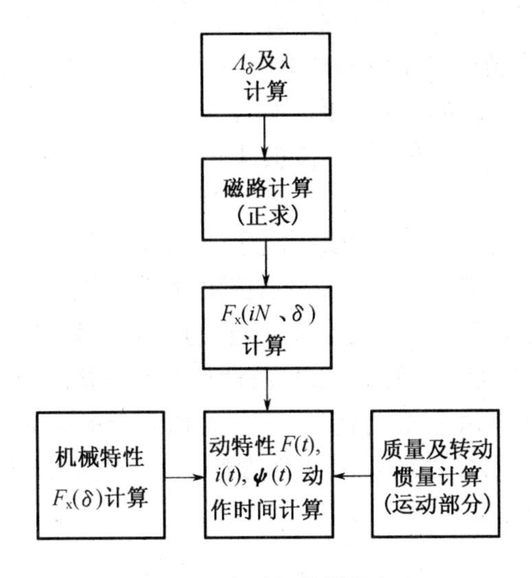

图 3-14　电磁机构计算任务

3.2　电磁机构的计算

3.2.1　气隙磁导和磁导体磁阻的计算

1. 概述

凡借衔铁运动作机械功的电磁机构必然地具有气隙。就气隙的作用而论,有赖以产生机械位移做功的主气隙(工作气隙),有因结构原因必须有的可变或固定结构气隙,还有为防止因剩磁过大妨碍衔铁正常释放而设的防剩磁气隙以及用以取代后者的非磁性垫片(图3-15)。

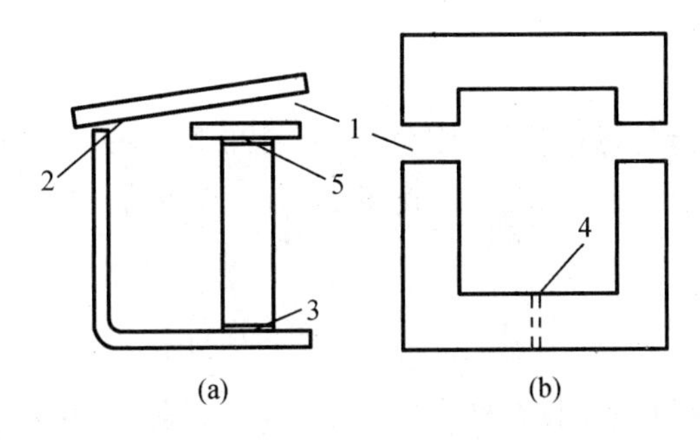

图 3-15　电磁机构的气隙

1—主气隙;2—可变结构气隙;3—固定结构气隙;4—防剩磁气隙;5—非磁性垫片

与磁导体长度比较,气隙长度非常小,但气隙磁导率仅及磁导体的数百乃至数万分之一,故气隙磁阻比磁导体磁阻大得多,因此在释放位置,气隙磁压降几乎占全部磁动势的80%~90%及以上。这样,气隙磁导计算的准确度便决定了磁路甚至电磁机构计算的准确度。

磁路中的磁导体在直流磁场中只呈现磁阻,在交变磁场中则呈现磁阻抗。当它们的值与气隙磁阻为可比时,其计算同样很重要。由于磁导体的磁导率是非线性变数,故其计算需应用磁化曲线,而且磁抗计算还涉及到铁损计算。

2. 解析法求气隙磁导

当气隙磁场分布均匀、而且磁极边缘的磁通扩散可以忽略不计时,其中的磁力线和等磁位线的分布规律便可用数学方式描述,并根据磁导的定义式(3-18)导出气隙磁导计算公式。然而,即使气隙两端磁极的端面互相平行,也只有当其尺寸趋于无穷大或气隙长度趋于零时,气隙磁场才是均匀的,因此用解析法计算气隙磁导,难免产生一定的误差。

以平行平面磁极间的气隙磁导为例,如果气隙值 δ 与极面的线尺寸比较为很小,如图3-16中 $\delta \leqslant 0.1a$, $\delta \leqslant 0.1b$ 或 $\delta \leqslant 0.1d$,就可以近似地认为气隙磁场为均匀场。于是,对于矩形端面磁极,极间气隙磁导按式(3-18)当为

$$\Lambda_{\delta} = \mu_0 \frac{A}{l} = \mu_0 \frac{ab}{\delta} \tag{3-19}$$

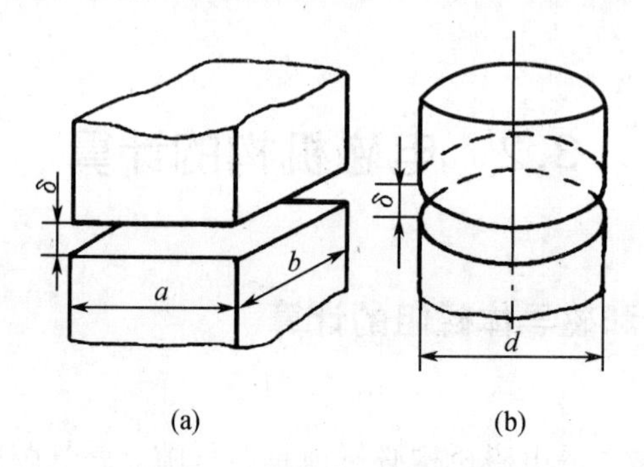

图 3-16 平行极面间的气隙磁导

(a)矩形极面;(b)圆形极面

而对于圆形端面的磁极则有

$$\Lambda_{\delta} = \mu_0 \frac{\pi d^2}{4\delta} \tag{3-20}$$

若需要计及磁极边缘的磁通扩散,则公式(3-19)及式(3-20)应修正为

$$\Lambda_{\delta} = \frac{\mu_0}{\delta}\left(a + \frac{0.307\delta}{\pi}\right)\left(b + \frac{0.307\delta}{\pi}\right) \tag{3-19a}$$

$$\Lambda_{\delta} = \mu_0\left(\frac{\pi d^2}{4\delta} + 0.58d\right) \tag{3-20a}$$

由此可见,解析法计算磁导具有概念清晰的特点,但适用性很差。通常,只有衔铁与铁芯已闭合或接近闭合时,才应用这种公式计算气隙磁导。在附录 A 中列有若干常用的解析法气隙磁导计算公式及其修正公式。

3. 磁场分割法求气隙磁导

这是按气隙磁场分布情况和磁通的可能路径将整个磁场分割为若干几何形状规则化的磁通管,然后以解析方式求出它们的磁导,并按其串并联关系求出整个气隙磁导的计算方法。以图3-17所示一平行六面体磁极 A 与一平面磁极 B 之间的气隙磁导计算为例,其

总磁导

$$\Lambda_\delta = \Lambda_0 + 2(\Lambda_1 + \Lambda_1' + \Lambda_3 + \Lambda_3') + 4(\Lambda_5 + \Lambda_7) \tag{3-21}$$

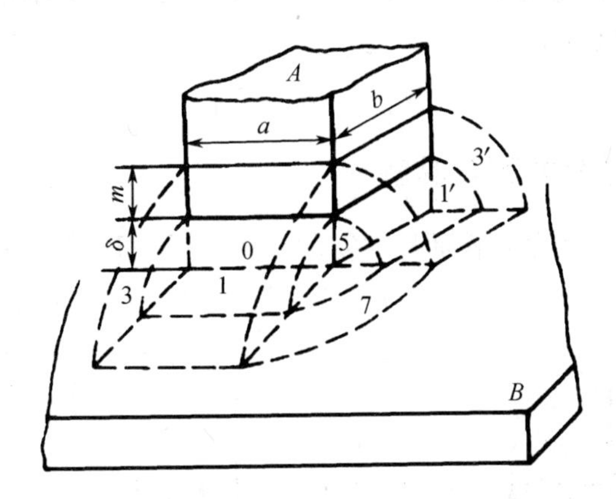

图 3-17　平行六面体与平面间的气隙磁导

其中 Λ_0 按式(3-19)计算 Λ_1 和 Λ_1'、Λ_3 和 Λ_3'、Λ_5、Λ_7 则分别按附录 B 中有关公式计算。

磁场分割法气隙磁导计算公式中的 m 一般是凭经验选取，或者暂定 m 与最大气隙值 $\delta_{\max}$ 相等，但应注意到相邻气隙的磁力线不可相交或相切。

磁场分割法也称可能路径法，它以误差相对较小而被工程计算普遍采用。

4. 磁导体的磁阻和磁阻抗

直流励磁时，除非在过渡过程中，磁导体内无功率损耗，故它只有磁阻。取一段截面积为 A、长度为 l 的磁导体，其磁阻按定义式(3-18)应可计算。但磁性材料的磁导率 μ 非常数，而是磁场强度 H 的函数，故式(3-18)并不适用。实际计算时，往往是根据已知磁通 ϕ 求出磁导体的磁感应强度 B，再通过磁导体材料的直流平均磁化曲线查出对应的 H 值，然后按下式计算磁导体的磁阻

$$R_{\mathrm{M}} = \frac{l}{\mu A} = \frac{Hl}{\phi} \tag{3-22}$$

交流励磁时，磁导体内有铁损，其出现不仅使得励磁电流增大，而且使磁导体各段的磁压降与磁通之间有了相位差，因此磁导体除磁阻 R_M 外，还有与其铁损相联系的磁抗 X_M，而磁导体的磁阻抗

$$Z_{\mathrm{M}} = R_{\mathrm{M}} + jX_{\mathrm{M}} \tag{3-23}$$

若已有磁导体材料的交流平均磁化曲线，通过此曲线容易求得磁导体的磁阻抗

$$Z_{\mathrm{M}} = \frac{U_{\mathrm{M_m}}}{\phi_{\mathrm{m}}} = \sqrt{2}\frac{Hl}{\phi_{\mathrm{m}}} \tag{3-24}$$

式中，$U_{\mathrm{M_m}}$、ϕ_{m} 磁压降和磁通的幅值。

根据推证，磁导体的磁抗

$$X_{\mathrm{M}} = \frac{2P_{\mathrm{Fe}}}{\omega\phi_{\mathrm{m}}^2} \tag{3-25}$$

式中　P_{Fe}——磁导体中的铁损；

ω——电源角频率。

于是可得磁导体的磁阻

$$R_M = \sqrt{Z_M^2 - X_M^2} \tag{3-26}$$

如果没有交流平均磁化曲线，而只有直流的，则可先按后者求出 R_M，再根据铁损求出 X_M，那么磁导体的磁阻抗就是

$$Z_M = \sqrt{R_M^2 + X_M^2} \tag{3-27}$$

3.2.2 磁路的微分方程及其解

磁路计算因其非线性和分布性而异常复杂，现借图 3－18 所示 U 形电磁铁来分析其计算方法。

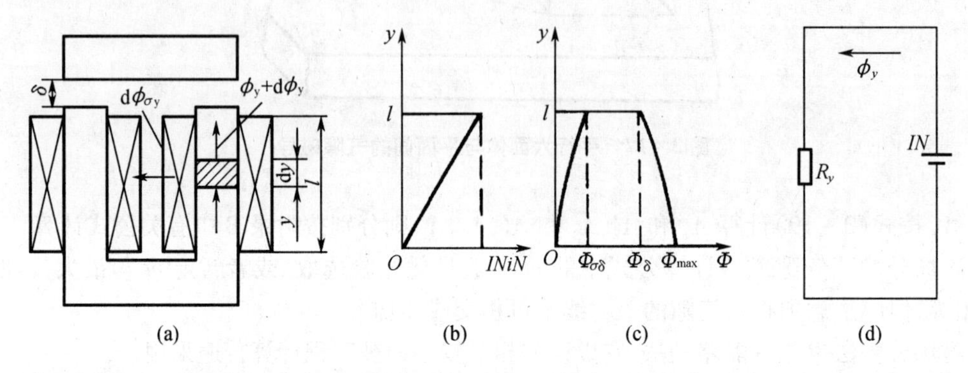

图 3－18 电磁系统及其参数分布

1. 磁路的微分方程

若在电磁机构的铁芯柱上距线圈底部为 y 处取一小段 dy，则该段铁芯上磁通有一增量 $d\phi_y$，漏磁通有一增量 $d\Phi_{\sigma y}$，磁压降亦有一增量 $dU_y = U_{y+dy} - U_y$。根据磁通连续性定理有

$$\phi_y + d\phi_y + d\phi_{\sigma y} - \phi_y = 0 \tag{3-28}$$

或

$$d\phi_y = -d\phi_{\sigma y} = -U_y \lambda dy \tag{3-28a}$$

式中，λ 为铁芯柱间单位长度的漏磁导。

由式(3－28a)得

$$d\phi_y / dy = -\lambda U_y \tag{3-29}$$

根据安培环路定律有

$$U_{y+dy} - U_y + 2H_y dy = 2f dy \tag{3-30}$$

或

$$\frac{dU_y}{dy} = 2(f - H_y) \tag{3-30a}$$

式中，f 单位线圈长度上的磁动势，$f = IN/(2l)$。

将式(3－29)对 y 求导数，并将式(3－30a)代入得

$$\frac{d^2\phi_y}{dy^2} = -\lambda \frac{dU_y}{dy} = -2\lambda(f - H_y) \tag{3-31}$$

再用 B_yA（A 为铁芯柱截面积）代替 ϕ_y，又得

$$-\frac{A^2}{\lambda}\frac{d^2B_y}{dy^2}+\frac{2}{\mu_y}B_y=2f \tag{3-32}$$

式中 μ_y 表示磁导体 dy 段的磁导率。

式(3-32)就是磁路的微分方程，其解即磁感应强度沿铁芯柱高度方向上的分布。由于 μ_y 为 B_y 的非线性函数，故式(3-32)只有在某些特定条件下才能以解析方式求解。

2. 不计铁芯磁阻时的计算

当气隙较大而铁芯不饱和时，其磁阻因比气隙磁阻小得多，故可忽略不计。此时可认为 $\mu_y\to\infty$，而式(3-30(a))便简化为

$$dU_y=2f\,dy$$

其解为

$$U_y=2fy+C_1$$

当 $y=0$ 时，$U_y=0$，故积分常数 $C_1=0$，因此

$$U_y=2fy \tag{3-33}$$

故磁动势沿铁芯柱（线圈）高度作线性分布（图3-18）。

将式(3-33)代入式(3-29)得

$$\phi_y=-2\lambda f\frac{y^2}{2}+C_2$$

在 $y=l$ 处，$\phi_y=\phi_l=\phi_\delta=IN\Lambda_\delta=2fl\Lambda_\delta$，故积分常数 $C_2=2fl[\Lambda_\delta+\lambda l^2/(2l)]$，因此磁通值

$$\phi_y=2fl\left(\Lambda_\delta+\lambda\frac{l^2-y^2}{2l}\right)=IN\left(\Lambda_\delta+\lambda\frac{l^2-y^2}{2l}\right) \tag{3-34}$$

因此磁通是以抛物线形式沿铁芯柱高度方向分布（图3-18）。磁通 ϕ_y 可以表示为气隙磁通 $\phi_\delta=IN\Lambda_\delta$ 与漏磁通

$$\phi_{\sigma y}=IN\lambda\frac{l^2-y^2}{2l}=IN\Lambda_\sigma \tag{3-35}$$

之和，漏磁通也是以抛物线形式沿铁芯柱高度方向分布（图3-18）。在铁芯底部（$y=0$），磁通有最大值

$$\phi_{max}=IN\left(\Lambda_\delta+\frac{\lambda l}{2}\right) \tag{3-36}$$

如果令

$$\Lambda_y=\Lambda_\delta+\Lambda_\sigma=\Lambda_\delta+\lambda\frac{l^2-y^2}{2l} \tag{3-37}$$

则式(3-34)可改写为

$$\phi_y=IN\Lambda_y \tag{3-38}$$

这就使得U形电磁机构的等效磁路格外简单（图3-18）。于是在 $\mu_y\to\infty$ 的条件下，不论正求任务或反求任务，皆可直接运用式(3-38)求解。

如果考虑铁芯磁阻，虽然微分方程(3-32)同样有解，但其求解非常复杂，在工程计算中不适用，故此处不做讨论。在下文中将介绍其他更适用的工程计算方法。

3.2.3 交流磁路的计算

交流磁路与直流磁路都是非线性和分布性的，所以它们的计算方法基本一致，前面几

节介绍的磁路计算方法均适用于交流磁路。然而，铁损的存在使得交流磁路计算又不同于直流磁路，而且显得更为复杂。

1. 交流磁路的特点

(1)电磁感应现象的出现使其计算除要应用磁路的基尔霍夫定律外，还涉及电磁感应定律。

(2)由于有铁损，励磁电流中便含有与磁通同相的磁化分量和超前磁通 90°的损耗分量，因此磁动势与磁通间存在相位差，以致不仅磁路参数要以复数表示，磁路也要以相量法计算。

(3)在磁化曲线非线性的影响下，当电源电压为正弦量时，并励线圈的电流有可能为非正弦量；而当线圈电流为正弦量时，串励线圈两端的电压有可能为非正弦量。但磁路通常并非十分饱和，因而波形畸变不严重，所以常常是以有效值相等的正弦波电压或电流取代波形略有畸变的电压或电流。

(4)励磁线圈的阻抗是磁路参数的函数，其电抗 $X_L=\omega L=\omega N^2\Lambda$（$N$ 为线圈匝数；Λ 为磁路总磁导）。在衔铁处于释放位置时，Λ 值很小，故 X_L 也很小，而线圈电流很大；反之，衔铁处于吸合位置时，Λ 值很大，故 X_L 也很大，而线圈电流很小。这样，并励的交流电磁机构就是变磁动势性质的了。

(5)由于磁通为正弦交变量，与其平方成比例的电磁吸力自然会有等于零的时候，需在磁极端面设置短路的导体环——分磁环以消除此现象。

2. 交流磁路的基本定律

由于交流磁路中的磁通为正弦交变量，故其基尔霍夫第一定律的形式为

$$\sum \phi_i = \sum \boldsymbol{\Phi}_{mi}\sin(\omega t+\theta_i) = 0 \tag{3-39}$$

其相量形式为

$$\sum \dot{\boldsymbol{\Phi}}_{mi} = 0 \tag{3-40}$$

式中 $\boldsymbol{\Phi}_{mi}$——第 i 支路正弦磁通的幅值；

ω——正弦量的角频率；

θ_i——第 i 支路磁通的初相角；

ϕ_i——第 i 支路磁通的瞬时值。

电流也是正弦交变量，所以基尔霍夫第二定律的形式是

$$\sum \phi_i Z_{Mi} = \sum i_j N_j$$

或

$$\sum \boldsymbol{\Phi}_{mi} Z_{Mi}\sin(\omega t+\theta_i) = \sum \boldsymbol{I}_{mj} N_j \sin(\omega t+\theta_j) \tag{3-41}$$

其相量形式为

$$\sum \dot{\boldsymbol{\Phi}}_{mi} Z_{Mi} = \sum I_{mj} N_j = \sqrt{2}\sum I_j N_j \tag{3-42}$$

式中 i_j、$\boldsymbol{I}_j$、$\boldsymbol{I}_{mj}$——第 j 个励磁线圈电流的瞬时值、有效值和幅值；

N_j——第 j 个线圈的匝数；

θ_j——电流 i_j 的初相角。

电磁感应定律

$$e = -N\frac{\mathrm{d}\phi}{\mathrm{d}t} = -\omega N\boldsymbol{\Phi}_{\mathrm{m}}\cos(\omega t + \theta_i) \tag{3-43}$$

其相量形式为

$$\dot{\boldsymbol{E}} = -j\omega N\boldsymbol{\Phi}_{\mathrm{m}}/\sqrt{2} \tag{3-44}$$

式中,e、$\dot{E}$ 分别是感应电动势的瞬时值和有效值。

以上三个定律就是交流磁路的基本定律。

3. 交流磁路和铁芯电路的相量图

如图 3-19 所示 U 形交流电磁机构,其工作气隙因磁极表面嵌有分磁环而分为两个部分:分磁环圈入部分的气隙 δ_1 和环外部分的气隙 δ_2。据此可以绘制电磁机构的等效磁路。

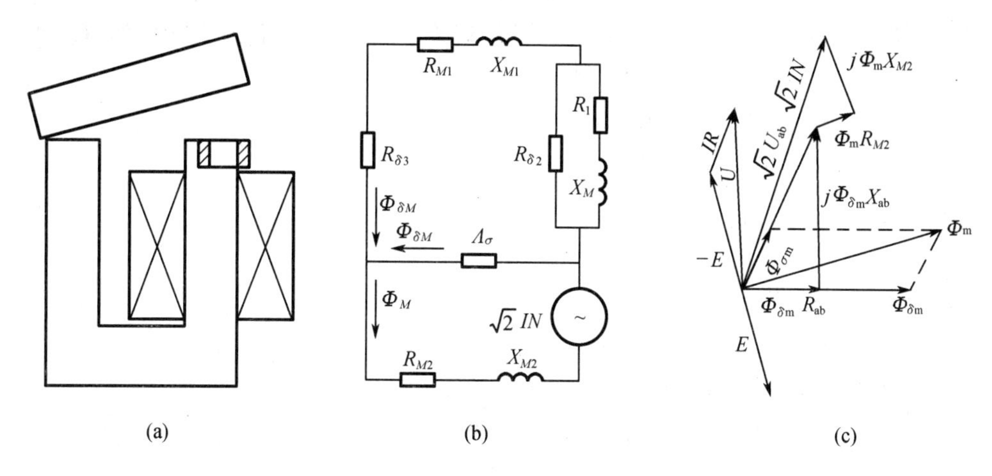

图 3-19　交流电磁机构的相量图

(a)电磁机构;(b)等值磁路;(c)相量图

现以气隙磁通 $\boldsymbol{\Phi}_{\delta\mathrm{m}}$ 为参考相量作磁路相量图。据等效磁路,漏磁通 $\boldsymbol{\Phi}_{\sigma\mathrm{m}}$ 应超前 $\boldsymbol{\Phi}_{\delta\mathrm{m}}$ 一个相位角,磁通 $\boldsymbol{\Phi}_{\mathrm{m}}$ 是它们二者的相量和,它也超前于 $\boldsymbol{\Phi}_{\delta\mathrm{m}}$。令气隙 δ_1、δ_2、δ_3 和衔铁的总磁阻及总磁抗为 R_{ab} 和 X_{ab}。有功磁压降 $\boldsymbol{\Phi}_{\delta\mathrm{m}}R_{\mathrm{ab}}$ 与磁通 $\boldsymbol{\Phi}_{\delta\mathrm{m}}$ 同相,无功磁压降 $\boldsymbol{\Phi}_{\delta\mathrm{m}}X_{\mathrm{ab}}$ 比 $\boldsymbol{\Phi}_{\delta\mathrm{m}}$ 超前 90°。它们的相量和为磁压降 $\sqrt{2}U_{\mathrm{ab}}$。后者再加上与 $\boldsymbol{\Phi}_{\mathrm{m}}$ 同相的有功磁压降 $\boldsymbol{\Phi}_{\mathrm{m}}R_{\mathrm{M2}}$ 和超前它 90°的无功磁压降 $\boldsymbol{\Phi}_{\mathrm{m}}X_{\mathrm{M2}}$,即得线圈磁动势的 $\sqrt{2}$ 倍、即 $\sqrt{2}IN$。至此,磁路向量图已绘制完毕(图 3-19(c)中实线部分)。

铁芯电路的相量图应从线圈感应电动势 $\boldsymbol{E}$ 画起,它比 $\boldsymbol{\Phi}_{\mathrm{m}}$ 滞后 90°。线圈的有功电压降 IR 与 IN 同相,IR 与 $-\boldsymbol{E}$ 的相量和就是线圈电压 $\boldsymbol{U}$(图 3-19(c)中的虚线部分)。

4. 交流磁路的计算方法

通常所说的交流磁路多半是指并励交流电磁机构的磁路,也即恒磁链磁路。它的计算任务与直流磁路的略有不同。以正求任务而论,已知的固然还是气隙磁通,待求的却是线圈的电压,而且要以计算结果是否与线圈电源电压相符为准;至于反求任务,待求的虽仍为气隙磁通,已知的可不是线圈磁动势,而是它的电压。

铁损的存在使得交流磁路计算格外复杂。然而在工作气隙较大时,铁损往往很小,可以忽略不计,而把交流磁路当成直流磁路来计算,只不过计算中必须使用交流平均磁化曲线而已。但当气隙值较小时,铁损就不能不予考虑,同时磁阻也应代之以磁阻抗。必须注意，铁损计算的误差（它决定了磁抗的计算误差）是导致磁路计算误差比直流时更大的主要原因。有时，根据铁损求出的 X_m 值甚至会比 Z_m 值还大些，这是因为在已知的 B_m 值下求得的 Z_m 值是由磁导体材料的磁化曲线决定的，而 X_m 值则是由具体磁导体中的损耗决定的。若有具体电磁机构的磁化曲线并据此确定 Z_m 值，自可避免出现这种现象。

还有，虽然交流磁路的电磁参数均按正弦规律变化，但习惯上磁通、磁链和磁感应强度是以幅值表示，而磁动势、磁场强度、电流和电压则是以有效值表示。计算中对此务必格外注意。

最后，以图 3－19 中的电磁机构为例介绍交流磁路的计算过程。具体计算步骤如下：

（1）将磁导体分段并作等效磁路；

（2）计算工作气隙磁导，并按恒磁链原则计算归算漏磁导；

（3）根据已知的 $\boldsymbol{\Phi}_{\delta m}$（正求任务）、或按公式 $U \approx -E = \omega N\boldsymbol{\Phi}_m/\sqrt{2}$ 估计的 $\boldsymbol{\Phi}_{\delta m}$ 求 R_{M1} 和 X_{M1}；

（4）计算 R_{ab} 和 X_{ab}（不包含 $\Lambda_{\sigma\psi}$）；

（5）求 $\boldsymbol{U}_{ab} = \boldsymbol{\Phi}_{\delta m}(R_{ab} + jX_{ab})/\sqrt{2}$；

（6）求 $\boldsymbol{\Phi}_{\sigma m} = \sqrt{2}U_{ab}\Lambda_{\sigma\psi}$；

（7）求 $\boldsymbol{\Phi}_m = \boldsymbol{\Phi}_{\delta m} + \boldsymbol{\Phi}_{\sigma m}$；

（8）根据 $\boldsymbol{\Phi}_m$ 求 R_{M2} 和 X_{M2}；

（9）计算线圈磁动势 $\sqrt{2}\boldsymbol{I}N = \sqrt{2}\boldsymbol{U}_{ab} + \boldsymbol{\Phi}_m(R_{M2} + jX_{M2})$；

（10）计算线圈电压 $\boldsymbol{U} = \boldsymbol{I}R + (-\boldsymbol{E}) = \boldsymbol{I}R + j\omega N\boldsymbol{\Phi}_m/\sqrt{2}$。

当然，上述计算常常需要反复数次才能得到令人满意的结果——线圈电压的计算值与实际值近似相等。

3.2.4 电磁机构的吸力计算

电磁机构的静态吸力特性（习惯上简称为静特性或吸力特性）是判断电磁系统在一定的励磁电压或电流下能否克服负载的机械反力而正常地吸合的依据之一，它的计算实质上就是电磁力或电磁转矩的计算。

1. 电磁机构中的能量转换与电磁力

如图 3－20 所示的线圈电路，当控制开关 SA 闭合时，电路即与电源接通了，其电压方程为

$$u = iR - e$$

式中 u——线圈电源电压；

i——线圈电流；

R——线圈电阻；

e——线圈在电流变化时产生的感应电动势。

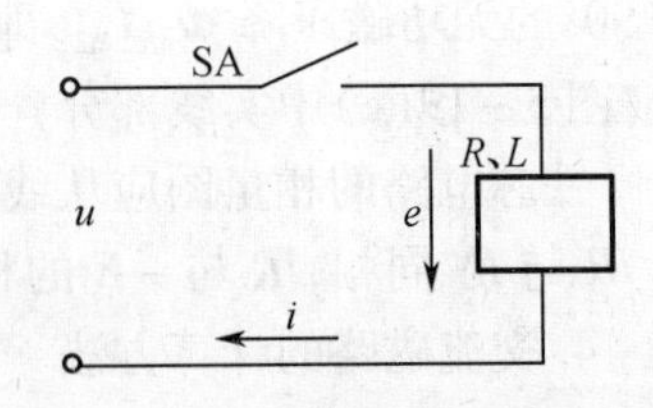

图 3－20 电磁机构的线圈电路

考虑到 $e = -d\psi/dt$（ψ 为线圈磁链），将上式乘以 idt 后得

$$uidt = i^2Rdt + id\psi \tag{3-45}$$

这就是电磁机构线圈电路的能量平衡方程。等式左方是电路在时间 $\mathrm{d}t$ 内从电源得到的能量；等式右方前项为同一时间内消耗在电路中的能量，后项为转换为电磁机构磁能的能量。在磁链 ψ 由零增至稳态值 ψ_s 的过程中，由电能转换成的磁能为

$$W_M = \int_0^{\psi_s} i\mathrm{d}\psi \tag{3-46}$$

图3-21是电磁机构的磁链 ψ 与电流 i 的关系。当电流达稳定值 I_s 时，磁链也达稳定值 ψ_s。$\psi(i)$ 曲线上方被 ψ_w 线所围的面积就代表电磁机构的磁能 W_M。如果励磁电流增大到 I 后衔铁非常缓慢地由气隙值 δ_1 移动到 $\delta_2(\delta_2<\delta_1)$，则可认为在此过程中 $i=\mathrm{const}$，但磁链却由 $\psi_{\delta1}$ 增大到 $\psi_{\delta2}$。从能量关系来看，电磁机构储存的磁能原本正比于面积 A_1+A_2，在衔铁运动时又从电源输入正比于面积 A_3+A_4 的能量。后者的一部分补充到电磁机构储存的能量中，使之在 $\delta=\delta_2$ 时储有正比于面积 A_1+A_3 的磁能，另一部分则转化为衔铁移动时所做的机械功 ΔW_m。显然，ΔW_m 正比于面积 $A_2+A_4=(A_1+A_2)+(A_3+A_4)-(A_1+A_3)$。

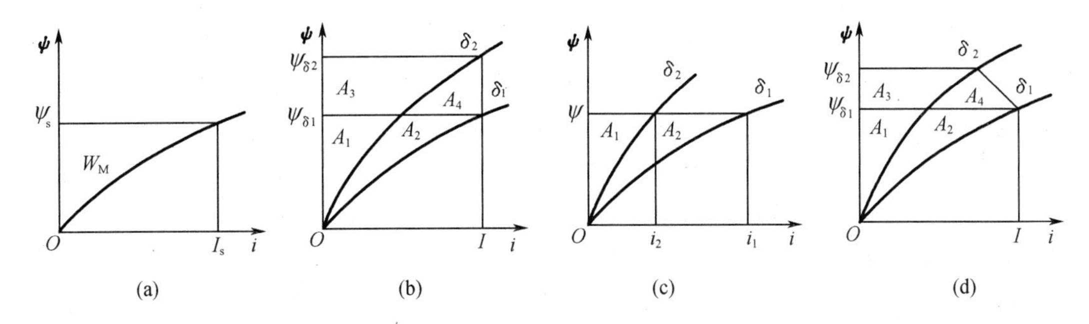

图3-21　电磁机构的能量平衡关系

(a)磁能表示；(b)$i=\mathrm{const}$；(c)$\psi=\mathrm{const}$；(d)$i\neq\mathrm{const}$，$\psi\neq\mathrm{const}$

衔铁运动时作用于它的电磁吸力平均值为

$$F_{av}=\frac{\Delta W_m}{(\delta_2-\delta_1)}$$

因为 $\delta_2<\delta_1$，所以 F_{av} 为负值，它说明电磁力是作用在使气隙减小的方向上，也即它是吸引力。对上式取极限，即令 $\delta\to 0$，即得 $i=\mathrm{const}$ 时电磁吸力的瞬时值

$$F=\frac{\mathrm{d}W_m}{\mathrm{d}\delta}$$

若衔铁移动非常迅速，以致反电动势与电源电压相当，则可认为电磁机构是工作于另一种特殊状态，即 $\psi=\mathrm{const}$ 的状态。在这种场合，励磁电流 i 由 I_1 减至 I_2。衔铁在移动过程中完成的机械功 ΔW_m 正比于电磁机构所贮磁能的增量(负值)——面积 $A_2=(A_1+A_2)-A_1$。显然，在 $\psi=\mathrm{const}$ 的条件下，衔铁所受电磁力的瞬时值

$$F=\frac{\mathrm{d}W_m}{\mathrm{d}\delta}=-\frac{\mathrm{d}W_M}{\mathrm{d}\delta} \tag{3-47}$$

上式中的负号说明在 $\psi=\mathrm{const}$ ($i\mathrm{d}\psi=0$) 时，电磁机构从电源不取得能量，衔铁做机械功必然要以其磁能的减少为代价。

然而，i 和 ψ 均非不变的，故与机械功成正比的面积 A_2+A_4 是被衔铁起止位置上的二曲线、以及电磁机构工作点在衔铁运动时在 i、ψ 平面转移的轨迹所界定。此轨迹取决于电磁机构的电磁参数和运动部件的机械特性及惯性。因此，为得到解析形式的电磁吸力计算公

式就不得不以近似方法来推导。例如，忽略漏磁通和铁芯磁阻的影响，磁链与励磁电流间便呈线性关系，因而有 $\psi = Li = N^2 \Lambda_\delta i$（$L$ 为线圈电感，N 为线圈匝数，Λ_δ 为气隙总磁导）。这样，由式（3-46）和式（3-47）可以导出

$$F = -\frac{1}{2}(iN)^2 \frac{\mathrm{d}\Lambda_\delta}{\mathrm{d}\delta} \tag{3-48}$$

如果考虑铁芯磁阻上的磁压降，上式中的 iN 就应代之以气隙磁压降 $U_\delta = \Phi_\delta R_\delta$，故有

$$F = -\frac{1}{2}U_\delta^2 \frac{\mathrm{d}\Lambda_\delta}{\mathrm{d}\delta} = -\frac{1}{2}(\phi_\delta R_\delta)^2 \frac{\mathrm{d}\Lambda_\delta}{\mathrm{d}\delta} \tag{3-48a}$$

根据能量守恒定律，也即能量平衡关系导出的电磁吸力计算公式，称为能量公式，其实用形式就是式（3-48）和式（3-48a）。

如果衔铁的运动将使漏磁通发生变化（如内衔铁式电磁机构），计算电磁吸力时就不能忽略漏磁的影响。如果线圈长度为 l、而衔铁深入线圈内腔部长度为 n，则是（3-48a）将变为

$$F = -\frac{1}{2}(\phi_\delta R_\delta)^2 \left[\frac{\mathrm{d}\Lambda_\delta}{\mathrm{d}\delta} - \lambda\left(\frac{n}{l}\right)^2\right] \tag{3-49}$$

能量公式中的 $\mathrm{d}\Lambda_\delta/\mathrm{d}\delta$ 只有当 Λ_δ 与 δ 之间的函数关系能以解析方式表示时，才可用解析方法计算，否则就必须根据 $\Lambda_\delta = f(\delta)$ 曲线以图解方法计算。具体地说，即在该曲线上的某点作切线，后者的斜率与该点气隙磁导的曲线间存在下列关系（图 3-22）

$$\frac{\mathrm{d}\Lambda_\delta}{\mathrm{d}\delta} = \frac{a}{b}\tan\alpha = -\frac{a}{b}\tan\beta$$

式中 a、b 横坐标与纵坐标的比例尺。

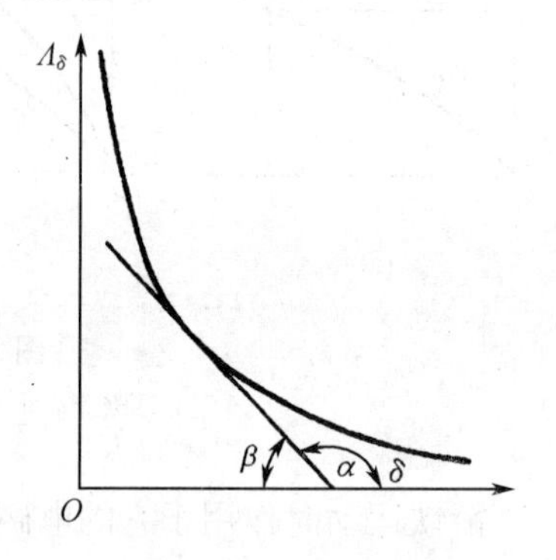

图 3-22　图解法求 $\mathrm{d}\Lambda_\delta/\mathrm{d}\delta$

显然，在气隙较小时，$\Lambda_\delta = f(\delta)$ 曲线很陡峭，若以图解方法求 $\mathrm{d}\Lambda_\delta/\mathrm{d}\delta$ 会产生很大的误差，因此能量公式用图解法时一般宜用于气隙较大处。

2. 麦克斯韦电磁力计算公式

根据电磁场理论，如果将电磁机构本身及其周围空间内的磁场视为外电源和铁芯内部分子电流共同建立的合成场，则由毕奥-萨伐尔定律和安培力公式可导出电磁吸力计算公式为

$$\boldsymbol{F} = \iiint_V \boldsymbol{j} \times \boldsymbol{B}\mathrm{d}V \tag{3-50}$$

式中　$\mathrm{d}V$——体积元；

$\boldsymbol{j}$、$\boldsymbol{B}$——体积元内的电流密度和磁感应强度；

$\boldsymbol{F}$——磁场与微电流间的相互作用力。

经变换后，式（3-50）变成了

$$\boldsymbol{F} = \frac{1}{\mu_0}\oint_A \left[(\boldsymbol{B}\cdot\boldsymbol{n}^0)B - \frac{1}{2}\boldsymbol{B}^2\boldsymbol{n}^0\right]\mathrm{d}\boldsymbol{A} \tag{3-51}$$

式中　$\boldsymbol{B}$——面积元 $\mathrm{d}A$ 处的磁感应强度；

$\boldsymbol{n}^0$——面积元的单位外法线。

积分应包围着受电磁力作用物体的全部表面进行。

式(3－51)就是麦克斯韦电磁力计算公式,它是一个普遍适用的公式。如果电磁机构铁芯的磁导率非常大,以至磁感应强度处处都垂直于铁芯表面,则式(3－51)便化为

$$\boldsymbol{F} = \frac{1}{2\mu_0}\oint\!\!\oint_A \boldsymbol{B}^2 \cdot \boldsymbol{n}^0 \mathrm{d}\boldsymbol{A}$$

结合具体电磁机构,上式可进一步简化为

$$F = \frac{\mu - \mu_0}{2\mu\mu_0} B_1^2 A\cos\alpha\left(1 + \frac{\mu_1}{\mu_0}\tan^2\alpha\right)$$

式中　μ_0、μ_1——空气和铁芯的磁导率($\mu_1 \gg \mu_0$);

B_1——空气中的磁感应强度;

A——极面的表面积;

α——极面外法线与B_1间的夹角($\alpha = 0$)。

将$\alpha = 0$代入上式,得实用的麦克斯韦电磁力计算公式

$$F = \frac{B^2 A}{2\mu_0} = \frac{\phi_\delta^2}{2\mu_0 A} \tag{3-52}$$

显然,它只适用于气隙较小、气隙磁场近于均匀的场合,否则将产生很大的计算误差。

虽然能量公式和麦克斯韦公式是从不同角度分析导出的,但就本质而论却相同。如当气隙磁场均匀时(同时气隙变化不影响漏磁),由于$\mathrm{d}\Lambda_\delta/\mathrm{d}\delta = -\mu_0 A/\delta^2$,故代入式(3－48a)后即得

$$F = -\frac{1}{2}(\phi_\delta R_\delta)^2 \frac{\mathrm{d}\Lambda_\delta}{\mathrm{d}\delta} = -\frac{1}{2}\left(\frac{\phi_\delta}{\Lambda_\delta}\right)^2 \frac{\mathrm{d}\Lambda_\delta}{\mathrm{d}\delta} = \frac{\phi_\delta^2}{2\mu_0 A} = \frac{B^2 A}{2\mu_0}$$

可见能量公式与麦克斯韦公式可以互相转化。

然而,这绝不意味着实用上不论什么场合都可任选一种公式计算电磁吸力,而是应视气隙的大小来选用。大气隙时,应用能量平衡公式;小气隙时,则应用麦克斯韦公式。

3.3　交流电磁机构的电磁力与分磁环原理

前一节导出的电磁吸力计算公式既适用于直流电磁机构,也适用于交流电磁机构,只是在后一种场合相应参数应取瞬时值。

3.3.1　交流电磁吸力的特点

交流电磁机构的励磁电压或电流为正弦交变量,故其磁通也是正弦交变量,即

$$\phi = \Phi_\mathrm{m}\sin\omega t$$

代入式(3－52),得电磁吸力的瞬时值为

$$F = \frac{\phi^2}{2\mu_0 A} = \frac{\Phi_\mathrm{m}^2}{2\mu_0 A}\sin^2\omega t = \frac{\Phi_\mathrm{m}^2}{4\mu_0 A}(1 - \cos 2\omega t) = F_- - F_\sim \tag{3-53}$$

$$F_\mathrm{m} = \frac{\Phi_\mathrm{m}^2}{2\mu_0 A}$$

图3－23(a)绘出了交流磁通和电磁吸力随时间变化的曲线。显然,就单相交流电磁机构而论,电磁吸力的瞬时值在零与其最大值之间以二倍电源频率按正弦规律随时间变化。

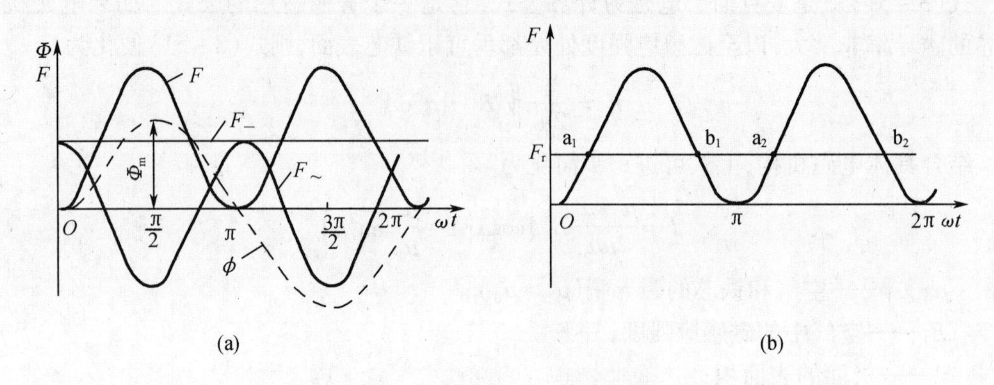

图 3-23 磁通和吸力随时间的变化

式(3-53)说明交流电磁吸力有两个分量,一个是恒定分量,它是电磁吸力在一个周期内的平均值,且等于最大值的一半,即

$$F_{\mathrm{av}}=\frac{F_{\mathrm{m}}}{2}=\frac{1}{2}\frac{\Phi_{\mathrm{m}}^{2}}{2\mu_{0}A}=\frac{\Phi^{2}}{2\mu_{0}A}=F_{-}$$

式中,Φ 为交流磁通有效值。

第二个分量是交流分量,即

$$F_{\sim}=\frac{\Phi_{\mathrm{m}}^{2}}{4\mu_{0}A}\cos 2\omega t=F_{\mathrm{av}}\cos 2\omega t$$

它按二倍电源频率随时间变化。

交流分量的存在使电磁机构的电磁吸力 F 在半个周期内将与机械反力 F_{r} 相交两次(图 3-23(b))。若电磁机构是处于吸持状态,则当 $F<F_{\mathrm{r}}$ 后,衔铁将在反力作用下离开铁芯。然而,当 F 回升到大于 F_{r} 后,刚离开铁芯的衔铁又将重新被吸引到与铁芯接触。于是,电磁机构在一个周期内将发生两次振动,其结果是加速电磁机构本身以及与之做刚性连接的零部件的损坏,还会产生令人难以忍受的噪声,污染环境。在电气方面,振动可能使触头弹跳加重侵蚀乃至发生熔焊,因此必须采取专门措施消除这种有害的振动现象或最大限度地削弱它。

3.3.2 分磁环及其作用

单相电磁机构应用最广泛,但具有衔铁会发生有害振动的缺点。为克服此缺点,它常采用裂极结构,也即以导体制短路环——分磁环套住部分磁极表面(图 3-24)。短路环内会产生感应电动势 e_2 和感应电流 i_2,后者又产生一穿越分磁环的磁通,它与原来经过环内的磁通叠加后,使环外磁通 ϕ_1 与环内磁通 ϕ_2 之间出现相位差 ϕ。分磁环的得名也就在于它能使通过极面的 ϕ_0 分为相位不同的 ϕ_1 与 ϕ_2 两股。

既然磁通

$$\phi_1=\Phi_{1\mathrm{m}}\sin\omega t$$
$$\phi_2=\Phi_{2\mathrm{m}}\sin(\omega t-\varphi)$$

那么它们产生的电磁吸力将为

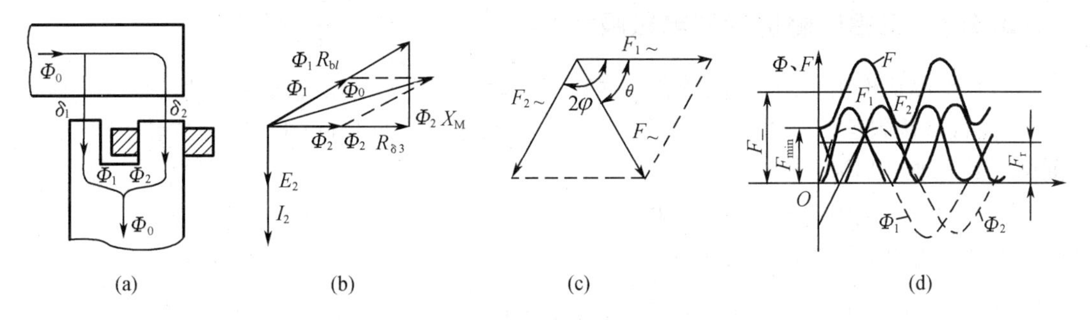

图 3－24　分磁环及其作用

(a)分磁环设置;(b)电磁相量图;(c)交变力的相位关系;(d)力和时间的关系

$$F_1 = \frac{\Phi_{1m}^2}{4\mu_0 A_1}(1 - \cos2\omega t) = F_{1av}(1 - \cos2\omega t) = F_{1-} - F_{1\sim}$$

$$F_2 = \frac{\Phi_{2m}^2}{4\mu_0 A_2}[1 - \cos2(\omega t - \varphi)] = F_{2av}[1 - \cos2(\omega t - \varphi)] = F_{2-} - F_{2\sim}$$

它们的合力是

$$F = F_1 + F_2 = F_{1-} - F_{1\sim} + F_{2-} - F_{2\sim} = F_- - F_\sim$$

其中的恒定(平均)分量为

$$F_{av} = F_- = F_{1-} + F_{2-} = \frac{1}{4\mu_0}\left(\frac{\Phi_{1m}^2}{A_1} + \frac{\Phi_{2m}^2}{A_2}\right)$$

交变分量为

$$F_\sim = F_{1\sim} + F_{2\sim} = \sqrt{F_{1-}^2 + F_{2-}^2 2F_{1-}F_{2-}\cos2\varphi}\cos(2\omega t - \theta)$$

式中　A_1、A_2——磁通 ϕ_1、ϕ_2 所通过的磁极端面的面积;

θ——$F_\sim$ 与 $F_{1\sim}$ 之间的夹角。

因此电磁吸力的合力

$$F = \frac{1}{4\mu_0}\left(\frac{\Phi_{1m}^2}{A_1} + \frac{\Phi_{2m}^2}{A_2}\right) - \frac{1}{4\mu_0}\cos(2\omega t - \theta) \times \sqrt{\left(\frac{\Phi_{1m}^2}{A_1}\right)^2 + \left(\frac{\Phi_{2m}^2}{A_2}\right)^2 + 2\frac{\Phi_{1m}^2\Phi_{2m}^2}{A_1A_2}\cos2\varphi} \tag{3-54}$$

显然,当 $2\omega t - \theta = n\pi$($n$ 为奇数)时,合力具有最大值

$$F_{max} = F_{1-} + F_{2-} + \sqrt{F_{1-}^2 + F_{2-}^2 + 2F_{1-}F_{2-}\cos2\varphi}$$

而且当 $2\omega t - \theta = (n-1)\pi$($n$ 为奇数)时,合力具有最小值

$$F_{min} = F_{1-} + F_{2-} - \sqrt{F_{1-}^2 + F_{2-}^2 + 2F_{1-}F_{2-}\cos2\varphi}$$

只要合力的最小值大于反力,也即满足条件

$$F_{min} > F_r \tag{3-55}$$

衔铁就不会发生机械振动。然而合力仍含有交变分量,或者说有脉动现象。欲使交变分量等于零,据式(3－54),必须有 $F_{1-} = F_{2-}$ 和 $\varphi = \pi/2$。经分析可知,完全消除电磁吸力的脉动现象既不可能,也没必要。

3.3.3 三相电磁机构的电磁吸力

三相电磁机构用于制动电磁铁中。如图 3-25 所示，三个励磁线圈分别套在三个铁芯柱上，而且被接到三相电源的三个相上。若三个铁芯柱具有相同的几何参数和电磁参数，则由于其磁通分别为

$$\phi_A=\Phi_m\sin\omega t,\quad \phi_B=\Phi_m\sin(\omega t-120^\circ),\quad \phi_C=\Phi_m\sin(\omega t+120^\circ)$$

故它们产生的电磁吸力的合力为

$$F=F_A+F_B+F_C=\frac{1}{2}F_m\{3-[\cos2\omega t+\cos2(\omega t+120^\circ)+\cos2(\omega t-120^\circ)]\}=\frac{3F_m}{2} \tag{3-56}$$

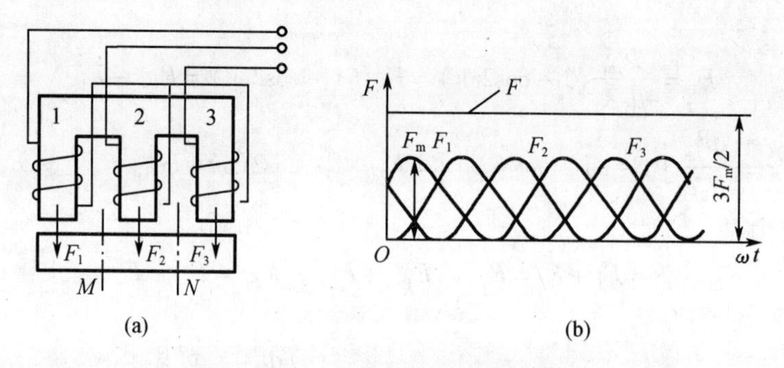

图 3-25 三相电磁机构及其电磁力

(a)电磁机构示意图；(b)电磁吸力

显然，合力值不随时间而变，但其作用点并不在几何中心线上，而是以二倍电源频率在位于二线圈窗口中心线上的 M、N 两点间周期性地往返游移。

3.4 吸力特性及其与反力特性的配合

本节将针对几种最常用的电磁机构的吸力特性进行分析。为了方便，分析时将不计铁芯磁阻、损耗以及磁极边缘效应的影响，也即只做定性分析。同时，还将讨论它与反力特性之间的配合问题。

3.4.1 转动式 U 形电磁机构

在恒磁势条件下，如果衔铁在释放位置，则因磁路不饱和，按式(3-48)，作用于它的电磁吸力应为

$$F=\frac{1}{2}(IN)^2\mu_0\frac{A}{\delta^2} \tag{3-57}$$

可见在恒磁势条件下 F 与 δ^2 成反比(图 3-26(a)曲线 1)。

如果在恒磁链条件下，线圈电流为

$$I=U/[2\pi fN^2(\Lambda_\delta+\Lambda_{\sigma\psi})]$$

故作用于衔铁的电磁吸力

$$F=\frac{U^2}{8\pi^2f^2N^2\left(\mu_0\dfrac{A}{\delta}+\Lambda_{\sigma\psi}\right)^2}\mu_0\frac{A}{\delta^2} \tag{3-58}$$

这就是说，在恒磁链条件下，F 随 δ 的增大而减小的趋势没有恒磁势时明显，而且减小的程度更多地决定于漏磁通在总磁通中所占比重。总之，其吸力特性(图3－26(a)曲线2)比较平缓。

3.4.2 直动式U形电磁机构

与转动式的比较，直动式的相当于多了一串联气隙(在释放位置尤为明显)，因此当几何条件不变时，Λ_δ和 $\mathrm{d}\Lambda_\delta/\mathrm{d}\delta$ 均将减半，以致它在恒磁势和恒磁链条件下的电磁吸力将是

$$F=\frac{1}{4}(IN)^2\mu_0\frac{A}{\delta^2} \tag{3-57a}$$

$$F=\frac{U^2}{4\pi^2f^2N^2\left(\mu_0\dfrac{A}{\delta}+\Lambda_{\sigma\psi}\right)^2}\mu_0\frac{A}{\delta^2} \tag{3-58a}$$

这样，在恒磁势条件下，U型电磁机构在释放位置上的电磁吸力仅为转动式的一半，故其吸力特性(图3－26(a)曲线3)较陡峭。但在恒磁链时电磁吸力却比转动式的大些，特别是在 δ 值较小($\Lambda_\delta \gg \Lambda_{\sigma\psi}$)时，几乎大了一倍，故其吸力特性(图3－26(a)曲线4)居于直动式的上方。

3.4.3 动式E形电磁机构

若E型电磁机构两侧磁极端面面积相等，且为中间磁极端面面积之半，则其衔铁所受电磁吸力也可用式(3－57(a))(3－58(a))计算。但实际上中间磁极端面面积比两侧之和小，故如果令中间气隙磁导为 $\Lambda_{\delta c}$、两侧气隙磁导为 $\Lambda_{\delta s}$，则总气隙磁导应为

$$\Lambda_\delta=2\Lambda_{\delta c}\Lambda_{\delta s}/(\Lambda_{\delta c}+2\Lambda_{\delta s})$$

据此，E型电磁机构的电磁吸力也将比U形的大一些，而且在恒磁势条件下更为明显。

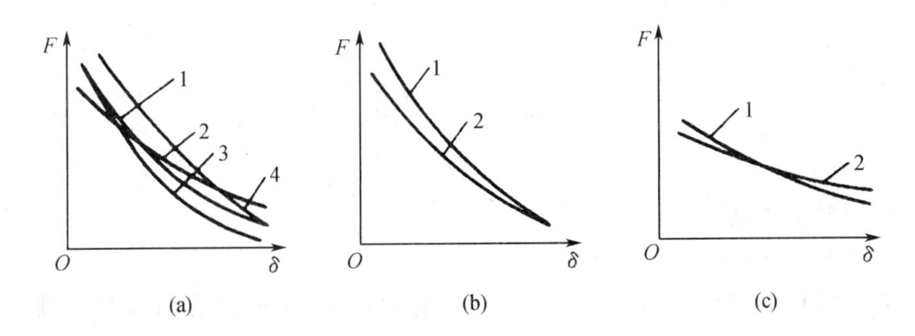

图3－26 电磁机构的吸力特性

(a)U形电磁机构；(b)U形与E形转动式电磁机构的比较；(c)壳式电磁机构

3.4.3 转动式 E 形电磁机构

由于它比 U 形电磁机构多了一个工作气隙，电磁吸力会大一些，但无倍数关系。同时又因距转轴最远处的工作气隙的电磁吸力在总电磁吸力中所占比例将随气隙减小而递增，故其吸力特性（图 3 – 26（b）曲线 1）同样会比 U 形的（图 3 – 26（b）曲线 2）更陡峭，并且在恒磁势条件下更明显。

3.4.5 有止座壳式电磁机构

按式（3 – 49），壳式电磁机构的吸力特性（图 3 – 26（c）曲线 1）要比其他形式的平坦得多，尤其是在恒磁链条件下（图 3 – 26（c）曲线 2）。这是因为部分漏磁通在这里也能产生被称为螺管力的电磁吸力。实际上不仅壳式电磁机构，凡是衔铁在运动过程中将伸入线圈内腔的，如衔铁也是 U 形、E 形、双 U 形及双 E 形的电磁机构，也能产生螺管力，因此它们的吸力特性也较平坦。

3.4.6 吸力特性与反力特性的配合

虽然电磁机构的吸力特性只能反映静止状态下电磁吸力与衔铁行程的关系，但它与反力特性间的配合仍是决定电器特性指标和运行性能的重要因素。通常，电磁机构的吸力特性（图 3 – 27 曲线 1）必须位于反力特性（图 3 – 27 曲线 2）的上方，以保证衔铁在吸合运动过程中不致被中途卡住。但为避免衔铁在运动中积聚过多动能，致使衔铁在吸合时与铁芯猛烈相撞，有时也使吸力特性（图 3 – 27 曲线 3）与反力特性相交。一般认为，只要图中的面积Ⅰ大于面积Ⅱ，而且大得多些，即可顺利地闭合。这对直流电磁机构是完全成立的，但对交流电磁机构成立与否，还与合闸相角有关。

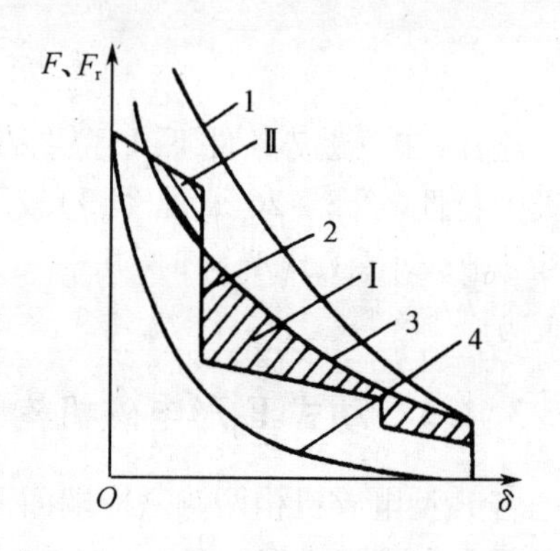

图 3 – 27 吸力特性与反力特性的配合

至于释放过程中，电磁吸力特性（图 3 – 27 曲线 4）则应位于反力特性下方。

习 题

3.1 电磁机构在电器中有何作用？

3.2 什么是磁性材料，它有何特点？

3.3 磁性材料的磁化曲线有哪几种，它们有何区别，工程计算时应使用哪一种磁化曲线？

3.4 什么是软磁材料和硬磁材料，它们各有何特点，常用的软磁材料有哪些？

3.5 试述磁场的基本物理量和基本定律。

3.6 试述磁路的特点及其基本定律。

3.7 试将磁路和电路的对应参数和计算公式列成一表。

3.8 试述电磁机构计算的基本任务。

3.9 计算气隙磁导的解析法有何特点？

3.10 有一对矩形截面的磁极，其端面两边长为 $a=1.5$ cm，$b=1.8$ cm。试运用解析法和磁场分割法计算气隙值 δ 为10、8、6、4、2及0.5 mm时的气隙磁导，并对计算结果加以讨论。

3.11 试计算两截头圆锥面之间的气隙磁导。已知：$d=2$ cm，$\alpha=40°$，$h=1$ cm，$H=1.5$ cm，$\delta=15$、10、5、1 mm。

3.12 磁路计算的复杂性表现在哪里？

3.13 考虑铁芯磁阻时的归算漏磁导为什么比不考虑铁芯磁阻时的小？

3.14 衔铁被吸合以后还有漏磁通吗？

3.15 交流磁路与直流磁路的计算有何异同？

3.16 为什么交流并励电磁机构在气隙不同时有不同的励磁电流？

3.17 如果将交流并励电磁机构的线圈接到电压相同的直流电源上，或将直流并励电磁机构的线圈接到电压相同的交流电源上，它们还能正常运行吗，为什么？

3.18 计算电磁吸力的能量公式在磁路已饱和时是否适用，麦克斯韦公式在气隙较大时是否适用？

3.19 电磁机构的衔铁完全吸合后，电磁机构是否还要从电源吸取能量？

3.20 励磁线圈中的电流改变方向时，电磁吸力的方向是否随之改变？

3.21 单相电磁机构为什么需要分磁环，分磁环是否可用磁性材料制造？

3.22 将额定频率为50 Hz的交流电器用于额定频率为60 Hz的场合，会出现哪些问题？

3.23 在其他参数不变的条件下，增减并励线圈的匝数对直流电磁机构和交流电磁机构各有何影响？

3.24 为保证吸合动作的可靠性，电磁机构的吸力特性与反力特性应怎样配合？

第4章 低压电器

电能的利用在国民经济建设及人民生活中占有极为重要的地位。据统计,电能的80%是以低压电的形式变换为机械能和热能等加以利用的。各种低压电器就是用来对电网、电机以及其他用电设备进行转换、控制、调节和保护的。配电线路、控制线路、配电装置和控制装置都配置有大量低压电器元件以实现上述功能。

4.1 低压电器的共性问题

4.1.1 低压电器的分类

低压电器是生产量大、用途广泛、种类繁多的电器。不同的低压电器元件承担着不同的任务。例如,配电电器中的低压断路器主要完成正常情况下线路的接通与分断,同时还完成规定故障情况下线路的接通与分断,并起着对配电系统的保护作用;而控制电器中的接触器和继电器则主要控制电动机在正常情况下的启动、停止以及对过载、断相、短路等故障的保护。

按使用场所提出的不同要求,低压电器可分为配电电器和控制电器两大类。配电电器主要用于配电系统,起通断、控制、调节和保护等作用,故要求工作可靠,通断能力高,有足够的动、热稳定性,它包括刀开关、熔断器和断路器等;控制电器主要用于电力驱动控制系统和用电设备,起控制及保护等作用,故要求工作准确可靠、操作频率高和寿命长等,它包括主令电器、控制继电器和接触器等。

低压电器按工作条件可分为一般工业用低压电器、牵引低压电器、防爆低压电器、航空低压电器和船用低压电器等。其他低压电器通常是在一般工业用低压电器的基础上派生的,故本课程只讨论这种低压电器。

我国习惯上把低压电器分为下列13大类:刀开关和刀形转换开关、熔断器、断路器、接触器、控制器、控制继电器、主令电器、启动器、电阻器、变阻器、调节器、电磁铁和其他电器(如漏电保护器、信号灯、接线盒等)。

4.1.2 对低压电器的基本要求

1. 对通断能力的要求

配电电器的主要用途是在正常或规定的故障情况下接通和切断配电线路。配电线路发生的最严重故障就是短路。短路时将出现数十倍乃至成百倍额定电流的故障电流,后者产生的巨大的热效应和电动力效应会使线路、电器元件和电气设备因导体变形和绝缘损坏等故障而损坏,甚至酿成火灾和人身伤亡事故,并因线路电压降低过多而造成区域性停电,其中尤以三相短路危害最大,因此电力系统在运行中就要求有能开断短路电流的配电电器以切断规定的短路电流。此外,电器也可能遇到接通已短路线路的情况,因此要求一些配电电器应能接通故障线路中的短路电流而本身并不损坏。配电电器应具有一定的接通与分断能力。

配电电器的接通能力用额定短路接通能力表征，它是指在规定的电压、频率、功率因数（对于交流电器）或时间常数（对于直流电器）下配电电器能够接通的电流值，即最大预期短路电流的峰值。交流电器的接通能力一般以额定短路分断电流 I_c 乘以表 4－1 规定的峰值系数 n 来表示；而额定短路分断能力则是指在规定电压、频率及一定功率因数（或时间常数）下配电电器能分断的短路电流。对于交流电器，它以短路电流的周期分量有效值表示。

表 4－1　交流配电电器额定短路分断能力与功率因数和峰值系数 *n* 的关系

分断电流（有效值）/kA	功率因数	峰值系数 n	分断电流（有效值）/kA	功率因数	峰值系数 n
$I_c \leqslant 1.5$	0.95	1.41	$6 < I_c \leqslant 10$	0.5	1.7
$1.5 < I_c \leqslant 3$	0.9	1.42	$10 < I_c \leqslant 20$	0.3	2.0
$3 < I_c \leqslant 4.5$	0.8	1.47	$20 < I_c \leqslant 50$	0.25	2.1
$4.5 < I_c \leqslant 6$	0.7	1.53	$50 < I_c$	0.2	2.2

注：峰值系数 n 是指短路电流第一个半波的最大峰值与其周期分量有效值之比。

功率因数（或时间常数）、系统容量和短路点位置的不同，对电器的接通和分断能力要求也不同表(4－2)。

表 4－2　变压器低压侧出线端短路时的短路电流和功率因数

变压器额定容量 S/kVA	额定电流 I_n/A	短路电流 $I_s^{(3)}$/kA	功率因数 $\cos\phi$	变压器阻抗		低压引线阻抗	
				R/MΩ	X/MΩ	R/MΩ	X/MΩ
10	14.4	0.315	0,75	535	480	17.8	0.475
30	43	0.945	0.65	151	187	6.6	0.45
50	72	1.75	0.60	85	116	3.15	0.42
75	108	1.33	0.57	108	54.3	2.37	1.12
100	144.5	3.12	0.55	38.4	60.8	1.98	1.03
180	260	5.6	0.51	20	34.6	1.11	0.95
200	346	7.4	0.47	13.9	26.5	0.88	0.95
320	460	9.8	0.43	9.6	20.3	0.59	0.95
500	808	16.7	0.37	4.8	11.9	0.37	0.95
750	1 082	22.4	0.35	3.4	8.95	0.223	0.85
1 000	1 445	28.5	0.32	2.4	6.65	0.139	0.85
1 800	2 650	48	0.27	1.18	3.82	0.089	0.85

控制电器主要用于电动机启动、停止、正反转控制、制动和保护，以及用电设备的通断和保护。所以接触器控制不同的负载时，对其接通和分断电流的要求也不同。对于电阻负

载,启动电流与工作电流基本相同。电动机负载则不然:如绕线型电动机的启动电流约为额定电流的2.5倍;鼠笼型电动机的启动电流一般为额定电流的6倍以上。在运转中开断电动机时,分断电流为额定电流,分断电压仅为额定电压的数分之一,条件较为轻松;但在堵转状态下开断电动机时,分断电压为额定电压,而分断电流大约等于启动电流,条件严酷多了。

2. 对动、热稳定性的要求

当线路中某点发生短路时,从出现故障起到电器切断线路的过程中,线路中短路点以上的所有电器元件均受到短路电流的作用,所以必须对电器提出电动稳定性和热稳定性方面的要求。

电器的动稳定性是指它承受短路冲击电流所产生电动力的作用而不致损坏的能力。电动力是与电流瞬时值的平方成正比的,故对于交流电器应以电流的峰值表示,通电时间不小于0.1 s。直流电器则以最大短路电流值表示,通电时间也不小于0.1 s。但在一定条件下,不论交流电器还是直流电器,均可用交流电源做试验考核。

电器的热稳定性是指它在规定的电压、电流、频率下承受短路电流的热效应而不致损坏的能力。热效应决定于电流的平方值与时间的乘积(I^2t),故电器的热稳定性以 I^2t 表示,通电时间为1 s。如试验设备容量不够,则允许保持 I^2t 值不变,将试验时间延长到2 s以内。这时的热稳定电流 I_t可用它的平方值与通电时间 t 之积 I_t^2t 与通电 $t_1=1$ s 的热稳定电流 I_1 的平方值与通电时间 t_1之积 $I_1^2t_1$保持相等的原则换算,即

$$I_t=\sqrt{I_1^2t_1/t} \tag{4-1}$$

短时耐受电流能力试验与动、热稳定性试验可以等效地进行。线路中某点发生短路时,从出现短路电流起至电器切断电路为止的一段时间里,要求线路中各种电器元件都设计成能承受短路电流的冲击作用有时既不经济,也不合理,因此现行标准中规定,可以通过选择一个短路保护器与其他电器元件在保护方面实行协调配合。

3. 对保护性能的要求

电力系统及用电设备在运行中除发生短路故障外,还经常发生过载、欠压、失压、断相及漏电等故障,从而对设备造成危害,故必须借某些电器对它们实行控制与保护。

(1)过电流保护

短路和过载都属于过电流,是低压系统最常见的故障。电器的过电流保护性能用其保护特性说明,即是保护电器动作时间 t 与通过它的电流 I 之间的关系 $t=f(I)$。动作时间指从开始短路或过载到切除故障为止所需的时间。此特性还常以动作时间 t 和电流 I 与被保护对象额定电流 I_N 的倍数与之间的关系 $t=f(I/I_N)$ 表示。

为了充分利用被保护对象的过载能力,并不要求过载保护电器(如断路器或过电流继电器)快速切断故障线路,而是要求它能与被保护对象的热过载特性良好地配合,即保护电器的保护特性尽量接近,并略低于被保护对象的过载特性。以电动机为例,它允许在过载情况下运行的工作时间与过载程度有关,过载越严重,发热越严重,允许工作的时间就越短。电动机允许工作时间与过载程度的关系称为它的过载特性(图4-1曲线2);为使之得到可靠的保护,保护电器的保性必须在过载特性下方(图4-1曲线1)。显然,保护电器的保护特性必须是反时限的,只有这样才能充分利用被保护对象的过载能力。保证保护电器动作的最小电流称为临界动作电流,图4-1中是以 I_0表示,对热继电器来说,I_0/I_N 一般在1~1.2之间。

当线路发生短路故障后，从减轻对线路的破坏出发，不论短路发生在何处都希望尽快予以切除，即要求短路保护电器（如断路器、熔断器等）能瞬时动作。这样必将造成供电线路大面积停电，而这却是某些重要供电系统所不允许的，因此要求对短路故障实行选择性开断。这可通过各种保护电器有不同的动作电流值和不同的动作时间值来实现。

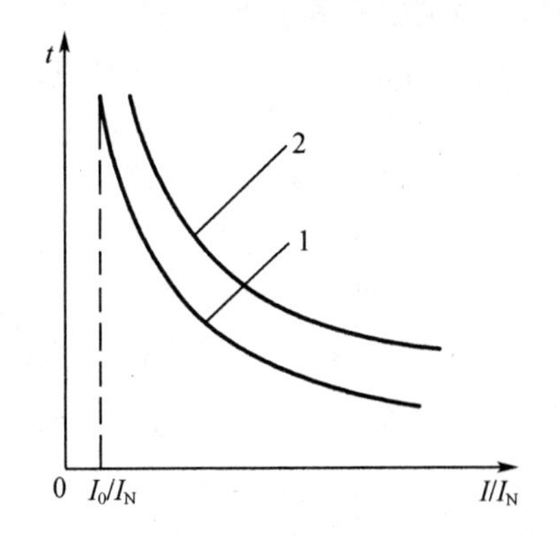

图 4－1 保护电器与被保护对象的配合

1—保护电器的保护特性的匹配；

2—电动机的热过载特性

断路器是一种具有多种保护性能的保护电器。作过电流保护时，它具有短路和过载两种保护功能，并可实现选择性保护（图 4－2）。

图 4－2(a)为二段保护特性，前一段为反时限特性，用于过载保护；后一段为瞬时动作特性，用于短路保护。图 4－2(b)也是二段保护特性，其短路保护特性是短延时的定时限动作特性。图 4－2(c)为三段保护特性，由过载反时限、一般短路定时限和特大短路瞬时动作组成的三段不连续的保护特性，后两种均具有选择性保护功能。

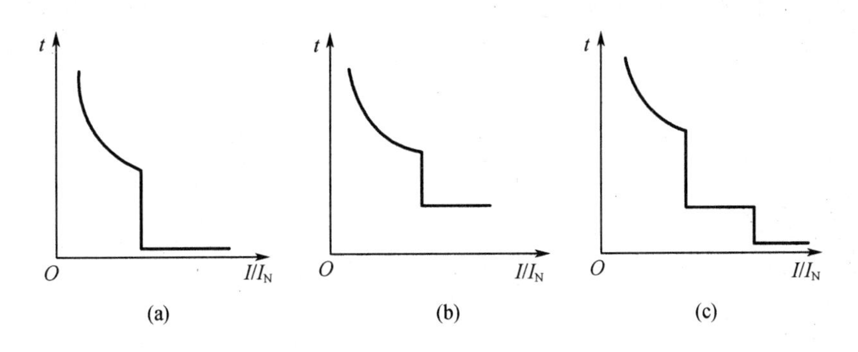

图 4－2 断路器的三种保护特性

(a)反时限和瞬时；(b)反时限和定时限；(c)反时限、定时限和瞬时

正确地设计和选用保护电器非常重要。首先，它应与被保护对象良好地配合，如对于电动机不仅要实现对它的过载和短路保护，还要保证它能在规定条件下正常启动；其次，各种保护电器的特性相互间也应很好地协调配合。

当线路中串接有几个保护电器（图 4－3）时，为满足选择性的要求，不但要使上下级保护电器的动作电流能满足分级保护的要求，而且动作时间也要满足分级保护的要求，同时，上级保护电器还应起到对下级保护电器的后备保护作用（图 4－3）。当线路在 K_3点短路、电流为 I_{K_3}时，熔断器 FU_2应动作，而断路器 QF_3则因有短延时而不动作。若 FU_2未熔断，则经规定的延时后 QF_3就应动作，作为 FU_2的后备保护。当线路在 K_2点短路、电流为 I_{K_2}时，QF_3应动作。如 QF_3拒动，则 4_1经过规定的延时后应动作，作为 QF_3的后备保护。当线路在 K_1点短路、电流为远大于 I_{K_2}和 I_{K_3}的 I_{K_1}时，其危害性极大，故应由 QF_1瞬时开断。由于 QF_1具有三段式保护特性，故可提高供电的可靠性。瞬时开断和延时开断初始条件不同，所以对通断能力要求也不同。

(2)欠电压和失电压保护

由于短路故障等原因,线路电压会在短时间内出现大幅度降低甚至消失的现象。它会给线路和电气设备带来损伤和损失。如使电动机疲倒、堵转,从而产生数倍于额定电流的过电流,烧坏电动机;而当电压恢复时,大量电动机的自启动又会使线路电压大幅度下降,造成危害。

引起电动机疲倒的电源电压称为临界电压。当线路电压降低到临界电压时,保护电器动作称为欠电压保护,其任务主要是防止设备因过载而烧损。当线路电压低于或甚低于临界电压时保护电器才动作称为失电压保护,其主要任务是防止电动机自启动。

图 4-4 所示为三相异步电动机的机械特性。当电源电压为额定值 U_N 时,电动机工作于曲线 1 上的 N 点,随着电压由 U_N 降低到临界值 U_{cr} 时,电动机的工作点由 N 点经 H 点移向曲线 3 上的 K 点,这时电动机转速降低、转差率 s 增大。与 K 点对应的是 U_{cr} 下的最大转矩,和阻力矩平衡,此工作点并不稳定,电压稍有变化,电动机即将迅速疲倒、堵转,因此在 K 点要求欠电压保护电器动作,使电动机脱离电源。一般规定欠电压保护动作电压值为 $(0.7 \sim 0.35)U_N$。

对于失电压保护动作值要求不严格,一般只要在零电压释放即可。对于接触器,考虑到磁系统存在因剩磁而粘住不释放的现象,低压电器基本标准规定,接触器的释放电压不大于 $75\%U_N$,对于交流接触器,在额定频率下的释放电压还应不低于 $20\%U_N$,而对于直流接触器则应不低于 $10\%U_N$,以保证失电压动作的可靠性。

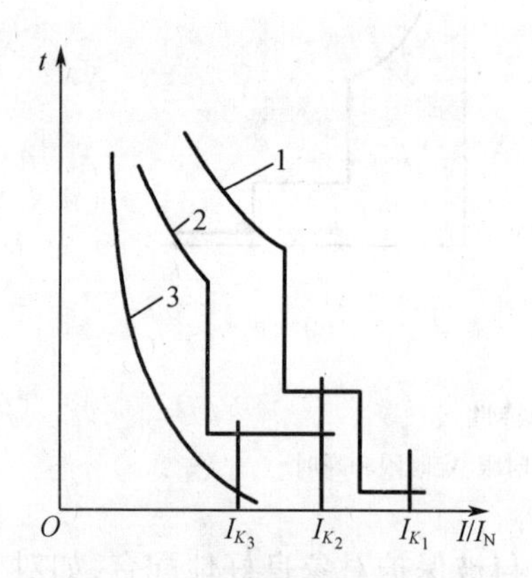

图 4-3 线路中各种保护电器特性的协调配合

1—断路器 QF_1 的保护特性;

2—断路器 QF_3 的保护特性;

3—熔断器 FU_2 的保护特性

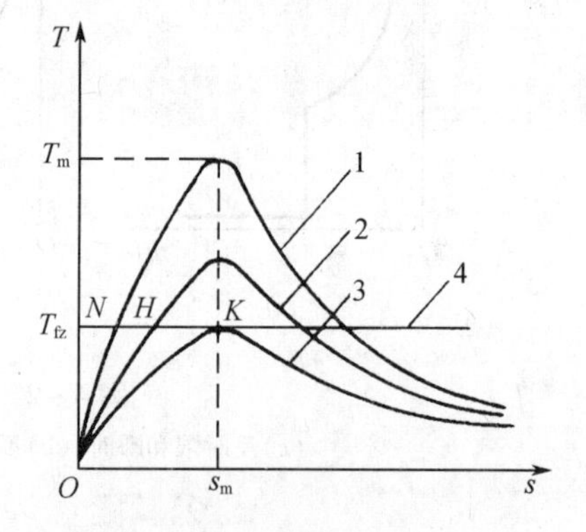

图 4-4 异步电动机的机械特性与临界电压值的关系

1—$U = U_N$ 时的机械特性;

2—电压降低时的机械特性;

3—$U = U_{cr}$ 时的机械特性;

4—负载的机械特性

(3)断相保护

异步电动机是低压系统中最常见的用电设备,三相电动机断相后的单相运行则是其烧坏的主要原因之一,故备受人们关注。引起电动机单相运行的主要原因有熔断器一相熔断,电源线或电动机一相断线,电动机绕组引出线和接线端子间的连接松脱,刀开关、熔断器或接触器一相触头接触不良,变压器一次侧一相开路等。

断相后电动机的启动转矩为零,故未启动的电动机无法启动。若电动机在运行中断相而负载不变，由于电动机转矩减小、转差率 s 增大，故要靠增大绕组电流来维持，使电动机的功率因数和效率均降低，而铜损和铁损都增大，因此单相运行时，电动机定子和转子温升均剧增，以致被烧毁。

因此，电动机在单相运行时，必须用电器进行断相保护。对于绕组为星形联结的电动机，用一般的三极热继电器就能实现断相保护。对于绕组为三角形联结的电动机，必须考虑到断相时电动机绕组电流与线电流之间的关系和正常运行时不同。图 4 -5 所示就是三角形联结的电动机绕组。

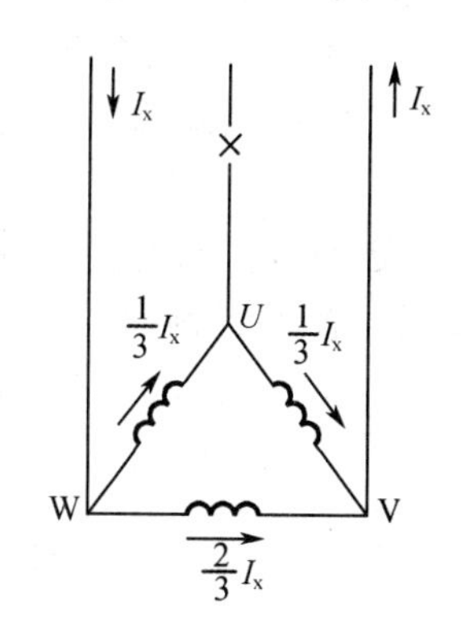

图 4 -5　A 相断线时的三角形联结电动机绕组

正常运行时，相电流 I_ϕ 等于线电流 I_L 的 $1/\sqrt{3}$，即 $I_\phi = I_L/\sqrt{3}$。当一相（如 A 相）断线时，流过跨接于全电压下的一相绕组的相电流为 $2I_L/3$，而流过串联的两相绕组的电流为 $I_L/3$。这样，跨接于全电压下的一相绕组的相电流与线电流比值较正常运行时增大了 1. 15 倍。如果在此情况下长期运行，虽然线电流小于 I_N，但相电流却为 $1.15I_N$，电动机绕组将烧毁，故应进行断相保护。它是借普通的热继电器加专门的结构组件或由断相保护继电器来实现的。

（4）漏电保护

因电气设备绝缘老化、损坏而引起的漏电现象不仅会酿成火灾，还易导致人身伤亡事故。随着工业和民用电气设备的增多，这一问题已不容忽视。研究结果表明：触电受害程度主要与电流通过人体的部位、电流的大小以及触电时间的长短有关。触电电流通过心脏时最危险，它能引起心室颤动，使之不能有节律地进行整体收缩，以致停止跳动。

在 400 V 以下的线路中，有危险的触电电流大约为数十至数百毫安。心室颤动与电流大小和电流作用时间有关。当触电电流为 30 ~ 50 mA 时，通电时间至数分钟才会发生心室颤动；当电流为 50 毫安至数百毫安时，发生心室颤动的通电时间只需数个心脏脉动周期。从避免发生心室颤动出发，目前大多数国家取触电电流与其通过时间之积为30 mA · s作为人身安全的临界值，这也是漏电保护器的设计依据。

400 V 以下的低压电网有中性点接地和中性点不接地的两种系统（图 4 -6）。

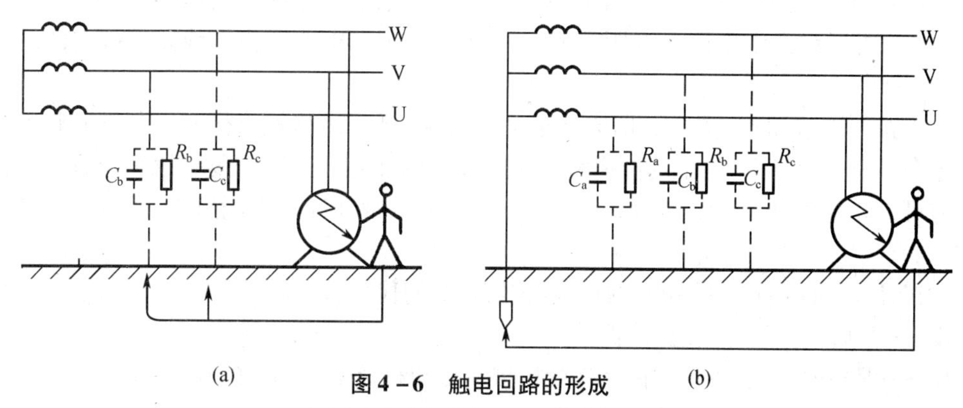

图 4 -6　触电回路的形成

（a）中性点不接地系统；（b）中性点接地系统

如图4-6(a)所示,电动机因绝缘损坏以致一相碰壳、而人又触及电动机外壳时,触电电流就通过大地和线路的对地分布电容构成回路。线路越长,分布电容越大,回路电流也越大,人体触电也越危险。又如图4-6(b)所示,当高压窜入低压系统时,人触及带电的电动机机壳,由于电网中性点接地阻抗很小,触电电压几乎等于电源的相电压,对人身和设备的危害将相对小些,因此低压系统大都采取变压器低压侧中性点接地的方式,称为工作或系统接地。

为保证安全用电,漏电保护电器——漏电开关发展很快。它有电磁式的,也有电子式的,当线路发生漏电或触电事故时,它能迅速可靠地切断故障电路,确保人身和设备的安全。

4.2 低压控制电器

4.2.1 概述

低压控制电器是指在低压电力驱动系统中,对电动机及其他用电设备进行控制、调节和保护的电器。它主要有主令电器、控制继电器和低压接触器等。依靠人力来完成控制的称为手动控制电器;依靠信号操作来完成控制的称为自动控制电器。

在电力驱动系统中运行的电动机种类繁多,工作条件复杂,操作频繁,所以对低压控制电器的基本要求有:工作准确可靠、允许操作频率高、寿命长、体积小、质量小等。它应能频繁地接通和分断额定电流,也能接通和分断过载电流,但不能接通和分断短路电流。

本节对几种主要的低压控制电器的工作原理、结构、基本性能、用途、技术参数和使用等加以介绍。

4.2.2 主令电器

主令电器是一种手动电器,它适用于接通和分断控制电路以发布命令或对生产过程做程序控制。它包括控制按钮(简称按钮)、行程开关、主令控制器、接近开关等。

1. 按钮

按钮是用人力操作,并具有弹簧储能复位的主令电器。它的结构最简单而应用却最广泛。在低压控制线路中常用于远距离发出控制信号或用于电气连锁线路。按钮的结构原理见图4-7。

以手指按下按钮帽,动触点即向下运动,与常闭触点的静触点分离而与常开触点的静触点闭合。松开手指后,由于复位弹簧的作用,动触点向上运动,恢复到原来位置。根据需要按钮可以装配成具有一常开和一常闭触点到具有六常开和六常闭触点,并可采用各种接线方式。

按钮开关结构形式因按钮帽的形式而异,它们的代号有:

K——开启式,适宜嵌装在面板上;

H——保护式,有能防止按钮元件受机械损伤和触及带电部分的外壳;

S——密封式,有能防止雨水侵入的密封外壳;

F——防腐式,有能防止腐蚀性气体侵入的密封外壳;

J——紧急式，有红色大蘑菇头状按钮帽，故亦称蘑菇头按钮，供紧急情况下切断电源用；

X——旋钮式，按钮帽为旋转操作形式；

Y——钥匙式，用钥匙插入操作，以防止误操作；

Z——自持式，内部装有自保持用电磁机构；

D——带指示灯式，其按钮帽用透明塑料制作，兼作指示灯罩。

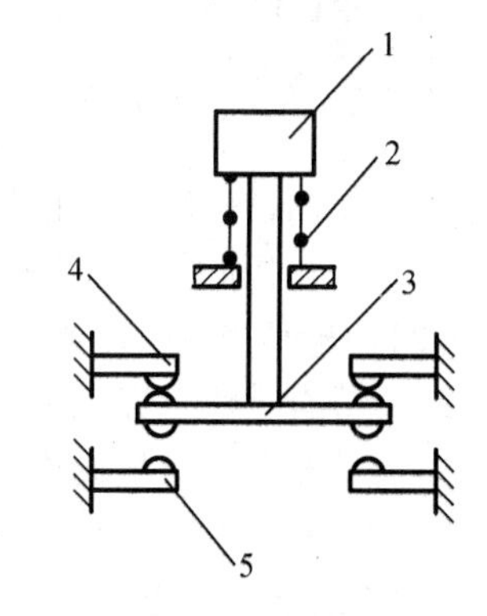

图4－7　按钮开关的结构示意图

1—按钮帽；2—复位弹簧；3—动触点；4—常闭触点的静触点；5—常开触点的静触点

选用按钮时首先应根据使用场合和具体用途选择其形式；其次应根据控制作用选择按钮帽的颜色（如红色表示停止、绿色表示启动或通电）；最后根据控制回路的需要确定触点数量和按钮数量。有时，可视需要将若干按钮装于一盒内形成按钮盒。

运行中应经常检查按钮，清除其上的尘垢。虽然按钮的动、静触点间为滚动式点接触，能加强接触的可靠性，但运行过程中仍应注意。若发现接触不良，是由于表面有损伤，可用细锉修整；是由于接触面有尘垢，宜用清洁棉布蘸上溶剂拭净；是由于触头弹簧失效，应更换；或者是由于触头烧损过度，应更换触点乃至整台产品。对于螺钉等紧固件，应防止松动，检修时还要拧紧。凡带指示灯的按钮一般不宜用于需长期通电处，以防塑料过热膨胀，更换灯泡困难。

2. 行程开关

行程开关是用于反映工作机械的行程、发布命令以控制其运动方向或行程大小的主令电器，当它安装在工作机械行程终点、以限制其行程时，就称为限位开关或终点开关。

图4－8是行程开关结构示意图。当工作机械上的撞块碰压顶杆时，它向内运动，压迫恢复弹簧，使动触点由与常闭触点的静触点接触转而与常开触点的静触点接触。由于弹簧的储能作用，这个转换是瞬间充成的。当外界撞块移开后，在恢复弹簧和触点弹簧作用下，动触点又瞬时地自动恢复到原始位置。

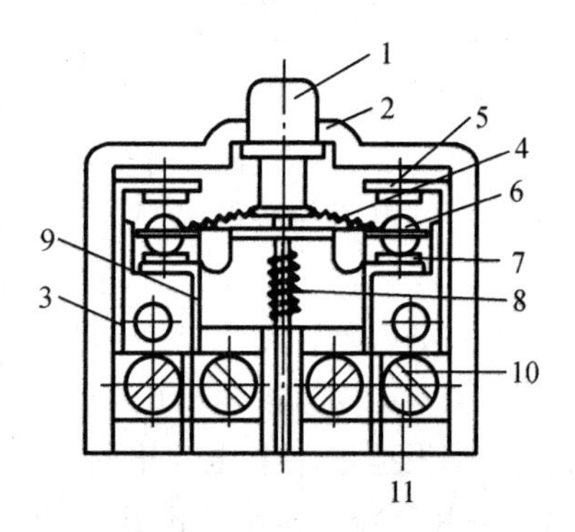

图4－8　行程开关

1—顶杆；2—外壳；3—常开触点；4—触点弹簧；5—常开触点的静触点；6—桥式动触点；7—常闭触点的静触点；8—恢复弹簧；9—常闭触点；10—螺钉；11—接线板

行程开关将机械信号转变为电信号以实现对机械的电气控制。用行程开关的基本元件加上传动杆、撞头和金属罩壳后，就形成直线式行程开关；它加上滚轮、轮柄、转轴、凸轮和金属罩壳后，又形成转动式的行程开关。

选择行程开关时，应根据使用场合和控制对象确定行程开关的种类，并根据生产机械的运动特征确定其操作方式，最后根据使用环境条件确定防护形式。由于行程开关通常装在生产机械运动部位，易沾上尘垢，也易磨损，故运行中应定期检查和保养，及时清除尘垢和更换磨损过度的零件，以免动作失灵，导致生产和人身伤亡事故。

3. 主令控制器

主令控制器是按预定程序转换控制电路的主令电器，供电力驱动装置做频繁转换控制线路用。

主令控制器一般有保护外壳，并可按结构形式分为：

(1)凸轮非调整式主令控制器　其凸轮不能调整，触头只能按预定的程序做分合动作；

(2)凸轮调整式主令控制器　其凸轮片上开有孔和槽，故其位置可按要求加以调整，因而其触头分合程序可以调整；

主令控制器又可按操作方式分为：

(1)手动式　用人力操作；

(2)伺服电动机操作式　由伺服电动机经减速机构带动主令控制器主轴转动；

(3)生产机械操作式　由生产机械直接(或经减速机构)带动控制器主轴转动。

主令控制器由触头元件、凸轮装配、棘轮机构、传动机构及外壳组成。触头元件为一组桥式双断点直动式结构的独立部件。

4. 接近开关

接近开关是用来进行位置检测、行程控制、计数控制及金属物体检测的主令电器。

按作用原理区分，接近开关有高频振荡式、电容式、感应电桥式、永久磁铁式和霍尔效应式等，其中以高频振荡式为最常用，后者又分电感式或电容式。

接近开关工作可靠、灵敏度高、寿命长、功率损耗小、允许操作频率高，并能适应较严酷的工作环境，故在自动化机床和自动生产线中得到越来越广泛的应用。

4.2.3　控制继电器

1. 控制继电器的用途与分类

控制继电器是一种自动电器，它适用于远距离接通和分断交、直流小容量控制电路，并在电力驱动系统中供控制、保护及信号转换用。继电器的输入量通常是电流、电压等电量，也可以是温度、压力、速度等非电量，输出量则是触点动作时发出的电信号或输出电路的参数变化。继电器的特点是当其输入量的变化达到一定程度时，输出量才会发生阶跃性的变化。

控制继电器用途广泛，种类繁多，习惯上按其输入量不同分为以下几类。

(1)电压继电器

它是根据电路电压变化而动作的继电器，如用于电动机欠压、失压保护的交直流电压继电器；用于绕线式电动机制动和反转控制的交流电压继电器；用于直流电动机反转及反接制动的直流电压继电器等。

供增大控制电路中触点数量或容量而用的中间继电器，实质上也是电压继电器，仅仅是其动作值无需调整而已。

(2)电流继电器

它是根据电路电流变化而动作的继电器，被用于电动机和其他负载的过载及短路保护以及直流电动机的磁场控制或失磁保护等。

(3)时间继电器

这是从接受信号到执行元件动作有一定时间间隔的继电器，如启动电动机时用以延时切换启动电阻、电动机能耗制动和生产过程的程序控制等所用的继电器。

(4)热继电器

供各种设备作过热保护用的继电器。

(5)温度继电器

供各种设备作温度控制用的继电器。

(6)速度继电器

供电动机转速和转向变化监测的继电器。

2. 继电器的输入－输出特性

如图4－9所示，以具有常开触点的继电器为例，当输入量x由零开始增大时，在$x<x_c$的整个过程中，输出量始终保持为$y=y_{min}$（对于有触点电器，$y_{min}=0$）；及至x增大到动作值x_c，输出量就由y_{min}跃升为y_{max}。再继续增大x到其最大值x_{max}或其正常工作值，输出量仍保持为y_{max}而不变。若自x_{max}开始减小x，在$x>x_f$（返回值，它一般小于x_c）的过程中，y还是等于y_{max}。一旦$x=x_f$，y便从y_{max}突然减小到y_{min}。此后，即使再减小x直到它等于零，y亦保持为y_{min}。这样的输入－输出特性称为继电特性，它是开关电器所共有的。

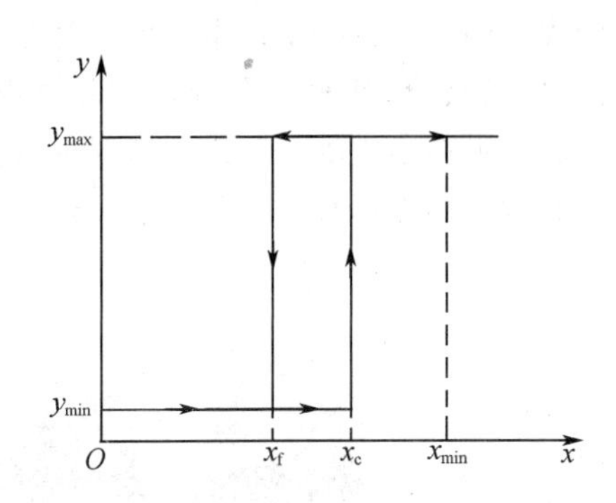

图4－9　继电器的输入－输出特性

3. 控制继电器的主要技术参数

(1)额定参数

它指输入量的额定值及触点的额定电压和额定电流，额定工作制、触头的通断能力、继电器的机械和电气寿命等。

(2)动作参数与整定参数

输入量的动作值和返回值统称动作参数，如吸合电压（电流）和释放电压（电流）、动作温度和返回温度等。可以调整的动作参数则称为整定参数。

(3)返回系数

此系数K_f是指继电器的返回值x_f与动作值x_c的比值，即$K_f=x_f/x_c$。按电流计算的返回系数为$K_f=I_f/I_c$（I_f为返回电流，I_c为动作电流）；按电压计算的返回系数为$K_f=U_f/U_c$（U_f为返回电压，U_c为动作电压）。

(4)储备系数

继电器输入量的额定值x_n与动作值x_c的比值称为储备系数K_s，也称安全系数。为保证继电器运行可靠，不发生误动作，K_s必须大于1，一般为1.5～4。

(5)灵敏度

它指使继电器动作所需的功率（或线圈磁动势）。为便于比较，有时以每对常开触头所需的动作功率或动作安匝数作为灵敏度指标。电磁式继电器灵敏度较低，动作功率达10^{-2} W；半导体继电器灵敏度较高，动作功率只需10^{-6} W。

(6)动作时间

继电器的动作时间是指其吸合时间和释放时间。从继电器接受控制信号起到所有触点均达到工作状态为止所经历的时间间隔称为吸合时间；而从接受控制信号起到所有触点均恢复到释放状态为止所经历的时间间隔称为释放时间。按动作时间的长短继电器可以分为瞬时动作型和延时动作型两大类。

4. 常用控制继电器

(1)通用继电器

通用继电器是可用作电压继电器、欠电流继电器、欠电压继电器、过电流继电器、过电压继电器、中间继电器和时间继电器的直流电磁式继电器。它以结构简单、维修方便、成本低而被广泛用于低压控制系统。

图4－10所示为继电器实物图。图4－11所示为电磁式继电器结构图,电磁系统采用拍合式结构。当其线圈通电且电流达某一定值时,衔铁与铁芯间的吸力便大于弹簧产生的反力,衔铁吸合,使触点系统的常开触点闭合、常闭触点断开。最后,衔铁被吸持在最终位置上。如果在衔铁处于最终位置时使线圈断电,吸力消失,衔铁在反力作用下释放,使触点系统的常开触点断开、常闭触点闭合。

图4－10　继电器实物图

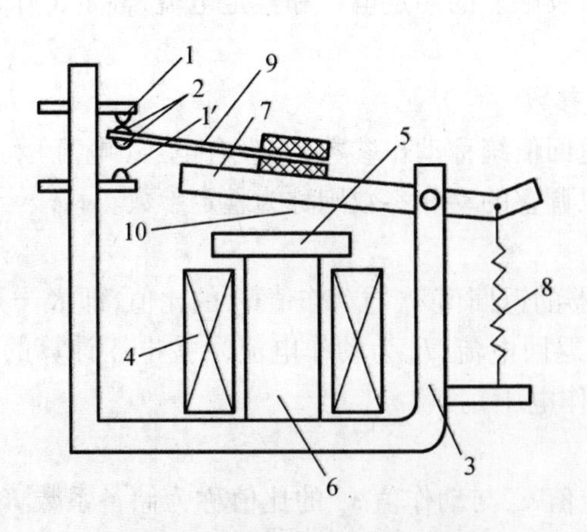

图4－11 电磁式继电器结构图

1.1′—静触点;2—动触点;3—轭铁;4—线圈;5—极靴;6—铁芯;7—衔铁;

8—反力弹簧;9—簧片;10—工作气隙

通用继电器作为电压继电器使用时，吸引电压可在30% ~50% U_n 的范围内调节，释放电压可在7% ~20% U_n 的范围内调节；作为欠电流继电器使用时，吸引电流可在30% ~65% I_n 的范围内调节；作为时间继电器使用时，断电延时范围为0.3 ~5 s。对它的返回系数不做规定。但作过电流或过电压继电器使用时，$K_f < 1$；作欠电流或欠电压继电器使用时 $K_f > 1$。

(2)电流继电器

电流继电器一般可兼作过电流和欠电流继电器，用于电动机的启动控制和过载保护。

(3)中间继电器

中间继电器主要起扩大触头数量及触头容量用。从本质上来说，它仍属电磁式电压继电器，但其动作参数无需调整，对其返回系数也无要求，其基本结构见图4 -12。

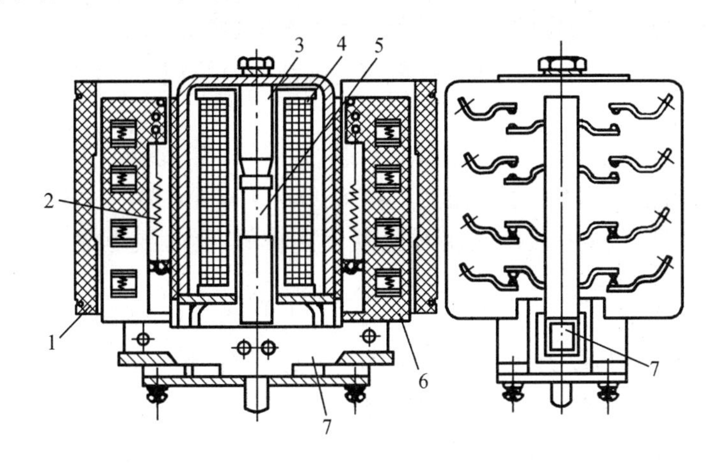

图4 -12　中间继电器的结构布置

1—外壳；2—反力弹簧；3—挡铁；4—线圈；5—动铁芯；6—动触点支架；7—横梁

继电器的电磁系统采用螺管式电磁铁。线圈通电时，动铁芯被吸向锥形挡铁，并带动横梁，使两侧的动触点支架向上运动，令触点进行转换。线圈断电后，在反力弹簧作用下，动铁芯和动触点支架均恢复原位。

(4)影响电磁式继电器性能的主要参数

①整定值

电磁式继电器是借调整动作参数 x_c 来整定。动作参数 x_c 可用反力弹簧调整。反力的改变将导致反力特性变化，并使动作参数变化(图4 -13)。

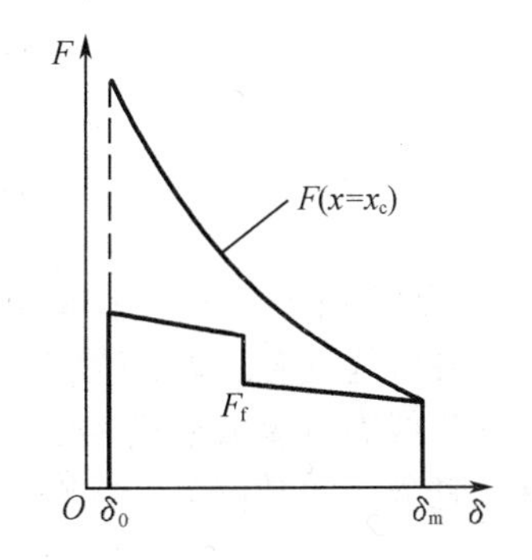

图4 -13　吸力特性 F 与反力特性 F_f 的配合

在释放位置，一般可认为吸力 F 与线圈电流 I 的平方成正比，即 $F \propto I^2$ (以力矩 M 表示则有 $M \propto I^2$)。当动作电流 I_c 不同时有

$$I = I_{c1} \text{时}, \quad M = M_1$$

$$I = I_{c2} \text{时}, \quad M = M_2$$

由此可得

$$M_1 / M_2 = (I_{c1} / I_{c2})^2 \tag{4-2}$$

因此应根据要求的可调参数范围，确定继电器反力弹簧的

调整范围。

电压继电器的动作参数为动作电压 U_c，其值取决于动作电流 I_c，故它与线圈温升 τ 有关。其中交流电压继电器因线圈电阻 R 在线圈阻抗中所占比例较小，故 U_c 受 τ 的影响也较小；而直流电压继电器的线圈电流（I_c）主要取决于 R，所以其动作值与线圈温升有直接关系。由于

$$I_c = U_c/R = U_c/[R_0(1+\alpha_\theta \tau)]$$

若 $\tau = 0$，则 $I_c = U_c/R$；而当 $\tau > 0$ 时，

$$I_c = (U_c + \Delta U)/[R_0(1+\alpha_\theta \tau)]$$

式中 R_0——$\tau = 0$ 时的线圈电阻值；

α_θ——线圈导体材料的电阻温度系数。

继电器的动作电流是一定的，故温升变化后动作电压要改变，以保持

$$(U_c + \Delta U)/[R_0(1+\alpha_\theta \tau)] = U_c/R_0$$

故

$$\Delta U = \alpha_\theta U_c \tau \tag{4-3}$$

显然，线圈温升越高，动作电压值变化越大。若 $\alpha_\theta = 4\times 10^{-3}$，$\tau = 50$ K，则 $\Delta U/U_c = 0.2$，即整定值变化 20%，因此线圈温升应设计得较低，同时要考虑到电压变化范围为 $(0.85 \sim 1.1)U_n$。

②返回系数

继电器的返回系数与反力特性以及整定值有关。现以拍合式电磁继电器为例进行分析。图 4-14 为其吸力特性与反力特性的配合曲线。当初始气隙为 δ_m 时，反力为 F_{f1}（其中包括衔铁重力和反作用弹簧的初始拉力等）。

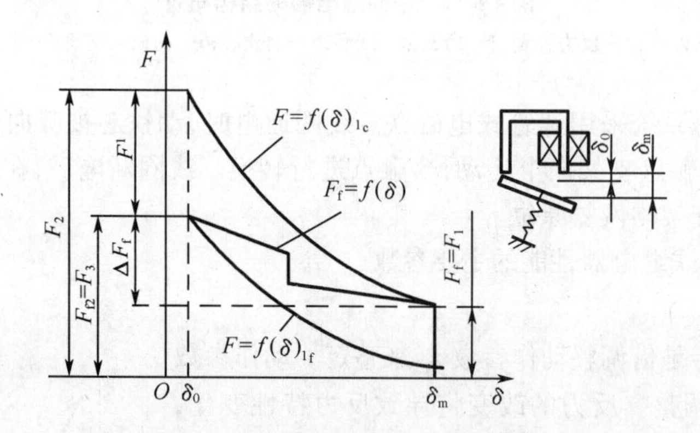

图 4-14　吸力特性与反力特性的配合

当线圈电流到达动作电流 I_c 时，吸力 F_1 与反力 F_{f1} 相等，衔铁开始动作，并为铁芯所吸合。在最终气隙 δ_0 处，反力增至 F_{f2}，而在 I_c 不变时吸力增至 F_2。

当线圈电流减至返回电流 I_f 时，吸力 F_3 与反力 F_{f2} 相等，衔铁释放直至返回释放位置。在衔铁处于闭合位置（气隙为 δ_0）时有

$$F_2 = K_1 I_c^2 F_3 = K_1 I_f^2$$

因此 $I_c = \sqrt{F_2/K_1}$，$I_f = \sqrt{F_3/K_1} = \sqrt{F_{f2}/K_1}$，并得

$$K_f = \sqrt{F_{f2}/F_2} = \sqrt{1-(F'/F_2)} \tag{4-4}$$

由此可见，要提高 K_f，必须减小 F'。当吸力特性与反力特性完全一致时（$F'=0$），返回系数最高（以上各式中的 K_1 被视为常数）。

图 4-15 是整定值改变时的两条反力特性。在释放位置上有

$$F_{f1}/F'_{f1}=(I_{c1}/I_{c2})^2$$

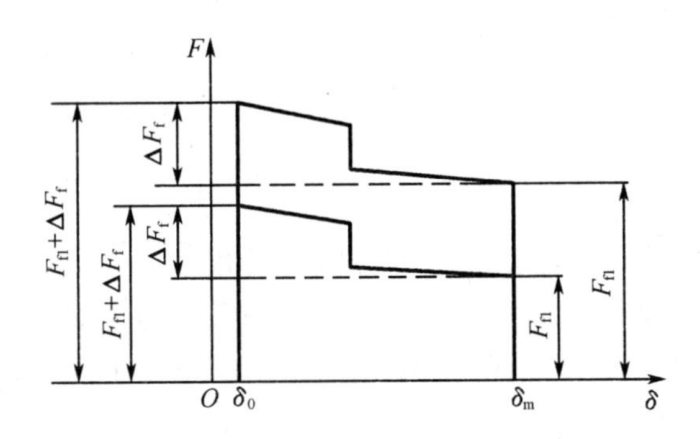

图 4-15　反力特性的整定

另一方面，当衔铁返回时（还在闭合位置），又有

$$(F_{f1}+\Delta F_f)/(F'_{f1}+\Delta F_f)=(I_{f1}/I_{f2})^2$$

因 $K_{f1}=I_{f1}/I_{c1}$，$K_{f2}=I_{f2}/I_{c2}$，故

$$(K_{f1}/K_{f2})^2=(I_{f1}/I_{c1})^2(I_{f2}/I_{c2})^2=(1+\Delta F_f/F_{f1})/(1+\Delta F_f/F'_{f1}) \tag{4-5}$$

因 $F'_{f1}>F_{f1}$，故 $(K_{f1}/K_{f2})^2>1$，即 $K_{f1}>K_{f2}$。由此可见，调整反作用弹簧能改变整定值，同时改变返回系数，整定值减小，返回系数增大。

控制继电器的返回系数值通常为 0.1～0.7。不同的线路对继电器的返回系数有不同的要求，有些保护线路对它要求较高。

通过上述分析得出结论，采用下列方法能提高继电器的返回系数：

a. 使吸力特性与反力特性配合合理，尽量接近，这可通过合理地选择电磁铁的结构形式和衔铁的行程来实现；

b. 减小工作行程，减小吸力特性与反力特性间的差值。

③动作时间

继电器按动作时间可以分为三种：小于 0.05 s 的快速动作型；大于 0.2 s 的延时动作型；动作时间在 0.05～0.2 s 之间的一般型。继电器的动作时间为触动时间 t_c 与吸合运动时间 t_d 之和，即

$$t=t_c+t_d \tag{4-6}$$

触动时间

$$t_c=\frac{L}{R}\ln\left[\frac{I_w}{(I_w-I_c)}\right] \tag{4-7}$$

式中　R——线圈电阻；

I_w——线圈的稳态电流，$I_w=U/R$；

I_c——触动电流；

L——线圈的电感，$L=N^2\Lambda_\delta$（这时的磁路不饱和，磁导体磁阻可忽略不计，而线圈电感等于其匝数 N 的平方与气隙总磁导 Λ 之积）。

吸合运动时间

$$t_d = \sqrt[3]{(12\ mN^2\delta_0)/[KU(4N\phi_c + Ut_c^0)]} \tag{4-8}$$

$$t_c^0 = \sqrt{(12\ mN^2\delta_0)/(KU^2)}$$

$$K = [1/(2\Lambda_\delta^2)] \times d\Lambda_\delta/d\delta$$

式中　m——运动部件的归算质量；

δ_0——起始(最大)工作气隙；

U——电源电压；

ϕ_c——触动时的气隙磁通。

计算吸合运动时间并未计及铁芯饱和及涡流的影响。

由此可见，电磁继电器的动作时间与许多因素有关。为了缩短动作时间，应减小继电器的电磁时间常数，减小它的反作用力，减小触动电流，减小衔铁工作行程，减小运动部件的质量和增大线圈的稳态电流等。如要增大动作时间，则应采取相反的措施。

④功率消耗

它是指继电器线圈消耗的功率

$$P = I^2R = \frac{(IN)^2\rho l_{pj}}{AK_{tc}} \tag{4-9}$$

式中　I——线圈电流；

N——线圈匝数；

ρ——线圈导线材料的电阻率；

l_{pj}——线圈的平均匝长；

A——线圈的横截面积；

K_{tc}——线圈的填充系数。

由此可见，功率消耗与线圈匝数的平方成正比。继电器灵敏度越高，要求其功率消耗越小。为减小功率消耗，继电器的反力和触头压力均应较小，但过小将使控制容量也变小，故应综合考虑其相互关系。

5. 时间继电器

随工作原理的不同，时间继电器可分为电磁式时间继电器、钟表式时间继电器、气囊式时间继电器、电子式时间继电器和近年来才发展起来的数字式时间继电器。此处只介绍最常用的电磁式和电子式时间继电器。

随延时方式不同，时间继电器又可分为通电延时型和断电延时型。前者在获得输入信号后立即开始延时，需待延时完毕，其执行部分才输出信号以操纵控制电路；当输入信号消失后，继电器立即恢复到动作前的状态。后者恰恰相反，当获得输入信号后，执行部分立即有输出信号；而在输入信号消失后，继电器却需要经过一定的延时，才能恢复到动作前的状态。

(1)电磁式时间继电器

电磁式继电器的衔铁处于释放位置时，磁系统磁导很小，故线圈电感和电磁时间常数 T 均很小。当线圈接通电源后，其电流增长迅速，触动时间仅数十毫秒，以致可以认为动作是瞬时完成的。因此，电磁式继电器难以实现通电延时。但当其衔铁在吸合位置时，磁系统磁导较大，电磁时间常数也较大，故当切断电源后将线圈短接时，由于线圈中感应电动势的作用，线圈电流将逐渐减小直至消失，磁系统内的磁通将随时间缓慢地减小（图4－16）直至等于剩余磁通 Φ_{s1}。从线圈被短接起，至磁通衰减到释放磁通 Φ_f 的时间 t_1，就是衔铁开始释放运动前的延时时间。它加上衔铁释放运动的时间，就是全部延时时间。显然，这种延时是断电延时，而电磁继电器是容易实现断电延时的。但由于衔铁行程小，释放运动时间短，所以一般可以不计这段时间。

剩磁磁通 Φ_s 对延时时间与延时稳定性均有较大影响。剩磁磁通越大，延时稳定性越差。如图5－10所示，当剩磁磁通为 $\Phi_{s2} > \Phi_{s1}$ 时，若它略微变化一些（如图中虚线所示），延时的变化 Δt_2 将比剩磁磁通为 Φ_{s1} 时的 Δt_1 更大，因此为了使延时更加稳定，必须从选用磁导率高而矫顽力小的磁性材料着手，例如采用电工纯铁。

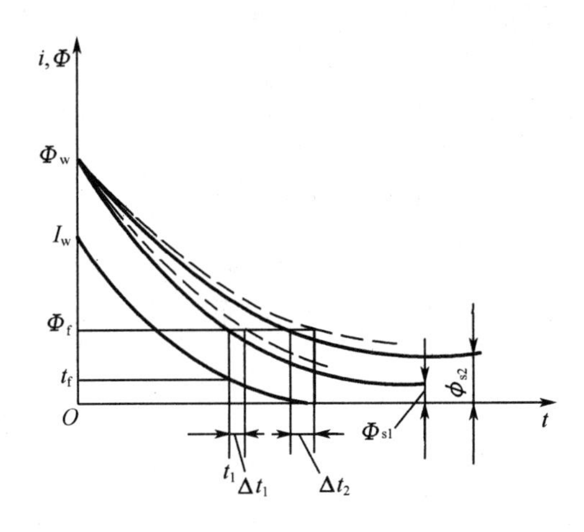

图4－16　直流线圈短接时线圈电流与磁通的变化

延时继电器延时时间的调整，可以通过下述几种方法来实现。

①在衔铁和铁芯的接触处垫非磁性垫片（图4－17），它既能调节延时，又能减小剩磁，防止衔铁被剩磁吸住不放。改变垫片厚度，磁通减小到同一释放磁通的延时时间必然改变，但这只能作为延时的粗调。通常，垫片用磷青铜片制成，而且为保证机械强度，其厚度不小于0.1 mm。

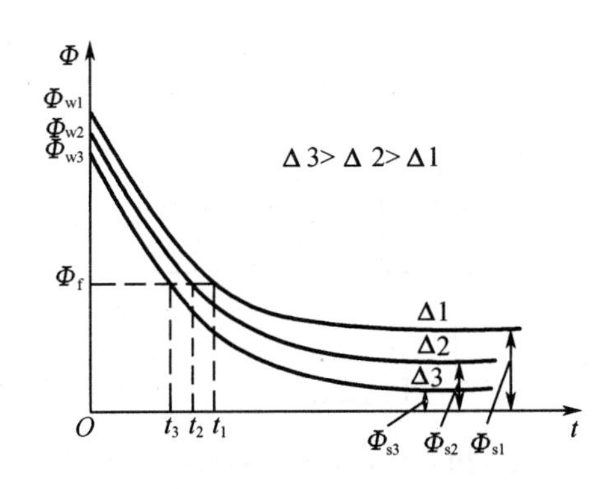

图4－17　不同厚度非磁性垫片对延时的影响

②改变电磁系统反作用弹簧反力的大小也能改变延时时间，因为它改变了释放磁通值，这种延时调节方法是细调。

③若在同一磁路中套上一个阻尼筒（图5－18），由于它相当于只有一匝的短接线圈，所以同样可以获得延时。改变阻尼筒的金属材料以及改变它的几何尺寸，也即改变它的电阻值、它的电磁时间常数，就改变了延时时间值。

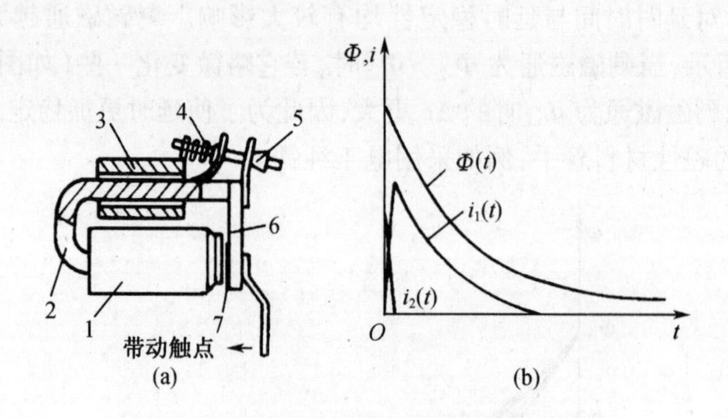

图4－18　带阻尼筒的直流电磁式时间继电器

（a）结构图；（b）电流及磁通变化图

1—线圈；2—铁芯；3—阻尼筒；4—反作用弹簧；5—调节螺钉；

6—衔铁；7—非磁性垫片

以上三种方法既可用于获取通电延时，也可用于获取断电延时，但在后一种场合，所得延时时间将会更长一些。

④为了增大断电延时，对带阻尼筒的时间继电器可兼用短接线圈的方法。

线圈的发热和电源电压的波动也是影响延时稳定性的重要因素，因此设计时应尽力降低线圈温升，而磁系统的磁通密度（磁感应强度）应选为高饱和。这样，温度和电源电压的变化就能在其使励磁磁动势变化时，却令磁系统的磁通变化不多，从而降低了上述两个因素的影响。

（2）电子式时间继电器

电子式时间继电器按构成原理可分为阻容式和数字式两种。按延时的方式又可分为通电延时型、断电延时型和带瞬动触点的通电延时型三种。电子式时间继电器（阻容式）的原理框图图4－19，全部电路由延时环节、鉴幅器、输出电路、电源和指示灯五部分组成。

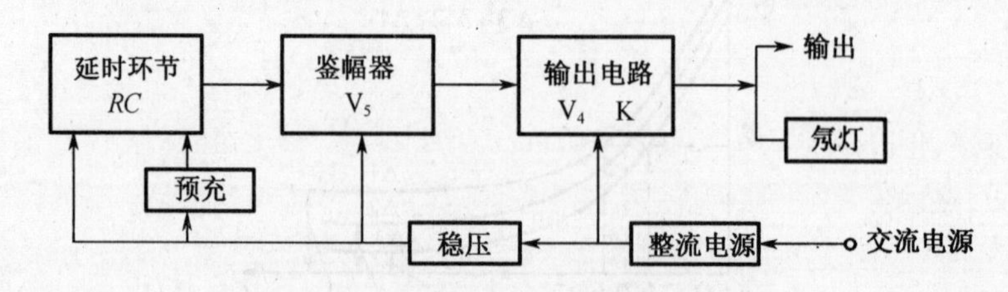

图4－19　电子式时间继电器原理框图

6. 热继电器

热继电器是利用电流通过发热元件时产生的热量使双金属片受热弯曲而推动机构动作的一种电器。它主要用于电动机的过载、断相及电流不平衡的保护，以及其他电气设备发热状态的控制。

热继电器的形式有许多种，其中常用的有双金属片式、热敏电阻式、易熔合金式三种，最常用的当推双金属片式热继电器。

双金属片式热继电器的工作原理见图4-20。双金属片是用两种线膨胀系数不同的金属片以机械辗压方式使之紧密粘合在一起的材料制成的，其一端被固定，另一端为自由端。热元件串联于被保护的负载电路中，因通过负载电流而发热。双金属片被热元件加热后发生弯曲。当热元件中通过过载电流时，双金属片的温度逐渐地升高，弯曲加大，其自由端离开动触点，使动触点在弹簧力作用下迅速断开控制电路，再经其他电器分断负载电路，从而实现过载保护。当温度降至初始温度时，双金属片就恢复原状。

双金属片中两金属片的线膨胀系数不同，系数大的称为主动层，系数小的称为被动层。在受热后，主动层伸长多些，被动层伸长少些，致使双金属片发生弯曲。主动层多采用铁镍铬合金或铁镍锰合金，被动层为铁镍合金。它们因线膨胀系数相差甚大、弹性模数大且接近、以及粘合性能和工艺性能好而被广泛采用。

热继电器的热元件加热方式有四种：直接加热式、间接加热式、复合加热式和电流互感器加热式（图4-21）。

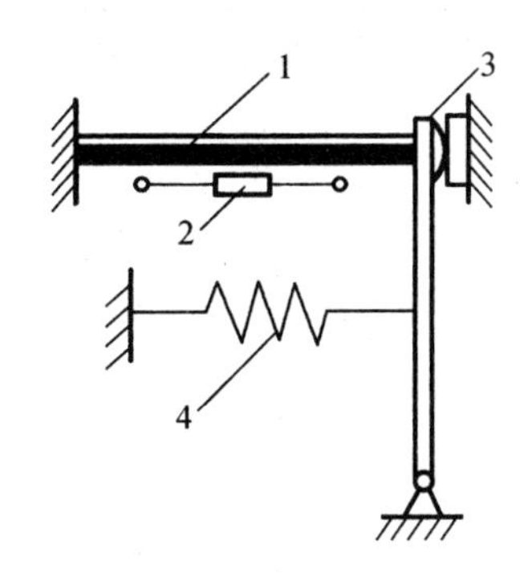

图4-20　双金属片式热继电器工作原理图

1—双金属片；2—热元件；3—动触点；4—弹簧

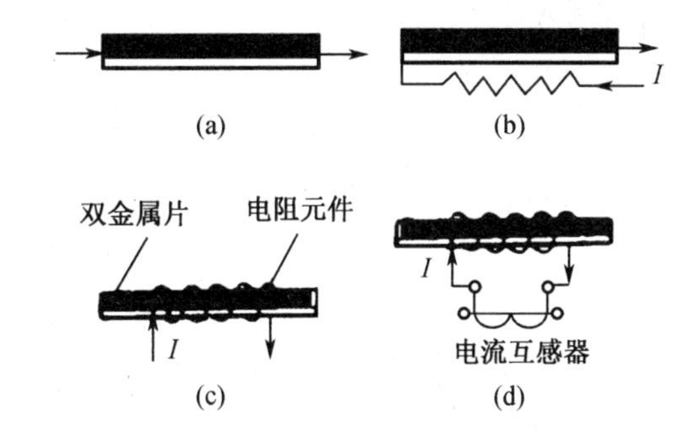

图4-21　热继电器的热元件加热方式

(a)直接加热式；(b)复合加热式；(c)间接加热式；(d)电流互感器加热式

直接加热式是以双金属片本身作为加热元件，让负载电流通过它，借其自身的电阻损耗产生热量加热，因而具有结构简单、体积小、省材料、发热时间常数小和反映温度变化快等特点，但由于其发热量受到双金属片尺寸的限制，只适用于容量较小的场合。间接加热式的热元件由电阻丝或带制成，绕在双金属片四周，并且互相绝缘，故发热时间常数大、反映温度变化较慢，但热元件可按发热需要选择，因而容量较大。复合加热式介于上述两种加热方式之间，热元件电阻值可通过与双金属片串联或并联的方式调整，应用较广泛。电流互感器加热方式多用于负载电流大时，以减小通过热元件的电流。

热继电器的基本性能如下。

（1）安秒特性

即电流-时间特性，它表示热继电器的动作时间与通过电流之间的关系，通常为反时限特性。为了可靠地实现电动机的过载保护，热继电器的安秒特性应低于电动机的允许过载特性。

(2)温度补偿

为了减小因环境温度变化引起的动作误差,热继电器应采取温度补偿措施,后者必须符合有关标准(表4-3)。

(3)热稳定性

即耐受过载电流的能力。对热元件的热稳定性要求:在最大整定电流时,对额定电流为100 A及以下的通以10倍最大整定电流、对额定电流在100 A以上的通以8倍最大整定电流后,热继电器应能可靠地动作5次。

(4)控制触点的寿命

热继电器的常开、常闭触点在规定的工作电流下,应能操作交流接触器的线圈线路1 000次以上。

(5)复位时间

热继电器的自动复位时间应不大于5 min,手动复位时间应不大于2 min。

电流调节范围一般为66%~100%,最大为50%~100%。

表4-3　三相热继电器三极通电动作特性

脱扣器形式	A①	B②	脱扣器时间 t/h	参考周围空气温度 θ/℃
无温度补偿	1.05	1.20	2	注
有温度补偿	1.05	1.20	2	+20
	1.05	1.30	2	-5
	1.05	1.20	2	+40

注:周围空气温度可规定为-5~+40 ℃之间的任何值,推荐值为+20 ℃或+40 ℃。

①当电流为整定电流的A倍时,从冷态开始运行,热继电器在2 h内不应动作。

②当电流升至整定电流的B倍时,热继电器在2 h内动作。

三相热继电器仅二极通电时,即三相同时通以表5-1中A栏的整定电流时,加热2 h应不动作;继之将任意一极断开,而将其余二极的电流增至表5-1中B栏整定电流的110%,热继电器应在2 h内动作。

图4-22为热继电器的结构原理图。双金属与热元件串联,呈复式加热方式。通过负载电流后,双金属片受热向左弯曲,推动导板。后者向左运动,推动补偿双金属片。它与推杆固定在一起,并且能绕轴顺时针方向转动。推杆推动片簧1向右,当它向右达一定位置后,弓簧的作用方向就发生变化,使片簧2向左运动,将常闭触点分断。由于此触点串联在接触器线圈电路中,故其分断就切断了线圈电路,使接触器释放,对负载加以保护。

片簧1、2与弓簧3组成一组跳跃机构,其工作原理见图4-23。如图4-23(a)所示,在起始位置上,弓簧两端大小相等方向相反的弹力F作用于片簧1、2上。作用于片簧2上的力F的水平分力F_1向右,使片簧2上的动触点与静触点闭合。当推杆向右运动推动片簧1时,弓簧弹力F的作用方向发生变化。及至推杆向右达到一定位置,弹力F便过渡到无水平分力的状态(图4-23(b))。若推杆继续向右运动,弹力F的水平分力反过来偏向左边(图4-23(c)),片簧2迅速弹向左边,动触点立即脱离静触头。

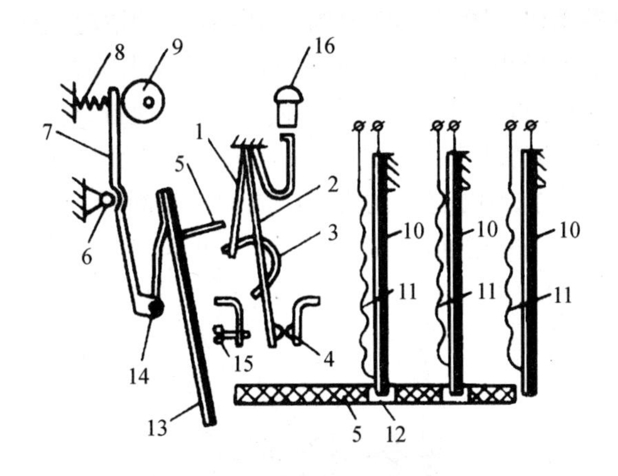

图 4－22　热继电器结构原理图

1、2—片簧；3—弓簧；4—触点；5—推杆；6—轴；7—杠杆；8—压簧；9—调节凸轮；10—双金属片；11—热元件；12—导板；13—补偿双金属片；14—轴；15—调节螺钉；16—手动复位按钮

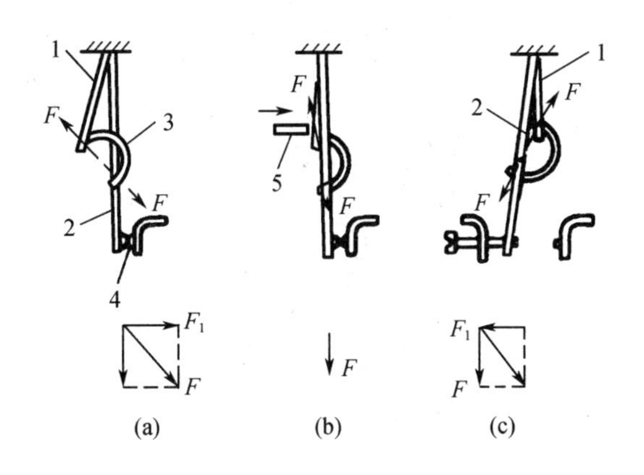

图 4－23　跳跃机构的工作原理图

(a)动作前的位置；(b)动作过程中的一个位置；(c)动作后的位置

为使继电器的整定电流与被保护电动机的额定电流相对应，可用调节凸轮调整。旋转凸轮使杠杆位置改变，补偿双金属片与导板之间的距离便随之改变，从而改变了使继电器动作所需的双金属片挠度，即调整了热继电器的整定电流值。

补偿双金属片用来补偿周围介质温度变化的影响。有了它以后，如周围介质温度改变，主双金属片和补偿双金属片向同一方向弯曲，使导板与补偿双金属片之间的距离保持不变，故继电器的动作特性不受周围介质温度的影响。

热继电器可借调节螺钉将触点调成自动复位或手动复位。如要求手动复位，将调节螺钉向左拧出；如需调成自动复位，则将调节螺钉向右旋入一定位置。

为了实现电动机的断相保护，热继电器的导板可改成差动机构（图 4－24）。差动机构由上、下导板和装有顶头的杠杆组成，它们相互间均以转轴连接。图 4－24(a)所示为未通电前导板的位置。图 4－24(b)所示为负载电流不大于整定电流工作时，上、下导板在主双金属片的作用下向左移动，但其挠度不够，故顶头尚未碰到补偿双金属片时的情况。图 4－24(c)所示为三相同时过载的情况。此时，三相主双金属片同时向左弯曲，顶头碰到补偿双金属片端部，使热继电器动作。图4-24(d)为一相断路时的情况，这时，断相的主双金属片将冷却并向右弯曲，推动上导板向右移，而另两相主双金属片在电流加热下仍使下导板向左移，结果使杠杆在上、下导板推动下顺时针方向旋转，迅速推动补偿双金属片，使热继电器动作。断相保护热继电器的动作特性如表4-4，即当电流为整定电流的A倍时，从冷态开始运行，在2 h内应不动作；继之将通过较小电流的一相断开，并将另两相电流增至整定电流的B倍，热继电器应在2 h内动作。

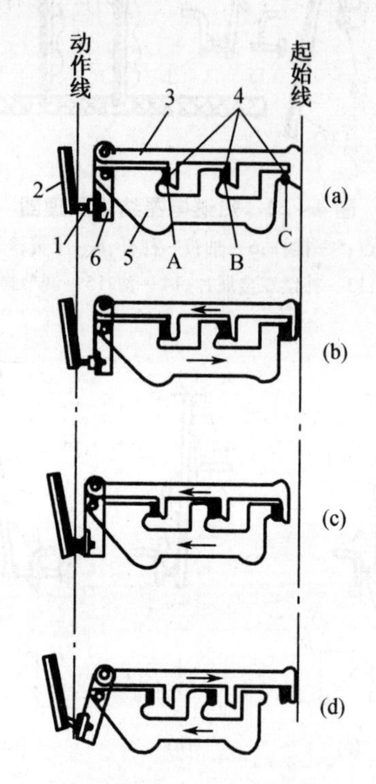

4-24　断相保护机构动作原理

(a)未通电前；(b)三相通电而电流不大于整定电流；(c)三相同时过载；(d)一相断路时的动作情况

1—顶头；2—补偿双金属片；3—上导板；4—主双金属片；5—下导板；6—杠杆

通常，星形联结的电动机一般无需选用带断相保护的热继电器，而三角形联结的电动机则必须选用带断相保护的热继电器。

随着电子技术的发展，各种电子式的热继电器大量出现，如电子式过载和短路保护继电器、断相保护继电器、综合保护继电器等，它们在电动机保护中占有越来越重要的地位。

表4-4　三相热继电器断相运行动作特性

脱扣器形式	A	B	脱扣器时间 t/h	参考周围空气温度 θ/℃
有温度补偿	任意两极 1.00 第三极 0.90	任意两极 1.15 第三极 0	2	+20

7. 控制继电器的选择与应用

此处，鉴于时间继电器和热继电器的特殊性，只讨论这两种继电器的选择和应用。

(1)时间继电器的选用

①根据控制线路组成的需要，确定使用通电延时型或断电延时型的继电器；

②由于时间继电器动作后的复位时间应比固有动作时间长一些，否则将增大延时误差甚至不能产生延时，故组成重复延时线路或动作频繁处，应特别注意；

③凡对延时要求不很高处，宜采用价格较低的电磁阻尼式或气囊式时间继电器，反之则采用电动机式或晶体管式时间继电器；

④电源电压波动大处，宜采用气囊式或电动机式时间继电器，电源频率波动大处，忌用电动机式的产品；

⑤应注意环境温度的变化，凡变化大处，不宜采用气囊式时间继电器；

⑥对操作频率亦应注意，若它过高则不仅影响电寿命，还会导致动作失调。

(2)热继电器的选用

①电动机的型号、规格和特性，从原则上来说，热继电器的热元件额定电流(热继电器额定电流级数不多，但每一级配有许多级额定电流的热元件)是按电动机额定电流选择，但对过载能力较差的电动机，热元件的额定电流就应适当小些(为电动机额定电流的60% ~80%)；

②根据电动机定子绕组联结方式确定热继电器是否带断相运行保护；

③保证热继电器在电动机启动过程中不致误动作；

④若电动机驱动的生产机械不允许停车或停车会造成重大损失，就宁可使电动机过载甚至烧坏，也不宜让热继电器冒然动作；

⑤在断续周期工作制时，应特别注意热继电器的允许操作频率。

4.2.4　低压接触器

1. 接触器的用途与分类

接触器是用于远距离频繁地接通和分断交直流主电路和大容量控制电路的电器，其主要控制对象是电动机，也可以控制其他电力负载，如电热器、照明灯、电焊机、电容器组等。

接触器的触头系统可以用电磁铁、压缩空气或液体压力等驱动，因而它可分为电磁接触器、气动接触器、液压接触器等。随着电真空技术和电子器件的发展，真空接触器和电子式接触器也逐渐为工业所采用。本节仅就用量最大的电磁式接触器做较详细的论述。

接触器按主触头所在电路的种类可分为交流接触器和直流接触器，前者品种尤为繁多(表4-5)。

2. 结构和工作原理

电磁式接触器由电磁系统、触头系统、灭弧系统、释放弹簧机构、辅助触头及基座组成。

(1)交流接触器

交流接触器是通断交流主电路的接触器。由于交流主电路大都是三相式，所以交流接触器的触头结构以三极为主。交流接触器的磁系统的结构不仅有交流电磁机构的，而且也有直流电磁机构和永磁电磁机构的。从交流接触器的整体结构看，它可分为转动式和直动式两大类型。交流接触器的额定电压目前主要是380 V、660 V、1 140 V，高电压的主要用于矿山、油田等。电流等级为6 ~800 A，甚至更大。励磁线圈的电压，交流操作的一般为

380 V、220 V，直流操作的一般为 220 V、48 V，还有其他等级的直流操作电压。对一般工业企业用的交流接触器来说，AC3 型的电寿命达 120 万次，机械寿命达 1 000 万次；AC4 型的电寿命达 3 万次。

表 4－5　接触器的分类

序号	分类原则	分类名称
1	主触头控制电路的种类	交流
		直流
2	主触头极数	单极
		二极
		三极
		四极
		五极
3	灭弧介质	空气式 真空式
4	励磁线圈断电时的主触头位置	常开
		常闭
		兼有常开及常闭
5	结构形式	直动式
		转动式
		杠杆传动式
6	励磁线圈电压种类	直流
		交流
7	有无触头	有触头式
		无触头式

图 4－25 所示为交流接触器实物图。其中图 4－25(a)为 CJ20 系列，是国内 20 世纪 80 年代开发的统一设计的接触器产品。CJ20 系列采用直动式双断点桥式触头结构，银氧化镉或银氧化锡作为触头材料，耐弧、耐磨损、抗熔焊。灭弧系统采用三种结构：40 A 以上多采用多纵缝陶土灭弧罩，电弧能够迅速进入灭弧室内，增加了冷却面积，加强了灭弧效果；25 A 以下采用带 U 形铁片的灭弧室，利用电弧电流通过 U 形铁片产生的磁场加快电弧运动，加快冷却和消电离；16 A 以下接触器，不加装灭弧装置，利用双断点触头自然灭弧。图 4－25(b)为 CJ19 系列，是切换电容器的专用接触器，专门用于低压无功补偿设备中投入或切除并联电容器组，改善系统的功率因数。切换电容器组接触器带有抑制浪涌装置，能有效地抑制接通电容器组时出现的合闸涌流和开断过电压。图 4－25(c)为真空系列，它以真空为灭弧和绝缘介质，主触头密封在真空管内(真空灭弧室)，触头分离后，触头间隙将产生由金属蒸气和其他带电粒子组成的真空电弧。真空介质具有很高的绝缘强度，介质恢复速度非常快，真空电弧的等离子体迅速向四周扩散，一般在第一次电流过零时就可以熄灭电弧(燃弧时间一般小于 10 ms)。由于触头被密封在真空容器中，特别适合矿山、油田、建材、化工等领域易燃易爆的工作场合。

下面来介绍交流接触器的动作原理。图 4－26 所示为直动式交流接触器结构。

磁系统通过联动机构带动触头运动。线圈通电后，磁导体磁化，产生电磁吸力将衔铁(动铁芯)吸向静铁芯(铁芯)，衔铁带动联动机构使动触头与静触头闭合，联动机构同时带动置于两侧的辅助触头动作。线圈断电后，在反作用弹簧的作用下，衔铁被释放，同时使触头分断。

图 4－27 所示为转动式交流接触器结构。

转动式交流接触器的动作原理与直动式相同，只不过其铁芯和触头系统均为绕轴转动的工作方式。

图4-25 交流接触器实物图

(a)CJ20系列;(b)CJ19系列;(c)真空系列

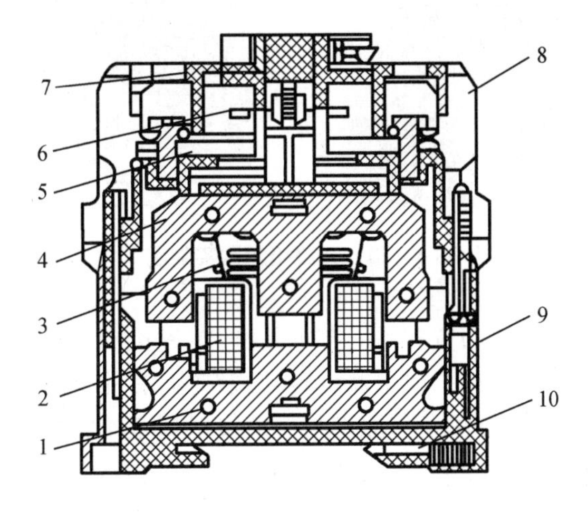

图4-26 直动式交流接触器结构

1—铁芯;2—线圈;3—反力弹簧;4—衔铁;5—静触头;6—动触头;

7—灭弧室;8—外壳;9—底座;10—卡件

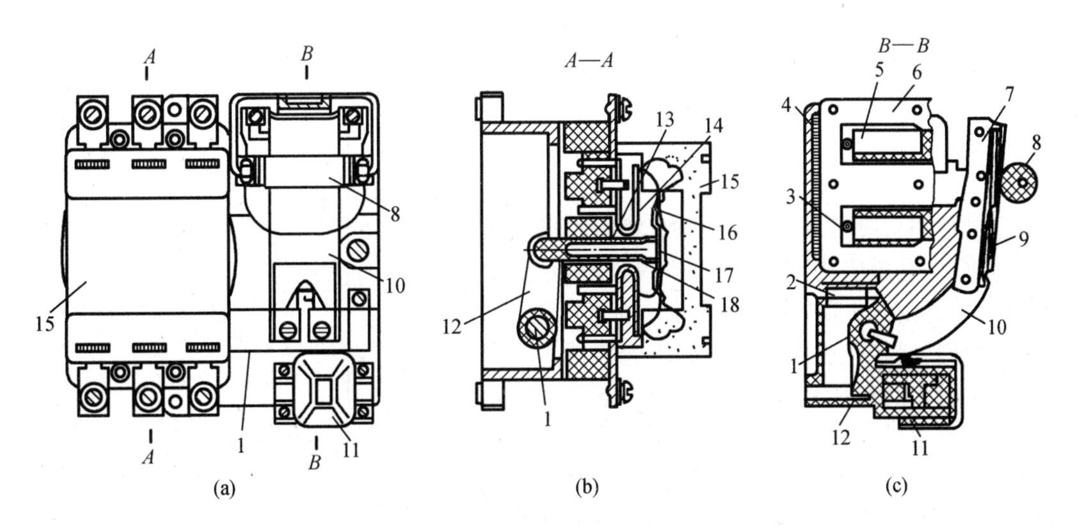

图4-27 转动式交流接触器结构

(a)顶部结构;(b)触头灭弧系统剖视图;(c)电磁系统剖视图

1—轴;2—反力弹簧;3—缓冲弹簧;4—缓冲件;5—线圈;6—铁芯;7—衔铁;8—停挡(缓冲件);9、17—片状弹簧;10—支架;11—辅助触头;12—杠杆;13—动触头支架;14—静触头;15—灭弧室;16—动触头;18—触头弹簧

(2)直流接触器

直流接触器广泛应用于直流电力线路中,供远距离接通与分断电路及直流电动机的频繁启动、停止、反转或反接制动控制,以及电磁操作机构合闸线圈或频繁接通和断开电磁铁、电磁阀、离合器和电磁线圈等。图4-28所示为直流接触器实物图。

图4-28 直流接触器实物图

直流接触器的结构有立体布置和平面布置两种,电磁机构多采用绕棱角转动的拍合式结构。主触头采用双断点桥式结构或单断点转动式结构,有的产品是在交流接触器的基础上派生出来的,因此直流接触器的工作原理与交流接触器基本相同。每个主触头都有一个初压力值和终压力值。所谓初压力就是衔铁完全打开时动静触头之间呈现的压力,此时触头弹簧被压缩至预先设定的初始工作高度。终压力就是衔铁完全闭合时动静触头之间呈现的压力,此时触头弹簧被压缩至最终工作高度。从动静触头接触起(衔铁尚未全部闭合)到触头支架运动完毕(衔铁全部闭合)的行程叫作触头的超额行程。触头的超额行程简称超程,它是专为触头磨损后仍能可靠接触而设置的。从衔铁运动时刻起到动静触头接触的行程叫作触头开距,它是为了可靠断开规定容量电弧设定的最短距离。

图4-29所示为直流接触器静态吸反力特性及其配合的情况。

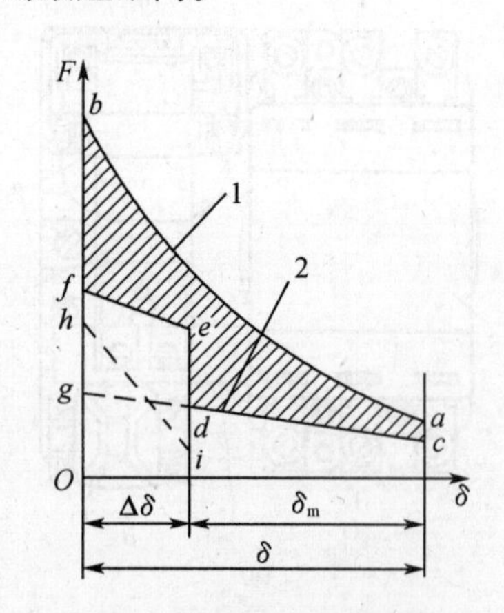

图4-29 直流接触器静态吸反力特性及其配合的情况

1—吸力;2—反力

图4-29中,曲线ab是衔铁上的静态吸力特性(假设吸合过程非常缓慢,磁状态是稳定状态),随着衔铁气隙δ的减小,电磁吸力F增大。$cdef$折线表示阻力即反力特性,它是由cdg和def叠加而成。前者代表释放弹簧的阻力特性,后者代表触头弹簧的阻力特性。de是接触器常开主触头的初压力,gf是终压力;$\Delta\delta$是和触头超程相应的衔铁气隙,δ_m是和触头开距相应的衔铁气隙,δ是衔铁的行程。为了保证接触器的可靠闭合,电磁吸力特性ab必须高于$cdef$。图4-29中,阴影区代表衔铁的运动能量。这个区域的大小很重要,它一方面决定了接触器的闭合时间,另一方面决定了衔铁与铁芯以及动、静触头间闭合过程的撞击能量,如果电磁吸力特性过高,将使

动能$\frac{1}{2}mv^2$过大，从而影响接触器的机械和电气寿命。图4－29中，hi是释放时的吸力特性。此时$cdef$"反力"特性转变为释放时的动力，迫使衔铁释放；h点是衔铁在闭合位置时线圈无励磁电流时的剩磁吸力，剩磁吸力oh一定要小于开断力of，否则衔铁和铁芯在分断操作时粘住不释放，在工作过程中往往酿成事故。

从以上特性配合的情况可以看出，$cdef$实际上是接触器磁系统的负载反力特性，工作电压下的吸引电磁力与零电压下的剩磁力的参数都要与之匹配，也就是说，应依据它使接触器内部感测部分与执行部分互相联系、协调配合。另外，接触器的额定电流大、额定电压高、相应的转换能力要求强，这就需要触头系统具有较大的开距和超程，需要较大开断速度和较小的接触电阻，因此需要较大的触头弹簧和开断弹簧，从而使负载反力特性提高。这些特性说明，虽然静态吸力特性与反力特性的配合可以作为接触器设计的重要特性参数，但是能够真实反映接触器运动过程的特性是动态特性，因此随着计算机技术和电器技术的发展，采用动态特性对电磁电器进行设计的研究正广泛展开。

(3)交流接触器和直流接触器的比较

从触头系统和电磁机构来看，交流接触器和直流接触器具有许多不同之处。

在触头系统方面，由于直流电弧不存在电流过零时刻，因此直流电弧较交流电弧熄灭更加困难。

在电磁机构方面，交流接触器具有以下特点。

①交流相位角的影响

电磁机构合闸相角的随机性导致了电磁机构吸合过程的励磁电流和磁路中的磁通、磁链以及铁芯的运动速度等均随机变化，使得在某些相角下将出现合闸困难的现象，并直接影响触头系统的闭合振动，而触头系统的闭合振动与弹跳是影响接触器寿命的主要因素之一；电磁机构分闸相角的随机性还导致了电弧燃烧的不确定性，因而会给交流开关电器的智能控制与电寿命预测带来很大的困难。

②动作时间的分散性

电磁机构动作时间的分散性特点无论对交流电磁式接触器(电磁电器)还是对直流电磁式接触器都同样存在，造成了电磁式接触器的控制困难。对于需要快速动作的电磁式接触器影响更加明显。虽然微处理器控制系统的时间在微秒级以内，但是机构动作时间的分散性常常导致控制失败，并且随着开关电器的频繁工作，触头系统的磨损、机构的老化等因素将导致动作时间发生变化，因此单方向的开环控制模式无法有效地完成交流电磁式接触器的智能控制。

③工作电压范围窄

一般电磁式接触器的工作电压，按国家标准规定为85%～110%额定电压。当接触器在临界吸合电压工作时，极易产生持续的振动，当工作电压过高时，又容易引起线圈温升上升，导致线圈烧损现象，因此适应不同的工作电压，接触器的品种规格繁多，造成了加工麻烦。

④分磁环的影响

单相控制电源的交流接触器，在吸持状态下会产生振动与噪声，因此需要设计安装分磁环。分磁环往往成为交流接触器工作的弱点，其中分磁环的断裂引起交流接触器机械寿命终止的现象较为普遍；再者，对于空调制冷行业的单相交流接触器来说，设计理想的分磁环,减少工作噪声,也是一个设计难点。

⑤磁路中存在磁滞涡流损耗

对于交流接触器来说,虽然采用硅钢片的铁芯结构,但其交变的磁场导致的磁路中的铁损现象,仍然存在较大的损耗,并且给产品设计和磁路分析带来一定难度。

从上分析可以看出,为了克服传统的交流励磁工作模式的交流电磁式接触器的交流电磁机构铁磁材料损耗大、分磁环易断裂、运行中交流噪声大、启动过程受吸合相角影响等缺点,目前常常采用直流励磁的工作模式。这样,可以去掉分磁环,不受合闸相角的影响,并且能实现节能无声运行,因此智能交流接触器的控制方案大都采用直流高电压启动、直流低电压保持的控制原理。

3. 主要技术参数

(1)额定工作电压 U_n

它是规定条件下能保证电器正常工作的电压、它与产品的通断能力关系很大。通常最大工作电压即额定绝缘电压,并据此确定电器的电气间隙和爬电距离。一台接触器常规定数个额定工作电压,同时列出相应的额定工作电流(或控制功率)。当额定工作电压为380 V时,额定工作电流可近似地认为等于额定控制功率的二倍。

根据我国的标准,额定电压应在下述标准数系中选取:

直流:12、24、36、48、60、72、110、125、220、250、440 V;

交流:24、36、42、48、127、220、380、660、1 140 V。

(2)额定工作电流 I_n

它是由电器的工作条件,如工作电压、操作频率、使用类别、外壳防护形式、触头寿命等所决定的电流值,它一般为6.3~3 150 A。

(3)使用类别与通断条件

对低压接触器的使用类别及通断能力有一定的要求(表4-6)。

当然,在表4-6规定条件下,触头不应发生熔焊,并能可靠地熄弧。

表4-6 接触器的使用类别和通断条件

电流种类	使用类别	用途分类	额定工作电流 I_n/A	接通条件			分断条件		
				$\frac{I}{I_n}$	$\frac{U}{U_n}$	$\cos\varphi$①或 L/R/ms	$\frac{I_b}{I_n}$	$\frac{U_r}{U_n}$	$\cos\varphi$ 或 L/R/ms
交流 AC	AC-1	无感或微感负载、电阻炉	全部值	1.5	1.1	0.95	1.5	1.1	0.95
	AC-2	绕线式电动机:启动、分断	全部值	4	1.1	0.65	4	1.1	0.65
	AC-3	感应异步电动机:启动、运转中断开	$I_n \leqslant 17$	10	1.1	0.65	8	1.1	0.65
			$17 < I_n \leqslant 100$	10	1.1	0.35	8	1.1	0.35
			$100 < I_n$	8②	1.1	0.35	6③	1.1	0.35
	AC-4		$I_n \leqslant 17$	12	1.1	0.65	10	1.1	0.65

表 4－6(续)

电流种类	使用类别	用途分类	额定工作电流 I_n/A	接通条件			分断条件		
				$\frac{I}{I_n}$	$\frac{U}{U_n}$	cosφ①或 L/R/ms	$\frac{I_b}{I_n}$	$\frac{U_r}{U_n}$	cosφ 或 L/R/ms
	AC－4	感应异步电动机:启动、反接制动、点动	$17 < I_n \leqslant 100$	12	1.1	0.35	10	1.1	0.35
			$100 < I_n$	10④	1.1	0.35	8	1.1	0.35
直流 DC	DC－1	无感或微感负载、电阻炉	—	—	—	—	—	—	—
	DC－3	并励电动机:启动、反接制动、点动、动态分断	全部值	4	1.1	2.5	4	1.1	2.5
	DC－5	串励电动机:启动、反接制动、点动、动态分断	全部值	4	1.1	15	4	1.1	15

注:I_n、I、I_b 分别为额定工作电流、接通电流和分断电流;U_n、U、U_r 分别为额定工作电压、接通前电压和恢复电压。

①cosφ 的误差为 ±0.05,L/R 的误差为 ±15%;

②I 或 I_b 的最小值为 1 000 A;

③I_b 的最小值为 800 A;

④I 的最小值为 1 200 A。

(4)寿命

接触器的寿命包括机械寿命和电寿命。接触器的机械寿命以其在需要维修或更换机械零件前所能承受的无载操作循环次数来表示。推荐的机械寿命操作次数为 0.001、0.003、0.01、0.03、0.1、0.3、0.6、1、3、10 百万次。接触器的电寿命以相应于表 4－7 所列使用条件下,无需修理或更换零件的负载操作次数来表示。除非另有规定,对于 AC－3 使用类别的电寿命次数,应不少于相应机械寿命次数的 1/20,且产品技术条件应规定此指标。日常使用时常遇到 AC－3、AC－4 两种使用类别混合工作的情况,此时的电寿命可按下式估算

$$x = A/[1 + C(A/B - 1)]$$

式中　x——混合工作时的电寿命;

A、B——AC－3 及 AC－4 使用类别的电寿命;

C——AC－4 使用类别负荷在总操作次数中所占百分比。

表 4-7　与使用类别对应的电寿命试验条件

电流种类	使用类别	额定工作电流 I_n/A	接通条件			分断条件		
			$\frac{I}{I_n}$	$\frac{U}{U_n}$	$\cos\varphi$ 或 L/R/ms	$\frac{I_b}{I_n}$	$\frac{U_r}{U_n}$	$\cos\varphi$ 或 L/R/ms
交流 AC	AC-1	全部值	1	1	0.95	1	1	0.95
	AC-2	全部值	2.5	1	0.65	2.5	1	0.65
	AC-3	$I_n \leqslant 17$	6	1	0.65	1	0.17	0.65
		$I_n > 17$	6	1	0.35	1	0.17	0.35
	AC-4	$I_n \leqslant 17$	6	1	0.65	1	1	0.65
		$I_n > 17$	6	1	0.35	1	1	0.35
直流 DC	DC-1	全部值	1	1	1	1	1	1
	DC-3	全部值	2.5	1	2	1	1	2
	DC-5	全部值	2.5	1	7.5	1	1	7.5

注:表中各符号的意义以及关于 $\cos\varphi$ 和 L/R 的误差的规定均与表 5-4 一致。

(5)操作频率和额定工作制

操作频率是接触器每小时的允许操作次数,它分为九级,即每小时操作 1、3、12、30、120、300、600、1 200、3 000 次。操作频率直接影响到接触器的电寿命和灭弧室的工作条件,也将影响交流励磁线圈的温升。

对于频繁操作的接触器,当电寿命不能满足要求时就要降容使用,以保证必要的电寿命。若已知平均操作频率和机器的使用寿命年限,可由图 4-30 求出需要的电寿命。

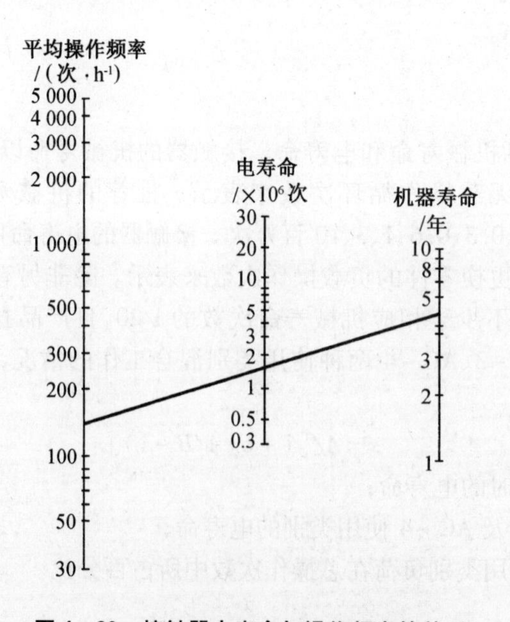

图 4-30　接触器电寿命与操作频率的关系

接触器的额定工作制有8小时工作制、不间断工作制、短时工作制及断续周期工作制等四种。短时工作制的触头通电时间有10、30、60、90 min四种。断续周期工作制由三个参数——通过电流值、操作频率和负载系数来说明。负载系数也称通电持续率,它是通电时间与整个周期之比,一般以百分数表示,其标准值有15%、25%、40%、60%。

(6)与短路保护电器的协调配合

短路保护电器的种类有断路器和熔断器,它们应安装在接触器的电源侧,其短路分断能力应不小于安装点的预期短路申流。在接触器的正常工作电流范围内短路保护电器应不动作,在发生短路时则应及时并可靠地动作,切除故障电流。

4.结构分析

(1)主触头

接触器的主触头有双断点桥式触头和单断点指形触头两种形式。前者的优点是具有两个有效的灭弧区域,灭弧效果好。通常,额定电压在380 V及以下、额定电流在20 A及以下的小容量交流接触器,利用电流自然过零时两断口处的近阴极效应即可熄灭电弧。额定电流为20~80 A的交流接触器,在加装引弧片或利用回路电动力吹弧的条件下,再有双断口以配合,就能有效地灭弧,但为可靠起见,有时还需加装栅片或隔板。若额定电流大于80 A,交流接触器的主触头虽是双断口的,其灭弧室必须加装灭弧栅片或采用其他灭弧室。通常,双断口触头开距较小、结构较紧凑,体积又小,同时还不用软连接,故有利于提高接触器的机械寿命:然而,双断口触头参数调节不便,闭合时一般无滚滑运动,不能清除触头表面的氧化物,故触头需用银或银基合金材料制造,成本较高。单断口指式触头在闭合过程中有滚滑运动,易于清除表面上的氧化物,保证接触可靠,故触头可用铜或铜基合金材料制造,成本较低。但触头的滚滑运动会增大触头的机械磨损。由于只有一个断口,触头的开距要比双断口的大,故体积也较大,同时动触头需通过软连接外接,以致机械寿命受到限制。

(2)灭弧装置

①利用触头回路产生的电动力拉长电弧,使之与陶土灭弧罩接触,为其冷却而熄灭。这种灭弧罩是最简单的灭弧装置,它适用于小容量的交流接触器。

②栅片灭弧室它主要用于交流接触器,利用电流自然过零时的近阴极效应和栅片的冷却作用熄弧。栅片一般由钢板冲制,它对电弧有吸引作用,故喷弧距离小,过电压低。但栅片会吸收电弧能量,所以其温度高,对提高操作频率不利。

③串联磁吹灭弧它主要用于直流接触器和重任务交流接触器。电弧在磁吹线圈产生的电动力作用下迅速进入灭弧室,为其室壁冷却而熄灭。灭弧室多由陶土制成,并有宽缝、窄缝、纵缝、横隔板及迷宫式多种形式。由于电弧的热电离气体易于逸出灭弧室,故热量易扩散,可用于操作频率较高处。但这种灭弧方式喷弧距离大、声光效应大、过电压也较高。熄灭交流电弧时,由于灭弧罩两侧的钢质夹板和吹弧线圈中的铁芯内存在铁损,会使磁吹磁通与电流不同相,以致断开时可能发生电弧反吹现象。

为了防止电弧或电离气体自灭弧室喷出后,通过其他带电元件造成放电或短路,灭弧室外应有一定的对地距离,而且与相邻电器间也有一定的间隔。

3.防剩磁气隙

当切断接触器的励磁线圈电路后,为防止因剩磁过大使衔铁不释放,在磁路中要人为地设置一防剩磁非工作气隙,以削弱剩磁。对于直流电磁系统,多在其衔铁上设置一些铜质非磁性薄垫片。对于交流电磁系统，其小容量者多采用E形电磁铁，故可令其中极端面略低于两旁极端面，以此形成防剩磁非工作气隙；至于大容量者则多采用U形电磁铁，故只能在其铁芯底部设置一个防剩磁非工作气隙。

4. 辅助触头

辅助触头是接触器的重要组成部件之一，其工作的可靠性直接影响到接触器乃至整个控制系统的性能，因此它多采用透明的密封结构，并做成具有2常开和2常闭或3常开和3常闭触头的形式，但根据需要常开和常闭触头数还可以调整。辅助触头的工作电压为交流380 V及以下、直流220 V及以下，其额定电流一般为5 A及以下。它是作为一个独立组件安装在底座或支架上。

5. 提高提触器寿命的主要措施

接触器是重要的低压电器元件，其寿命的长短是质量评价的主要指标之一，故采取一些措施提高寿命是很重要的。

吸力特性与反力特性的合理配合可以提高接触器的寿命。接触器的动作电压为85% ~100% U_n。若85% U_n 时吸力特性有较大的裕度，则在110% U_n 时吸力特性将更高，以致衔铁吸合时具有甚大的动能，因而发生很大的冲击。

为了减小吸合时的动能，在85% U_n 时允许吸力特性与反力特性部分地相交。图4-31中曲线1为85% U_n 下的静态吸力特性，它与反力特性相交于 D、E 两点。由于 AEC 的面积大于 DBE 的，也即衔铁具有的动能超过它必须克服的反力功，故它能依靠惯性冲过反力大于吸力的一段行程吸合到底。这样在110% U_n 时，衔铁的动能就不会太大，冲击也不会太严重，有利于寿命的提高。但是上述情况仅对直流电磁系统完全有效；对于交流电磁系统，结论是否如此，还与合闸时的相位角有关。吸力特性也不允许过低，否则将出现曲线2所示情况，即 ACG 的面积小于 FBG 的面积。此时，衔铁不能完全吸合而停滞在 G 点，使触头因产生弹跳而熔焊或烧毁，或使交流励磁线圈因电流大而烧毁。

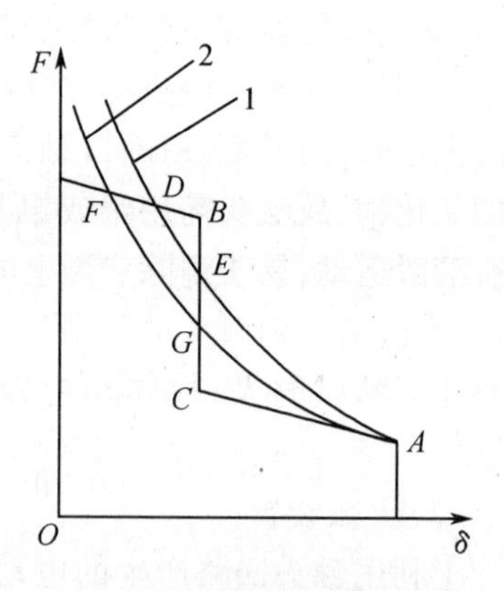

图4-31 吸力特性与反力特性的配合

触头闭合和铁芯吸合时使触头产生的一次和二次跳动，可能导致触头熔焊及增大其电侵蚀。触头闭合时所发生第一次弹跳的时间可近似地表示为

$$t \propto mv/F_{cb}$$

式中 m——运动部件的质量；

v——触头碰撞前的运动速度；

F_{cb}——触头的初接触压力。

为了减小触头跳动时间，应适当减小触头的质量和运动速度，并适当增大触头初接触力。为了减小和防止触头的第二次弹跳（此时因启动电流大，危害性更严重），除借吸力特性与反力特性的良好配合以减小碰撞能量外，还需给电磁系统加装缓冲装置以吸收衔铁等的动能。

对于转动式结构，适当地改变衔铁支臂与触头支臂间的杠杆比，可改变触头的接触压力和闭合速度，从而改善触头的弹跳情况。

交流铁芯的分磁环在机械上是一个薄弱环节。当衔铁与铁芯碰撞时，分磁环悬伸于铁芯外部分的根部及转角处应力最大，常易断裂。当前普遍采用的工艺是将分磁环紧嵌于静铁芯磁极端部的槽内，并在其四周以胶粘剂粘牢，以增大机械强度。

为提高接触器的机械寿命，还可适当增大极面面积来减小碰撞应力。交流铁芯的极面和直流铁芯的棱角部分，还可通过硬化处理以延长使用寿命。转动部分合理地选用运动副，如采用摩擦系数小而耐磨性强的塑料－塑料或塑料－金属构成运动副，或在热塑性塑料中添加少量的二硫化钼或者石墨等，以制造轴承或导轨，对降低摩擦系数和提高耐磨性能，都很有效。

6. 混合式低压交流接触器

电磁接触器分断负载电路时必然产生电弧，烧损触头，所以电寿命短。为解决此问题，研制了将晶闸管和交流接触器并用的混合式交流接触器，图 4－32 为混合式接触器实现无弧分断的原理图。当接触器 KM 的励磁线圈通电后，主触头闭合。与此同时，其常开辅助触头使继电器 KA 的线圈通电，触头闭合。分断时，接触器 KM 的触头先断开，使晶闸管 VS 的两端处于线路的相电压下；而继电器 KA 的触头后断开，故可通过二极管 VD 供给晶闸管 VS 以门极信号，使之立即导通，将接触器主触头短路而不产生电弧。与 KM 主触头断开的同时，其辅助触头也断开，使 KA 的线圈断电，其触头便切断 VS 的门极电路，由晶闸管 VS 切断主电路电流。由于 KM 触头断开比 KA 的早，故保证了 KM 分断时无电弧。至于接通过程中，由于 VS 无门极信号而不导通，对接通电弧几乎无防护作用。在接通状态，因 VS 两端电压太低而无电流通过，其工作状态得到了改善；而在断开状态，VS 又因无门极信号亦无电流通过。

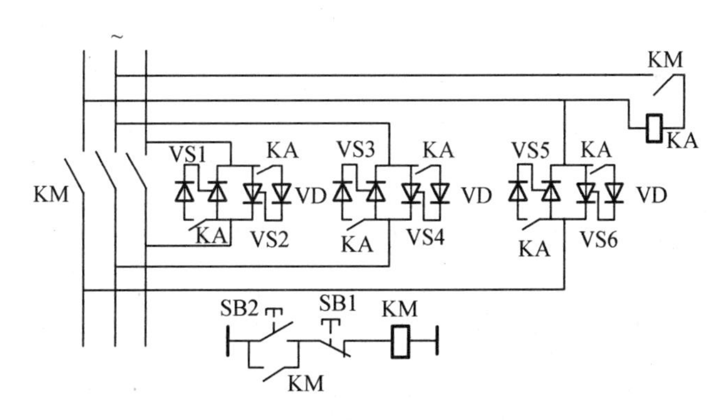

图 4－32　混合式交流接触器原理线路图

7. 接触器的选用与故障分析

选择接触器时，应根据其所控制负载的工作属轻任务、一般任务还是重任务，电动机或其他负载的功率和操作情况等，选择接触器的电流等级。再根据控制回路电源情况选择接触器的线圈参数，并根据使用环境选择一般的或特殊规格的产品。

接触器常见故障如下。

①通电后不能合闸或不能完全合闸，原因是线圈电压等级不对或电压不足，运动部件卡位，触头超程过大及触头弹簧和释放弹簧反力过大等；

②吸合过程过于缓慢，其原因在于动、静铁芯气隙过大，反作用过大，线圈电压不足等；

③噪声过大或发生振动，其原因是分磁环断裂，线圈电压不足，铁芯板面有污垢和锈

斑等；

④线圈损坏或烧毁，原因在于线圈内部断线或匝间短路、线圈在过压或欠压运行等；

⑤线圈断电后铁芯不释放，其原因有剩磁太大，反作用力太小，板面有粘性油脂，运动部件卡位等；

⑥触头温升过高及发生熔焊，其原因是负载电流过大，超程太小，触头压力过小及分断能力不足，触头接触面有金属颗粒凸起或异物，闭合过程中振动过于激烈或发生多次振动等。

4.3 低压配电电器

4.3.1 概述

低压配电电器是指在低压配电系统（也称低压电网）或动力装置中，用来进行电能分配、接通和分断电路及对配电系统进行保护的电器。它主要有刀开关、低压熔断器和低压断路器等。依靠人力来完成配电的称为手动配电电器；依靠信号操作来完成配电的称为自动配电电器。

在低压配电系统或动力装置中有各种各样的线路，所以对低压配电电器的主要技术要求有：通断能力强、限流效果好、电动稳定性和热稳定性高、操作过电压低，保护性能完善等。它应能接通和分断短路电流，也能不频繁地接通和分断额定电流和过载电流。

本节对几种主要的低压配电电器的工作原理、结构、基本性能、用途、技术参数和使用等加以介绍。

4.3.2 刀开关和负荷开关

刀开关是一种手动电器，它的转换方式是单投的，如果为双投的则称为刀形转换开关。简单的刀开关主要用在负载切除以后隔离电源以确保检修人员的安全。有些刀开关由于采用了快速触刀结构，并装有灭弧室，也可以非频繁地接通和分断小容量的低压供电线路。刀开关还可与熔断器组合成为负荷开关及熔断器式刀开关（俗称刀熔开关）。

1. 刀开关和刀形转换开关

刀开关按极数区分有单极、双极和三极的；按结构区分有平板式和条架式的；按操作方式区分有直接手柄操作式、杠杆操作式和电动操作式的。

图 4－33 是平板式手柄操作单极刀开关，触刀插入静插座时，电路接通；当触刀与静插座分离时，电路分断。电路断开时，触刀不带电。

绝缘底板一般以酚醛玻璃布板或环氧玻璃布板及陶瓷材料制造。绝缘手柄多用塑料压制。触刀材料为硬紫铜板、其他导电件用硬紫铜板或黄钢板制成。通常，额定电流为 400 A及以下者，触刀采用单刀片形式，插座以硬紫铜板拼铆而成，其外加弹簧片，以保证足够的接触压力。额定电流为 600 A 及以上者，触刀采用双刀片形式，刀片分布在插座两侧，并用螺钉和弹簧夹紧，以利散热，且两刀片所受电动力是互相吸引的，有利于提高接触压力以及电动稳定性。触刀与插座间的接触为楔形线接触，其优点是接触面一般无需修整，装配非常方便；即使触刀与插座间有些倾斜，仍能保证接触良好；摩擦力小，可减小操作力。

刀开关在额定电压下接通或断开负载电流时，会产生电弧（图4－34）。电弧一方面沿切线方向被机械地拉长；另一方面又在电动力作用下沿法线方向运动，使电弧冷却并被拉长。电弧的这两种运动都有利于熄弧。因电动力与电流的平方成正比，故在刀开关分断较小电流（如数十安培）时，主要靠机械拉长电弧而熄弧。分断较大电流时，作用于电弧上的电动力是熄灭电弧的主要因素，因此刀开关的触刀长度并不需要随额定电流增大而加长。但刀开关分断较大电流时，要在各极间设绝缘隔板或每极加装灭弧罩，防止发生相间短路。为缩短燃弧时间，从而减少电弧能量，有些刀开关采用了速断机构。

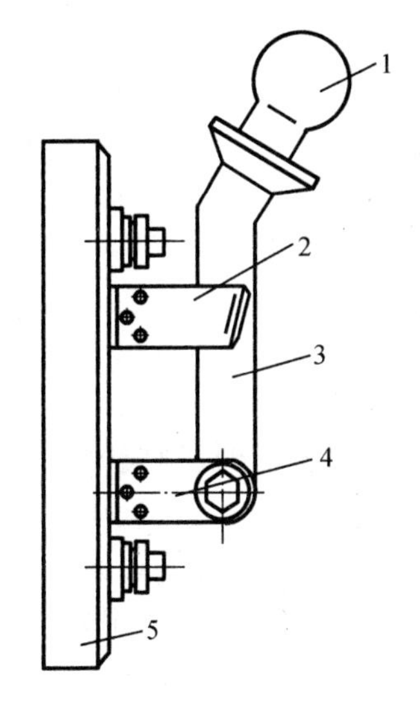

图4－33　刀柄操作式单极刀开关

1—手柄；2—静插座；3—触刀；
4—铰链支座；5—绝缘底板

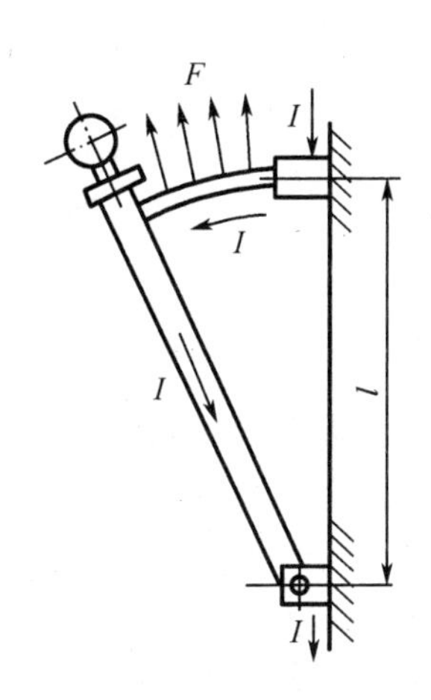

图4－34　刀开关分断负载电路时产生的电弧

选用刀开关和刀形转换开关时，首先应根据它们在线路中的作用和安装位置确定其结构形式。若刀开关仅作为隔离器用，只而选择无灭弧罩的产品，如要求分断负载，则应选择有灭弧罩、并且由杠杆操作的产品。此外，还应根据操作位置（正面或侧方）、手柄操作或杠杆操作和接线分式（板前或板后）选择。确定结构形式后，就应根据线路电压和电流来选择。必须注意，仅考核正常工作电流是不够的，还应根据线路中可能出现的最大短路电流考核动、热稳定电流。如果动、热稳定电流越过了允许值，就要选择工作电流高一级至两级的产品。

2. 负荷开关

刀开关和熔断器组合具有一定的接通和分断能力及短路分断能力，可作为不频繁地接通和分断电路用的手动式电器，其短路分断能力由熔断器的分断能力决定。刀开关和熔断器组合分为熔断器式刀开关、熔断器式隔离器和负荷开关。今以负荷开关为例加以介绍（图4－35）。

负荷外关有开启式和封闭式两类。开启式负荷开关（俗称闸刀开关）结构最为简单，它由瓷底座、熔丝、胶盖、触刀和触头等组成。其额定电流至63 A者可带负荷操作（但用于操作电动机时，容量一般降低一半使用），额定电流为100 A及200 A的产品仅用作隔离器。

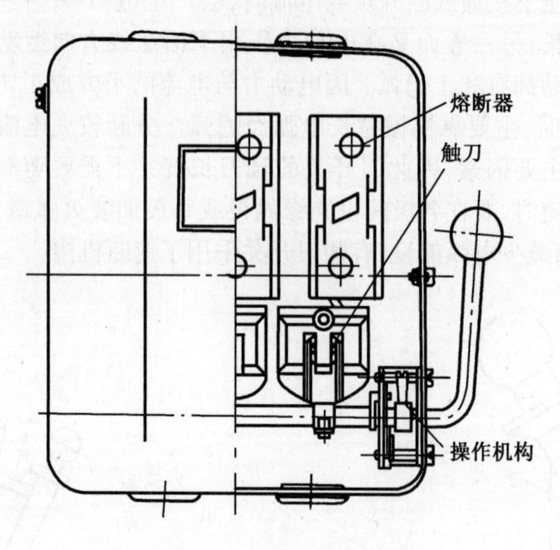

图 4－35　封闭式负荷开关

封闭式负荷开关(俗称铁壳开关)由触刀、熔断器、操作机构和钢板制成的外壳组成。操作机构与外壳之间装有机械连锁,使盖子打开时开关不能合闸,而手柄位于闭合位置时盖子不能打开,以保证操作安全。操作机构是弹簧储能式的,它能使触刀快速通断,且其分合速度与手柄操作速度无关。开关装有灭弧室。熔断器有用瓷插式的,也有用高分断能力的有填料封闭管式的,作为短路保护元件。

熔断器式刀开关俗称刀熔开关,它的结构与刀开关相似,但以熔断器作为触刀,并且通过杠杆来操作。

负荷开关应综合考虑对刀开关和熔断器的要求来选择。如果装在电源端作配电保护电器,应选用带高分断能力熔断器的产品;如果用在负载瑞,因短路电流较小,可选用带分断能力较低的熔断器或熔丝的产品。

闸刀开关中的熔丝一般由用户选配。用于变压器、电热器和照明电路时,熔丝的额定电流宜等于或稍大于负荷电流;用于配电线路时,则宜等于或略小了负荷电流;用于小容量电动机线路时,宜为电动机额定电流的 1.5～2.5 倍,以免启动时误动作。

4.3.3　低压熔断器

低压熔断器是低压配电系统中结构较简单且使用最早的保护电器。它串联在线路中,当电路发生过载或短路时,其熔体熔化并分断电路。它具有结构简单、体积小、质量轻、使用方便和价格便宜等优点,故被广泛应用于配电系统。由于其分断能力和限流能力已超过断路器,不仅能用于保护半导体元器件,而且可作为断路器的后备保护。其主要缺点是只能一次使用,更换熔断器也需一定时间,因此恢复供电时间较长。

1. 熔断器的结构和工作原理

熔断器有下列主要部件:装有熔体的熔断体;装载熔断体的可动部件——载熔件;含触头、接线端子和盖子的熔断器底座。熔断体的典型结构如图 4－36 所示。它包括熔体(金属丝或片)、填料(或无填料)、绝缘管及导电触头。

熔断器串接于被保护的线路中,当线路发生过载或短路时,线路电流增大,熔体发热。

一旦熔体的温度升高到其熔点，它即熔断并分断电路，以达到保护线路的目的。

2. 熔断器的主要技术参数

（1）额定电流

通常把熔断体内能装入的最大熔体的额定电流称为熔断器的额定电流。为了与不同的线路电流配合，熔断器中熔体的额定电流等级很多。因此，对熔断器（或熔断体）与熔体的额定电流二者不可混淆。

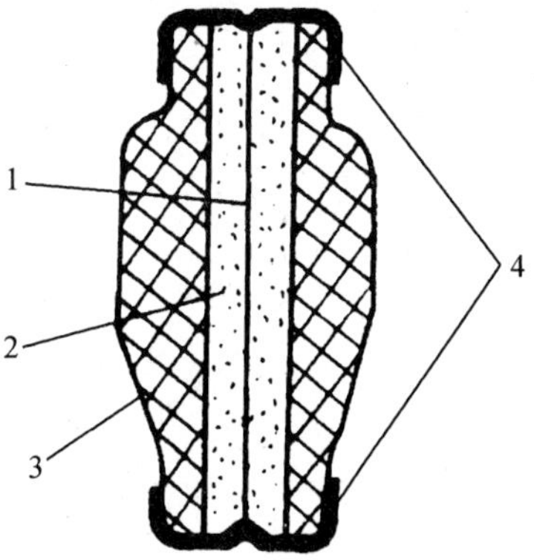

（2）额定电压它是熔断器长期工作时和分断线路时能够耐受的电压。目前，其额定电压等级有220 V、250 V、380 V、500 V、660 V、750 V、1 000 V、1 140 V等。

图 4 -36　熔断体的典型结构

1—绝缘管；2—填料；3—熔体；4—导电触头

（3）分断能力

额定分断能力是指在规定使用条件（线路电压、功率因数或时间常数下），熔断器所能分断的预期短路电流（对交流来说为方均根值）。

对于有限流作用的熔断器，其分断能力用预期短路电流和限流系数表示。预期短路电流是指被保护线路发生短路时可能出现的短路电流值（有效值）；限流系数是实际分断电流与预期短路电流最大值（交流指峰值）之比。限流系数越小，则限流能力越强（图 4 -37）。

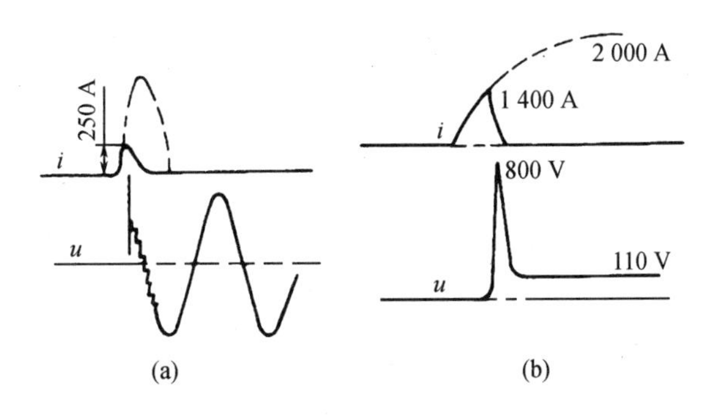

图 4 -37　限流式熔断器的分断过程

（a）交流电路；（b）直流电路

（4）保护特性

熔体通过的电流 I 与熔断时间 t 的关系曲线 $t=f(I)$ 称为熔断器的保护特性或安秒特性，它是选用熔断器的重要依据之一（图 4 -38）。它属反时限特性，即通过的电流值越大，熔断时间越短；反之亦然。当电流减小到某一临界值时，熔断时间将趋于无穷大，此电流称为最小熔化电流 I_0，它与熔体额定电流 I_n 之比 $\beta=I_0/I_n$ 称为熔化系数。它表征熔断器对过载的灵敏度，其值大于 1。从过载方面考虑，熔化系数小对小倍数（指过载电流与熔体额定电流之比）过载有利，如对于电缆和电动机的保护，熔化系数值宜在 1. 2 ~ 1. 4 之间。

熔断器在保护不同的对象时，其允许过载通电的时间是不同的（图 4 -39）。为了使熔断器的安秒特性与被保护对象允许的过载能力相匹配，熔断器的安秒特性应尽可能接近并低于被保护对象的允许过载持性。

熔断器的熔断过程大致分为四个阶段（图 4 -40）。

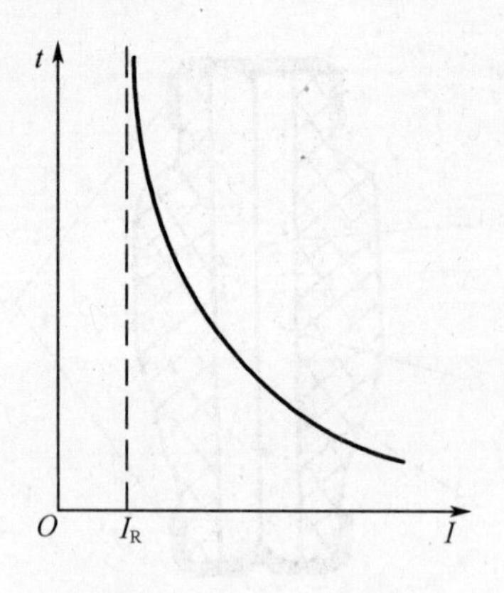

图 4-38　熔断器的保护特性

t—熔断时间；I—通过熔断器的电流

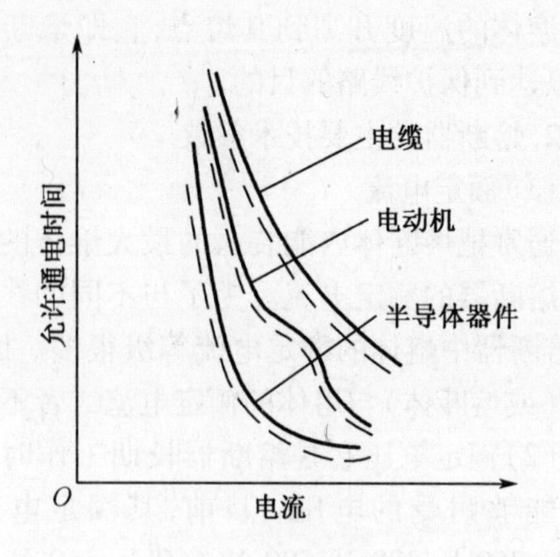

图 4-39　熔断器的安秒特性与被保护对象过载能力的匹配

实线—保护对象允许的通电时间-电流特性；

虚线—熔断器的通电时间-电流特性

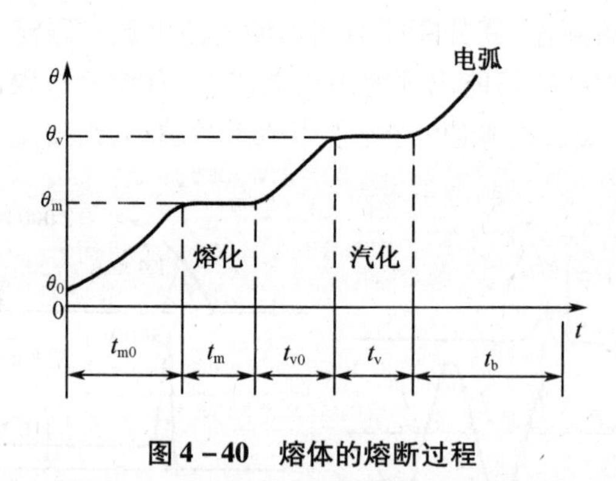

图 4-40　熔体的熔断过程

①熔断器的熔体因通过过载电流或短路电流而发热，其温度出起始温度 θ_0 逐渐上升到熔体材料的熔点 θ_m，但它仍处于固态，尚未开始熔化。这段时间以 t_{m0} 表示。

②熔体的局部开始由固态向液态转化，但其熔化要吸收一些热量（熔解热），故温度始终保持为熔点。这段时间以 t_m 表示。

③已熔化金属继续被加热，直到温度上升到汽化点 θ_v 为止。这段时间以 t_{v0} 表示。

④熔体断裂，出现间隙，并产生电弧，直到该电弧被熄灭。这段时间由汽化时间 t_v 和燃弧时间 t_b 组成。

上述四个阶段实际上是两个连续的过程：未产生电弧之前的弧前过程；已产生电弧后的电弧过程。

弧前过程的主要特征是熔体的发热与熔化，即熔断器在此过程中的功能在于对故障作出反应。此过程历时的长短是与过载倍数成反比。电弧过程的主要特征是电弧的生成、发展与熄灭，其持续时间决定于熔断器的有效熄弧能力。

熔断器的熔断时间为弧前时间与燃弧时间之和。在小倍数过载时，燃弧时间往往可以忽略不计，故熔断器的弧前电流-时间特性也就是保护特性。但当分断电流甚大时，燃弧时间已不容忽略，同时电流在 20 ms 或更短的时间内即分断，以正弦波的有效值来分析电流的热效应已不妥当，因此要通过积分形式 $\int_0^t i^2 \mathrm{d}t$ 来表示，即 I^2t 特性。通常，熔断器在熔断时间小于 0.1 s 时是以 I^2t 特性表征其保护性能，在熔断时间大于 0.1 s 后则以弧前电流－时间特性表征。

3. 熔断器的分类

低压熔断器种类很多。按产品结构形式区分有半封闭插入式熔断器；无填料密封管式熔断器；有填料封闭管式熔断器。按用途区分有一般工业用熔断器；半导体器件保护用快速熔断器；特殊熔断器（如自复熔断器等）。

熔断器按使用对象分为专职人员（指具有电工知识或足够的操作经验的熟练人员以及在他们监督下更换熔断体的操作人员）使用的熔断器；非熟练人员使用的熔断器；半导体器件保护用的熔断器。标准中还按分断范围将熔断器分为“g”熔断体——全范围分断能力熔断体，它能分断从最小熔化电流至额定分断电流的全部电流；“a”熔断体——部分范围熔断体，它能分断规定最小分断电流（或最大分断时间）至额定分断电流的全部电流。按使用范围则分为：“G”类——一般用途熔断器；“M”类——电动机保护用熔断器。这四个符号为国际通用符号，并可组合使用，如“gG”表示全范围分断能力一般用途熔断器。专职人员使用的熔断器在结构上不要求对偶然触及带电部件实行防护，但要求额定分断能力不小于 50 kA。非熟练人员使用的熔断器则主要是强调安全性，至少应能防止手指触及带电部件，而分断能力可以稍低一些。

4. 熔断器的材料与结构

（1）熔体材料

熔体是熔断器的核心部分，熔体的材料、形状及尺寸直接影响到熔断器的性能。熔体由金属制成，它有低熔点的和高熔点的两类。

低熔点材料有锡、锌、铅及其合金，一般用于开启式负荷开关、插入式熔断器及无填料密封管式熔断器中。由于低熔点材料熔点低，熔化时所需热量小，故熔化系数小，有利于小倍数过载保护。但低熔点材料的电阻率大，在一定的电阻值下熔体的截面积较大，故熔断后产生的金属蒸气较多，对熄弧不利，限制了分断能力的提高。

高熔点材料多用铜和银（近年来也用铝代替银），其电导率高，制成的熔体截面积较小，故熔断后金属蒸气少，易于熄弧，因而可以提高熔断器的分断能力，适宜用于大倍数过载（短路）保护。但这些材料的熔点较高（铜的熔点为 1 083 ℃、银为 960 ℃、铝为 660 ℃），应注意处理熔化特性与长期工作时的温升之间的矛盾。

快速熔断器的熔体一般用银或铝制成，普通熔断器多用铜作为熔体材料，有时以镀银方式来解决其表面氧化问题。

为了充分利用高熔点材料和低熔点材料各自的优点、克服它们的缺点，生产中常采取一种被称为“冶金效应”的技术措施。具体方法就是在高熔点金属的局部区段焊上低熔点金属（主要为锡），使之兼具两类材料的优点（图 4－41）。当发生小倍数过载时，一旦焊有锡珠或锡桥的高熔点金属熔体的温度上升到锡的熔点，锡珠或锡桥便在较低的温度下率先熔化，包在高熔点材料外层，形成“熔剂”，使之处于外部为液态内部为固态的合金状态下。此合金的熔点比高熔点金属的低，电阻率又增大了，故熔体在较低的温度下就能熔断。但当通过短路电流时，冶金效应不起作用，也不需要它起作用。

(2)熔体形状

熔体的形状大体上有丝状和片状两种。丝状熔体多用于小电流场合。片状熔体以薄金属片冲制而成,常采用变截面形式(图4-42)。它适用于较大电流的场合,有时还卷成对称筒状,以利散热和使热量和压力分布均匀。通过不同的熔体形状可以改变熔断器的安秒特性。在大倍数过载时,熔体的狭窄部分同时熔断,产生数段短弧。这既便于灭弧,又能降低出现的电弧电压峰值,同时还能降低各断口上的工频恢复电压值,使电弧不再重燃。额定电压越高,需要的断口数也越多。一般每个端口可承受的电压按200~250 V来考虑。

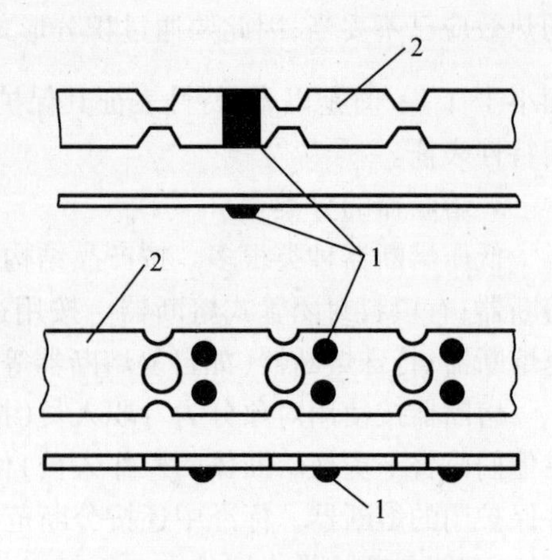

图4-41　具有冶金效应的熔体

1—锡珠或锡桥;2—高熔点熔体

(3)填充材料

在绝缘管中装入填料是加速灭弧、提高分断能力的有效措施。熔体熔断后产生的金属蒸气会扩散到填料中而被急骤冷却,这就增加了消电离作用,有助于熄弧,同时还改善了熔断器的导热性能。

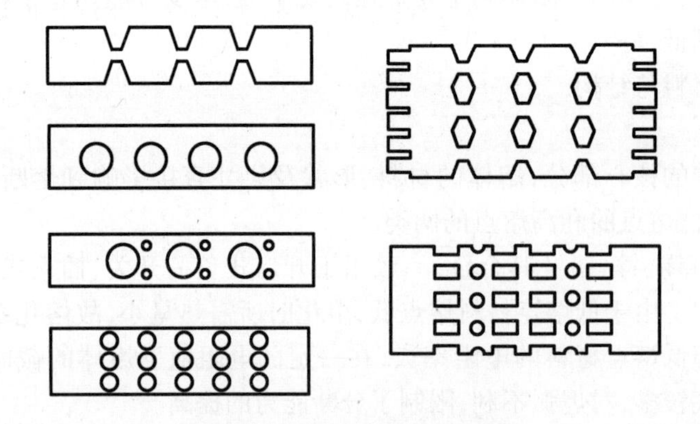

图4-42　各种不同形状的熔体

对填充材料的要求:热容量大,能吸收较多的电弧能量,性之冷却;在高温下不分解出气体,以免增大管中压力;粒度要适当,且不含铁等金属或有机物质。填装前填料必须作除铁、清洗和干燥处理,填充密度也要适当。填充材料主要有石英砂(SiO_2)和三氧化二铝(Al_2O_3),但用得非常广泛的是石英砂。

(4)绝缘管材料

绝缘管材料应具有较高的机械强度和良好的耐弧性能。常用的有瓷管、滑石瓷,后者可以进行机械加工、耐高温和高压。这类绝缘管有方形的或圆形的,它们被广泛用于有填料熔断器中。绝缘管也有硬质纤维的(钢纸管或反白管),它常用于无填料密封管式熔断器中。纤维管在电弧的高温作用下能产生含氢气体,增大管内压力和导热能力。故有利于灭弧。当前,为了便于加工,也采用合成材料,如用浸硅有机树脂或浸三聚氰胺的玻璃纤维压制绝缘管等。

5. 熔断器的选用

合理地选用熔断器对保障线路和设备的安全具有重要意义。如电网保护宜采用一般工业用熔断器;半导体器件保护宜选择快速熔断器;家庭用则宜选用螺旋式或半封闭插入式熔断器,尤宜选用专供非熟练人员用的产品。

(1)熔断器的额定电压应等于或大于线路的额定电压。

(2)熔断器的额定分断能力应不小于线路中可能出现的最大故障电流。

(3)随着用途的不同应选择相应的熔断器,使其保护特性能与保护对象的过载特性相匹配。如一般用途的熔断器主要用于线路及电缆的保护;电动机线路保护用的熔断器应考虑到电动机的启动与允许过载特性;半导体器件保护用熔断器应具有强截流性能,并且其 I^2t 特性应能与半导体器件的 I^2t 特性相匹配;后备保护用熔断器是部分范围分断能力的熔断器,主要用于主配电线路的保护或作为其他开关电器(如断路器、接触器)的后备保护;而用于一些其他特殊条件下的熔断器,对它们又各有其特殊的要求。如在电动机线路中用作短路保护时,应考虑电动机的启动条件,对于启动时间不长或不常启动的电动机,其熔体的额定电流 I_n 就可按下式确定

$$I_n = I_s/(2.5 \sim 3.0)$$

而在启动时间长或较频繁启动的场合,熔体的额定电流则按下式确定

$$I_n = I_s/(1.6 \sim 2.0)$$

式中 I_s 电动机的启动电流。

(4)为了满足选择性保护的要求,上、下级熔断器应根据其保护特性曲线上的数据和实际误差来选择。如两熔断器时间方面的裕度以10%计,则必须满足下列条件

$$t_1 = \left(\frac{1.05 + \delta\%}{0.95 - \delta\%}\right) t_2$$

式中　$\delta\%$——熔断器的熔断时间误差;

t_1——对应于故障电流值从特性曲线查得的上级熔断器熔断时间;

t_2——对应于故障电流值从特性曲线查得的下级熔断器熔断时间。

如果产品说明书未给出 $\delta\%$ 值,一般取 $t_1 \geqslant 3t_2$。

(5)根据被保护器件中的额定 I^2t 值选择熔断器时,如保护对象为半导体器件,应先由标准中查出其 I^2t 值,再由熔断器的 I^2t 特性中查出所选用熔断器的 I^2t 值。显然,熔断器的 I^2t 值必须小于保护对象的 I^2t 值。

(6)半导体器件的参数中规定了反向重复峰值电压 U_{RRM}。熔断器与之配合使用时,熔断器上出现的最大电弧电压(峰值)U_{Amax} 必须低于该 U_{RRM} 值。熔断器的最大电弧电压 U_{Amax} 与工作电压的关系由制造厂提供。

(7)选择半导体器件保护用熔断器时,应注意电流值的换算。半导体器件的额定电流值一般用正向平均电流 $U_{A(av)}$ 或通态平均电流 $U_{s(av)}$ 表示,而熔断器的额定电流则以有效值表示,因此应将平均电流换算成相应的正向方均根电流 $I_{F(RMS)}$ 或通态方均根电流 $I_{S(RMS)}$ 后,再选择熔断器。换算关系式如下

$$I_{F(RMS)} = (\pi/2) I_{F(av)} \approx 1.6 I_{F(av)}$$

$$I_{S(RMS)} = (\pi/2) I_{S(av)} \approx 1.6 I_{S(av)}$$

熔断器的运行故障大都是断相,其原因往往是这样的:当三相电路中有两相熔断器已熔断,而更换时仅更换了这两相,则未更换的一相将因业已受损导致日后率先熔断,形成断

相故障。凡遇这类情况，宜同时更换三相熔断器。若频繁发生故障，除应更换故障处的熔断器还应检查上一级的是否已受损。检查方法是测量其电阻值，当它比新熔断器的大10%时，应予以更换。

4.3.4 低压断路器

低压断路器是能接通、承载以及分断正常电路条件下的电流，也能在规定的非正常电路（如短路）条件下接通、承载一定时间和分断电流的开关电器。它是低压配电系统中重要的保护电器之一。当线路发生过载、短路或电压过低等故障时，能自动分断线路，保护电气设备和线路；而在正常情况下，它又可用于非频繁地接通与分断线路。断路器的特点是分断能力高，具有多种保护功能，保护特件较完善。断路器的品种较多，可分别用于各种线路及电动机的通断和保护，同时有的产品还能进行漏电保护。

1. 低压断路器的工作原理与分类

低压断路器的工作原理如图4－43。图中所示是一台三极断路器，主触头处于闭合状态。传动杆由锁扣钩住，此时分断弹簧受到拉伸并且储能。当主线路电流超过一定数值时，过电流脱扣器的衔铁吸合，其顶杆向上运动将锁扣顶开，已储能的分断弹簧便使触头分断。如果主线路出现欠电压情况，欠压脱扣器的衔铁将释放，其顶杆顶开锁扣，令主触头断开。分励脱扣器由控制电源供电，它可以根据操作人员的命令或其他保护信号使线圈通电，令铁芯向上运动使断路器分断。脱扣器有电磁式的，也有电子式的。

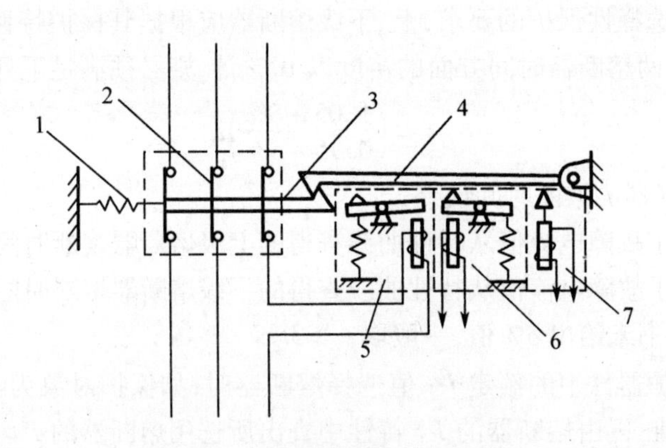

图4－43 低压断路器的工作原理

1—分断弹簧；2—主触头；3—传动杆；4—锁扣；5—过电流脱扣器；6—欠压脱扣器；7—分励脱扣器

低压断路器包含下列主要组成部分：

（1）触头系统；

（2）灭弧系统；

（3）各种脱扣器；

（4）开关机构；

（5）框架或外壳。

低压断路器的品种较多，可按用途、结构特点、限流性能、电流和电压种类等不同方式分类。

（1）按用途区分有配电线路保护用、电动机保护用、照明线路保护用和漏电保护用断路器。

(2)按结构区分有万能式(框架式)断路器和塑料外壳式断路器。

(3)按极数区分有单极、二极、三极和四极断路器。

(4)按限流性能区分有限流式断路器和普通断路器。

(5)按操作方式区分有直接手柄操作式、杠杆操作式、电磁铁操作式和电动机操作式断路器。

2. 典型结构分析

主要以万能式(金属框架式)和装置式(塑料外壳式)断路器为例进行分析。

(1)万能式断路器

万能式断路器有普通式和限流式两种。其结构特点是将所有的零部件都安装在一个金属框架上,并有平面和立体布置两种形式。前者安装检修比较方便,但安装面积较大;后者则反之。万能式断路器一般均为敞开式,保护方案较多,操作方式也多种多样。

①普通万能式断路器

以 DW10 系列断路器(图 4-44)为例,其所有零部件都安装在框架上。

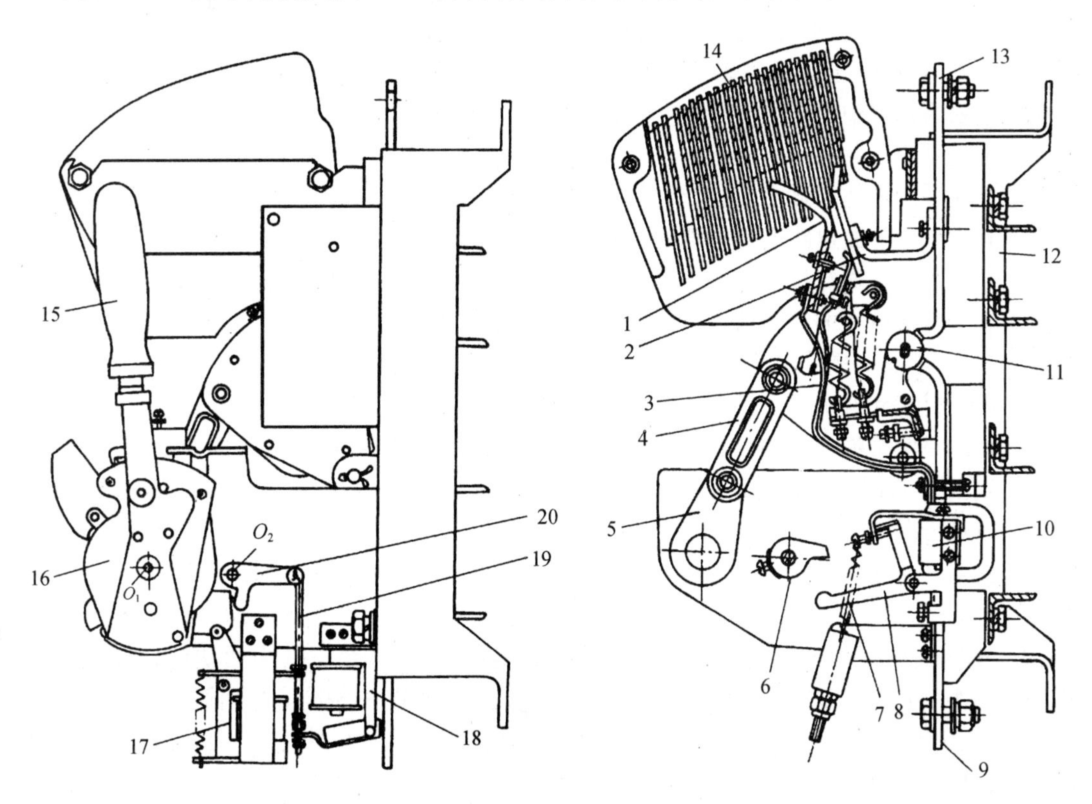

图 4-44　DW10 系列断路器

1—弧触头;2—辅助触头;3—软连接;4—绝缘连杆;5—驱动柄;6—脱扣用凸轮;7—弹簧;8—打击杆;9—下导电板;10—过电流脱扣器;11—主触头;12—框架;13—上导电板;14—灭弧室;15—手柄;16—自由脱扣机构;17—欠压脱扣器;18—分励脱扣器;19—拉杆;20—脱扣用杠杆

该系列断路器额定电压为 AC380V 或 DC440V 及以下，交流电路和直流电路均可使用；额定电流有 200 A、400 A、600 A、1 000 A、1 500 A、2 500 A、4 000 A 等七种规格；操作方式有直接手柄操作、杠杆操作、电磁操作和电动机操作等四种，大容量的因操作力大而采用电动机操作。

a. 触头系统

它由主触头、辅助触头(更新换代的产品已取消此触头)、弧触头、软连接、上和下导电板等组成。

主触头为双断点桥式触头，其动触头为滚轮形，外层材料为纯银，其静触头以银 - 钨粉末合金制成。辅助触头为单断点指式触头，材料为紫铜。弧触头亦为单断点指式触头，其动触头用青铜和黄铜制造，静触头用铜 - 钨或铜 - 石墨粉末合金制造。弧触头、辅助触头和主触头在电路中是并联的。断路器合闸时触头闭合顺序是弧、辅助、主触头，分闸时的顺序则相反。因此，电弧均产生在弧触头上，它要采用耐电弧、抗熔焊的材料制造，故其接触电阻较大。辅助触头电路的电阻和电感均较弧触头电路的小。当主触头分离时，电流会先转移到辅助触头回路，再转移到弧触头回路，以保证主触头在分断及接通过程中不产生电弧。在分断过程中，电流从主触头依次转移到辅助、弧触头上，并在弧触头处产生电弧，然后电弧进入灭弧室中熄灭。

b. 灭弧系统

本产品采用栅片灭弧室，它由钢质栅片和陶土灭弧罩组成，装在两块导磁板之间，弧触头深入其中。当分断电路产生电弧时，由于电动力及栅片吸力，电弧进入栅片中，被分割成许多短弧而熄灭。栅片设偏心"V"形缺口，后相互交错布置，片间距离不小于 2 mm，栅片的数量按熄灭直流电弧的需要确定，因为交流电弧更容易熄灭。由于栅片灭弧能力较强，喷弧距离效小，断路器操作又不频繁，采用栅片灭弧室是较为适宜的。

c. 操作机构和自由脱扣机构

其作用是实现操作手柄(或电动合闸装置)和各种脱扣器对触头动作的控制，并能实现"自由脱扣"。所谓自由脱扣是指主电路出现故障电流时，不论操作于柄在何位置，触头均能迅速自动分断电路。

如图 4 - 44 所示，两种机构是由绝缘连杆、驱动柄、脱扣用凸轮、操作手柄、自由脱扣机构、脱扣用杠杆等组成。操作机构的工作原理见图 4 - 45，它是一个平面四连杆机构，由 O_1B 杆、BA 杆、AO_2 杆及两轴心连线 O_1O_2 组成。O_1O_2 是固定杆，其余三杆为活动杆。自由脱扣机构见图 4 - 46，图中的手柄 L、搭钩 D 和轴 O_1 均与图 4 - 45 中相同。自由脱扣机构由三个搭钩 D、F、G 组成，它们分别以轴销 d、f、g 为轴装在夹板 I 上，而夹板 I 与手柄 L 固定在一起，可绕轴 O_1 转动。

(a)合闸过程

图 4 - 45(a)为准备合闸位置。合闸时，手柄 L 以 O_1 为中心顺时针方向转动，通过搭钩 D 和压扣头 C，带动 O_1B 杆顺时针方向转动，推动连杆 BA，使动触头 K 绕轴 O_2 顺时针方向转功而闭合。图 4 - 45(b)为合闸位置。此时，O_1B 和 BA 两杆成为一条直线，称为四连杆机构的"死点"位置。若考虑摩擦力的影响，当 O_1B 和 BA 两杆接近直线时，不对手柄施加外力，也可以保持触头 K 处于闭合位置，这个区域称为"死区"。但是在合闸位置上，如果 O_1B 和 BA 两杆不成一条直线，而且也不在死区内，不施加外力就不能使触头保持在闭合位置，故要在搭钩 D 上加保持钩 H，如图 4 - 46 所示。

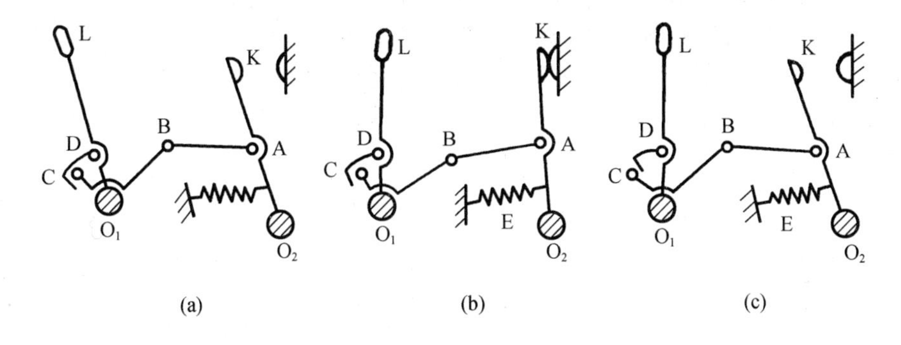

图 4-45　DW10 系列断路器操作机构原理图

(a)准备合闸位置;(b)合闸位置;(c)分闸位置

L—手柄;K—触头;D—搭钩;C—压扣头;E—分断弹簧 O_1—手柄轴 O_2—动触头支架轴

(b)自动分闸过程

在主触头闭合位置上,搭钩 D 被保持钩 H 扣住,三个搭钩在弹簧 N 的作用下互相扣紧,压扣头 C 被搭钩 D 扣住。搭钩 D、F、G 均为省力杠杆,一端的力臂小于另一端的,故只需弹簧 N 提供很小的力就能克服压扣头 C 上很大的反力,而此反力是来自触头弹簧和分断弹簧。

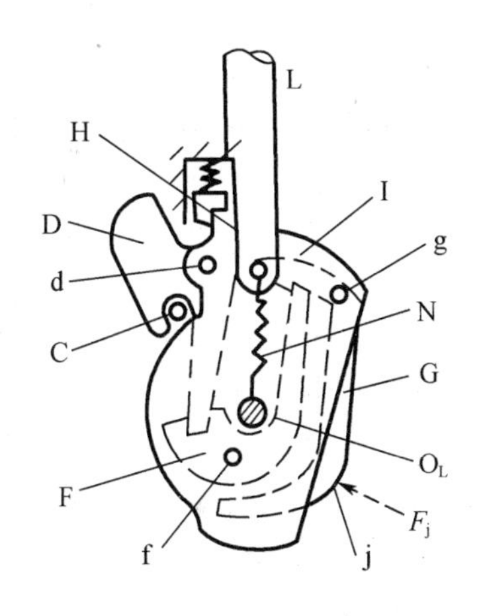

图 4-46　DW10 系列断路器的自由脱扣机构

L—手柄;D、F、G—搭钩(省力杠杆);d、f、g—杠杆轴销;C—压扣头;H—保持钩;I—夹板 O_L—手柄轴;N—复位弹簧

当脱扣器动作时,脱扣用衔铁打击脱扣用凸轮,使图 4-47 中的脱扣半轴 O_3 转动,打击杆 W 顺时针方向转动,打击到搭钩 G 的 J 处,使搭钩 G 顺时针方向转动。于是搭钩 F 和 D 依次脱扣,压扣头 C 从搭钩 D 中脱扣出来,解除了手柄与触头系统的联系。在触头弹簧和分断弹簧的作用下,触头迅速分断,而且与手柄位置无关,即为自由脱扣,触头分断位置见图 4-45(c)。

(c)手动分闸过程

在断路器的闭合位置,若要手动分闸,应扳动手柄 L 使之逆时针方向转动。此时,夹板 I、轴销 d、f、g 及搭钩 F、G 等均随手柄一起绕轴 O_1 逆时针方向转动,而搭钩 D 不动(图 4-48)。它与轴销 d 配合的孔呈腰状,轴销 d 逆时针方向转动时,只在搭钩 D 的孔中移动,不带动搭钩 D 转动。由于搭钩 F 绕轴 O_1 逆时针方向转动,故搭钩 D 的下端自 F 的搭扣处脱出,搭钩 D 绕轴销 d 顺时针方向转动,压扣头 C 从搭钩 D 中滑出,解除了手柄 L 和触头系统的联系,触头迅速分断,而且分断速度与手柄的操作速度无关。

(d)准备合闸过程

断路器分闸后,若要再次合闸,必须先将手柄逆时针方向转动,使搭构 D 重新扣住压扣头 C。同时,搭钩 D、F、G 也重新扣住,进入准备合闸位置。这个过程称为“再扣”。

d. 脱扣器

脱扣器是断路器的感受元件,当电路发生故障或需要分断时,脱扣器接受信号并动作,通过自由脱扣机构使断路器分闸。为了得到不同的保护特性,断路器必须具有不同的脱扣器。DW10 系列断路器具有瞬时动作的过电流脱扣器和装有钟表机构的延时动作过电流脱扣器,瞬时动作的失压脱扣器和分励脱扣器等。为得到反时限的过载保护特性,可采用热双金属脱扣器或油阻尼脱扣器。随着半导体器件的发展,含各种保护用的半导体脱扣器也获得了推广。

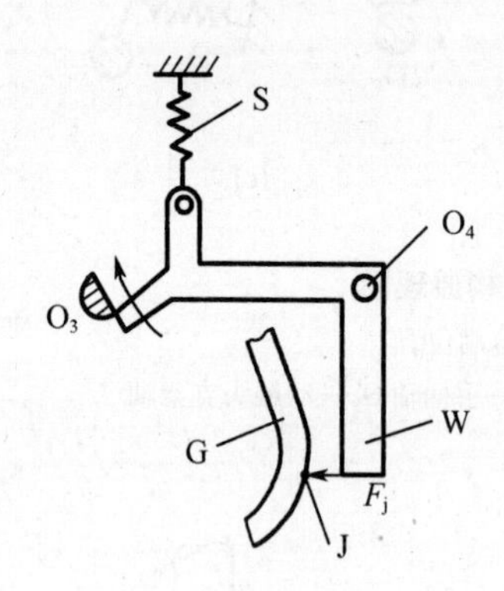

图 4-47 打击机构的动作原理

O_3—脱扣半轴;O_4—打击机构;

W—打击杆 G—脱扣机构;F_j—脱扣力

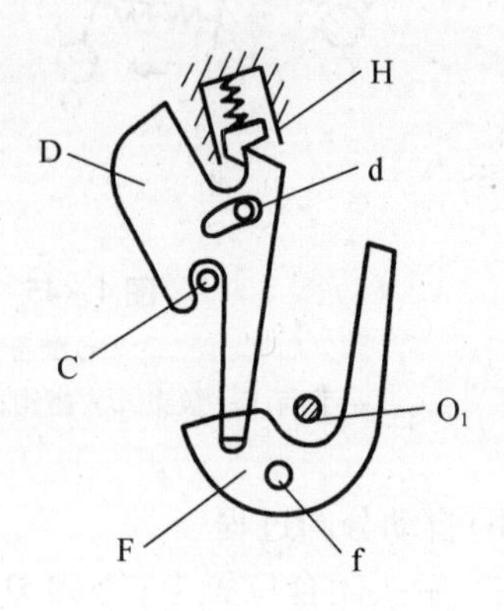

图 4-48 手动分闸原理图

C—压扣头;D、F—搭钩;

d、f—轴销;H—保持钩;O_1—手柄轴

图 4-49 为电磁式过电流脱扣器的结构原理图。当主电路正常工作时,拉力弹簧的拉力大于电磁力,脱扣器的衔铁在释放弹簧作用下释放,断路器能够合闸;而当主电路电流高于规定值时,电磁吸力增大,衔铁吸合,带动脱扣轴转动,使断路器分闸。通过调节释放弹簧反力,可调整吸合电流。显然,过电流脱扣器的线圈是长期通电的。

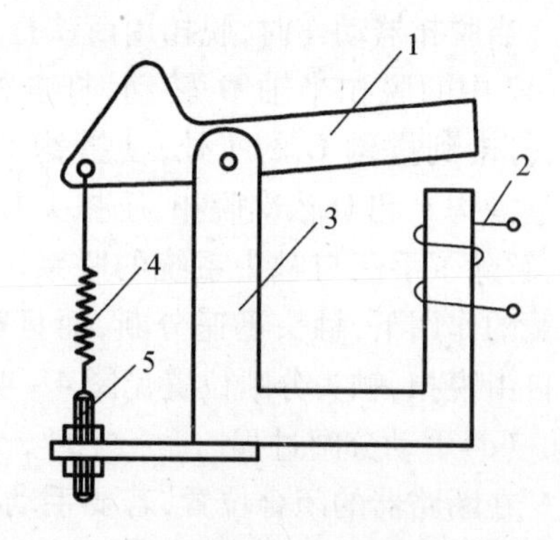

图 4-49 电磁式过电流脱扣器结构原理图

1—衔铁;2—线圈;3—静铁芯;

4—拉力弹簧;5—调节弹簧

分励脱扣器也是有电压线圈的电磁铁,只是断路器正常工作时其线圈不通电。需要它释放时,给线圈瞬间通电,衔铁吸合,使脱扣轴转动,断路器便分闸。分励脱扣器可实现远距离操作。其结构原理图与图 4-49类似。

采用油阻尼脱扣器可得到反时限的特性。如图 4-50所示,它是一种液压-电磁式脱扣器。电磁线圈内设一油杯,其中装有动铁芯、复位弹簧及极靴,并注有硅油。在正常情况下,电磁吸力较小,动铁芯处于静止状态,衔铁处在打开位置(图 4-50(a))。当线路发生过载时,由于线圈电流增大,电磁吸力亦增大,动铁芯遂克服重力和弹簧力而向上运动,使磁阻不断减小、磁通增大。当动铁芯到达一定位置时,作用于衔铁的吸力大于反力,它立即吸合,推动脱扣器转轴使断路器脱扣(图 4-50(b))。动铁芯向上运动时,受到油阻尼作用产生延时,电流越大,铁芯运动越快,动作时间也越短,因而获得反时限的时间-电流特性。调节弹簧的作用是改变延时时间。线圈流过短路电流时,电磁系统产生足以使衔铁瞬时吸合的电磁吸力,断路器使瞬时分闸(图 4-50(c))。

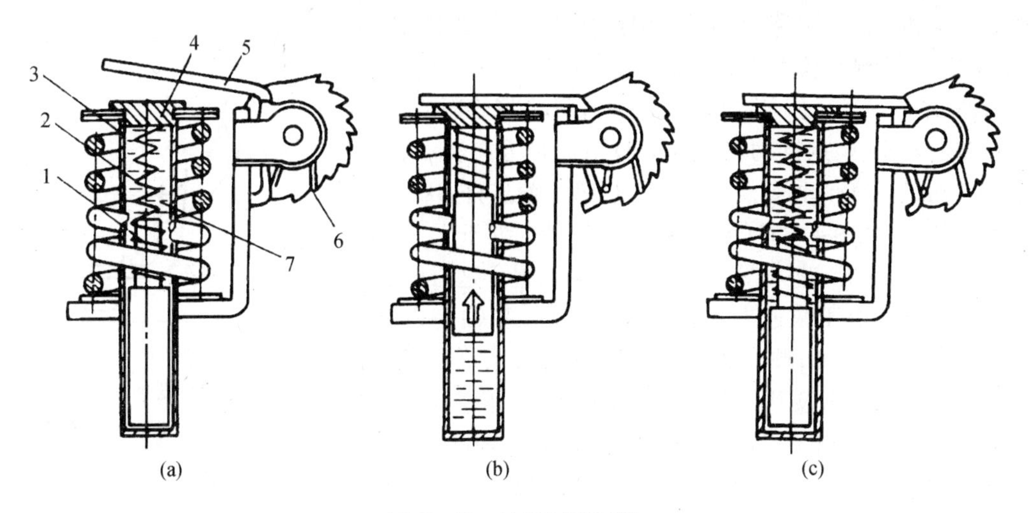

图4－50　油阻尼脱扣器

(a)正常状态;(b)过载状态;(c)瞬时动作

1—动铁芯;2—复位弹簧;3—油杯;4—极靴;5—衔铁;6—调节弹簧;7—硅油

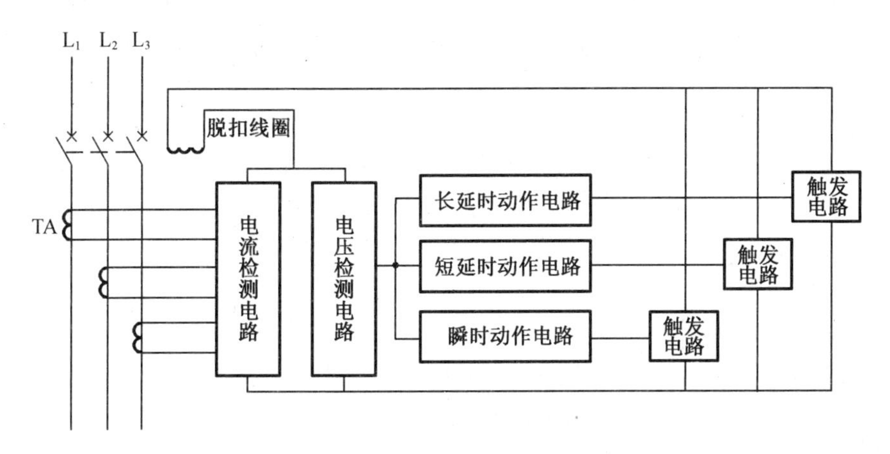

图4－51　半导体脱扣器原理方框图

多功能半导体脱扣器的原理框图如图4－51。线路电流通过电流互感器产生信号,后者经整流后变为直流电流,输送到电压检测电路,然后将其输出的电压信号分别接至长延时、短延时和瞬时动作电路。负载电流不同,电压检测电路输出的电压也不同。当它达到某一整定电流值时,延时或瞬时动作电路便输出触发信号,使由晶闸管组成的相应触发电路导通,脱扣线圈通电,断路器分断。整定电流可在一定范围内调节,相应的时间－电流特性如图4－52所示,它具有三段保护功能。

②万能式限流断路器

图4－53为一种万能式限流断路器的触头系统与快速脱扣原理图。触头的运动系统为多连杆机构,其中连杆BE、EF为可折连杆。当BE与EF连杆的连接点E向上越过死区时,两连杆成为一刚性体,而五连杆机构变成了四连杆机构。此时,若主轴O_1向逆时针方向转动,则通过连杆BE、EF使触头闭合,如图4－53(a)所示。触头回路通过电流时,触头受到三部分电动力的作用:接触点间的电动斥力F_{ch}(作用在A点)、回路AB段和BC段上的电

动力 F_{AB} 和 F_{BC}。回路电流不大时，由于三力之和 $F_{ch}+F_{AB}+F_{BC}$ 小于触头弹簧力，触头仍能正常闭合。当出现短路电流时，$F_{ch}+F_{AB}<F_{BC}$，动触头导流排 ABC 将绕触点 A 逆时针方向转动，C 点推动杠杆绕轴 O 顺时针方向转动，D 点下移并通过拉杆带动 E 点下移，越过死区，使连杆 BE 与 EF 恢复为两杆，如图 4－53(b)所示。于是触头处于无反力条件下，被迅速斥开，进入图 4－53(c)所示位置。这时触头开距最大。同时由于快速电磁铁动作，推动脱扣轴使自由脱扣机构释放，主轴 O_1 顺时针力向转动，使触头系统在复位弹簧作用下进入正常断开位置(图 4－53(d))。由此可见，短路时触头的斥开先于自由脱扣机构和触头主轴的动作，因而明显地缩短了固有动作时间。万能式限流断路器触头系统的固有动作时间只有 1～2 ms，全部分断时间在 10 ms 以内。限流特性如图 4－54。

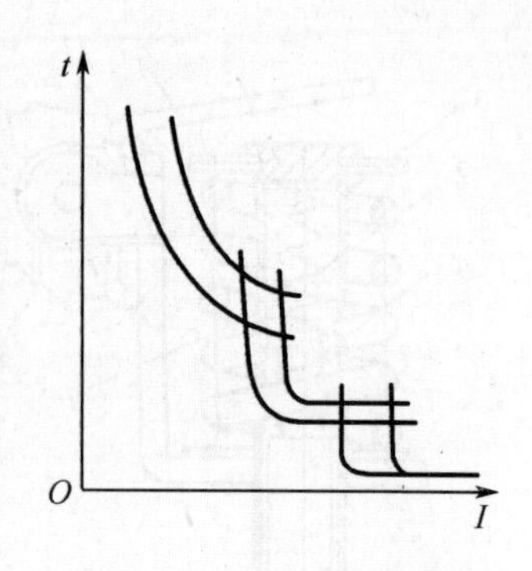

图 4－52　低压断路器的时间－电流特性

我国近年来开发了 DW15 系列万能式断路器，这是一种兼有非选择型和选择型的产品，共额定电压有 380 V、660 V、1140 V 三种，额定电流为 200～4 000 A，极限通断能力为 20～80 kA(380 V 时)。在它的基础上派生的 DWX15 系列万能式限流断路器，其额定电流为 200～630 A，极限通断能力则达 220 kA，而且有抽屉式安装的产品，即 DWX15C 系列。此外，我国还从国外引进了 ME、AE、AH、3WE 等多种技术经济指标较先进的产品。

(2)装置式断路器

装置式断路器主要的结构特点是把断路器的触头系统、灭弧室、机构和脱扣器等零部件都装在一个塑料壳体内。其结构简单、紧凑、体积小、使用较安全、价格低。但是其通断能力较低，保护方案和操作方式种类也较少。装置式断路器同样可分为普通型和限流型的。

①普通装置式断路器

图 4－55 所示为普通装置式断路器。密封的塑料外壳由底座和盖组成，盖上有塑料操作手柄。触头系统只有主触头和弧角，静触头用银－石墨粉末合金制造，动触头用银－镍粉末合金制造，故其抗熔焊和耐电侵蚀能力较强。断路器采用栅片灭弧室。在壳体内下部装有电磁脱扣器和热脱扣器，可提供反时限长延时和瞬时两段保护，也可装设欠压脱扣器和分励脱扣器，但总共只能装两种。电流由上导电板经静触头、动触头、软连接、导电板，最后至下导电板流出。在合闸状态，手柄位于上方，连杆 AB 与 BC 折向上方，B 点的运动受阻于轴 O_2，触头连杆 O_1A 在连杆 AB 的推力作用下带动触头闭合。当手柄向下扳动时，作用在 B 点上的弹簧力的方向发生变化，由于向下分力的作用，连杆 AB 与 BC 脱离死区折向下方，带动触头连杆 O_1A 使触头分闸，其机构原理图如图 4－56。机构由触头支架 O_2A、下连杆 AB、上连杆 BC、跳扣 T 及锁扣 M 等部分组成。动触头连同支架可绕轴 O_2 转动，跳扣 T 可绕 D 点转动。当跳扣 T 的端部 H 点被锁扣 M 扣住时，跳扣就不能转动，C 点被临时固定，杆 O_2A、AB、BC 及两固定点的连线 CO_2 构成一组四连杆机构。图中 O_1 为操作杆 LO_1 的转轴，它与连杆机构无直接联系。手柄 L 上的操作力由操作弹簧 E 传递到机构的 B 点，带动机构运动。

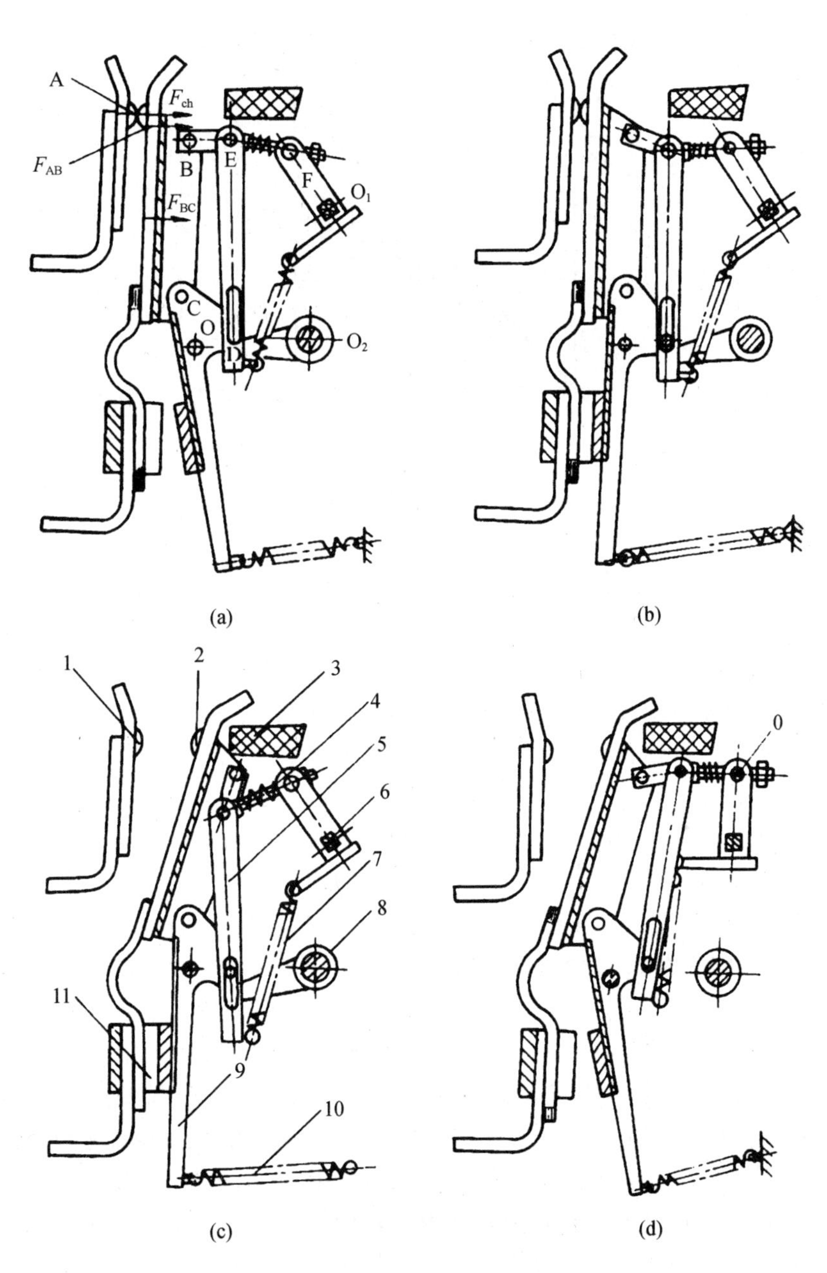

图4-53　万能式限流断路器触头的快速脱扣

(a)正常闭合状态;(b)快速脱扣过程;(c)快速分断状态;(d)正常分断状态

1—静触头;2—动触头;3—缓冲件;4—触头弹簧;5—拉杆;6—主轴;7—复位弹簧;8—脱扣轴;9—杠杆;10—整定弹簧;11—快速电磁铁

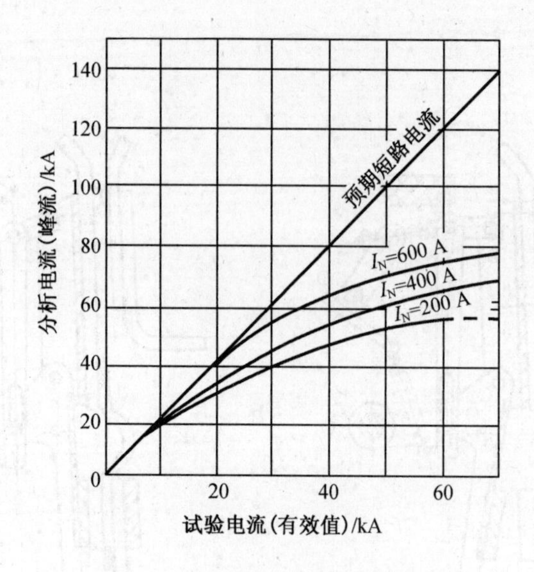

图 4-54　限流断路器的限流特性

图 4-56(a)是手动分闸或再扣位置。需要合闸时,将手柄 L 向左推,操作杆 LO_1 绕 O_1 逆时针方向转动,弹簧 E(其两端分别钩住 G 点和 B 点)随手柄转动而受到拉伸并储能。当弹簧力的作用线 GB 与上连杆 BC 重合时,处于最大位能状态。一旦超过上连杆 BC,B 点在弹簧力作用下就向左运动,使下连杆 AB 推动触头快速闭合。触头完全闭合后、连杆 BC 和 AB 应处于挺直状态(死区位置),如图 4-56(b)所示。

手动分闸时,手柄向右扳动,弹簧 E 被拉长而储能。及至 GB 线超过 BC,B 点便向右运动,脱离死区,触头被迅速上提而分断,恢复到图 4-56(a)所示状态。

断路器合闸后,如果脱扣器动作,使锁扣 M 转动,放开跳扣 T 的 H 点,在操作弹簧 E 的拉力作用下,跳扣 T 就绕 D 点逆时针方向转动。这时,C 点成为活动点,同时连杆 AB 和 BC 脱离死区,整个机构变成了五连杆(O_2A、AB、BC、CD、DO_2)形式。由于五连杆机构有两个自由度,故触头立即分断,与手柄位置无关(图 4-56(c))。分断后,手柄处于中间位置。

如果要断路器再合闸,需先将手柄 L 向右(分闸方向)扳动,使跳扣 T 的 H 点被锁扣 M 扣住(图 4-56(a)),C 点被固定。于是,机构又从五连杆变成了四连杆(O_2A、AB、BC、CO_2)形式,这就是再扣位置。此后,将手柄向左(合闸方向)推动,断路器即可合闸。

此结构简单、紧凑,其合闸速度与手柄操作速度无关。但容量大时,再扣力与合闸力均较大,操作很费力,因此它多用于中、小容量断路器中。

②装置式限流断路器

DZX10 系列装置式限流断路器的工作原理见图 4-57。它是利用短路电流产生的电动力使触头迅速斥开来达到限流的目的。在合闸位置上,拉力弹簧使静触头产生向右的压力,维持触头闭合,并且有一定的接触压力。当短路电流通过主触头时,动、静触头之间产生电动斥力。在它足以克服弹簧的作用时,静触头绕轴 O_1 逆时针方向转动,与动触头分离,并在触头间产生电弧,限制短路电流的增长(图 4-57(b))。接着,电磁脱扣器动作,机构脱扣,使动触头顺时针方向转动,停止在分断位置,如图 4-57(c)所示。电弧被拉长并进入灭弧室后熄灭。此后,静触头又在弹簧作用下,返回到正常分断位置,如图 4-57(d)所示。

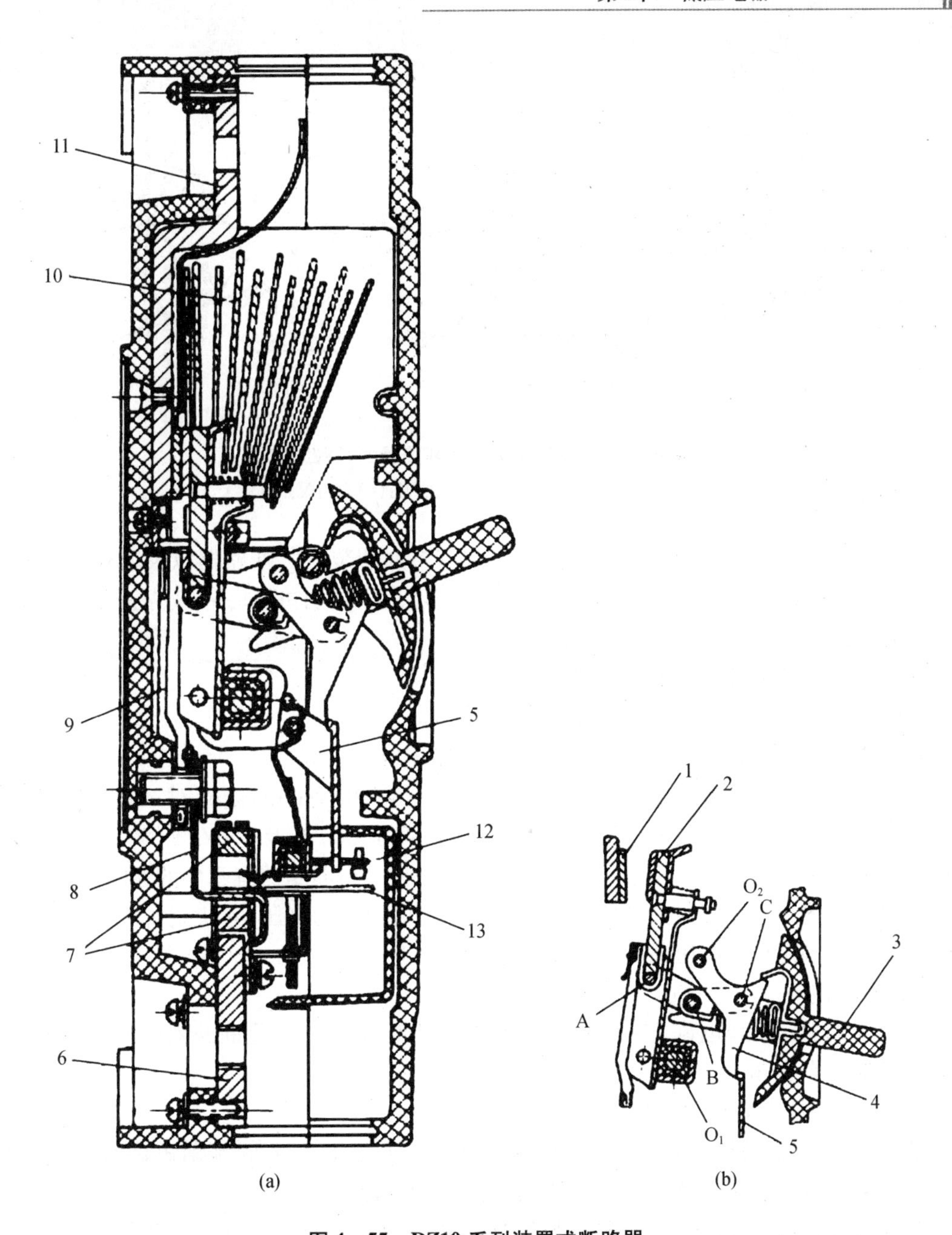

图 4-55　DZ10 系列装置式断路器

(a)合闸位置;(b)手动分闸位置

1—静触头;2—动触头;3—操作手柄;4、5—脱扣机构;6—下导电板;7—电磁脱扣器的铁芯和衔铁;8—导电板;9—软连接;10—灭弧室;11—上导电板;12—脱扣机构;13—热双金属片

该断路器由于采用了电动斥力原理,结构简单,限流作用强。如 DZ10 系列普通装置式断路器,额定电流为 100 A 及 600 A 者,其分断能力分别为 10 kA 及 25 kA,而 DZX10 系列装置式限流断路器在额定电流为 100 A 及 600 A 时,其分断能力分别为 30 kA 及 60 kA,有了很大的提高。DZX10 系列产品的限流系数为 0.4 ~ 0.6,全分断时间为 8 ~ 10 ms。

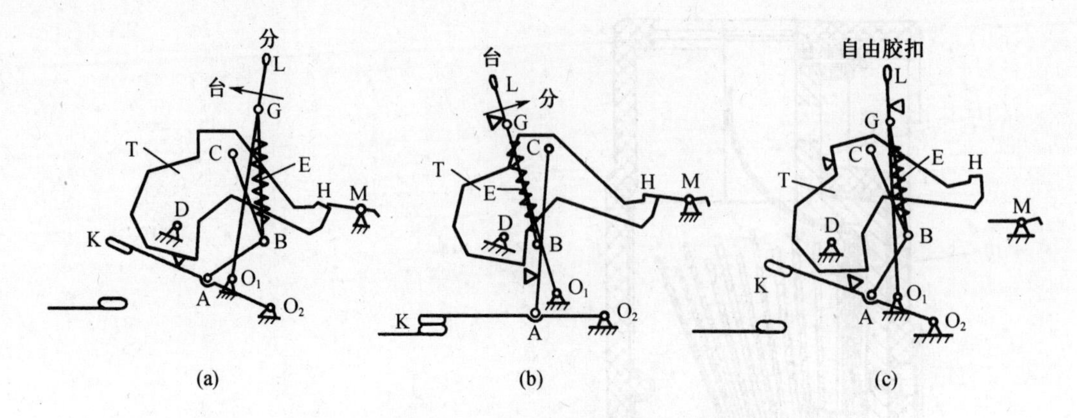

图 4-56　DZ10 系列装置式断路器的机构原理图

(a)手动分闸或再扣位置;(b)合闸位置;(c)自由脱扣位置

我国近年来又生产了 DZ15、DZ20、DZX19 等系列的装置式断路器以及其他系列的产品,它们的技术经济指标均有所提高。与此同时,还从国外引进了一些较先进的装置式断路器,以满足市场的需要。

3. 低压断路器的主要技术参数

(1)额定电压

断路器的额定电压有额定工作电压 U_{n} 和额定绝缘电压 U_i。

断路器的额定工作电压是指与通断能力及使用类别相关的电压值,对三相交流电路来说是指线电压。国家标准规定交流电压为 220 V、380 V、660 V 及 1 140 V(50 Hz),直流为 110 V、220 V、440 V 等。在不同的额定工作电压下,同一台断路器有不同的通断能力。

额定绝缘电压是决定开关电器的电气间隙和爬电距离的电压,它决定了断路器的主要尺寸和结构。额定绝缘电压通常就是断路器的最大工作电压。

(2)额定电流

断路器的额定工作电流 I_{n} 就是过电流脱扣器的额定电流,也是断路器的额定持续工作电流。按规定它有几十个等级。

(3)额定短路分断能力

断路器的额定短路分断能力 I_{cn} 是指在规定的使用条件下、分断预期短路电流的能力。它又分为额定极限短路分断电流 I_{cnl} 和额定运行短路分断电流 I_{cnm}。

额定极限短路分断电流是指断路器在规定的试验电压、功率因数(或时间常数)以及规定的试验程序下,分断预期短路电流(交流以有效值表示)的能力,其试验程序为

$$O—t—CO$$

其中　O——分断动作;

CO——在接通后紧接着分断;

t——两个相继动作之间的时间间隔。

额定运行短路分断电流是指断路器在规定的试验电压、功率因数(或时间常数)及相应的试验程序下,比额定极限短路分断电流小的分断电流值,其试验程序为

$$O—t—CO—t—CO$$

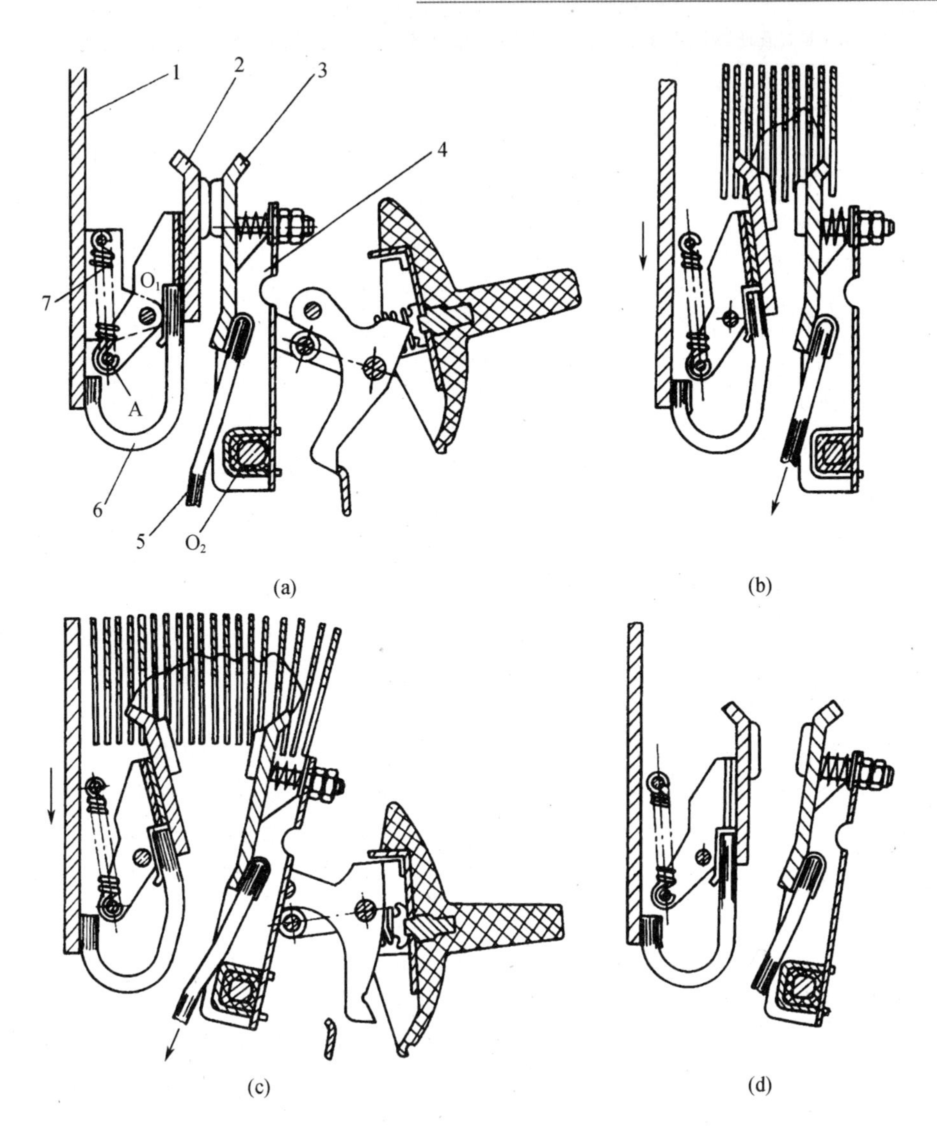

图4-57　DZX10系列装置式限流断路器触头系统工作原理

(a)合闸位置;(b)静触头斥开状态;(c)全分断状态;(d)正常分断位置

1—上导电板;2—静触头;3—动触头;4—动触头支架;5、6—软连接;7—弹簧

在额定运行短路分断能力试验后,要求断路器仍能在额定电流下继续运行;而在额定极限短路分断能力试验后,则无此项要求,因此额定极限短路分断电流是断路器的最大分断电流。

(4)额定短路接通能力

额定短路接通能力是指断路器在规定的工作电压、功率因数(或时间常数)下能够接通的短路电流,它以最大预期电流峰值表示。

断路器要求的最小额定短路接通能力与额定短路分断能力之间有一定的比例关系,它主要由短路电流冲击系数决定。标准中规定了它们之间的关系(表4-8)。

表 4-8　低压断路器的最小额定短路接通电流与额定短路分断电流之间的关系

额定短路分断电流 I_{cn}/kA	功率因数	要求的最小短路接通电流
$I_c \leqslant 1.5$	0.95	$1.41I$
$1.5 < I_c \leqslant 3$	0.9	$1.42I$
$3 < I_c \leqslant 4.5$	0.8	$1.47I$
$4.5 < I_c \leqslant 6$	0.7	$1.53I$
$6 < I_c \leqslant 10$	0.5	$1.7I$
$10 < I_c \leqslant 20$	0.3	$2.0I$
$20 < I_c \leqslant 50$	0.25	$2.1I$
$50 < I_c$	0.2	$2.2I$

(5)额定短时耐受电流

断路器的额定短时耐受电流是指断路器处于合闸状态下、短时耐受一定时间短路电流的能力。它包括耐受短路冲击电流(峰值)下的电动力的作用和短路电流(周期分量有效值)的热效应。

(6)保护特性与寿命

保护特性是指断路器的时间-电流特性,它随配电用和电动机保护用而要求不同。对漏电保护断路器还规定了额定漏电动作电流、动作时间和额定漏电不动作电流。

寿命分机械寿命和电寿命,以操作次数表示。断路器的寿命一般为数千次至一二万次,远比控制电器为低。

4. 低压断路器的选用

(1)断路器的额定工作电压等于或大于线路的额定电压。

(2)断路器的额定工作电流等于或大于线路计算负载电流。

(3)断路器的额定短路通断能力等于或大于线路中可能出现的最大短路电流(一般以有效值计)。

(4)断路器的过电流脱扣器的额定电流等于或大于负载工作电流。

(5)断路器的欠电压脱扣器的额定电压等于线路的额定电压。

(6)由于断路器的种类繁多,应按不同需要选择不同用途的断路器,如配电用断路器、电动机保护用断路器及照明、生活用保护断路器等。

(7)在配电系统中,上、下级断路器及其他电器保护特性间的配合,要考虑上、下级的整定电流和延时时间的配合。如上级断路器的短延时整定电流应等于或大于1.2倍下级断路器的短延时或瞬时(若下级无短延时)整定电流,上、下级一般时间阶梯为2~3级,每级之间的短延时时差为0.1~0.2 s,视断路器短延时机构的动作精度而定(图4-58)。

(8)当断路器与熔断器配合使用时,熔断器应当作为断路器的后备保护使用,因此两者保护特性的交点对应的电流必须小于断路器的分断能力,即当出现比该电流小的短路电流时由断路器来分断,反之则由熔断器来分断。

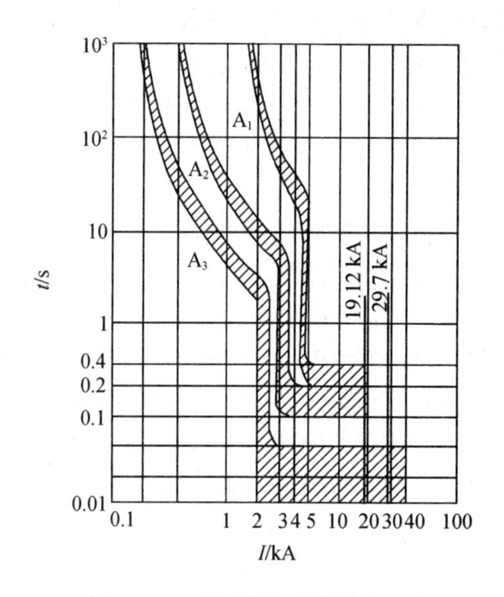

图 4-58　断路器保护特性的配合

A_1—变压器主保护用第一级断路器；A_2—配电支路保护用第二级断路器；A_3—电动机保护用第三级断路器

习　题

4.1 简述低压电器的分类标准及不同标准下的类别。

4.2 对低压电器有哪些主要要求？

4.3 为什么对低压电器有通断能力的要求？

4.4 配电电器的接通能力和分断能力是什么？

4.5 配电电器和控制电器的通断能力有何异同？

4.6 为什么对低压电器有动、热稳定性的要求？

4.7 低压电器有哪些保护性能？

4.8 保护电器的保护特性与被保护对象的过载特性有何配合要求？

4.9 什么是选择性保护？

4.10 简述欠压保护和失压保护的区别与联系。

4.11 单相运行时为什么容易烧毁电动机？

4.12 什么是漏电保护器的设计依据？

4.13 试述主令电器的种类及按钮的结构特点。

4.14 试述控制继电器的种类及其用途。

4.15 试分析继电器的继电特性和主要技术参数，以及影响继电器性能的主要参数。

4.16 简述时间继电器的工作原理及消除影响动作时间的因素的方法。

4.17 试述双金属片式热继电器的工作原理，对它的要求以及它的选用和故障分析。

4.18 试述交流接触器和直流接触器的区别与联系。

4.19 对低压接触器有何技术要求，怎样提高其寿命？

4.20 接触器常用灭弧装置有几种,它们有何特点?

4.21 试分析接触器的选用和常见故障及其原因。

4.22 配电电器包含哪些电器,它们在配电系统中起什么作用?

4.23 刀外关只能接通和分断额定电流,有的还不允许带电流操作,试分析其原因。

4.24 熔断器有哪些主要技术参数?

4.25 什么是熔化系数,它对保护特性有何影响?

4.26 试分析"冶金效应"的原理,熔断器应用此效应主要是为了解决什么问题?

4.27 高熔点熔体材料和低熔点熔体材料各适用于何种场合,为什么?

4.28 熔断器应如何选择、使用和维护,若电动机的过载电流为 $2I_n$,熔断器能否保护?

4.29 低压断路器有哪些基本组成部分,它可以装设哪些脱扣器?

4.30 举例分析限流式断路器的工作原理。选用限流式断路器有何好处?

4.31 断路器为何要采用自由脱扣机构,它的存在对电力系统的保护有何好处?

4.32 断路器有哪些主要技术参数?为什么通断能力试验要严格按照规定的程序进行?

4.33 选用断路器时应如何考虑上、下级保护特性的配合,断路器与熔断器的保护特性又应如何配合?

4.34 断路器应怎样正确选择和使用?

第5章　高压电器

5.1　高压电器的共性问题

电能的生产、传输、分配和输电系统的保护，需要各种各样的高压电器——在电压为3 kV及以上线路中用于关合、开断、保护、控制、调节和测量用的电器。

5.1.1　高压电器的分类

1. 开关电器

主要用于关合与开断正常或故障电路，或用于隔离高压电源的电器。

（1）高压断路器它能关合与开断正常情况下的各种负载电路（包括空载变压器、空载输电线路等），以及已发生短路故障的电路，而且能实现自动重合闸的要求，所以是开关电器中性能最全的一种电器。

（2）高压熔断器当线路负荷电流超过一定值或发生短路故障时，它能自动开断电路，但在此之后，它必须更换部件才能再次使用。

（3）负荷开关它只能在正常情况下关合和开断电路，而不能开断短路电流。

（4）隔离开关它用于隔离电路或电源，只能开断很小的电流，如容量不大的变压器的空载电流等。

（5）接地开关它供检修高压与超高压线路电气设备时为确保人身安全而接地用，也可用来人为地造成电力系统接地短路，以达到控制和保护的目的。

2. 测量电器

（1）电流互感器它用于测量高压线路中的电流，供计量与继电保护用。

（2）电压互感器它用于测量高压线路中的电压，供计量与继电保护用。

3. 限流与限压电器

（1）电抗器它用于限制发生故障时的短路电流，也可用来补偿功率因数和滤波。

（2）避雷器它用于限制过电压，使电力系统中的各种电气设备免受大气过电压和内过电压等的危害。

现以图5－1说明各种高压电器元件在电力系统中的作用。

①断路器或负荷开关可人为地关合与开断某些电路，而断路器和熔断器可开断短路电流。

②采用双线制供电，当110 kV母线W_1需停电检修、负荷应从母线W_1倒换到W_2时，可先关合隔离开关QS_2和QS_4，再关合断路器QF_4使W_2带电。随后借各支路中的隔离开关使负荷转移到W_2上，然后开断断路器QF_3、隔离开关QS_1和QS_3，使W_1不再带电。

③需检修断路器QF_1时，先令其开断电路，再将其两侧的隔离开关开断，保证断路器与电源隔离并可靠接地，方可对它进行检修。

④110 kV、220 kV 及 10 kV 母线电压由电压互感器 TV_1、TV_2 及 TV_3 测量。各线路中的电流由串接于线路中的电流互感器 TZ 测量。

⑤避雷器用于限制过电压，电抗器用于限制短路电流，而电阻器则是为与熔断器配合来限制电流的。

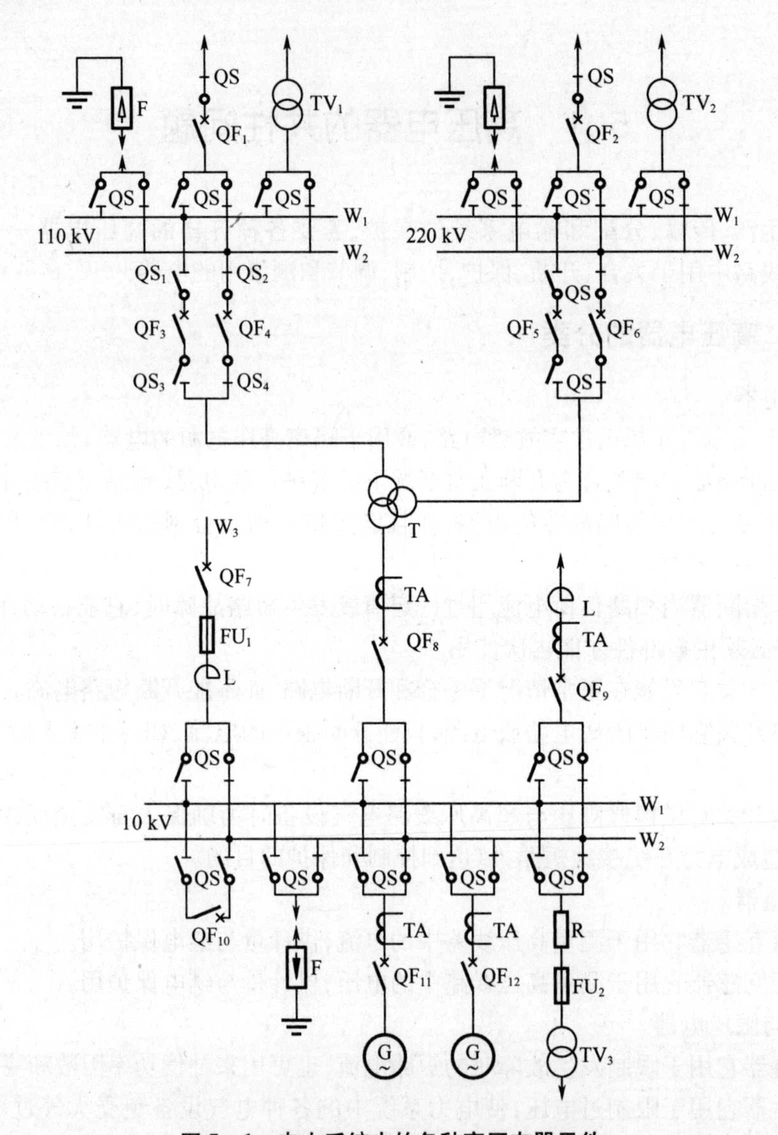

图 5-1　电力系统中的各种高压电器元件

G—发电机；W—母线；QF—断路器；QS—隔离开关；QL—负荷开关；FU—熔断器；TA—电流互感器；TV—电压互感器；T—变压器；L—电抗器；F—避雷器；R—电阻器

5.1.2　对高压电器的基本要求

在正常工作状态下能在最大工频电压下长期工作,电器绝缘不致迅速老化,从而明显地降低寿命;在最大额定负载电流下长期工作时,其各部分温升不超过标准规定值。在出现短时过电压和过电流的非正常工作状态,电器绝缘应能承受标准规定的短时过电压而不被击穿;电器各零部件应能承受短路电流的热效应和电动力效应而不致损坏。

开关电器应能安全可靠地关合和开断规定的电流;测量电器应具有符合要求的测量精度。以断路器为例,对其要求如下。

1. 开断短路故障

因短路电流比正常负荷电流大很多,可靠地开断短路故障就成为高压断路器的主要的、最困难的任务。

2. 关合短路故障

电力系统中的电气设备或输电线路可能在未投入运行前已存在绝缘故障,甚至处于短路状态,即“预伏故障”。当断路器关合有预伏故障的线路时,在关合过程中触头间会在电压作用下发生预击穿,随即产生短路电流。这时产生的电动力对关合会造成很大的阻力,以致触头间持续燃弧,并导致断路器损坏或爆炸。为防止发生这类情况,断路器应具有足够的短路电流关合能力。它是以额定短路关合电流 I_{nm}(峰值)表示。

3. 快速分断

电力系统发生短路故障后,要求继电保护系统动作和断路器开断电路越快越好,这样可以缩短故障存在时间,减弱短路电流对电气设备的危害。更重要的是在超高压电力系统中,缩短短路故障存在时间可增大电力系统的稳定性,从而保证输电线路的送电能力(图5-2)。

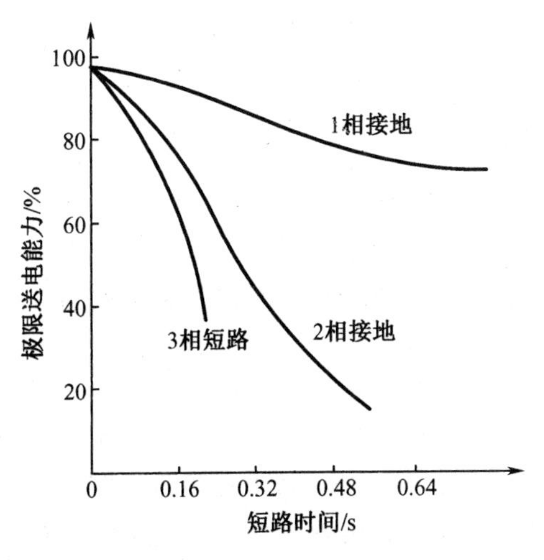

图5-2　短路时间对输电线路送电能力的影响

断路器的全开断时间 t_0(s)是从断路器接到分闸信号起至短路电流开断(电弧熄灭)为止的全部时间,即固有分闸时间 t_1 与燃弧时间 t_2 之和。它是标志断路器短路电流开断能力的重要参数(图5-3)。应力求缩短 t_1 和 t_2 之值。

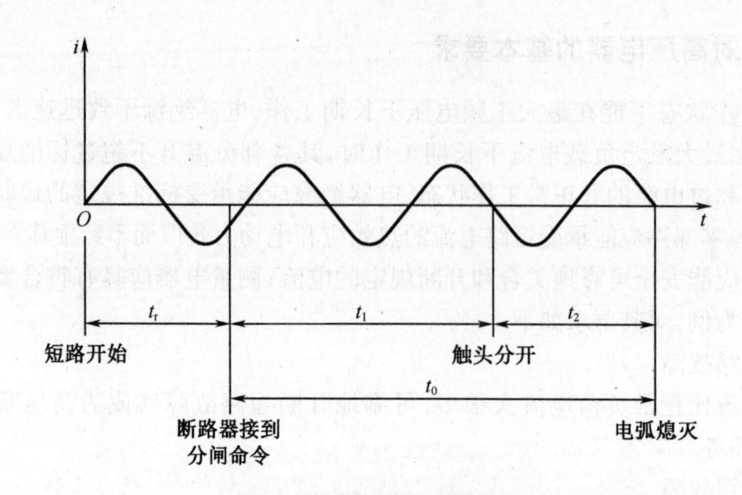

图 5-3 断路器的开断时间

t_r—继电保护动作时间；$t_0=t_1+t_2$—断路器的全开断时间；

$t_s=t_r+t_0$—短路故障时间

4. 自动重合闸

架空线路的短路故障大都是雷害或鸟害等临时性故障，因此为提高供电可靠性并增大电力系统稳定性，线路保护多采用自动重合闸方式。发生短路故障时，根据继电保护装置发出的信号，断路器开断故障电路；经短时间 θ 后又自动关合。若重合后短路故障仍未消除，则断路器将再次开断电路。此后，有时由运行人员在断路器开断一定时间（如 180 s）后再次发出合闸信号，使之关合电路，这叫"强送电"。若强送电后故障仍未消除，断路器还需开断一次短路故障。上述操作过程称为"自动重合闸操作顺序"，并表示为

$$分—\theta—合分—t—合分$$

其中 θ 为自动重合闸无电流间隔时间，通常取 0.3～0.5 s；t 为两次合分的间隔时间，一般为 180 s。

采用自动重合闸的断路器在短时内应能可靠地连续关合和分断数次短路故障，这比仅开断一次的负担严重很多。为提高系统的稳定性，断路器动作时间越短越好，提高其分合闸速度是缩短短路故障时间的行之有效的方法。

电动机、变压器、电容器组以及电缆线路等的保护断路器，一般不采用自动重合闸，它只需满足非自动重合闸操作顺序，即

$$分—t—合分—t—合分$$

5. 允许合分次数（寿命）

断路器应具有一定的允许合分次数以保证足够的工作年限。标准规定一般断路器的机械寿命为 2 000 次。控制电容器组、电动机等经常操作的产品，其机械寿命应更长些。为延长检修周期，断路器还应有足够的电寿命，其中用于保护和控制等经常操作者，电寿命应达数千次。电寿命也可用累计开断电流值（kA）表示。

凡用于户外的高压电器，应能承受大气压力、环境温度以及风、霜、雨、雪、雾、冰乃至地震等自然条件的作用，而不影响其工作。如无特殊说明，高压电器应能在海拔不超过 1 000 m、环境温度为 -40～+40 ℃（户外式）或 -5～+40 ℃（户内式）的条件下正常工作。运行中户外风速不超过 3 m/s，户内空气相对湿度不超过 90%（+25 ℃时），地震烈度不超

过8度。

断路器开断短路电流时往往伴随着排气、喷烟、喷高温气体和产生噪声等现象，它们不应过份强烈，以免影响周围设备的正常工作。

5.2　高压断路器

5.2.1　概述

1. 高压断路器的用途和结构特点

高压断路器是电力系统中最重要的开关设备，它能够开断与闭合正常线路，主要用于电力系统发生短路故障时自动切断系统的短路电流。

高压断路器的组成：

(1)开断部分

包括触头系统和灭弧室；

(2)操动和传动部分

包括操动能源和传递能量的各种传动机构：

(3)绝缘部分

包括将处于高电位的带电零部件和触头系统与低电位绝缘的绝缘件，以及联系处于高电位的动触头系统与处于低电位的操动能源的绝缘连接件等。

2. 高压断路器的分类

(1)油断路器

指触头在变压器油中开断、利用它作为灭弧介质的断路器。油断路器又分多油式与少油式两种。前者以油为灭弧介质和主要绝缘介质；后者油仅用作灭弧介质，目前在中压级应用较广。

(2)真空断路器

指触头在真空中开断、利用真空来绝缘和灭弧的断路器，其真空度应在 10^{-4} Pa 以上，在中压级及特殊场合使用较广。

(3)气吹断路器

它包括压缩空气断路器和 SF_6 断路器。前者以压缩空气为灭弧介质，吹弧压力通常为 1 013 ~ 4 052 kPa；后者以 SF_6 气体为灭弧介质，吹弧压力通常为 304 ~ 1 520 kPa。压缩空气断路器现已逐渐少用，而 SF_6 断路器在高压及超高压系统中应用得越来越广。

(4)自产气断路器

它是利用固体产气材料在电弧高温作用下分解出的气体熄灭电弧。

(5)磁吹断路器

它是在空气中借磁场力将电弧吹入灭弧栅中使之拉长和冷却而熄灭。

(6)金属箱(或罐)接地型

其结构特点是触头和灭弧室均装在接地金属箱中，导电回路以绝缘套管引入(图 5-4)。它的主要优点是可在进出线套管上装设电流互感器和利用出线套管的电容制成电容式分压器，从而在使用时无需另设专用的电流和电压互感器。

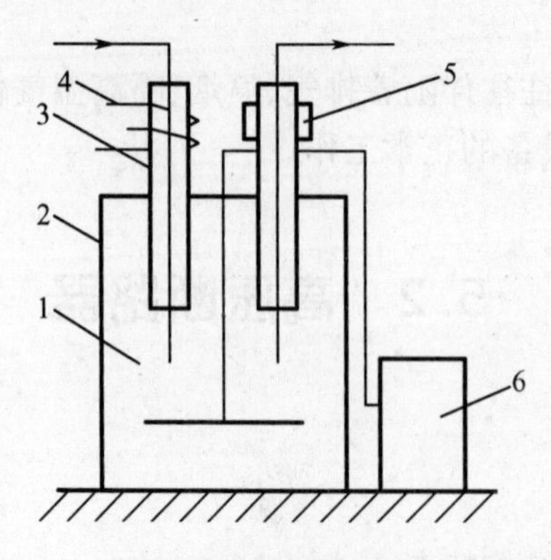

图 5-4　接地金属箱型断路器结构示意图

1—断口;2—金属箱;3—绝缘套管;4—电流互感器;5—电容套管;6—操动机构

(7)瓷瓶支持型

其结构特点是安置触头和灭弧室的金属筒或绝缘筒处于高电位,它以支持瓷瓶对地绝缘(图 5-5)。它的主要优点是可用串联若干个开断元件和加高对地绝缘的方式组成更高电压等级的断路器,如图 5-6 所示。这种结构形式称为积木式组合方式。

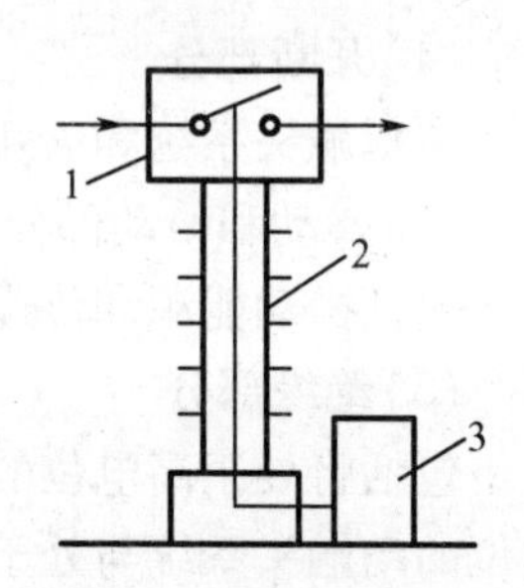

图 5-5　瓷瓶支持型断路器结构示意图

1—开断元件;2—支持瓷瓶;3—操动机构

(8)中压断路器

工作电压为 35 kV 及以下。

(9)高压断路器

工作电压为 110 kV 和 220 kV。

(10)超高压断路器

工作电压为 330 kV 及以上。

(11)手动机构

指用人力合闸的机构。

(12)电磁机构

指靠直流螺管式电磁铁合闸的机构。

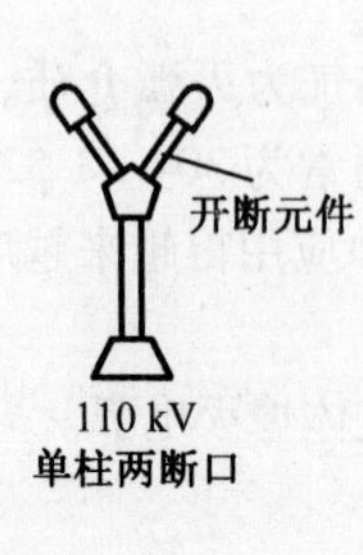

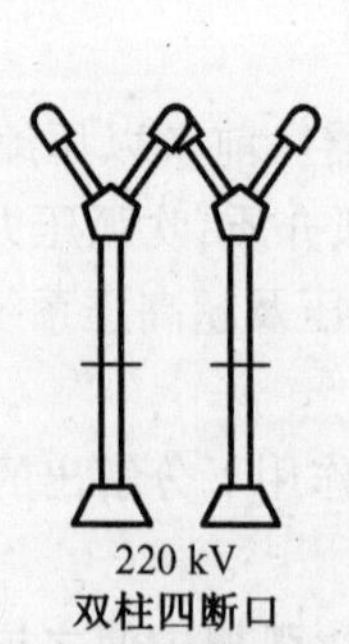

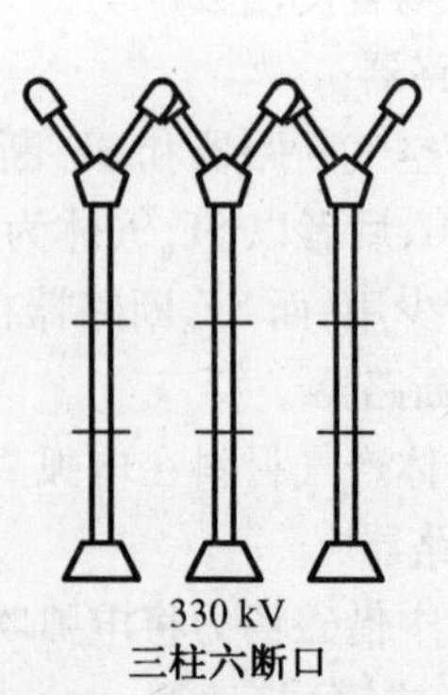

图 5-6　断路器的组合形式

(13)弹簧机构

指用事先由人力或电动机储能的弹簧来合闸的机构。

(14)液压机构

指以高压油推动活塞实现合闸与分闸的机构。

(15)气动机构

指以压缩空气推动活塞使断路器合闸与分闸的机构。

上述机构既可作为独立的产品与断路器配套使用,也可与断路器结合为一体。

3.对高压断路器的主要要求

高压断路器主要用来切断电力系统发生的短路电流,故除应满足高压电器的一般要求外,还应满足关合和开断方面的一些特殊要求:

(1)在正常情况下能开断和关合电路,必要时还能开断和关合空载长线或电容器组等电容性负荷,以及开断空载变压器或高压电动机等小电感负荷。

(2)在电力系统发生故障时,应能切断涌路电流,将故障部分从系统中切除。

(3)应尽可能快地切除故障,以提高电力系统的稳定性。

(4)能配合自动重合闸进行多次关合与分断。为使故障点有足够的消电离时间,保证自动重合闸的成功,从故障切除到电路重新接通为止之间应有足够的时间间隔。我国高压电网要求单相重合闸时间为0.7~1.5 s,三相重合闸时间为0.5~1.0 s。在最不利情况下,采用自动重合闸的断路器要在短时间内连续而可靠地关合两次和开断三次短路故障,这对断路器来说是比较严酷的。

4.高压断器的主要技术参数

(1)额定电压 U_n

它是高压电器的标称电压,也是其正常工作时的线电压(kV、有效值)。

由于电网电压容许在一定范围内波动,故电器的实际工作电压比 U_n 高10%~15%,此电压称为最高工作电压 U_{mr}(有效值)。电器应能在最高工作电压下长期工作。

额定电压决定了电器的绝缘距离,因而在很大程度上决定了电器的外形尺寸。目前,我国高压电器产品的电压等级有3 kV、6 kV、10 kV、20 kV、35 kV、60 kV、110 kV、220 kV、330 kV、500 kV等。

(2)额定电流 I_n

它是电器在规定条件下允许长期通过的工作电流(A,有效值)。高压电器的 I_n 通常为200~2 000 A,并被分为十余等级。

额定电流决定了电器载流件和触头的结构和尺寸。

(3)额定开断电流

它是断路器在额定电压下能开断而不致影响其继续正常工作的最大短路电流,其单位为kA,并以短路电流周期分量的有效值表示。开断时电路的功率因数、短路电流非周期分量的百分数以及开断后的工频恢复电压和瞬态恢复电压均应满足有关规定。额定开断电流决定了断路器灭弧装置的结构和尺寸。若以断流容量表示断路器开断能力有

$$P_{bn}=\sqrt{3}U_nI_{bn}$$

式中　P_{bn}——额定断流容量(MVA);

U_n——额定电压;

I_{bn}——额定开断电流。

断路器能开断的最大电流称为极限开断电流。

(4)短时耐受电流(热稳定电流)

它是指在某一规定时间内、电器能承载的电流(有效值),以 kA 为单位。额定短时耐受电流在数值上与电器的额定开断电流相等。

(5)峰值耐受电流(动稳定电流)

它是指电器在关合位置上所能耐受的最大峰值电流,以 kA 为单位。此电流决定了电器载流件和支持件所需的机械强度和触头的结构形式。

(6)额定短路接通(或关合电流)

它是指在额定电压下能正常接通的最大短路电流(kA,峰值),接通时不应发生触头熔焊或严重烧损。此电流应等于峰值耐受电流。

(7)合闸时间

这是内电器操动机构接到合闸指令(通常指合闸电磁铁线圈的接通)起至各相触头均接触为止的时间,单位为 s 或 m。

(8)开断时间

这是由电器操动机构接到开断指令(通常指脱扣电磁铁线圈的接通)起至三相电弧完全熄灭为止的时间。它是固有分闸时间与燃弧时间之和,单位为 s 或 ms。

5.2.2 少油断路器

油断路器是最早出现的高压断路器,也是当前我国电力系统中使用最多的断路器。多油断路器由于具有用油量多、耗用钢材多、维修困难等缺点,使用范围已越来越窄,只有 35 kV的高压线路中还在应用。在其他的中压等级线路则广泛应用了需油少且耗用钢材少的少油断路器,因此下面着重介绍少油断路器的结构特点、工作原理和灭弧室等内容。

1. 少油断路器的结构特点和分类

少油断路器是我国曾经用量最大的断路器。它的结构特点是触头,载流件和灭弧室均直接装在绝缘油筒或不接地金属油箱内,变压器油只用来灭弧和作为触头间隙绝缘,不供对地绝缘用。对地绝缘主要采用固体介质,如瓷瓶、环氧玻璃布板和棒等,因此其变压器油用量及总质量都比多油断路器少得多。以 220 kV、6000 MVA 的 SW7 - 200 型少油断路器为例,三相总质量为 3 t,其中油重 0.8 t,仅为 DW3 - 220 型多油断路器的 1/60。

按使用地点不同,少油断路器可分为户内式(SN 型)和户外式(SW 型)两种。前者主要供 6 ~ 35 kV 户内配电装置使用;后者的电压等级较高(35 kV 及以上),作为输电断路器用。

户内式少油断路器的三相灭弧室分别装在三个由环氧玻璃布卷制的绝缘圆筒中。按其支承方式不同,又可分为悬臂式、中支式和落地式三种(图 5 - 7)。悬臂式结构简单,10 kV少油断路器多采用它;中支式可省去支持绝缘子,但支架结构复杂;落地式适用于额定电流大及额定开断电流大的少油断路器。

户外式少油断路器因电压等级高、质量大,都采用落地式结构(图 5 - 8)110 kV 及以上的产品几乎全部采用串联灭弧室,积木式总体布置,每一灭弧室的相应额定电压为 55 ~ 110 kV。积木式的优点是零部件通用性强、生产及维修方便,灭弧室的研制工作量小,易于向更高电压等级发展。

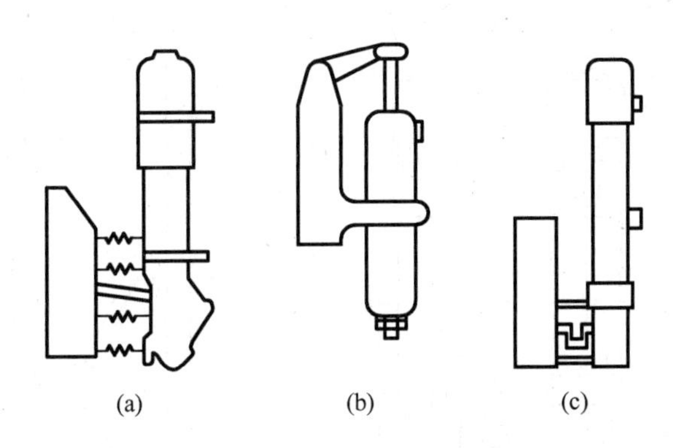

图 5－7　户内式少油断路器

(a)悬臂式;(b)中支式;(c)落地式

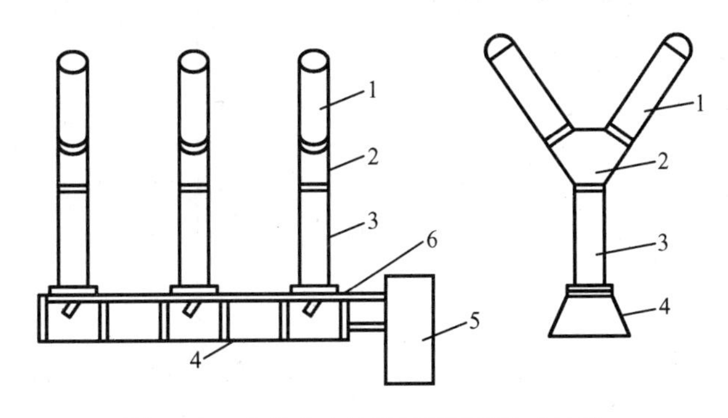

图 5－8　户外室少油断路器(落地式结构)

1—灭弧室;2—机构箱;3—支持瓷套;4—底座;5—操动机构;6—水平拉杆

2. 工作原理与典型结构分析

现以 SN10－10I 型少油断路器为例进行分析。

(1)用途与主要技术数据

该断路器是供工矿企业、发电厂和变电所保护和控制高压电气设备用的三相交流(50 Hz)配电电器。它既能切换正常负载,又可排除短路故障,同时还能进行快速重合闸操作,承担控制和保护任务。

断路器的主要技术数据为额定电压为 10 kV;额定电流(有效值)有 630 A 和1 000 A两级;对应于 1 000 A 级的额定开断电流为 16 kA(有效值);对应于 1 000 A 级的最大关合电流为 40 kA(峰值);动稳定电流为 50 kA(峰值);4 s 热稳定电流为 20 kA(有效值);电磁操作时的固有分闸时间为 0.04 ~0.06 s,合闸时间为 0.1 ~0.2 s。

(2)结构与工作原理

图 5－9 为 SN10－10I 型少油断路器整体结构示意图。图 5－10 为其一相剖视图。断路器每相均有一油箱,它装在钢框架上。油箱顶部为出线端,中部为绝缘的环氧玻璃布筒,下部为另一出线端(铸铁基座),借瓷瓶与钢底架绝缘。整个断路器分为导电回路、灭弧室和机械传动三个部分。

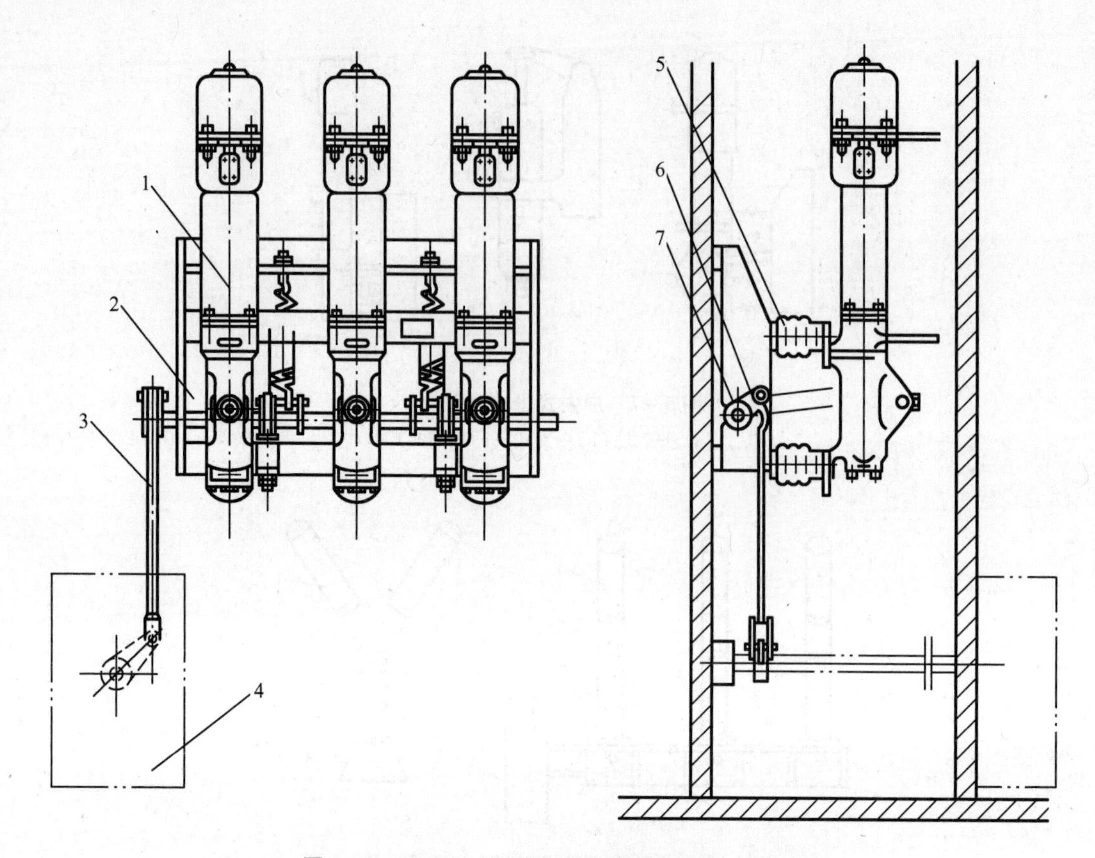

图 5-9　SN10-10I 型少油断路器整体结构示意图

1—油箱；2—钢底架；3—拉杆；4—操动机构；5—瓷瓶；6—拐臂；7—大轴

①导电回路

断路器处于合闸状态时，电流经上出线座、静触头座、动弧触头、导电杆、滚轮式中间触头和下出线座而形成导电回路。静触头座上装有由若干触指组成的瓣形触头，触指借隔栅和弹簧片固定在触头座上，其数量视容量大小而定。在靠近灭弧室喷口的一边，有三个触指顶端镶有可换的弧触头片，它以铜钨合金（Cu-W80）材料制成。导电杆顶端也装有钢合金触头。铜钨合金具有耐电侵蚀、抗熔焊、金属转移少等特性，故可提高断路器的电寿命。

②灭弧室

它由上帽、绝缘套筒、逆止阀和灭弧室等组成（图 5-10）。

灭弧室是具有三级横吹和一级纵吹的纵横吹型，隔弧极以三聚氰胺玻璃纤维热压而成，以保证足够的机械强度（图 5-11）。

当动、静触头分离后，其间的电弧使油分解成高温气体，灭弧室内压力升高，促使逆止阀中的小钢球上升，堵住回油孔。加上绝缘套管的密封作用，在刚分闸瞬间，电弧近乎在封闭的空间内燃烧，为气泡所包围。随着导电杆向下运动，先后开启第 1~3 等横吹口和其下的纵吹囊（图 5-11）。灭弧室储存的高温高压气体及油蒸气以高速分别自各横吹口和纵吹囊排出，产生强烈的纵吹与横吹效应，使电弧被拉长和强烈地消电离。另一方面，导电杆快速向下运动将排挤出与之同体积的变压器油，使之进入灭弧室第一横喷口，对电弧形成机械油吹作用（又称泵效应），这也有利于灭弧。

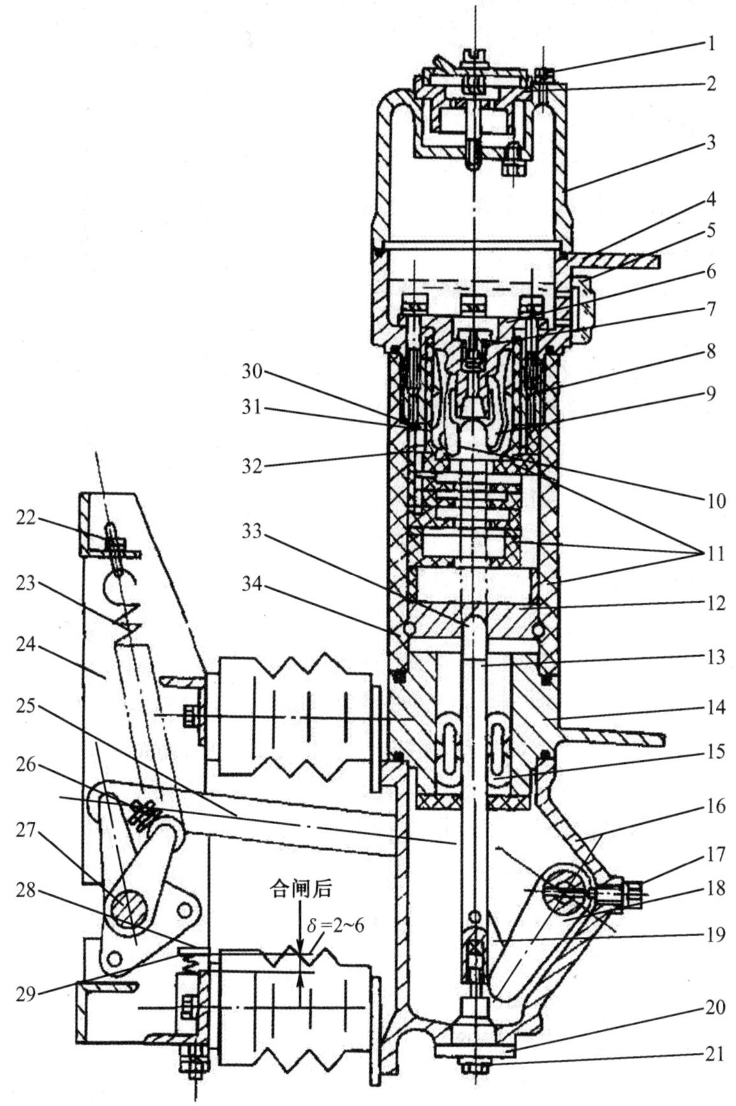

图 5－10 SN10－10I 型断路器的一相结构原理图

1—注油螺钉；2—油气分离器；3—上帽；4—上出线座；5—油标；6—静触头座；
7—逆止阀；8—螺纹压圈；9—瓣形触头；10—弧触头片；11—灭弧室；12—下压圈；
13—导电杆；14—下出线座；15—滚动式中间触头；16—基座；17—螺钉；18—摇臂；
19—连接板；20—分闸缓冲；21—放油螺钉；22—螺母；23—分闸弹簧；24—框架；
25—拉杆；26—分闸限位；27—大轴；28—绝缘瓷瓶；29—合闸缓冲器；30—衬圈；
31—绝缘套管；32—垫圈；33—动弧触头；34—绝缘筒

灭弧室采用横吹、纵吹和机械油吹三者相结合的结构，故灭弧性能好，大、个、小电流产生的电弧均能迅速熄灭。该灭弧室特点如下。

a. 采用逆弧原理

在灭弧过程中，电弧分解和气化油产生的气泡上升，而动触头和导电杆却向下运动。这样既便于将带电质点排出弧道，又能使动触头端部的电弧弧斑不断地气新鲜油接触，有效地冷却电弧，使之熄灭。

b. 能开断规定的大、中、小电流

当电弧电流大小个同时，纵横吹的作用亦不同。

分断额定开断电流时电弧能量很大，灭弧室内产生大量气体和油蒸气，压力很高。通常在第1、2横吹口发挥作用时就能熄弧，燃弧时间约为8 ~ 16 ms。

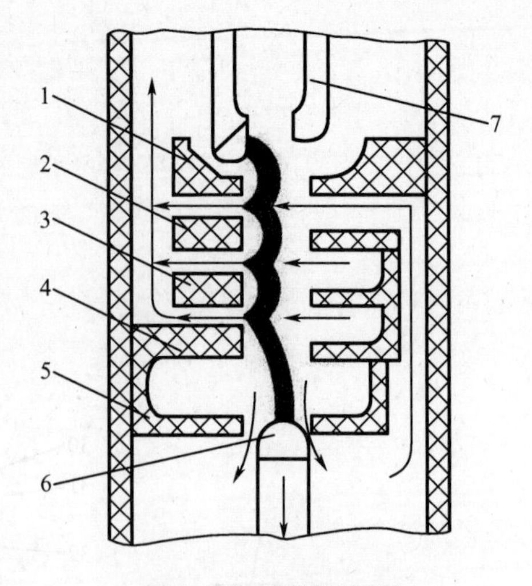

图5－11　灭弧原理图

1～5—隔弧板；6—动触头；7—静触头

若开断30% ～60%的额定开断电流，电弧能量及其产生的气体和油蒸气相对地较少，灭弧室内压力降低，横吹力较弱，使电弧被继续拉长进入第三横吹口。由于第2、3横吹口右方均有油囊，电弧在油中冷却。油囊中的油分解和蒸发后形成高压油气混合物，从横吹口喷出，将电弧熄灭。

开断更小的电流时，灭弧室内产生的气体和油蒸气更少、压力不足，仅靠三个横吹口的作用往往不能有效地灭弧。但导电杆继续向下运动会将电弧拉长到纵吹囊内燃烧，灭弧室内气体和油蒸气将继续增多，使电弧在强烈的纵吹和得到加强的横吹作用下能可靠地熄灭。

断路器油箱上部有一不充油空间——缓冲空间。在断路器灭弧过程中产生的油气混合物经吹弧道向外排除后，穿过上面的油层，受到一定程度的冷却，然后进入缓冲空间。后者的作用在于使油气混合物得到充分冷却。油气混合物在缓冲空间内体积膨胀后，压力大为降低，流速减小，故一部分油蒸气凝结成油滴，另一部分油气混合物则通过小孔进入油气分离器中。典型的惯性膨胀式油气分离器结构见图5－12。这种结构是在铸铝合金帽内铸一小室，它经一$\phi 2.3$小孔与上帽缓冲空间相通，并借小孔使气流方向与小室的圆柱形内壁相切。由于小孔为气流途径中截面积最小处，其内外压力差很大，故气流以高速从小孔射出。在惯性力作用下，油气混合物顺内壁旋转而被冷却，使油滴沿内壁流下；同时，气流由小孔进入小室后的急剧膨胀使气体压力大为降低，也使一部分油蒸气冷凝留下。这样.

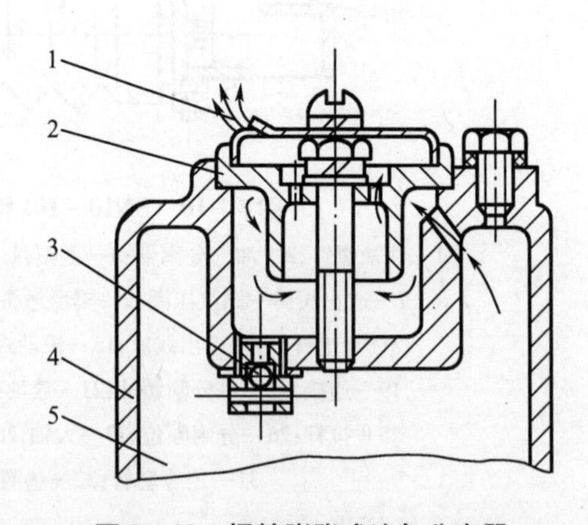

图5－12　惯性膨胀式油气分离器

1—定向排气口；2—分离器；3—回油活门；4—上帽；5—缓冲空间

在离心力和膨胀的双重作用下,油与气体使得以分离。气体经充分冷却和消电离后,由逸出孔及定向排出孔排出,可防止引起自燃和严重降低油箱外部各处的绝缘;油滴则经分离器回油活门返回油箱内部缓冲空间的油层中。

当油箱内部压力与大气压力相同时,逆止阀钢球靠自重落下,开启回油孔,使缓冲空间存油部分返回灭弧室,断路器恢复正常分闸状态。

③操动机构

如图5-13所示,操动机构包括架上的大轴、拉杆、基座内的摇臂、连接板、分闸缓冲、框架上的分闸限位、分闸弹簧和合闸缓冲器等。

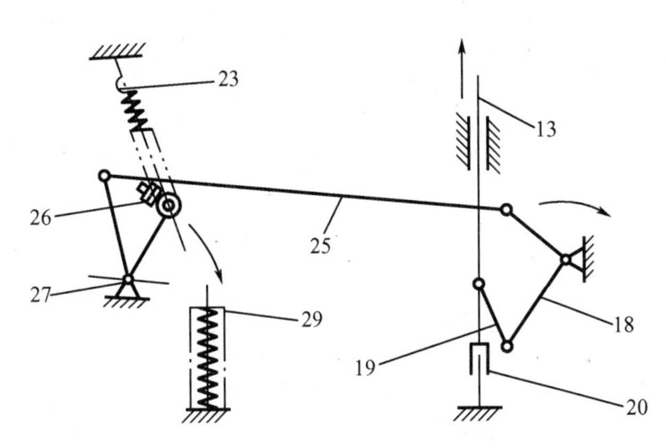

图5-13 操动机构机械传动原理图

注:图中编号参见图5-10

a. 合闸过程

操动机构通过传动拉杆和拐臂带动大轴转动。由大轴上的绝缘拉杆推动基座内的转轴和摇臂,使三相导电杆同时向上作直线运动,令动、静触头接触。动触头最后插入静触头中,达一定超程后,合闸终止。在合闸终止位置,传动机构不能运动,被操动机构的锁扣锁牢。与此同时,大轴的转动使分闸弹簧拉伸储能,为分闸做好准备。合闸终了时,大轴拐臂上的滚子落在合闸缓冲器上,起缓冲作用。但在分闸之初此缓冲器则帮助分闸弹簧克服瓣形触头对动触头的夹紧力。

b. 分闸过程

当操动机构脱扣后(由故障信号或人工控制信号控制),分闸弹簧使大轴逆时针方向转动,带动拉杆和摇臂等环节,使导电杆向下作直线运动而分闸。当分闸快到终点位置时,分闸缓冲起阻尼作用,使导电杆运动减速。最后,大轴上的滚子击在分闸限位上,断路器保持在分闸位置。分间限位的作用是使动、静触头间保持一定的开断距离。

由图5-11可见,基座内有由摇臂、连接板和导电杆等组成的摇杆式变直机构。基础底部有由支座、阻尼杆和导电杆下端深孔所组成的油缓冲器。分闸行将结束时,油缓冲器起作用,将导电杆所具有的动能转化为油缓冲器的热能,以保证在制动过程中不致发生剧烈的冲击。

3. 油断路器的灭弧室

灭弧室在油断路器的总体结构中占有极为重要的位置。它有三种形式:纵横吹灭弧室、纵吹灭弧室及环吹灭弧室。

(1)纵横吹灭弧室

图5－14介绍的就是这种灭弧室的原理图。它对大、中、小电流形成的电弧均能有效地熄灭。开断大电流时,往往在第1、2横向喷口开启后即能熄弧。开断较小电流时,要待第2、3横向喷口开启后才能熄弧。开断小电流时,以电弧能量小、产气量小、压力低、气吹效果弱,熄弧反而困难些,有时要借喷口处的纵吹作用才能熄弧,因此这种灭弧室称为纵横吹灭弧室。

(2)纵吹灭弧室

图5－11为35 kV少油断路器的纵吹灭弧室。它由六块灭弧片组成,各片间隔开一定距离形成油囊。灭弧室上部为静触头,动触头(导电杆)向下运动。触头分开后产生电弧,使油分解和蒸发产生大量气体。随着动触头向下运动,高压气体通过灭弧片中间的网孔向上对电弧进行纵吹。待动、静触头间的距离足够长时.电弧即可熄灭。采用纵吹灭弧室的少油断路器有SW2－35、SW6－110及SW6－220等。

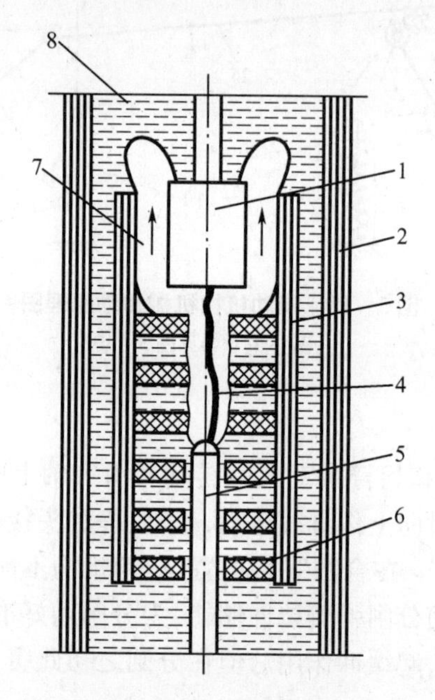

图5－14　纵吹灭弧室

1—静触头;2—外绝缘筒;3—内绝缘筒;4—电弧;5—导电杆;6—灭弧片;
7—气流方向;8—变压器油

(3)环吹灭弧室

其原理图见图5－15。上部为静触头,动触头为管状.侧面有小孔。与一般断路器不同,动触头端部由绝缘材料制成。分断时,动触头向下运动,动、静触头间产生电弧。动触头顶端的绝缘部分把环形喷门中间的圆孔堵住。电弧使油分解和蒸发产生的气体令变压器油按图5－15(b)所示方向运动,指向环形喷口,使电弧熄灭。

开断大电流时主要利用自能火弧,电弧在环形加流作用下保持直线形状,故电弧能量较小,触头烧损、喷油和喷气现象也大为减轻,而且电弧电压比横吹灭弧室约低一半。开断小电流时由于中间隔板将灭弧室上部空间与下部密封机构分开,故管状动触头向下运动时,由于油不可压缩,下部机构箱内的油就被迫由动触头内孔自下而上流动,经其侧面小孔喷向电弧区(图 5-15(b))。这对开断小电流极为有利,因此环吹灭弧室不存在临界开断电流,切开断大、小电流燃弧时间相同,对 10 kV 断路器不超过 20 ms。

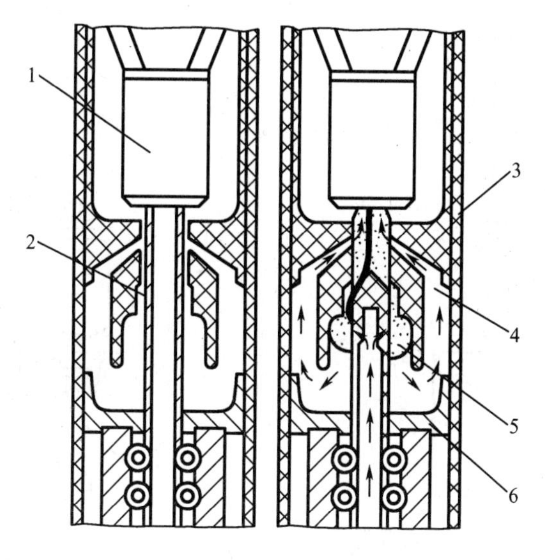

图 5-15 环吹灭弧室

(a)触头闭合;(b)触头分开

1—静触头;2—管状动触头;3—绝缘端头;

4—环形喷口;5—高压力气泡;6—中间隔板

5.2.3 真空断路器

真空断路器是以真空作为绝缘和灭弧手段的断路器,近 10 年来得到了迅速的发展。目前其电压等级已达 35 kV,开断能力已达 100 kA。

1. 真空断路器的结构和特点

(1)结构

真空断路器有两种结构形式:落地式和悬挂式。它们的主要部件有真空灭弧室、绝缘支撑、传动机构、操动机构和基座等。

落地式真空断路器(图 5-16)以绝缘支撑把真空灭弧室支持在上方,把操动机构设在下方的基座上,上下两部分通过传动机构相连接。其特点:操作人员观察、更换灭弧室均很方便;传动效率高(分合闸操作时直上直下,传动环节少,摩擦小);整体重心较低,稳定性好,操作时振动小;纵深尺寸小,质量小,出入开关柜方便;户内户外产品互换性好。但产品总体高度大,检修困难,尤其是带电检修时。

悬挂式真空断路器(图 5-17)宜用于手车式并关柜,其操动机构与高压电隔离,便于检修。但其纵深尺寸大,耗用钢材多,质量大,绝缘子要受弯曲力作用;操作时振动大;传动效率不高。通常仅用于户内式中等电压产品。

(2)特点

①熄弧能力强,燃弧及全分断时间均短;

②触头电侵蚀小,电寿命长,触头不受外界有害气体的侵蚀;

③触头开距小,操做功小,机械寿命长;

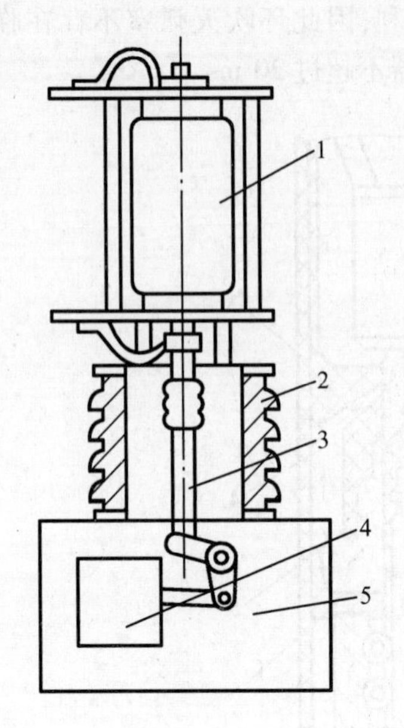

图 5-16 落地式真空断路器示意图

1—真空灭弧室;2—绝缘支撑;

3—传动机构;4—操动机构;5—基座

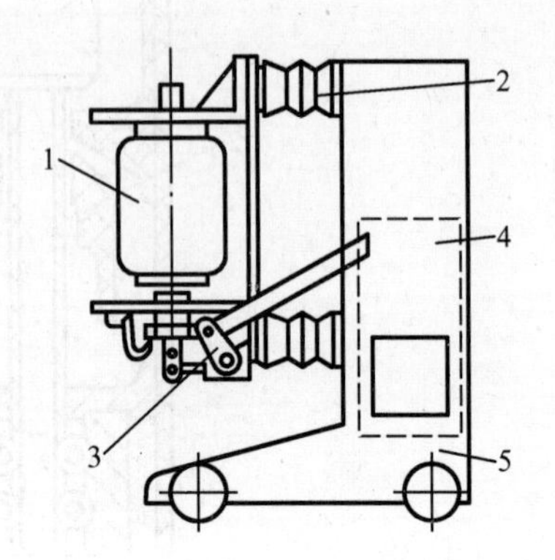

图 5-17 悬挂式真空断路器示意图

1—真空灭弧室;2—绝缘支撑;

3—传动机构;4—操动机构;5—基座

④适宜于频繁操作和快速切断,特别是切断电容性负载电路;

⑤体积和质量均小,结构简单,维修工作量小,而且真空灭弧室和触头无需检修;

⑥环境污染小,开断是在密闭容器内进行,电弧生成物不致污染环境,无易燃易爆介质,无爆炸及火灾危险,也无严重噪声。

2. 真空灭弧室

(1)结构

如图 5-18 所示,真空灭弧室的主体是一个抽真空后密封的外壳,外壳中部通过可伐合金环焊接成一个整体。静触头焊在导电杆上,后者又焊在与外壳焊在一起的右端盖上。动触头焊在动导电杆上,它与不锈钢质波纹管的一端焊牢。波纹管的另一端与左端盖焊接,而该端盖亦与外壳焊在一起。为防止金属蒸气凝结在波纹管和外壳上,它们均设有金属屏蔽罩,外壳的屏蔽罩也焊在可伐合金环上。在左端盖上装有均压环。灭弧室内部通常抽成约 10^{-4} Pa 的高真空。

分合闸时,通过动导电杆的运动拉长和压缩波纹管,使动、静触头接触与分离,而不致破坏灭弧室内的真空度。屏蔽罩主要用来冷凝和吸附燃弧时产生的金属蒸气和带电粒子,以增大开断能力,同时保护外壳的内表面,使之不受污染,确保内部的绝缘强度。其结构和布置应尽可能使灭弧室内电场和电容分布均匀,以得到良好的绝缘性能。

(2)特点

①绝缘性能好

常温常压下的空气每 1 cm^3 中含有 2.683×10^{19} 个气体分子,当气体绝对压力低于 10^{-2} Pa时,每 1 cm^3 内仅含 3.4×10^{12} 个气体分子。这样,分子的平均自由行程很大(约 1 m),即使真空间隙中存在自由电子,它从阴极飞向阳极时,也很少有机会与气体分子碰撞引起电离,所以真空间隙的击穿电压非常高。如空气中间隙为 1 mm 时,即使触头表面十分光滑,其直流耐压强度最多也只有 4 kV;而在相同条件下,真空中的直流耐压强度可达 45 kV。图 5-19 给出了充不同介质的绝缘间隙击穿电压比较曲线。在小间隙(2~3 mm)情况下,真空间隙具有超过充高压气体和 SF_6气体时的击穿电压。

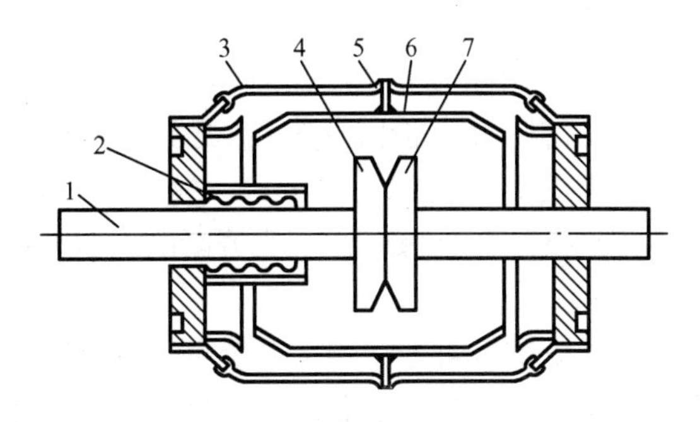

图 5-18 真空灭弧室的结构图

1—动导电杆;2—波纹管;3—外壳;4—动触头;5—可伐合金环;6—屏蔽罩;7—静触头

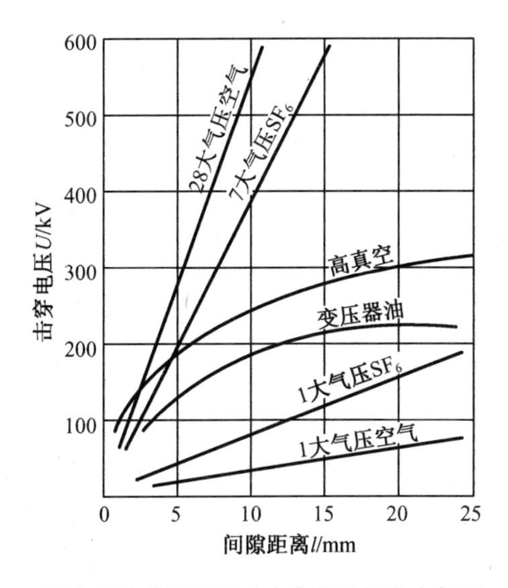

图 5-19 不同介质绝缘间隙的击穿电压 1 标准大气压 ≈ 101 kPa

②灭弧能力强

真空灭弧室中的电弧是触头电极蒸发出来的金属蒸汽形成的,其弧柱内外的压力差和质点密度差均很大。因此,弧柱内的金属蒸汽和带电粒子得以迅速向外扩散。在极限开断电流以内,弧隙介质强度恢复很快。当金属质点的蒸发量小于弧柱内质点向外的扩散量时,电弧骤然熄灭。对于交流电弧,往往在电流第一次自然过零时即可熄灭。

3. 真空断路器的触头

触头为真空断路器最为重要的元件,它基本上决定了断路器的开断能力和电气寿命。根据工作原理的不同,触头可分为非磁吹触头和磁吹触头两大类。前者为圆柱形,形状最简单,机械强度好,易加工,但开断电流较小(有效值在 6 kA 以下),一般只适用于真空接触器和真空负荷开关；后者有横向磁吹和纵向磁吹的两种，横向磁吹可增大真空开关开断电流，而纵向磁吹又能进一步提高开断电流，使灭弧室的体积缩小，提高了真空断路器的竞争能力。

真空断路器的开断能力通常取决于触头直径，并且成线性关系。

(1)触头材料

真空断路器要求触头材料开断能力大、耐压水平高、耐电侵蚀，还要求含气量低、抗熔焊性能好、截流值小。纯金属材料一般不能同时满足上述要求，需采用多元合金。

目前小容量的真空接触器较广泛地采用铜－钨－铋－锆(Cu－W－Bi－Zr)合金或钨－镍－铜－锑(W－Ni－Cu－Sb)合金制作触头，在开断电流小于4kA时，性能较高，截流值比钨都低。

大容量真空灭弧室的主导电部分可选用铜－铋合金、铜－铋－铈(Ce)、铜－铋－银、铜－铋－铝以及铜－碲－硒等三元合金制作触头。它们的导电性能好，电弧电压低，可提高抗熔焊性和降低截流水平。

(2)几种常用的触头

①圆柱形触头

其圆柱端面是作为电接触和燃弧表面，真空电弧在触头间燃烧时不受磁场的作用。在触头直径较小时，极限开断电流和直径几乎呈线性关系，但当直径大于50～60 mm后，继续增大直径，极限开断电流增加不多。它多用于真空接触器。

②横向磁吹触头

图5－20所示为横吹中接式螺旋槽触头，在其中部有一突起圆环，圆盘上开有三条螺旋槽，从圆环外周一直延伸到触头外缘。当触头闭合时，只有圆环部分接触。触头分离时，在圆环上产生电弧。由于电流线在圆盘处拐弯，在弧柱部分产生了与弧柱垂直的横向磁场。如果电流足够大、真空电弧发生集聚的话，磁场就会使电弧离开接触圆环向触头外缘运动，把电弧推向开有螺旋槽的触头表面——跳弧面。一旦电弧转移到此面上，触头电流就受到螺旋槽的限制，只能按图5－20虚线所示规定的路径流通。垂直于触头表面的弧柱受到力F的作用，其切向分力F'使电弧沿切线方向运动，在触头外缘作圆周运动，从而被熄灭。这种结构的触头广泛用于大容量真空灭弧室，其开断能力可高达40～60 kA。

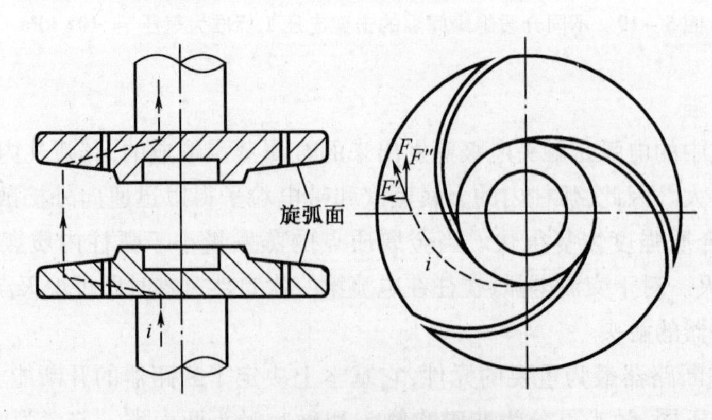

图5－20　横吹中接式螺旋槽触头

图5－21所示为横吹杯状触头，其接触面上开了许多斜槽，且动、静触头的斜槽方向相反，使接触端面形成相当多的触指。当触头分离产生电弧时，电流经倾斜的触指流通，产生横向磁场，驱使真空电弧在杯壁的端面上运动。开断大电流时，许多触指上同时形成电弧，环形分布在杯壁端面。每一束电弧都是电流不大的集聚型电弧，且不再进一步集聚，这就是所谓半集聚型真空电弧。此电弧电压比螺旋槽的低，电侵蚀较小，因此在相同触头直径下，杯状触头的开断能力比螺旋槽的大，电寿命也长。

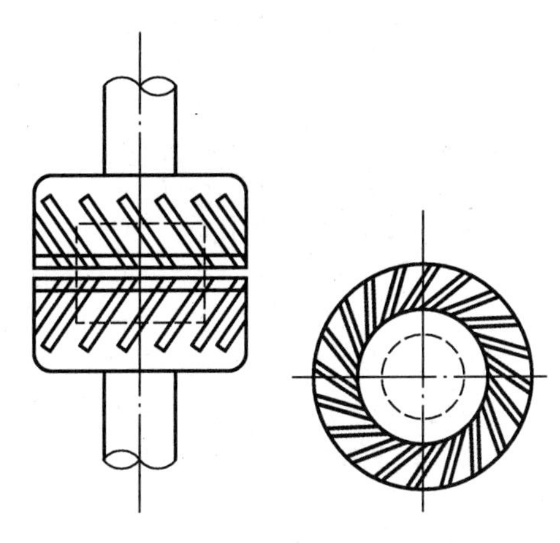

图5－21　横吹杯状触头

③纵向磁吹触头

图5－22所示为纵向磁吹触头，其背面安装有电流线圈，产生与电弧电流成比例的纵向磁场。电流从中心导电杆流入，并分成四部分由线圈中心部沿径向呈放射状向外分流，再通过圆弧部，然后流入触头。流经圆弧部的电流会产生与电弧轴线平行的纵向磁场。该磁场可使电弧电压降低和集聚电流值增大，从而明显地提高触头的开断能力和电寿命。

4. 真空断路器的操作过电压

真空断路器由于灭弧能力强，分断电容性和电感性负载时会产生过电压，故必须采取措施降低过电压。

（1）截流过电压

真空断路器分断电流较小的交流电路时，在电流未达到零值前电弧就被熄灭，此现象称为截流。试验表明，真空断路器切除小电流电感性负载及启动或制动状态的电动机时，存在截流问题，并因截流而引起过电压。此外，还存在三相同时截流和多次高频重燃现象，后者的过电压更高。由于触头材料的改进，截流电流和截流电压都大为降低。随着开断由流的增大. 截流值减小，当电流超过数千安时，一般不会出现截流现象。

（2）合闸过电压

真空断路器在关合过程中因预击穿而电弧多次重燃、以及对接式触头合闸时的弹跳将引起过高的合闸过电压。这需要从触头结构及材料方面加以解决。

（3）操作过电压的抑制方法

①采用低电涌真空灭弧室，即采用低截流值的触头材料与纵向磁场触头组成的灭弧室，它既可降低截流过电压，又可提高开断能力。

②负载端并联电容，借此降低截流过电压和降低恢复电压的上升陡度。

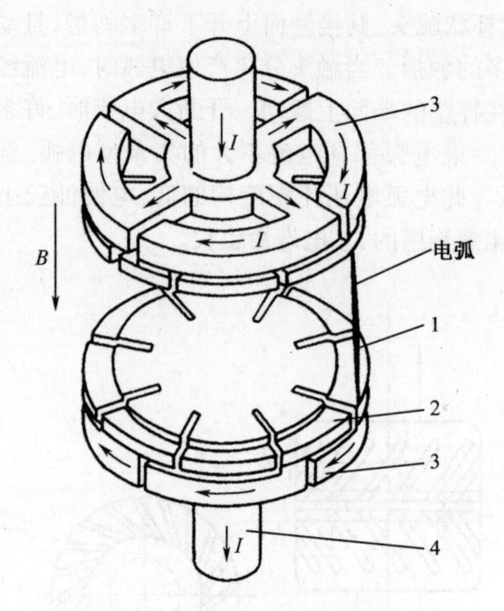

5－22　具有纵向磁吹线圈的触头

1—触头 2—电极 3—磁吹线圈 4—导电杆

③并联 $R-C$ 保护，即将电阻器和电容器串联后与负载并联，它不仅能降低截流过电压和恢复电压上升陡度，且在高频重燃时可使振荡过程强烈衰减，对抑制多次重燃过电压有较好的效果。通常取 $R=100\sim200\ \Omega$，$C=0.1\sim0.2\ \mu F$。

④与负载并联避雷器以限制过电压的幅值。除用碳化硅阀片外，又发展了氧化锌非线性电阻。用后者构成的无间隙避雷器在额定电压下电阻值很大，漏电流极小。而当出现过电压时，电阻值锐减，呈现出很陡的稳压管特性。

⑤串联电感以降低过电压的上升陡度和幅值。

5.2.4　六氟化硫断路器

气吹断路器是以高压气体吹动并冷却电弧使之熄灭的断路器，实际使用的气体有空气和六氟化硫（SF_6）气体，故 SF_6 断路器是气吹断路器的一种。近年来，空气断路器已逐渐为 SF_6 断路器所取代。下面只介绍 SF_6 断路器。

1. SF_6 气体的特性

（1）物理性能

纯 SF_6 气体无色、无味、无毒，其密度为空气的 5 倍，具有良好的灭弧和绝缘性能。

SF_6 气体在不同压力下其液化温度不同。在常压下，液化温度为 -63.8 ℃；而在常温下，即 10～20 ℃时，其液化压力为 1.5～2 MPa。

SF_6 气体的热导率随温度变化，如它在 2 000 ℃时，具有极强的导热能力，而在5 000 ℃时，其导热能力很差，正是这种导热特性对电弧的熄灭起着极为重要的作用。

（2）化学性能

SF_6 气体在常温下极为稳定，其稳定性超过氮气。它不溶于水和变压器油，也不同氧气、氢气、铝和其他许多物质发生作用。其热稳定性很高，在 150～200 ℃以上才开始分解。因此，它至少在 E 级绝缘以下是可以安全使用的。

SF_6气体与水会发生反应,产生腐蚀性物质,所以对水分含量要加以限制。国际电工委员会(IEC)规定,新 SF_6气体中水分含量不得高于0.001 5%(质量比)。在电弧高温下,少量 SF_6气体分解产生的 SOF_2、SOF_4及 SO_2F_2等化合物是有毒的,因此在其使用中应注意到安全问题。

(3)绝缘性能

SF_6气体具有优良的绝缘性能,在三个大气压力下,它的绝缘强度与变压器油的相等。压力越高,绝缘性能越好。在均匀电场中及相同压力下,其绝缘强度为空气的2~3倍。由于它是负电性气体,它本身和它分解出的氟原子在高温下对电子有很大的亲和力,能吸附电子形成负离子。这些离子直径约为 10^{-8} cm,故在电场作用下的迁移率仅为电子的千分之一,而空间中的自由电子大量减少则抑制了空间电离过程的发展,不易形成击穿,使绝缘强度大为提高。然而,应当注意到,SF_6气体的绝缘强度在不均匀电场中将明显降低。

研究表明,在 SF_6气体中充以一定含量的氮气反而可以提高绝缘强度,从而降低成本。对此目前仍在继续开展研究。

(4)灭弧性能

SF_6气体具有很强的灭弧能力,在自由开断情况下,其灭弧能力约比空气大100倍。若再采用不很高的压力和不太大的吹弧速度,就能在高电压下开断甚大的电流。其主要原因如下。

①散热能力强

其散热主要靠对流和热传导,对流散热能力为空气的2.5倍,而熄弧是靠 SF_6气体的高速流动带走电弧能量来实现的。但它带走的能量随其温度而增加。SF_6气体的热导率比氮和氢都大得多。

②电弧压降小且弧柱细

温度在5 000 ℃以上时,因热导率非常低,使弧心部分热量难以导出,弧心温度特别高,气体的热电离进行得很充分,故电导率高,电弧压降小,仅及采用压缩空气为介质时的1/3、少油断路器的1/10左右。同时,SF_6断路器的电弧电压梯度也较小,在相同的工作电压和开断电流下,电弧能量小,所以易于灭弧。

在电弧周围温度较低(2 000 ℃)处,SF_6气体的热导率又非常高,所以弧柱细,含热量小,使电弧电流自然过零时,带电粒子密度锐减,这就提高了介质恢复速度。

③SF_6气体的负电性

这对电弧电流自然过零后的消电离极为有利。在弧焰区和电弧电流过零后的恢复阶段,负电性起着重要的作用,它既使弧隙内的自由电子减少,同时又通过形成负离子减小带电粒子的运动速度,因此电导率下降,介质强度提高,对熄弧十分有利。SF_6气体的介质恢复速度通常为空气的100倍以上,所以能承受各种恢复电压的作用,保证了优异的开断性能。

2. SF_6断路器的特点与分类

(1)SF_6断路器的特点

①灭弧室断口耐压强度高

由于断口耐压强度高,故对同一电压等级,SF_6断路器的断口数目较少,可以简化结构,缩小安装面积,有利于生产和运行的管理。

②开断容量大,性能好

目前,这种断路器的电压等级已达500 kV以上,额定开断电流可达100 kA。它不仅可以切断空载长线而不重燃，切断空载变压器而不截流，同时还能较容易地切断近区故障。

③电寿命长

由于触头烧损轻微，故电寿命长。一般连续（累计）开断电流 4 000～8 000 kA 可以不检修。担当于约 10 年无需检修。

SF_6断路器无噪声公害、无火灾危险。可发展形成 SF_6密封式组合电器，从而缩小变电所占地面积，这对城市电网变电所建设尤为有利。

SF_6断路器要求加工精度高，密封性好，对水分和气体的检测要求严格（年漏气量不得超过 3%），给生产带来一定困难。

（2）SF_6断路器的分类

SF_6断路器按结构形式可分为瓷瓶支柱式与落地罐式两种。前者在结构上与少油断路器类同，只是以 SF_6气体取代变压器油作为介质，它属积木式结构，系列性、通用性强。其灭弧室可布置成“T”型或“Y”型。图 5－23 为 LW－220 型 SF_6断路器一相的外形图。断路器每相有两个断口，其额定电压为 220 kV、额定电流为 3 150 A、额定开断容量为 15 000 kVA、3 s 热稳定电流为 40 kA、动稳定电流为 100 kA（峰值）、SF_6 气体额定压力（20 ℃）为 556 kPa。

落地罐式断路器的结构形式类同多油断路器，但气体被密封于一路内。它的整体性强，机械稳固性好，防震能力强，还可以组装互感器等其他元件，但系列性差。

3. SF_6断路器的灭弧室

SF_6断路器的灭弧装置有单压式、双压式和旋弧式三种。

（1）双压式灭弧室

双压式灭弧室设有高压和低压两个气压系统。低压系统的压力一般在 304～507 kPa 的范围内，它主要用作灭弧室的绝缘介质。高压系统的压力为 1 013～1 520 kPa，它只在灭弧过程中起作用。图 5－24 是灭弧室原理图。当触头处于闭合状态时，整个灭弧室内充满低气压的 SF_6气体。断路器接到分闸信号后，灭弧室通向高气压系统的主阀打开，高压气体进入触头区。触头的分离打开了位于动触头上的通道口，给高压气体提供了出路，因此电弧一旦形成就处于 SF_6气流中，受到强烈冷却而熄灭。电弧熄灭后，主阀关闭，停止供给高压气体、而泵则将低压气体打入高气压区，形成封闭的自循环系统。

双压式 SF_6断路器结构复杂，目前已趋于被陶汰。

（2）单压式灭弧室

单压式灭弧室内只有一种压力（304～608 kPa）的 SF_6气体，分断过程中，利用触头及活塞的运动产生压气作用，在触头喷口间产生气流吹弧。一旦分断动作完毕，压气作用即停止，触头间又恢复为低压力的充气状态。

图 5－25 为单压式单向吹弧灭弧室原理图，图中虚线表示喷嘴、压气罩和动触头于合闸状态的位置，这三部分零件是连在一起的。分闸时由操动机构带动它们向下运动，使压气室内气体受压缩以致压力增大，在喷口处形成气流流向低压区，产生与双压式类似的气吹效果。吹弧方式有单向和双向吹弧两种，采用双向吹弧方式开断电流能增大 20% 以上。考虑到单压式灭弧室所用气体压力低，在低温地区无需增设加热器，又可省去压气泵，故结构简单，成本低，维护较方便，国产 SF_6断路器均采用之。

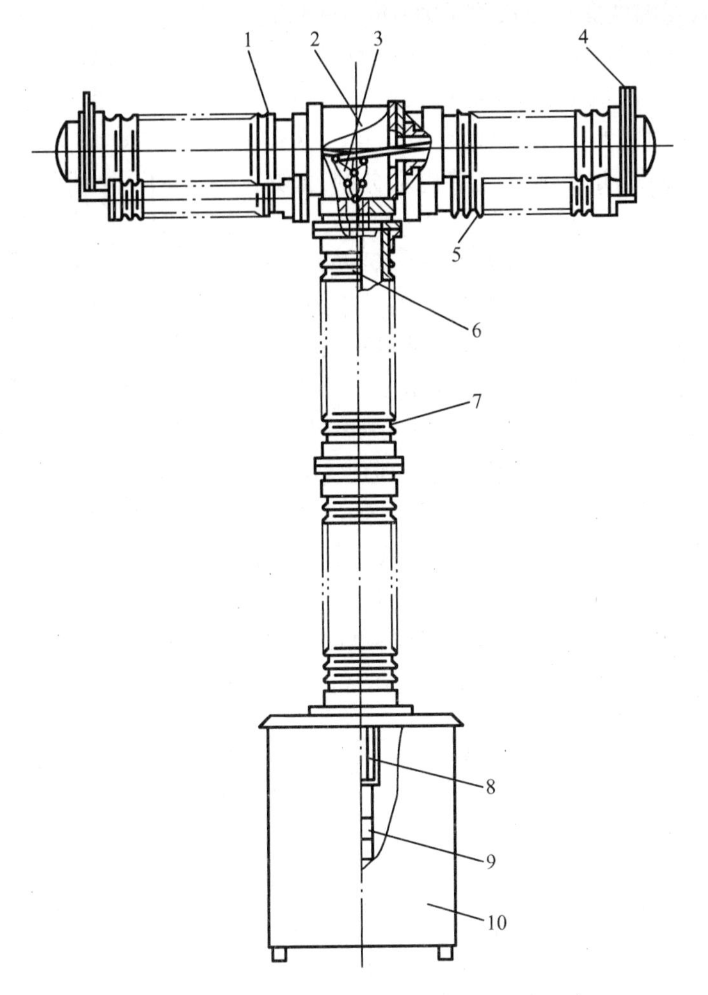

图 5-23　LW-220 型六氟化硫断路器(单相)

1—灭弧室瓷套;2—传动机构室;3—传动拐臂、连杆(剪刀式机构);4—接线板;
5—电容器;6—绝缘拉杆;7—绝缘支柱;8—活塞;9—工作缸;10—机构箱(代底座)

(3)旋弧式灭弧室

旋弧式灭弧室是用磁场驱动电弧,使之在 SF_6 气体中旋转来吹弧。这使断路器要求的合闸功大为降低,因而使得操动机构可以简化,成本降低,为中压 SF_6 断路器的实用化开辟了道路。

根据磁场与电弧运动方式,该灭弧室可分为径向燃弧式和轴向燃弧式两种。图 5-26 给出了轴向磁场径向燃弧的原理图。触头分开后产生的电弧在回路所产生电动力的作用下移向圆筒电极处,将驱动线圈接入电路。此时,转移到圆筒电极处的电弧便在驱动线圈的轴向磁场作用下快速旋转熄灭。近年来,这种灭弧室已在 10~35 kV 电压等级中被广泛应用。

4. SF_6 断路器气体系统的维护

这首先要监视在运行中的 SF_6 气体系统。由于环境温度变化能影响 SF_6 气体的压力,故当压力降低时,一般压力表无力判别是漏气抑或温度变化所致,因此宜用密度继电器控制,因为它能自动补偿温度变化导致的压力变化，只有漏气时才通过辅助触点发出两次信号。当压力降至较低值时，它发出第一次信号，通知运行人员补气或处理漏气故障；当压力降至下限值时，它发出第二次信号，将断路器控制回路闭锁，使之不能电动分闸，而必须排除故障。

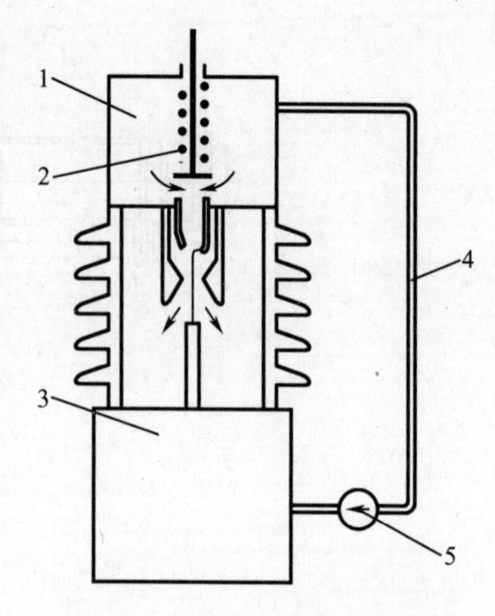

图5-24　双压式灭弧室原理图

1—高压室；2—吹气阀；3—低压室；4—管道；5—压气泵

若已发生漏气，应先通过压力表查出漏气系统，再分段关闭阀门，找出漏气段或漏气范围。据统计，漏气多由管路连接部位螺母松动或密封圈压缩量不够和老化损坏所致，故应首先检查这些环节。

发现漏气点后，一般可关闭出口阀门，使气体不再外溢，然后放掉管路气体，进行修理。但充气应有专用设备，通常用户不能自行处理。SF_6气体虽然无毒，但有大量气体外溢时，SF_6气体会不断从底处向高处，把空气排出，故在电缆沟内工作的人员尤应注意，毋使发生缺氧窒息事故。在进入有SF_6气体溢出区域前，一般应开窗或启动通风装置排除，待气体稀薄（可考虑含量在0.1%以下）后再进入。

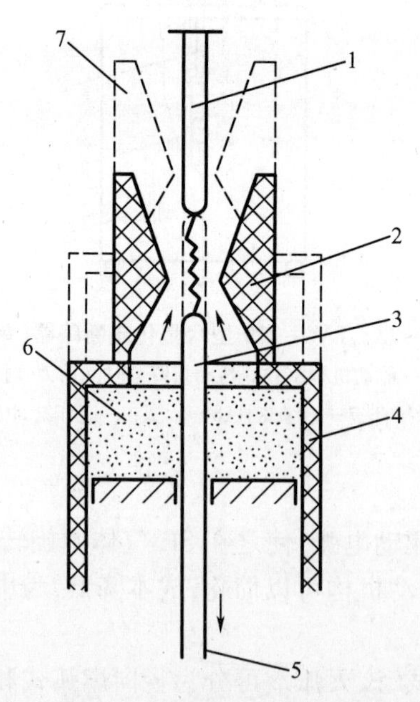

图5-25　单压式单向吹弧灭弧室原理图

1—静触头；2—喷嘴；3—动触头；4—压气罩；5—操动机构；6—压气室；7—合闸位置

解体时，为安全计，宜在灭弧室抽空后，再充入氮气或空气稀释，然后抽真空1~2次，方可开启阀门放入空气，打开灭弧室。此时，可发现触头和有关部件表面有层白色粉末，其主要成分为氟化铜（CuF_2）和氟化钨（WF3），均无毒。为安全起见，可用吸尘器吸净或以抹布轻轻擦下，集中包起埋入地下。

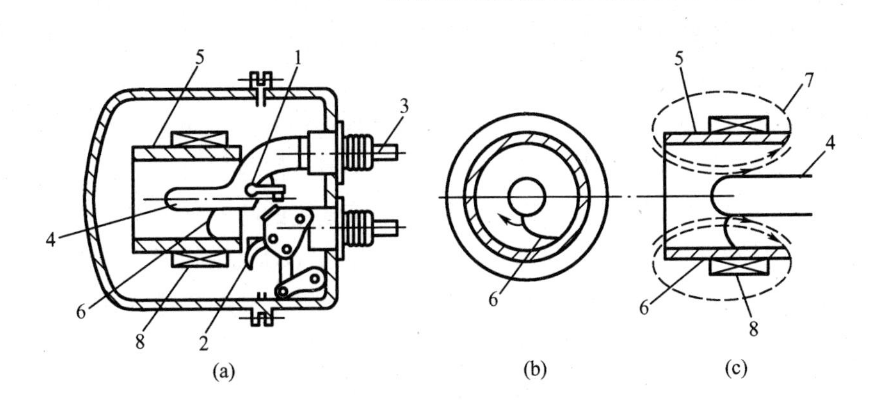

图 5-26　径向燃弧式旋弧灭弧室原理图

1—静触头;2—动触头;3—端子;4—中心电极;5—圆筒电极;6—电弧;7—磁通;8—驱动线圈

5.3　其他高压电器

所谓其他高压电器泛指高压断路器之外的各种高压电器,诸如隔离开关、接地开关和负荷开关等开关电器、熔断器、避雷器等保护电器、电抗器类限流电器以及供测量用的电压互感器和电流互感器等等。这些高压电器因其在电力系统中有着不同的作用,其结构和对它们的要求也各不相同。本节将简要介绍这些高压电器的工作原理、结构和它们的使用方法。

5.3.1　隔离开关

隔离开关是电力系统中用量堪称最多的一种高压开关电器,其需用量通常达高压断路器的 3~4 倍。当它处于合闸状态时,既能可靠地通过正常工作电流,也能安全地通过短路故障电流。当它处于分闸状态时,却有着明显的断口,使处于其后的高压母线、断路器等电力设备与电源或带电高压母线隔离,以保障检修工作的安全。由于不设灭弧装置,隔离开关一般不允许带负荷操作,也即不允许接通和分断负荷电流。

与其他高压电器一样,隔离开关在结构上通常含触头系统、绝缘和结构件、操动和传动机构等部分。其结构形式和布置方式,对工程投资和变电所的设备布置均有很大的影响。

隔离开关的用途主要如下。

(1)隔离电源　它于分闸后借断口建立可靠的绝缘间隙,使待检修的线路和设备脱离电源,以确保安全。隔离开关还常附有接地装置,后者于隔离开关分闸时将自动接地。

(2)换接线路　当断口的两端有并联支路时,隔离开关以断口两端接近等电位之故,允许带负荷操作,视运行需要变换母线或其他不长的并联线路的接线方式。

(3)分、合空载电路　如接通和分断小容量变压器($U \leqslant 10$ kV 时,$S \leqslant 320$ kVA;$U \leqslant 35$ kV时,$S \leqslant 1\ 000$ kVA)的空载电流,电压互感器的空载电流,电压在 35 kV 及以下、长度在 5 km 以内的空载架空线路,电压在 10 kV 及以下、长度在 5 km 以内的空载电缆线路,断路器均压电容的电容电流以及母线和直接接于其上的设备的电容电流等。

(4)自动快速隔离当隔离开关具有较高的开断速度时,它可与接地开关配合,在某些终端变电所充作断路器使用。

随着安装地点的不同,隔离开关有户内式(GN 型)与户外式(GW 型)之分,后者在覆盖着一定厚度(10 ~ 20 mm)的冰层时仍能正常分闸与合闸。按照运行特点,隔离开关有一般型、快速型(分闸时间不大于 0.5 s)和变压器中性点接地用的等三种形式。

当隔离开关与断路器配合使用时,它们之间应有电气的或机械的连锁,以保证隔离开关合闸在断路器之先,而分闸则在其之后。因为隔离开关无灭弧装置,一般不允许带电流操作。虽然如此,隔离开关仍必须具有足够的动、热稳定性能,且在分闸状态有明显的水平或垂直的断口。为保障检修时的人身安全,有些工作电压为 35 kV 及以上的隔离开关还设有接地闸刀。它们之间亦应有电气的或机械的连锁,使主闸刀未分断前,接地闸刀合不上闸,而接地闸刀未分闸前,主闸刀也合不上闸。

1. 户内式隔离开关

户内式隔离开关的原理结构如图 5 - 27(a)所示(分闸状态)。它的转轴通过连杆机构与操动机构连接。若电流较大,为保证短路电流下的动稳定性,有时亦采用磁锁装置(图 5 - 27(b)),即在闸刀的一端加上导磁铁片,以增大刀片与静触头间的与接触压力同方向的电动力。

户内式隔离开关有一般配电用和大容量发电机母线用的两类。前者的工作电压为 6 ~ 35 kV,工作电流为 1 kA 及以下,且三相装于同一底架上,闸刀采取垂直回转运动方式以缩小相间距离。后者的工作电压为 10 kV 及 20 kV、工作电流为 3 ~ 13 kA 或更大些,同时其闸刀采取水平直线运动方式,以适应大容量发电机母线采用分相封闭式结构、需将隔离开关和母线共装于封闭筒形外壳内的要求。

2. 户外式隔离开关

户外式隔离开关额定电压较高,我国已生产额定电压为 10 ~ 500 kV、额定电流为 0.2 ~ 2 kA 的产品。从结构形式来看,户外式隔离开关有单柱式、双柱式和三柱式三种(图 5 - 28)。单柱式直接利用母线下的垂直空间作为电气绝缘,占地面积小,并且有很清晰的分、合闸状态。双柱式的闸刀分为对称的两半,长度较小,且操做时是作水平等速运动,使冰层受剪力作用,故易于破冰,但分闸时闸刀的移动会使相间距离缩小。三柱式有二断口,因而所用瓷瓶多。

双柱式隔离开关还有采用 V 形结构者(图 5 - 29)。它也具有安装面积小的特点,且容易满足任意角度倾斜安装的要求。

户外式隔离开关一般应设破冰装置,必要时增设接地闸刀。

3. 隔离开关的选择和使用

选择隔离开关时,首先应根据运行要求选择其形式(户内或户外式等);其次是选择额定电压和额定电流;最后校核其动、热稳定性是否符合要求。此外,应注意它与断路器、接地开关以及其主闸刀和接地闸刀之间的连锁关系。

安装时应按产品使用说明书规定的方式进行。如属户外式产品,应使其绝缘伞裙不致积水和降低有雨淋时的绝缘水平。此外,安装时还应注意使任何部件受力均不超过其允许范围,不致使操作力增大,同时也不妨碍机械连锁。

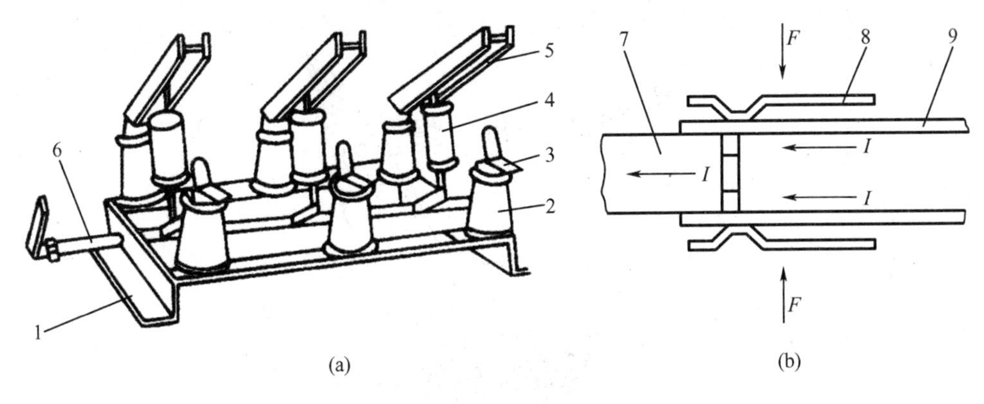

图5-27　户内式隔离开关

(a)典型结构;(b)磁锁装置

1—底座;2—支柱瓷瓶;3—静触头;4—升降瓷瓶;5—闸刀;6—转轴;7—静触头;8—铁片;9—并行闸刀

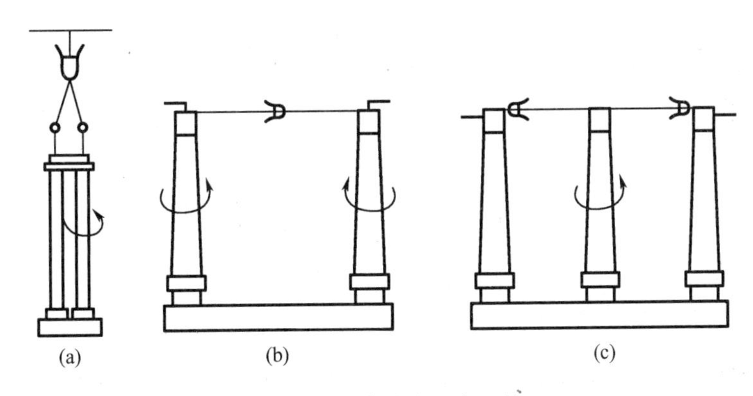

图5-28　户外式隔离开关

(a)单柱式;(b)双柱式;(c)三柱式

使用时底架上应设直径不小于12 mm的接地螺栓,并以截面积不小于50 mm^2的软质铜线妥善接地。凡有摩擦处均应涂润滑脂,用于高寒地区的更应涂防冻润滑脂。投入运行前还应按技术要求检查其同步性和接触状况等。

操作合闸时应先确定断路器是处于分闸状态,然后迅速操作隔离开关使之合闸。但操作近结束时用力切忌过猛,以免发生冲击。操作完毕后还应检查电接触是否良好。分闸时应先确定断路器是否处于分闸状态,然后缓缓地操作,待主闸刀脱离静触头后再迅速操作。操作完毕后还应检查隔离开关是否处于断开位置,并检查其机构锁牢与否。此外,送电时,应先合母线侧的隔离开关,再合线路侧的隔离开关;断电时,操作顺序则与此相反。

运行中若发现有异常现象,宜酌情采取降低负荷或停止运行等措施。

5.3.2　接地开关

接地开关是装设在降压变压器的高压侧、供人为制造接地短路的一种高压开关电器。

当进线上无分支的终端变电所的变压器T内部发生故障时,若故障电流并非大到足以使送电端的断路器QF动作,则可通过继电保护装置使接地开关QE自动合闸,形成人为接地短路以促使断路器QF动作,切断故障电路(图5-32(a))。

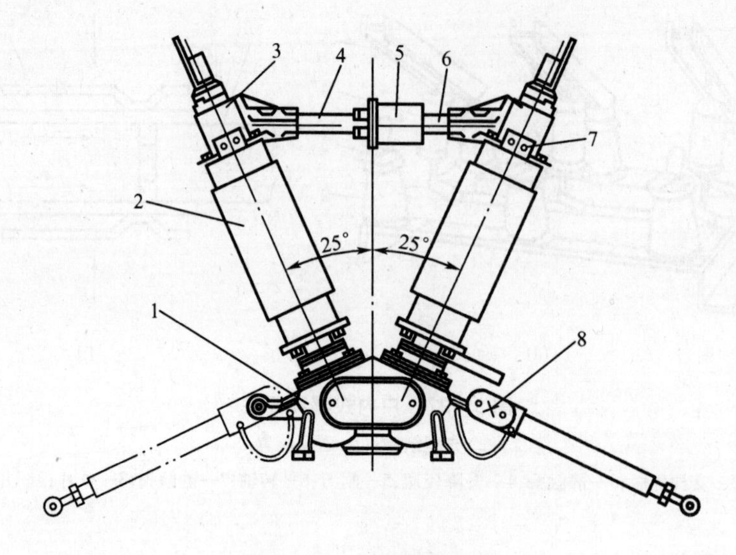

图 5-29　V 形隔离开关

1—基座;2—绝缘子;3—触头座;4—主闸刀;5—防护罩;6—主闸刀;7—接地静触座;8—接地闸刀

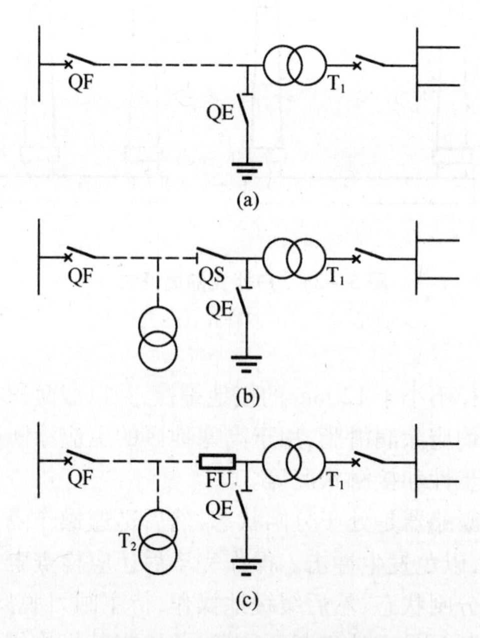

图 5-30　接地开关使用方式

(a)单独使用;(b)与快速分断隔离开关联合使用;(c)与熔断器联合使用

接地开关也可与快速分断隔离开关或熔断器联合使用(图 5-32(b)(c))。当终端变电所的进线上有支线时,如变压器 T1 内部发生故障,且故障电流不足以使断路器 QF 动作,接地开关 QE 同样将自动合闸,使断路器 QF 动作。继之,快速分断隔离开关 QS 立即分闸,令故障电路与电源隔离,保障检修工作安全。然后,断路器 QF 重合闸,使变压器 T2 恢复供电。若以熔断器 FU 取代快速分断隔离开关,当变压器 T1 所在支路出现的电流不足以使断路器 QF 动作时,接地开关 QE 也将自动合闸,使熔断器因通过甚大的接地短路电流而熔断,切断故障电路，使之与电源隔离，而断路器 QF 不动作，以保障无故障电路（如变压器 T2 所在支路）的连续供电。对此处所用熔断器的熔化特性无需苛求，只要其熔断先于断路器的动作便可。

综上所述，接地开关是供短路电流较小的支路及终端变电所变压器内部故障保护用的。它与快速分断隔离开关共同使用时，必须保证各电器严格按照前述动作顺序依次动作；而与熔断器共同使用时，又必须保证熔断器的熔断时间小于断路器的分闸动作时间。

接地开关的结构与隔离开关相似，因无需分断负荷及短路电流，故不设灭弧装置。但它要接通一定的短路电流，所以应具有足够的短路关合能力和动、热稳定性能。接地开关下端还经常通过电流互感器与接地点连接，并借该互感器提供继电保护所需信号。

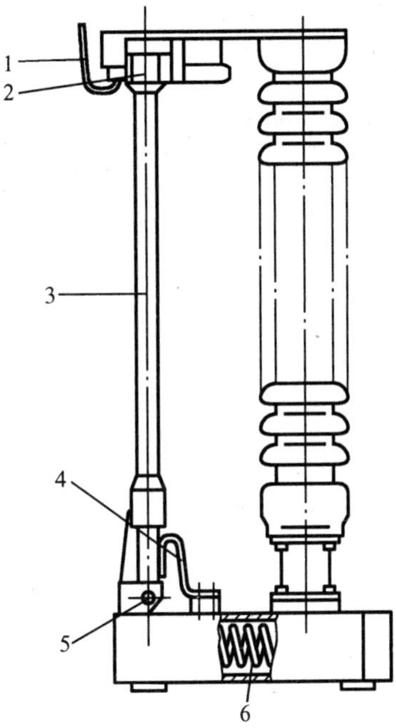

在结构上接地开关有敞开式与封闭式之分。前者的导电部件敞露于大气中，故断口距离大、合闸时间长，然而结构简单、断口明显可见，易于制造和维护；后者的导电部件被封装

于充有油或 SF_6 气体的箱体内，故断口距离小、合闸快、且不受大气影响，但结构较复杂、断口不可见、对内绝缘及密封工艺要求高，价格也较昂贵。从极数来看，接地开关有单极、二极和三极的三种。前者仅适用于中性点直接接地的系统，后两种则适用于中性点不直接接地系统，且各极应通过一个操动机构联动操作。

今以 JW1 型接地开关为例来看其原理结构（图 5－31）。开关处于合闸状态。分闸时以手力推动配用的 CS－1XG 型手力操动机构（它借机械传动系统与转轴连接），使闸刀脱离静触头，最终到达点链线表示的分闸位置。同时，合闸弹簧被压缩，为合闸储积能量。合闸时，操动机构脱扣，闸刀受到合闸弹簧的作用快速合闸。

图 5－31　JW1 型接地开关

1—屏蔽杯；2—静触头；3—闸刀；4—软连接；5—转轴；6—合闸弹簧

安装接地开关时应使短路电流产生的电动力与闸刀关合运动方向一致，以防闸刀弹出。与快速分断隔离开关联合使用时，应在接地开关闸刀或接线板与安装底座之间串接供继电保护用的低压电流互感器。在运行中应经常注意接地开关运动部件的灵活性，定期添加润滑剂。

5.3.3　高压负荷开关

高压负荷开关是一种介乎隔离开关与断路器之间的、结构较简单的高压电器。不同于隔离开关的是它具有灭弧装置，因而也具有一定的灭弧能力，所以能在额定电压和额定电流（或规定的过载电流）下关合和开断高压电路、空载变压器、空载线路和电容器组等。它不同于断路器的是虽然不能开断短路电流，却具有一定的关合短路电流的能力，故在与熔断器联合使用时，亦具有短路保护功能。此外，负荷开关还大多数具有明显的断口。综上所述，在容量不是很大，同时对保护性能的要求也不是很高时，负荷开关与熔断器组合起来便可取代断路器，从而降低设备投资和运行费用。

按灭弧装置的形式区分，负荷开关有：

(1)固体产气式

固体产气式负荷开关是借电弧自身的能量使固体产气材料分解，产生高压气体吹弧，使之熄灭。这种负荷开关的结构非常简单。

(2)压气式

压气式负荷开关是借活塞在开断过程中的运动来压缩空气，使之形成高压气体吹灭电弧。它的结构也比较简单。

(3)油浸式

油浸式负荷开关也是借电弧自身的能量来使油分解并汽化，从而冷却和熄灭电弧。其结构虽也较简单，但无可见的断口。

以上三种负荷开关宜用于额定电压为35 kV及以下的高压线路。

(4)六氟化硫式

它以SF6气体作为灭弧介质，故能开断较大的电流，而且在开断电容电流时优于其他形式的产品。但其结构较复杂，并且需备有SF6补气设备。它一般用于额定电压为35 kV及以上的高压线路。

(5)真空式

由于它是在真空中灭弧，故寿命长，但价格较昂贵。它通常用于额定电压为220 kV及以下的高压线路。

图5－32所示为压气式负荷开关的原理结构(合闸状态)。分闸时，操动机构脱扣，主轴在分闸弹簧作用下朝顺时针方向转动。一方面通过连杆机构使主闸刀先脱离主静触头，并推动灭弧闸刀使弧触头断开；另一方面则借曲柄滑块机构使活塞向上移动，压缩气体。当弧触头断开时，产生于其间的电弧将为气缸内产生的压缩气体自喷口喷出时吹灭。合闸时，操动机构通过连杆机构使主轴朝逆时针方向转动，使弧触头和主触头依顺序先后闭合，并同时使分闸弹簧储能，为下次分闸做准备。

压气式负荷开关只有户内型产品。

图5－33所示为油浸式负荷开关的原理结构(分闸状态)。它通常为三相共箱式。合闸时，操动机构使主轴朝逆时针方向转动，并经摇杆滑块机构使提升杆带着动触头向上运动，与静触头接触。在此过程中，分闸弹簧和触头弹簧均受压储能，为分闸作准备。分闸时，操动机构脱扣，使动触头连同运动部件在弹簧和本身重力的作用下迅速向下运动，脱离静触头。出现于触头间隙内的电弧则为油所冷却和熄灭。

油浸式负荷开关产品一般为户外(柱上)式。

负荷开关通常不允许在短路状态下操作，而只能关合和切断规定的负荷电流。与熔断器共同使用时，应通过继电保护装置使负荷开关在故障电流小于其最大允许开断电流时率先分闸，执行开断任务，而不让熔断器熔断。反之，负荷开关应在熔断器熔断后才分闸。运行期间应定期检查运动部件的润滑情况和紧固件有无松动现象。此外，还应将开关的外壳或底架可靠地接地。

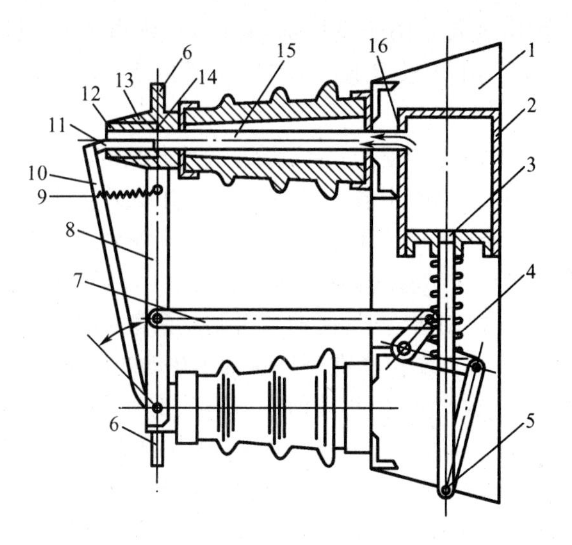

图 5－32　压气式负荷开关

1—框架;2—支柱瓷瓶;3—绝缘拉杆;4—出线板;5—分闸缓冲器;6—转轴;7—弧静触头;8—主静触头;9—分闸弹簧;10—喷口;11—气缸;12—活塞;13—出线板;14—弧闸刀;15—主闸刀;16—弹簧

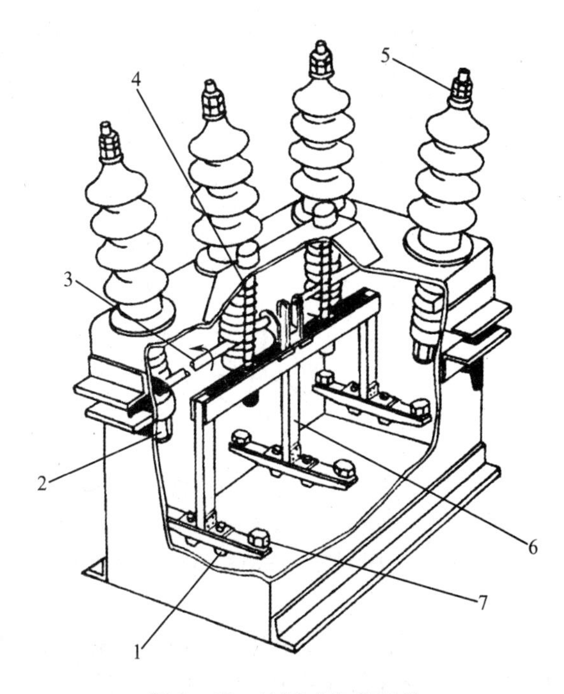

图 5－33　油浸式负荷开关

1—触头弹簧 2—静触头 3—主轴 4—分闸弹簧 5—接线端子 6—提升杆 7—动触头

5.3.4　高压熔断器

高压熔断器是高压电网中人为地设置的最薄弱元件。当其所在电路发生短路或长期过载时,它便因过热而熔断,并通过灭弧介质将熔断时产生的电弧熄灭,最终开断电路,以保护电力线路及其中的电气设备。高压熔断器一般分为跌落式和限流式两类,前者用于户外场所，后者用于户内配电装置。由于高压熔断器具有结构简单、使用方便、分断能力大、价格较低廉等优点，故被广泛用于额定电压为35 kV及以下的小容量高压电网中。

1 跌落式熔断器

以RW3型跌落式熔断器为例(图5－34)介绍这类产品的原理结构。它主要由绝缘支柱(瓷瓶)和熔管组成。支柱上端固定着上触头座和上引线。上触头座含鸭嘴罩、弹簧钢片和压板等零部件；中部设安装固定板；下端固定着下触头座和下引线。下触头座含金属支座和下触头等零部件。熔管由产气管(内层)和保护套管(外层)构成：产气管常以钢纸管或虫胶桑皮纸管等固体产气材料制造管子；保护套管则是酚醛纸管或环氧玻璃布管。熔管内装钢、银或银铜合金质熔丝，其上端拉紧在可绕转轴2转动的压板上。其下端固定于下触头上。熔管固定于鸭嘴罩与金属支座之间，其轴线与铅垂线成30°倾角。熔丝熔断后，压板将在弹簧作用下朝顺时针方向转动，使上触头自鸭嘴罩中的抵舌处滑脱，而熔管便在自身重力作用下绕转轴9跌落。熔丝熔断后产生的电弧灼热产气管，使之产生大量气体。后者快速外喷，对电弧施以纵吹，使之冷却，并在电弧自然过零时熄灭，因此跌落式熔断器灭弧时无截流现象，过电压不高，并在跌落后形成一个明显可见的断口。

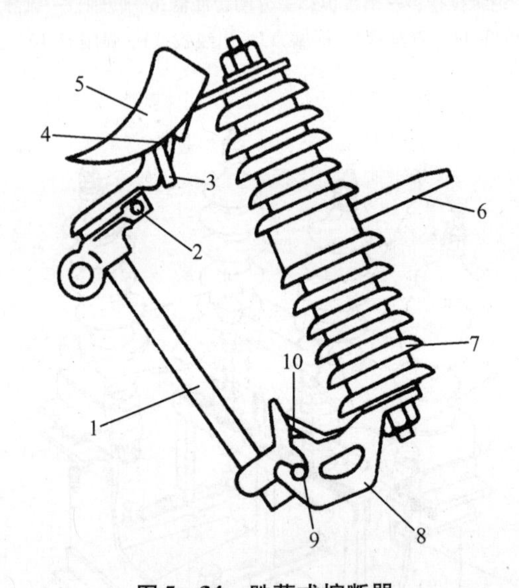

图5－34　跌落式熔断器

1—熔管部件；2—转轴；3—压板；4—弹簧钢片；5—鸭嘴罩；
6—安装固定板；7—绝缘支柱；8—金属支座；9—转轴；10—下触头

跌落式熔断器熔管上端为薄磷铜片封闭，正常工作时它能防止管内受潮。开断大的故障电流时，熔管内产气多、压力大，能吹动磷铜片，形成两端排气，以防熔管爆炸并缩短燃弧时间，使之为10 ms左右。开断小的故障电流时，管内气体压力不足以吹动磷铜片，故只能单向排气，燃弧时间较长。由于灭弧速度不大，故跌落式熔断器不具备限流作用。

在熔断过程中，跌落式熔断器的熔管会喷出大量炽热的游离气体，有较强的声光效应，所以它常用于周围空间无导电尘埃和无易燃、易爆及腐蚀性气体，同时又无剧烈震动的户外场所。通常跌落式熔断器仅用于线路和变压器的短路和过载保护，但当变压器容量为200 kVA及以下时，其高压侧亦允许用熔断器分合负荷电流。若超过此容量，为防止因分合闸时电弧较大而导致高压侧相间短路，仍应先切断负荷，再操作熔断器，以保证安全并防止发生事故。此时，熔断器是起着隔离开关的作用。在一定条件下还能直接以高压绝缘钩棒(俗称令克棒)操作跌落式熔断器之分合闸，来开断或关合小容量空载变压器、空载线路和小负荷电流。

选用跌落式熔断器时应注意被保护设备的性质和保护要求，并顾及到熔断器本身的适用范围。在基本参数方面，熔断器额定电压应不低于保护对象的额定电压，熔丝额定电流则应小于或等于熔断器额定电流(为其30%～10%)，并大于或等于负荷的额定电流(取其150%～250%)。在开断容量方面应兼顾到其上限值和下限值，否则当短路故障容量低于下限值时，开断中将无法灭弧，以致熔管烧坏或爆炸，酿成事故。

安装跌落式熔断器时应检查熔丝是否已拉紧，以免触头过热，而且要保证熔管与铅垂线有30°的倾角，使熔丝熔断时熔管能靠自重而跌落。另外，除相间应保持足够的安全距离外，还应注意不要装设在变压器及其他设备上方，以免熔管掉落引起事故。

跌落式熔断器通常不得带负荷操作，而且分闸时应先拉断中相，然后拉下风相，最后拉上风相。合闸时则按相反的顺序操作。在操作中用力不宜过猛，以免损坏熔断器，同时操作人员应戴绝缘手套及防护目镜，保障人身安全。

2. 限流式熔断器

限流式熔断器是适用于高压电路的充石英砂填料的密闭管式熔断器。它开断电路时既无游离气体喷出，亦无声光效应，故适用于户内配电装置。

图5－35(a)(b)为RN1型限流式熔断器及其熔管的原理结构。熔管安装在两个装有触头座的瓷质绝缘子上，再固定在底板上。熔管内装熔丝，它绕在瓷质心棒上，以缩短整体长度。在熔丝与瓷管间充填着石英砂，以它作为灭弧介质。熔丝有线状的(如RN1型)，也有含狭颈的带状的(如RN3型)。为避免因熔丝全长同时熔断汽化、以致出现过高的过电压，还有采用线径不等的熔丝串联者(如RN10型)。熔丝上也焊以锡珠，利用其“冶金效应”来减小熔断系数，加强熔断器的过载保护功能。由于石英砂能强烈地冷却电弧和使电弧气体消电离，故限流式熔断器的灭弧能力非常强，可在很短时间内熄灭电弧，也即在短路电流远未达其预期值时即截断电流。这种限流作用能降低对被保护线路和设备的动、热稳定性要求，故在经济上很有价值。然而，截流现象会引起较高的过电压，对此应加以注意。

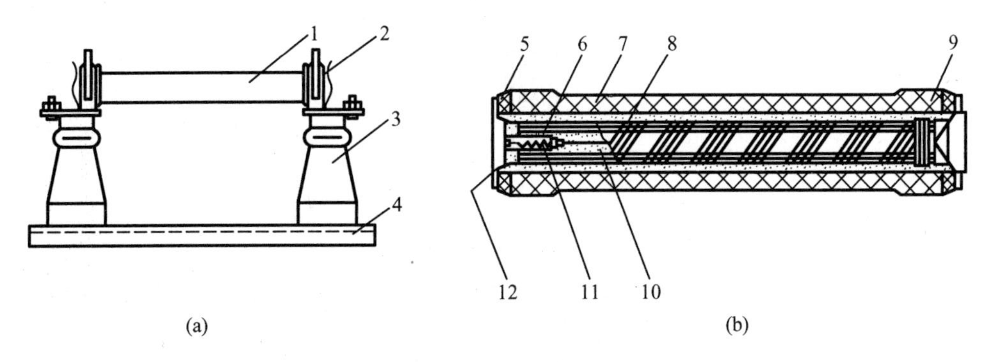

图5－35　限流式熔断器

(a)RN1型熔断器；(b)熔管结构

1—熔管；2—触头座；3—绝缘子；4—底板；5—密封圈；6—六角瓷套；7—瓷管；8—熔丝；9—导电片；10—石英砂；11—指示器；12—盖板

3.万能式熔断器

这是克服了跌落式熔断器开断能力小及限流式熔断器过载保护能力差等缺陷的全范围保护熔断器(图5-36)。

万能式熔断器采用串联复合式结构:上部基本上仍为限流式熔断器,它主要完成大电流的开断;下部是结构稍特殊的熔断器,它主要完成小电流开断。下部熔断器的下端开口,在其环氧玻璃布管内还有一内径甚小的、以固体产气材料制成的灭弧管,熔体B置于其中。熔体下方连接着尾线和拉力弹簧。过载时,仅下部的熔体B熔断:光是熔体升温并为弹簧拉长变细,使电阻更大、发热更严重,出现加速熔断的循环过程;产生电弧后,它一方面被机械拉长,另一方面又处在高压气体中,故能很快地熄灭。显然,熔体A和B应分别用高熔点及低熔点金属制造。电弧熄灭后,灭弧管将连同尾线一起弹出,明显地指示出开断状态。和跌落式熔断器一样,下部熔断器中的熔体是可以更换的。

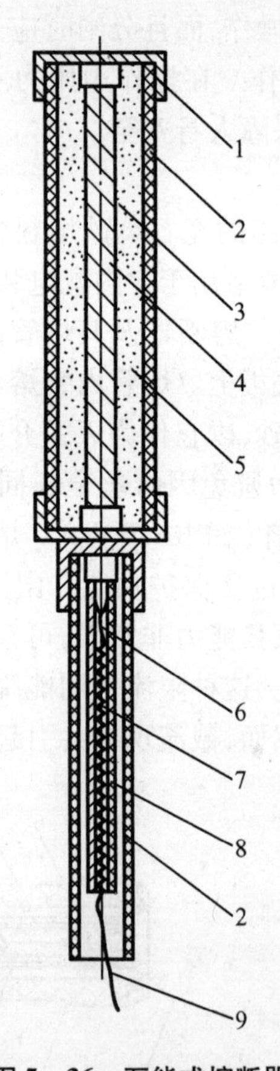

图5-36 万能式熔断器

1—端帽;2—环氧玻璃布管;3—熔体A;4—支架;5—石英砂;
6—熔体B;7—拉力弹簧;8—灭弧管;9—尾线

5.3.5 避 雷 器

线路或电气设备上出现的高于正常工作电压因而危及它们的绝缘的电压称为过电压。它起源于电力系统中电磁能量的瞬间变化，并可分为外部过电压(大气过电压)和内部过电压。外部过电压由雷电现象——直接雷击和雷电感应引起，故又分为直击雷过电压和感应雷过电压。内部过电压为开关操作、负荷突变以及断线、短路和接地等故障所致，其中因电弧熄灭或重燃而产生的称为操作过电压；因各次谐波(含基波)下回路参数谐振所致的称为谐振过电压。凡属过电压都能导致线路和电气设备中的绝缘薄弱处被击穿或发生闪络，缩短设备寿命并酿成停电及其他事故，因此为保证电力系统能正常可靠地运行，必须采取各种技术防护和安全措施，以限制过电压，并使其带来的危害降低到最低程度。避雷器正是一种用以限制过电压、保护电气设备的绝缘，使之免受过电压危害的高压保护电器。

避雷器通常与其保护对象并联而接在导线与大地之间(图5－37)。在正常工作电压下，避雷器并不动作，对地不通。一但出现过电压，且危及保护对象的绝缘时，避雷器立即动作，释放过电压电荷，将高压冲击电流泄入大地，限制过电压幅值，保护电气设备的绝缘。在过电压消失后，避雷器迅即复原，使电力系统恢复正常供电。

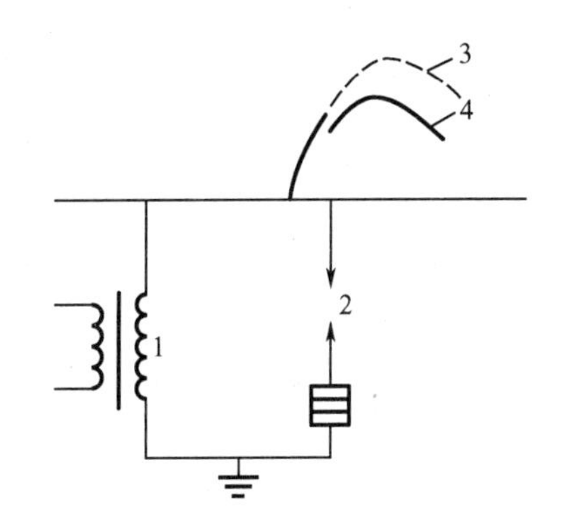

图5－37　避雷器与保护对象间的连接

1—被保护变压器；2—阀式避雷器；3—未被限制的过电压；4—被限制的过电压

常用的避雷器分阀式与管式两类。前者用于保护发电和变电设备的绝缘；后者用作发电厂和变电所的进线保护以及线路绝缘薄弱处的保护。

1. 阀式避雷器

阀式避雷器由若干个火花间隙和阀片串联叠装于密封的瓷套管内构成。图5－38中给出了单位火花间隙和阀片电阻的原理结构，以及阀片的电阻特性和伏安特性。火花间隙由上下二黄铜片夹上0.5～1 mm厚的云母片构成，单个间隙的击穿电压为2.5～3.0 kV。阀片是以碳化硅为主体和水玻璃、石灰石混合后模压成饼，然后在低温下焙烧而成。其两端面均喷铝以加强电接触性能，侧面则深覆无机绝缘瓷釉以防止发生表面闪络。阀片在正常工作电压下电阻值甚大，而在雷电压作用下电阻值骤减，使高压冲击电流畅通入地，从而让避雷器上的残余电压不超过保护对象的绝缘水平。雷击过后，阀片电阻仪迅速增大，将尾随的工频续流限制到较小的数值(80 A以下)。同时，还因其伏安特性近乎指数曲线，故当冲击电流增大时，电压降趋于一常数，所以其保护性能尤佳。

若借串联线圈或永久磁铁产生磁场使电弧运动，加强消电离作用，以提高火花间隙的灭弧能力，同时再采用高温烧结的阀片，就可得到具有较大的切断续流电流能力，而冲击放电电压和残余电压却较低的磁吹阀式避雷器。磁吹作用有拉长电弧的和使之旋转的。前者能可靠地切断300 A的续流，后者能切断450 A的续流。磁吹阀式避雷器不仅能更好地

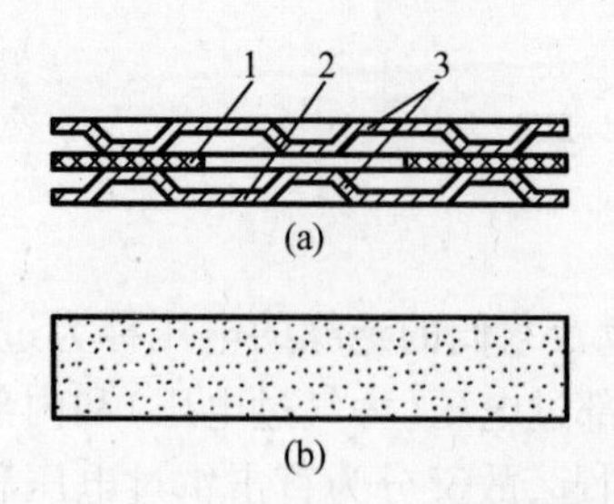

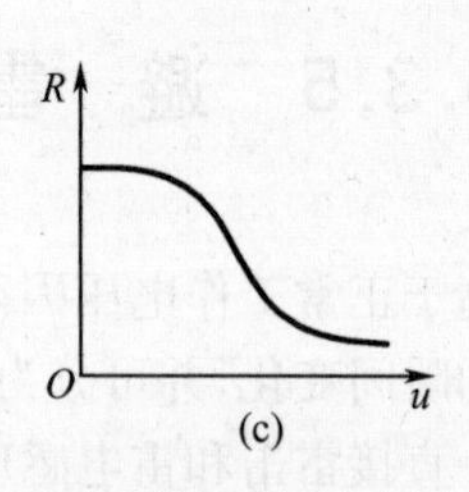

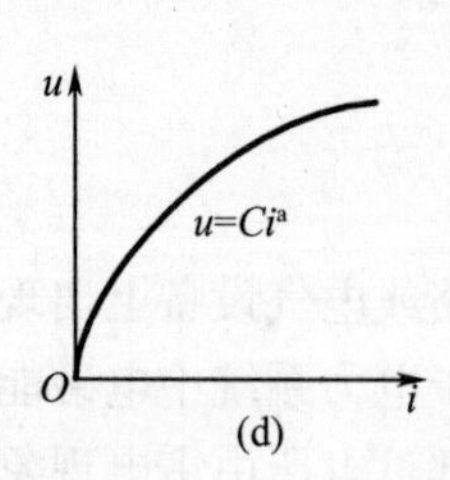

图 5-38　阀式避雷器组成元件和特性

(a)单位火花间隙;(b)阀片;(c)阀片的电阻特性;(d)阀片的伏安特性

1—云母片;2—间隙;3—电极

实现绝缘配合、针对能量较大的内部过电压提供保护,还能降低保护对象的绝缘水平,故得到推广应用。

近年来还发展了采用以 ZnO 为基体、附加少量 Bi_2O_3、MnO_2、Sb_2O_3、Cr_2O_3 等烧结制成的多晶半导体阀片的避雷器,即所谓氧化锌避雷器。它的特点是工频电压下有极大的电阻、续流极小,无需间隙灭弧;而在冲击电压下却有非常小的电阻和很大的通流能力,从而把过电压限制在保护对象的允许范围内。

为了预先发现隐性缺陷,在每年的雷雨季节到来前应对避雷器进行下列预防性试验:

(1)对无并联电阻的 FS 型避雷器应作绝缘电阻检查和工频放电电压检查试验,测量时应使用 2 500 V 兆欧计。测试结果应符合表 5-1 中的规定。

表 5-1　对 FS 型避雷器的绝缘要求

额定电压/kV		3	6	10	35	>35
绝缘电阻/MΩ	最低合格值	700	1 200	1 600	5 000	>10 000
	可用值	350	600	800	2 500	—
工频放电电压/kV	新装及大修后	9~11	18~19	26~31	—	—
	运行中	8~12	15~21	23~33	—	—

(2)对有并联电阻的 FZ 型避雷器应以 2 500 V 兆欧计测量其绝缘电阻,并检测其泄漏电流值和同一相内非线性系数偏差值(FCZ、FCD 型避雷器也应作后两项检查),其标准值如表 5-2。

表 5-2　FZ 型避雷器的绝缘电阻和 FZ、FCZ、FCD 型避雷器的泄测电流及非线性系数偏差值

额定电压/kV		3	6	10	35	110
绝缘电阻最小值/MΩ		10	15	30	150	500
20 ℃时的泄漏电流/μA	新装及大修后	<400~650				
	运行中	<300~650				
同相内非线性系数偏差值		<0.05				

2. 管式避雷器

管式避雷器由产气管和内外间隙三部分构成(图5-39)。产气管通常以棉纤维和氯化锌胶液粘合剂制成,外部以环氧玻璃纤维加强。内间隙为棒状内电极与环状内电极间的间隙,其作用为灭弧,故称灭弧间隙。外间隙设在产气管与带电线路之间,使产气管在正常情况下是不带电的,故称隔离间隙。

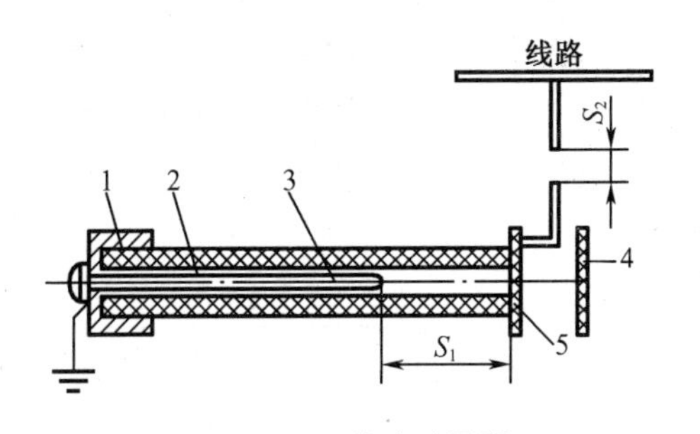

图5-39　管式避雷器

1—端盖;2—产气管;3—内电极;
4—喷口;5—外电极 S_1—内(灭弧)间隙
S_2—外(隔离)间隙

当线路遭到雷击或发生感应雷时,由于强电场的作用,避雷器的外间隙和内间隙相继被击穿,强大的雷电流便经接地装置导入大地。此后,量值很大的工频短路电流亦经被击穿的间隙导入大地。此二电流在内间隙形成强烈的电弧,使产气管内壁材料分解并产生大量高压气体,自环状电极端的管口喷出,猛烈地吹弧。于是,电弧就在电流自然过零时熄灭。此时,外间隙也恢复绝缘,使产气管与线路隔离,而电力系统恢复正常工作。

由于管式避雷器是以自产气方式灭弧,故它分断续流也有一定范围。电流过小,电弧会因产气量不足而难以熄灭;电流过大,产气管可能因气体压力太大而爆炸,因此选用时除应注意额定电压外,还应注意开断续流的上限值不小于安装点的短路电流最大值(考虑非周期分量),而下限值则不大于安装点的短路电流最小值(不计非周期分量)。

5.3.6　高压限流电抗器

高压限流电抗器是个电感值小,且不随所通过电流而改变的空心线圈。它通常设在出线端与母线以及母线与母线之间(图5-40(a)),以限制短路电流并防止母线电压于发生短路故障时过份降低。

空心电抗器过去一般采用混凝土结构。当线圈在金属模具中绕毕后,即以混凝土将它浇装成一个坚牢的整体。待混凝土硬化后,卸除模具,并做修整、养生、干燥、防潮及绝缘处理。它具有结构简单、成本低、运行可靠等特点。

由于新材料及新工艺的出现和发展,目前已研制出了干式空芯电抗器。它以铜、铝导线为导体,以聚酯薄膜作为匝间绝缘,以浸渍环氧树脂的玻璃丝纤维包扎高温封固。体积小、质量轻、成本低,具有较高的机械强度及绝缘强度,提高了寿命和可靠性。正在取代水泥空心电抗器和油浸铁芯电抗器。

电抗器产品常做成干式单相的,供户内使用。目前生产的产品主要是额定电压为6 kV和10 kV的,其额定电流为200~3 000 A,绕组电抗百分值(其两端电压降与每相电压之比的百分值)为3、4、5、6、8和10。

当电抗器被用于三相电路时,单相电抗器的排列方式有三种(图5-41),垂直排列,它要求中间一相绕组的绕制方向与上下两相的相反;二相重叠一相并列,它要求重叠的两相绕组绕向相反,下面的一相绕组与其并列绕组的绕向也相反;水平排列,它要求三相绕组的绕向完全一致。这样,相间支撑瓷座之间的拉伸力便会减小,使瓷座更加耐用。

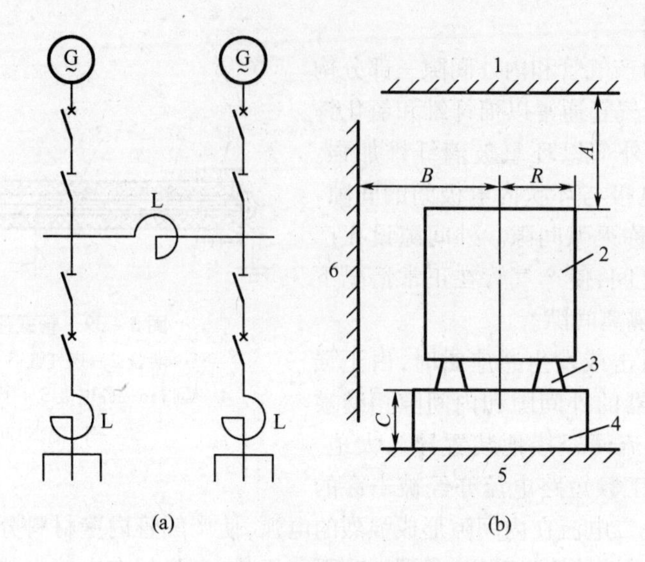

图 5-40　电抗器的连接与安装

(a)连接方式;(b)安装要求

1—天棚;2—电抗器;3—支撑瓷座;4—基础;5—地面;6—墙壁

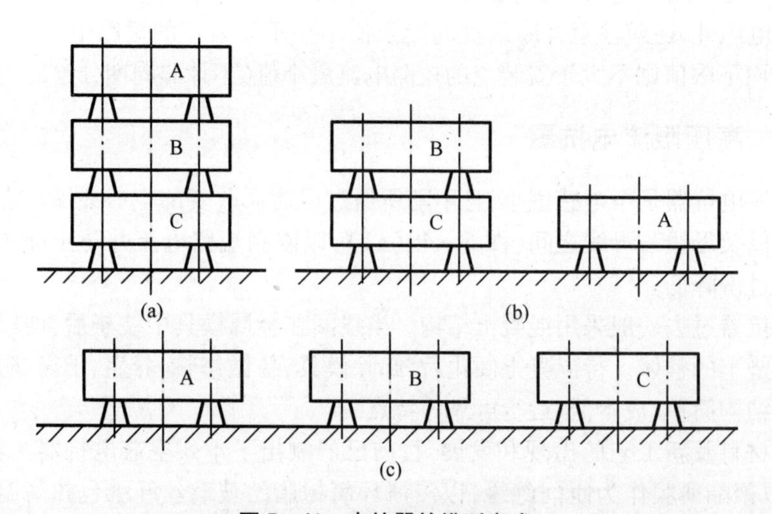

图 5-41　电抗器的排列方式

(a)垂直排列;(b)二相重叠一相并列;(c)水平排列

安装电抗器时,由于安装点的地面、墙壁和屋顶内均难免含有铁磁质材料,而电抗器中的磁通可通过它们构成回路,使之发热,故电抗器与它们之间应保持一定距离(图 10-14(b)):A > R - 130 mm,B > 2R - 120 mm,C > R - 325 mm。在采用图 7-15(a)(b)两种排列方式时,应注意各相的相序,因为 B 相绕组匝数较少,而且绕向又相反。安装施工时,支撑瓷座与电抗器和基础之间均应以纸垫圈垫平垫实,而且电接触部分应当紧密可靠。每当发生一次短路故障后,还应检查螺栓有无松动、绕组有无变形、绝缘和支撑瓷座是否损坏等。

习　　题

5.1 试述高压电器的分类方法并分析它们在电力系统中的作用。
5.2 双线制供电有什么优点？
5.3 对高压电器有哪些主要技术要求？
5.4 对高压断路器有哪些要求？
5.5 什么是自动重合闸？
5.6 线路保护为什么采用自动重合闸方式？
5.7 试分析对高压断路器的主要技术要求。
5.8 高压断路器有哪些主要技术参数？
5.9 试述少油断路器灭弧室的种类和每种灭弧室的特点。
5.10 SN10－10I 型少油断路器的灭弧室有何特点，它是如何工作的？
5.11 试述真空灭弧室及真空断路器的主要特点。
5.12 试结合真空灭弧室的结构分析其工作原理。
5.13 试述真空断路器触头的种类及各种触头的特点。
5.14 试述真空断路器操作过电压的种类及抑制方法。
5.15 简述 SF_6气体的特性及 SF_6断路器的特点。
5.16 SF_6断路器的灭弧室共有几种，每一种灭弧室有哪些特点？
5.17 隔离并关有何用途？
5.18 为什么隔离开关一般应当不带负荷操作？
5.19 操作隔离开关时应注意哪些问题？
5.20 接地开关有几种使用方式？
5.21 负荷开关有何用途，它在什么条件下可以代替断路器？
5.22 熔断器为什么一般只能作短路保护而不能作轻过载保护？
5.23 安装和操作跌落式熔断器时应注意哪些问题？
5.24 什么是截流作用和截流过电压？
5.25 万能式熔断器有何特点？
5.26 阀式避雷器有何特点，采用磁吹有何意义？
5.27 使用管式避雷器应注意哪些问题？
5.28 单相电抗器组成三相电抗器时应怎样排列？

第 6 章　组合电器和成套电器

组合电器是根据设计要求将两种或两种以上电器元件有机地组合为一体的装置。其中各电器元件仍保持原有的技术性能和结构特点，但安排合理，且有些部件还可以通用，故整个装置结构紧凑，外形尺寸和安装尺寸较小，同时各电器元件之间能很好地协调配合。因此，采用组合电器能缩小占地面积和空间，减少现场安装工作量，降低投资额，提高运行的安全性与可靠性。成套电器是以支架和面板作为基本结构集中装设测量仪表、信号和监督装置、保护装置以及配电电器或控制电器等的成套设备，它被用于接受和分配电能或遥控电气设备。

从工作电压来看，组合电器和成套电器有低压与高压两大类，它们的工作电压就是其所用电器元件的工作电压。不言而喻，同一组合电器或成套电器中各电器元件的工作电压应当是一致的。

从结构形式来看，组合电器或成套电器有敞开式和封闭式两大类。敞开式的特点是它对加工、安装和维修均无特殊要求；封闭式的则与敞开式的相反，但它在缩小占地面积和安装空间、减少维护工作量、降低噪声和对无线电通信的干扰以及提高运行安全性和可靠性等方面却远胜于敞开式的。

6.1　低压组合电器和成套电器

低压组合电器品种很多，诸如熔断器式刀开关、熔断器式隔离器、各种启动器和变阻器等。这些电器已在第 4 章介绍过，不再赘述，此处仅介绍低压成套电器。

低压成套电器主要分为配电屏和控制屏两类。配电屏供接受和分配电能用，它以支架和面板为基本结构，通常设有刀开关、熔断器、断路器、互感器、测量仪表和信号装置等。控制屏主要用来远程控制各种电力驱动系统、电气设备或电力系统，它也是以支架和面板为基本结构，并装设刀开关、断路器、保护和控制继电器、测量仪表和信号装置等。

1. 固定安装开启式成套开关设备

这是一种供发电厂、变电站以及工矿企业配电间作动力、配电或照明用的成套装置。产品的绝缘电压为 500 V，主电路的额定工作电压为交流（频率 50 Hz）380 V，辅助电路的额定工作电压为交流 220 V、380 V 和直流 110 V、220 V。目前的统一设计产品有 PGL1 及 PGL2 两个系列，它们的主电路均各有数十种方案，其中包括电缆受电或馈电、架空受电或馈电、架空受电或联络、受电、馈电、联络、照明、受电或馈电、馈电或照明等多种形式。图 6 -1 列举了数种主电路方案。

随着主电路方案的不同，开启式成套开关设备内装设有刀开关或刀形转换开关、熔断器、熔断器式刀开关、万能式或装置式断路器、接触器、电流互感器、电压互感器等电器元件中的一种或若干种以及母线等。它们安装在以角钢和薄钢板焊制的屏柜内。在屏正面上方有可开启的小门，其上设置着各种测量仪表；在屏正面的下方亦有可开启的门，以利维

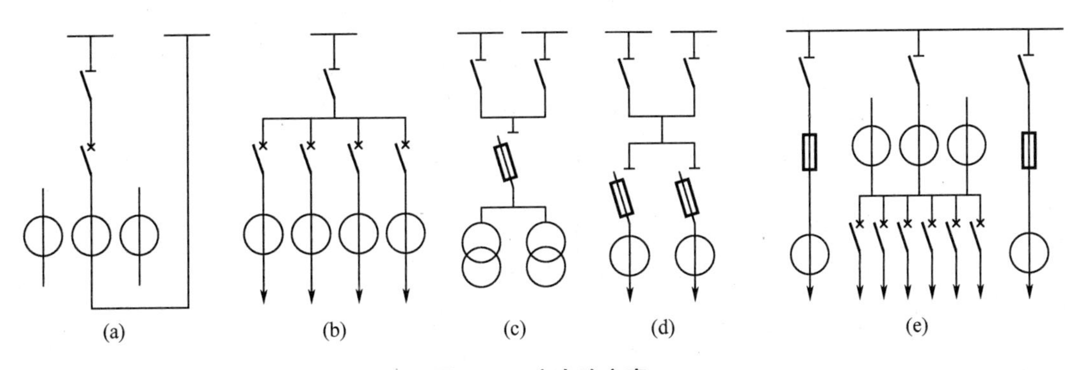

图6-1 主电路方案

(a)架空受电或馈电;(b)馈电;(c)联络;(d)联络及馈电;(e)馈电及照明

修。主母线安装在骨架上方的绝缘框上,其上还设防护罩,以防金属件掉落母线上酿成主母线短路事故;中性母线和接地母线则安装在框架下方的绝缘子上。

这类屏柜既可独立使用,也可将若干个组合使用,以满足不同的需要。因电器元件和母线的不同,PGL1 系列产品的分断能力达 15 kA(有效值),PGL2 系列产品则达 30 kA(有效值)。两个系列的产品均具有结构合理、分断能力高、动稳定性及热稳定性强、防护性能好及运行安全可靠等特点。此外,其每一主电路方案均有一个或数个对应的辅助电路方案,对用户尤为方便。

类似的产品还有固定安装封闭式成套开关设备(如 GGL1 系列交流低压配电柜)、固定安装回路间隔离封闭式成套开关设备(如 GBL1 型)等。

2. 抽出式成套开关设备

抽出式成套开关设备的结构采用封闭间隔型,它含以异型钢和钢板弯制组装的柜体、固定安装的功能单元以及可抽出的功能单元。典型产品有 GCK1 系列电动机控制中心和 GCL1 系列动力中心,它们的主电路有数十种方案以供用户选择。

(1)GCK1 系列电动机控制中心

它是交流(50 Hz)380 V 系统的配电及异步电动机的控制设备,可用作工矿企业和大型建筑设施的配电装置,冶金、化工和轻工生产线的电动机集中控制。当其功能单元经接口件与可编程序控制器或微处理机联接后,还可用作自动控制系统的执行单元。

电动机控制中心按其使用特征分为进线柜(JX 型)和馈电柜(KD 型)两大类,其中的主电路与辅助电路均借隔离变压器分开,以确保安全。它们可根据不同的要求加以组合,如图 6-2 所示。

进线柜内装设了两台断路器,它们均为插入式结构。柜顶的水平母线室内有两组水平母线。与断路器之间的联接既可采取双电源供电方式,也可采取有备用电源的方式。断路器室在柜体正面左侧,右侧为电缆室。断路器具有三段式保护功能。接地母线和中性母线均装设在柜的底部。随着所用断路器的不同,额定分断能力有 50 kA 及 80 kA(有效值)两种,额定接通能力有 105 kA 及 180 kA(峰值)两种。馈电柜柜顶设一组水平母线,柜后为垂直母线室。柜的正面左侧为功能单元间隔,它们均各自有门。右侧为主电路及辅助电路端子室,供向外接线。柜底有公用电源室,其下方亦设中性母线和接地母线。馈电柜各间隔的门与主开关间有机械或电气连锁,以防主开关带负荷从运行位置抽出或主开关处于合闸状态时插入。各功能单元含主开关(断路器或接触器)、推进机构、进出线插头、测量控制

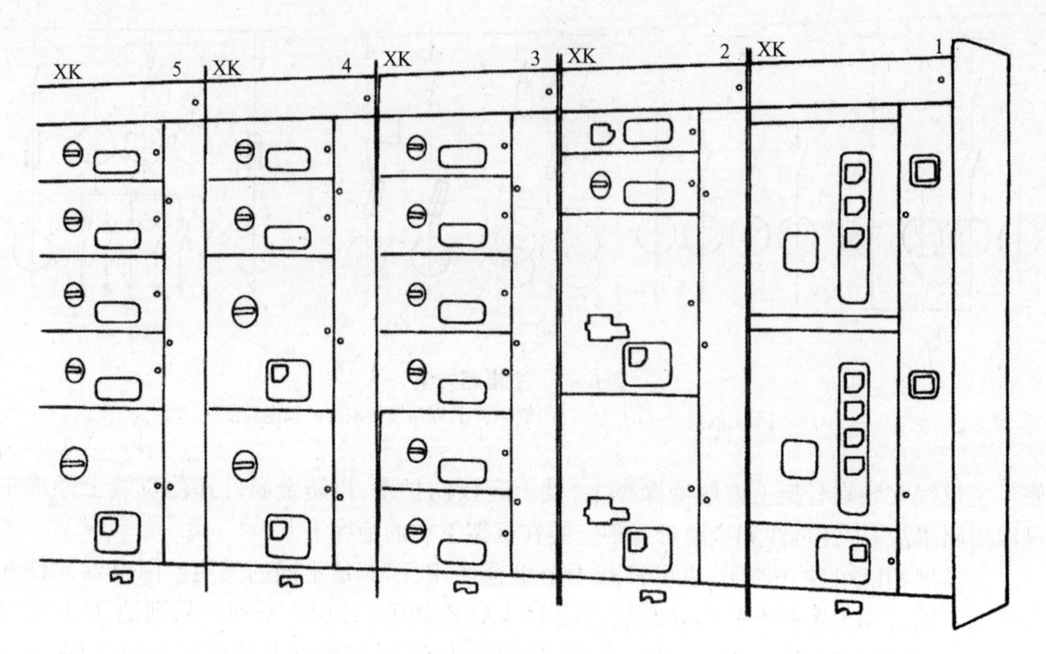

图 6-2　GCKl 系列电动机控制中心

板、操作机构等，它们可视线路方案任意组合。当发生故障时，可将单元抽出并迅速换上备用单元。插入及抽出均以杠杆操作，故甚为轻便。

馈电柜内装设的电器元件有断路器、接触器、热继电器、熔断器、漏电保护器和电流互感器等，其功能有电动机不可逆或可逆运行、双速控制和星－三角启动控制、照明、馈电以及功率补偿等。随电器元件的不同，所控制电动机的最大功率由 4 kW 至 300 kW，机械寿命达 300～1 000 万次，AC3 电寿命 60～120 万次。

(2) GCL1 系列动力中心

这是额定电压至交流(50 Hz)660 V 的电能分配用户内抽出式成套开关设备。它采用封闭间隔型结构，并设固定安装功能单元(如进线计量、照明及功率补偿)和可抽出功能单元(如进线单元、馈线单元、母线单元及照明切换单元)，并随需要可提供数十种线路方案(图 6-3 给出其中的几种)。

柜体内设有功能单元隔室、主母线及电缆室、二次小母线室、仪表室等。抽出式功能单元(断胳器)有三个位置——“工作”“试验”“分离”。功能单元与隔室的门之间设有连锁。以保证只有门已关上且功能单元处于“工作”及“试验”位置上方能合闸，同时也只有在“分离”位置上才能开门(紧急状态下例外)。柜内所设电器元件有断路器、熔断器、电压及电流互感器、刀熔开关、接触器、刀开关、热继电器、电抗器、避雷器和电容器等当中的若干种。元件的额定电流自数十至数千安不等，额定分断能力均为数十千安。

3. 无功功率补偿装置

无功功率补偿装置是能根据电网负荷的功率因数值、以 10～60 s 的时间间隔自动地投切电容器组，使电网的无功功率消耗维持最低值的一种电工装置，因此采用无功功率补偿装置可以使电网的功率因数经常保持在 0.95 以上，从而降低变压器乃至整个电网的功率损耗、降低变压器所需容量，最终实现节约能源、降低成本和提高电网供电质量的目的。

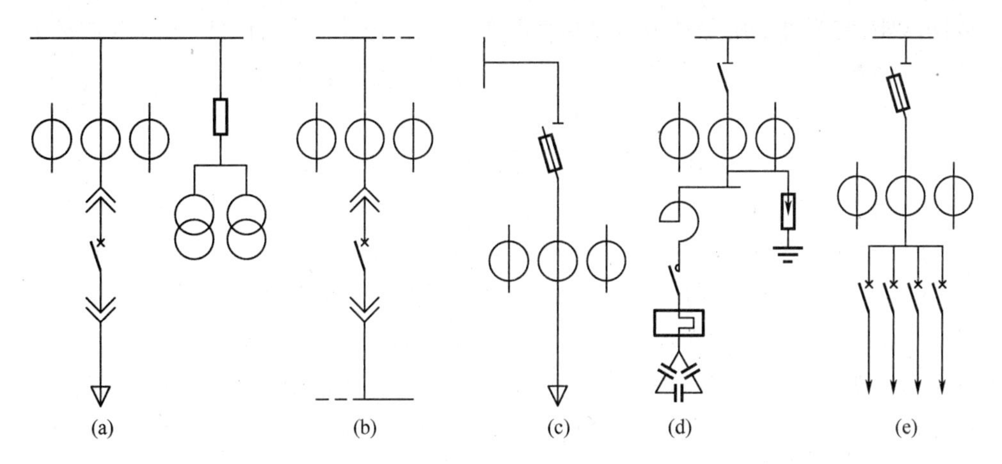

图6－3　动力中心的主电路方案

(a)电缆进线;(b)母线;(c)馈线;(d)功率补偿;(e)照明

目前的主要产品有 PGJ1 型无功功率自动补偿屏。它主要由控制器、电容器组及其投切装置等组成。控制器中的相位检测单元测量主电路(电网)的电压与电流之间的相位差,后者与设定的功率因数值进行比较。通过比较取出的信号经放大后,输送到延时电路,然后由执行单元输出“投”“切”指令,使主电路(图6－4)中的投切装置(主要为接触器)相应地动作,投入或切除部分电容器组。针对电容器组投入时将出现较大的涌流,在主电路中设有电抗器,但在使用专用的 CJ16 系列交流接触器时,则可不设电抗器。线路中的灯泡是供电容器放电用的。整个装置还设有过电压保护和过载(包括短路)保护,接触器又可提供失压保护功能。

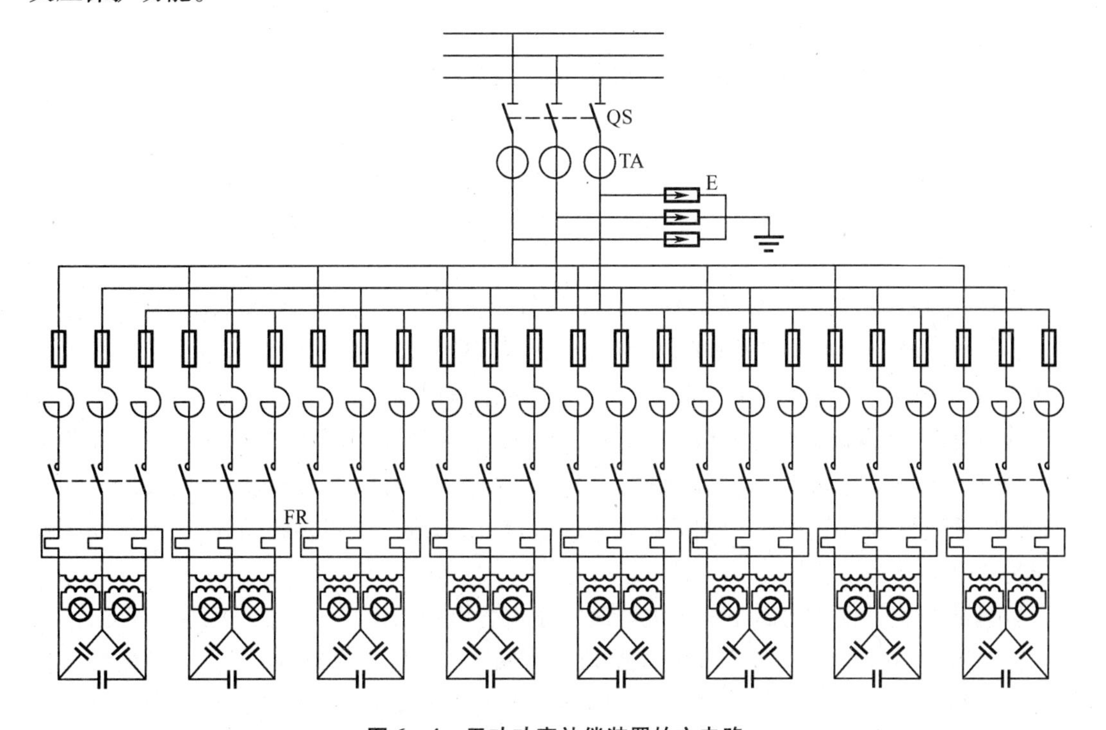

图6－4　无功功率补偿装置的主电路

根据需要,装置可采用手动或自动两种控制方式。电容器组的投切是采取循环方式,以保证各接触器、电容器操作次数均衡,从而延长它们的使用期限。

PGJ1 系列产品有主屏和辅屏两种形式(主屏含控制器),一台主屏还可与 1~3 台辅屏组合,因而其总容量为 84 kvar 于 480 kvar。投切方式有 6 步及 8 步两种,每步投入的 kvar 数由 14 kvar 直至 60 kvar。产品的额定电压为 400 V(50 Hz),当电网电压超过 1.1 倍额定电压时,便由氧化锌避雷器吸收过电压,同时将电容器切除。当电容器回路电流超过额定电流的 130% 时,装置能可靠地切除电容器,而正在采用电抗器时,能将涌流限制在 50 倍额定电流以下。电容器放电装置在放电 60 s 后,其剩余电压小于 50 V。

屏体有 1 000 mm×2 200 mm×600 mm 和 800 mm×2 200 mm×600 mm 两种规格,其顶部装设母线,屏面上部为仪表部分(装有电表、转换开关和控制器等),中间为操作部分(装刀开关操作手柄),下部前面是保护电器和控制电器、后面为电容器组。

电容器的安装容量 Q(kvar)可按下式计算

$$Q=P\left(\sqrt{\frac{1}{\cos^2\varphi_1}-1}-\sqrt{\frac{1}{\cos^2\varphi_2}-1}\right) \tag{6-1}$$

式中 P——负荷容量;

$\cos\varphi_1$,$\cos\varphi_2$——补偿前和补偿后的功率因数值。

选用无功功率补偿装置时,应先按式(6-1)求出所需的补偿电容器组的容量,再选出总容量与计算值相近的产品。

除上面介绍过的几个品种外,低压成套装置还有箱式变配电站、直流成套开关设备、母线干线系统、照明配电箱、插座箱、计量箱等,此处就不赘述了。

6.2 高压组合电器

高压组合电器大体上分为开启式和全封闭式两大类。

开启式组合电器按主体元件的不同分为以隔离开关为主体的和以断路器为主体的两类,但也不限于此,如在农村电网中便有由跌落式熔断器和负荷开关组成的组合电器。它用于户外,工作电压为 10 kV,有 50~200 A 的负荷电流开断能力、200 MVA 的额定开断容量。在其熔断器的一测设有灭弧室,以合分熔断器额定电流及以下的负荷电流。农村电网中还有由高压熔断器、负荷开关和隔离开关组成的组合电器,它具有下列功能:当保护范围内出现故障时、可动熔断管中的熔丝会熔断并灭弧,切除故障;分闸时先由灭弧室切除负荷电流,然后拉开可动熔断管,合闸时则先合上可动熔断管,再由灭弧室接通电流,故可切合一定的空载电流和负荷电流;分闸后可动熔断管拉开,形成一个明显的断开点,此产品工作电压为 35 kV。

以隔离开关为主体的高压组合电器通常还包含电流及电压互感器、电缆头等元件,其结构简单紧凑,并把隔离开关的静触头装在其他元件上,故产品纵向长度小,机械稳定性好。它适用于 110 kV 及以上的场所。以断路器为主体的高压组合电器还包含隔离开关和电流互感器等,断路器装在手车上(图 6-5),隔离开关被简化成一对触头,故占地少,且检修方便。它适用于工作电压为 35 ~ 110 kV 的场所。

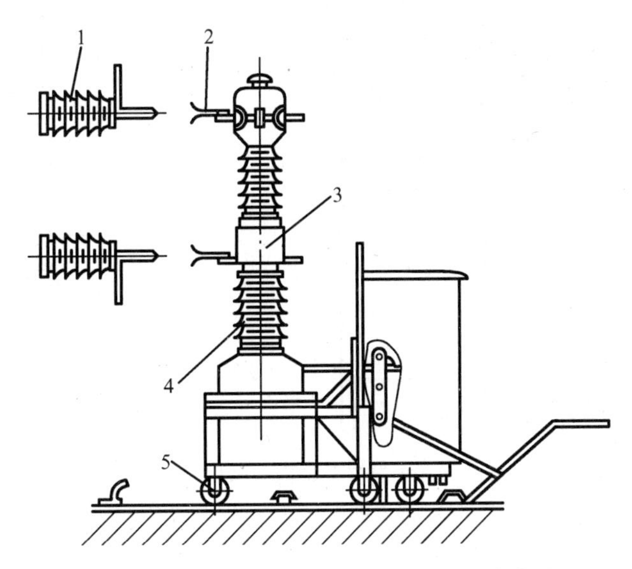

图 6 - 5　主体为少油断路器的 35 kV 组合电器

1—隔离触头静支持座;2—动触头;3—电流互感器;4—少油断路器;5—手车

组合电器有专用的电流互感器,若检修时需以一般的互感器代替,则应增加安装静触头的措施,切忌将主闸刀或接地刀静触头直接安装在互感器接线端上,以免损坏出线端或引起漏油。

近年来,全封闭组合开关发展非常迅速。这种全封闭高压组合电器是将各组成元件的高压带电部位完全密封在充有绝缘介质的接地金属外壳内,故被称为 GIS(Gas Insulated Switchgear)。时下的 GIS 产品壳体内是充压强值为 0.3 ~ 0.4 MPa 的 SF_6气体,以此作为相与相间以及相对地的绝缘。下面介绍三种产品。

1. FN - 10 型 SF_6负荷开关环网柜

这是一种将所有高压回路密封在金属壳内、以 SF_6气体为灭弧和绝缘介质、采用手动储能弹簧操动机构的高压组合电器,其结构如图 6 - 6 所示。

本产品适用于三相 50 Hz 10 kV 输配电网络、尤其是环网供电网络,作为关合和切断额定电流及关合额定短路电流的配电开关。它是将负荷开关和熔断器组合在一起,以保护容量值为 2 000 kVA 及以下的变压器回路。

产品的额定电压为 10 kV,额定电流、额定闭环开断电流及额定有功负载开断电流均为 400 A 及 600 A,额定短路关合电流为 40 kA 以及 50 kA,额定短时及峰值耐受电流分别为 20 kA(2 s)及 50 kA,额定空载变压器开断电流为 1 250 kVA 配电变压器的空载电流。

2. LF - 110 型全封闭式组合电器

这是一种 SF_6全封闭式组合电器,它一般含断路器、隔离开关、接地开关、互感器、避雷器、母线、电缆头、出线套等(图 6 - 7)。各电器元件按电站主线路依次连接,其高压带电部分则密封于充有 SF_6气体的金属外壳中。

由于 SF_6气体具有优良的绝缘性能,使全封闭组合电器内各元件间的绝缘距离大为缩小,而其占地面积和空间则成平方和成立方地缩小。工作电压越高,这种现象越明显。对

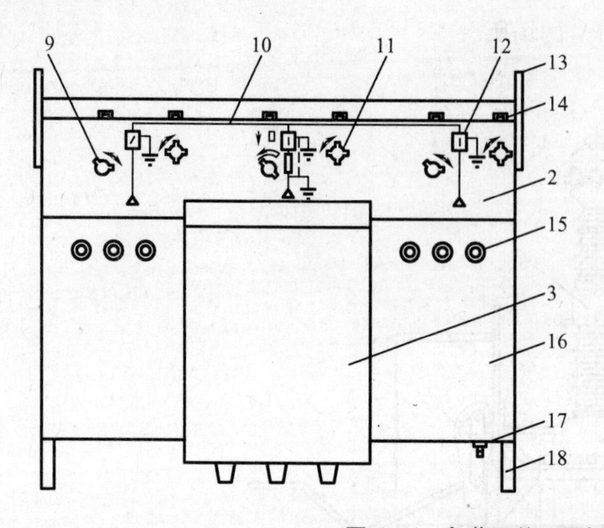

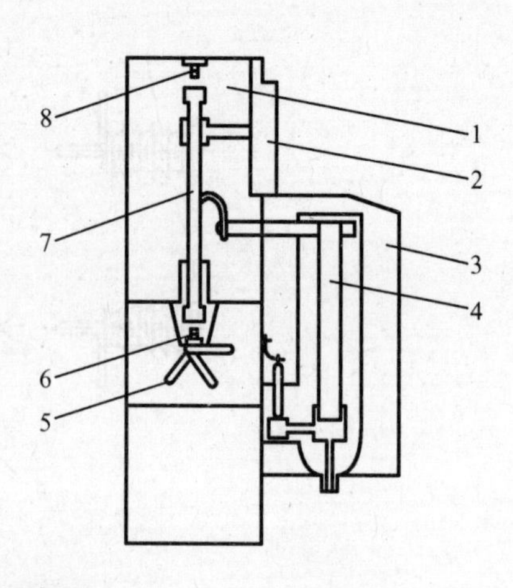

图 6-6　负荷开关环网柜结构示意图

1—开关室;2—操动机构室;3—熔断器室;4—高遮断限流熔断器;5—回路间连接母线;6—负荷开关静触头系统;7—动触头系统;8—接地开关静触头系统;9—负荷开关操作孔;10—模拟线路标志;11—接地开关操作孔;12—开关状态显示装置;13—吊装装置;14—机构加锁装置;15—电缆接线端子;16—接线室;17—接线端;18—安装支架

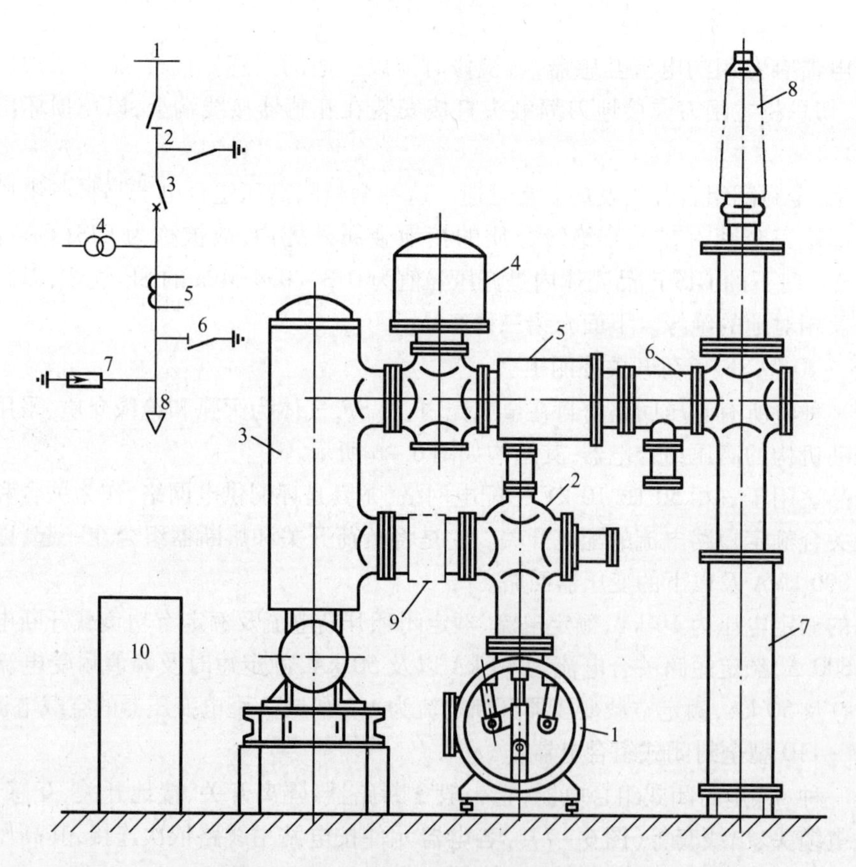

图 6-7　LF-110 型全封闭式组合电器

1—母线;2—带接地装置的隔离开关;3—断路器;4—电压互感器;5—电流互感器;6—快速接地开关;7 —避雷器;8—电缆头;9—波纹管;10—断路器操动机构

于 110 kV 以上的变电站，采用 SF_6全封闭组合电器后，占地面积和空间均可缩小 90% 以上。兼之它又能不受外界环境的影响，运行中还能防止触电，也不干扰无线电通信，同时基本上可以免除维修，因此它特别适用于大城市及工业密集地区的变电站、地下设施的变电姑、环境恶劣地区的变电站以及地势险峻的山区变电站。

LF－110 型全封闭式组合电器的母线是采用三相共体结构，设于其底部的圆筒内，并分别以支持绝缘子固定在壳体上。这种结构虽能缩小安装面积，但电场分布不及分相式均匀，且相间电动力大，结构较复杂。三通接头 11 用于将避雷器、快速接地开关和电缆头连接起来；而三通接头 12 则用于将电压互感器、电流互感器和断路器的出线端连接起来。断路器的另一端与母线圆筒上部含接地闸刀的隔离开关连接。为防止产生因母线热膨胀而对密封部位形成附加应力，断路器进线端与隔离开关连接处设有弹性元件——波纹管。

然而，SF_6全封闭组合电器也存在一些固有的缺点。

（1）尽管 SF_6的绝缘水平比空气高许多，但在不均匀电场中却会严重降低以致整个产品的抗冲击电压、特别是抗雷击陡脉冲的绝缘能力很差。

（2）由于 GIS 的波阻抗小，行波速度高，故其中的隔离开关开断电容电流时（此电流因 GIS 对地电容大，一般也很大），可能产生兆赫级的高频过电压，对绝缘十分不利。

（3）虽然 GIS 安全可靠，几乎无需检修，但一旦出现内部故障，不仅后果严重，而且检修工作量非常大。

（4）对密封件的材料和工艺要求很高。

3. SF_6高压复合电器

SF_6全封闭式组合电器是根据用户一次主电路的要求而设计和生产的，故属单个生产性质，产量低，成本高。有鉴于此，可将两种或两种以上高压电器按一次主电路要求组合成几种标准形式的 SF_6全封闭式复合电器。于是用户可以凭借这些产品，按一次主电路要求自行组合。这种产品既具有 SF_6全封闭式组合电器的优点，又容易变更主电路方案和扩建、改建，同时还能降低成本、节省投资费用（据统计，对于 500 kV 电压等级的电站可节省投资 30% 左右，因此它们在未来将得到相当程度的发展。

就 SF_6全封闭式高压电器而论，其工作的可靠性主要决定于 SF_6气体的绝缘性能，因此除制造时要注意 SF_6气体的纯度、提高密封技术和避免零件有不合适的外形及粗糙度以防止出现明显的不均匀电场外，在运行中还应注意监视密封容器内的 SF_6气体密度和压力，将它们控制在一定的范围内，并且提高检漏技术。若能做好上述工作，则一般在 20～25 年的使用期限内，SF_6全封闭式高压组合电器是能够免维修的。

6.3　高压成套电器

高压成套电器基本上都是成套配电装置，它是按照规定的一次及二次接线方案。将各种开关电器和其他电气设备组装在一个或若干个金属柜内形成的装置。由于它是以开关电器为主体，故又称高压开关柜。

高压开关柜结构紧凑、占地面积小、安装工作量小、使用和维修方便且有多种接线方案以供选择，故用户使用尤感便利。

国产高压开关柜品种很多。按柜体结构区分有开启式和封闭式。按断路器的安装方式区分有固定式和手车式。按使用环境区分有一般环境用与特殊环境用(如矿用、船用、化工用、湿热带用等)。本章仅介绍一般环境用产品。这些产品的额定电压有 10 kV 和 35 kV 的两种,额定电流为 600 ~ 3 000 A,额定断流容量为 300 ~ 1 000 MVA。

1. GG－1A 型固定开启式开关柜

GG－1A 型高压开关柜适用于交流 50 Hz、3 ~ 10 kV 三相电力系统,供变、配电站作为接受和分配电能用。其额定电压为 3 kV、6 kV、10 kV,额定电流为 200 A、400 A、630 A、1 000 A、2 000 A、3 000 A,额定短路开断电流为 16 kA、31.5 kA、40 kA,操作方式有采用直流电磁操动机构和弹簧操动机构的两种,母线系统有单母线和单母线加旁路的两种。

高压开关柜内的电器元件以 5N10 型少油断路器为主,其他还有限离开关、接地开关、真空断路器、熔断器、避雷器、氧化锌压敏电阻、电压互感器和电流互感器等。凭借这些电器元件,可组成成百种主电路方案,主要有进出线油开关柜、联络油开关柜、母线分段柜、母线或进线互感器柜、母线避雷器柜、站用变压器柜和进出线负荷开关柜等。

为了防止发生电气误操作,在 GG－1A 型开关柜的基础上开发了 GG－1A(F1)及 GG－1A(F2)型防误型开关柜。它们利用机械连锁、程序锁、户内高压监视装置和相关结构间的配合,构成了防止电气误操作的强制性机械闭锁。这种闭锁共有防止误分、误合断路器;防止带负荷分、合隔离开关;防止误入带电间隔;防止带电挂接地线或合接地开关以及防止带接地线或接地开关合闸时合隔离开关等五种防误功能。

图 6－8 为 GG－1A(F2)型高压开关柜的结构简图,其右上角为开关柜的一次接线图。这是一种进出线开关柜,其骨架以角钢和薄钢板焊成,顶部设母线和上隔离开关,中部设少油断路器,其下设电流互感器,底部设下隔离开关,上部前端小室安装仪表和继电器,其下是操动机构。开关柜的二次接线方案也有多种,它因断路器操作方式以及防误形式而异,一般含各种仪表、保护线路和远距离控制线路等。

必须注意,使用非防误型开关柜时,应通过机械的或电气的连锁,以保证隔离开关先于断路器合闸、而后于断路器分闸的顺序。

2. GC2－10(F)型手车式高压开关柜

这种手车式开关柜适用于各种发电厂和变电站的 3 ~ 10 kV 配电系统,以接受和分配电能及对电路进行监控和保护。从结构上来看,它属于间隔式的金属封闭开关设备,其中含带间隔的固定柜和用滚轮移动的手车。由于手车可以互换,故当需要检修时能迅速而且方便地更换手车,缩短停电时间,提高供电的可靠性,因此这种产品常用于向较重要的负荷供电。

随着所装设电器元件的不同,手车有断路器车、隔离开关车、避雷器车、互感器车、站用变压器车、熔断器车和电容器车等,而柜也因手车而得名。

图 6－9 是 1 000 A 以下断路器柜结构简图。断路器柜内部有相互隔离的母线室、电缆室、手车室和继电器室等,它们是借薄钢板或绝缘板来分隔的。

开关柜具有与 GG－1A(F)型产品相同的防误功能,另外还设有供调试时和紧急状况下使用的紧急解锁装置。

通常,手车应当具有三个位置:

(1)工作位置　一次和二次回路均接通。

(2)试验位置　一次回路不接通、二次回路接通。为了安全,在一次隔离动触头与柜体上的一次隔离静触头之间还存在着一定的安全距离,以确保断路器动作试验的安全。

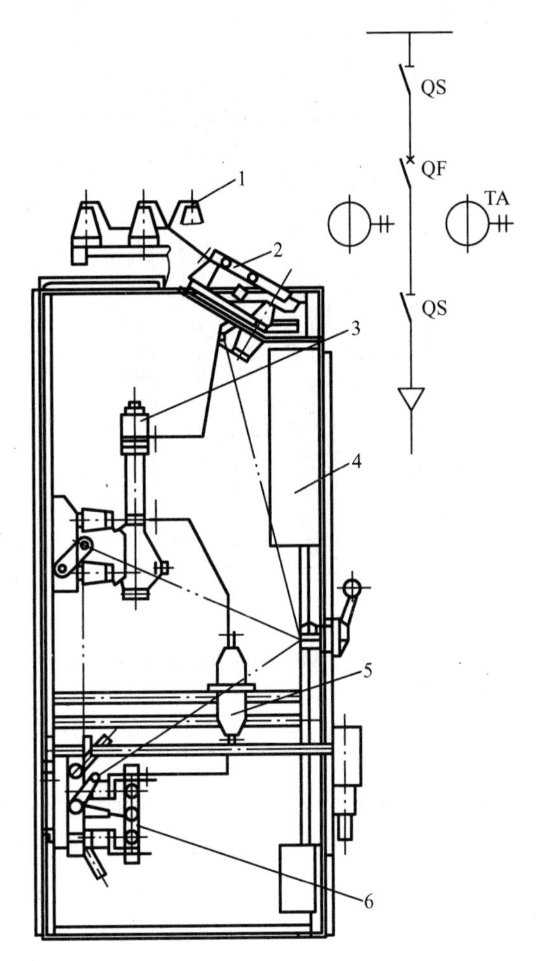

图6-8　GG-1A(F2)防误型高压开关柜

1—母线;2—上隔离开关;3—少油断路器;4—仪表继电器室;
5—电流互感器;6—下隔离开关

(3)检修位置　手车退出柜外,一次及二次回路均断开。

手车式高压开关柜为确保人身及设备的安全,对手车的移动采取了下列连锁措施:

(1)当断路器处于合闸状态时,手车既不能自工作位置移到试验位置,也不能自试验位置移至工作位置。

(2)若手车已在工作位置或试验位置上,且断路器尚未跳闸,则移动手车时,应能使断路器先行自动跳闸。

(3)当手车尚处在工作位置与试验位置之间时,断路器不能合闸。

金属封闭式高压开关柜的密封性强,故除一般场所外,象水泥厂、石化厂等环境较差的地方,也同样适用。

GC2-10(F)型高压开关柜的额定电压为3 kV、6 kV、10 kV,额定电流为630 A、1 000 A、1 250 A、2 000 A及3 000 A,额定开断电流为16~40 kA,额定关合电流为40~130 kA(开断及关合电流是就断路器而言),寿命为3 000次,线路方案上百种。

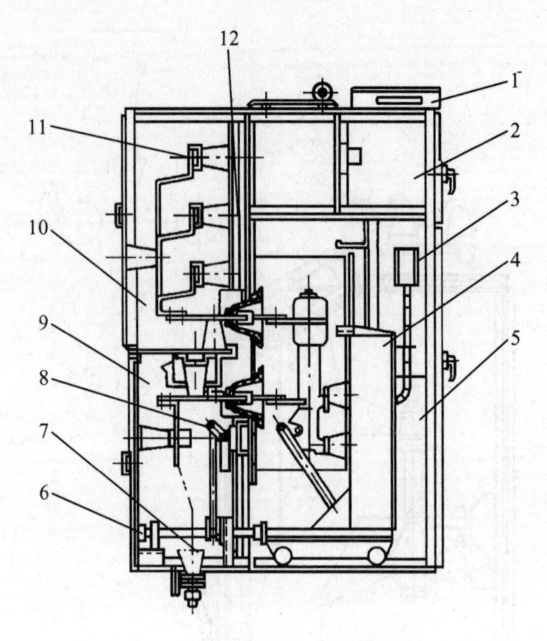

图 6-9　1 000 A 以下断路器柜

1—小母线室；2—继电器室；3—二次插头；4—断路器手车；5—手车室；6—连锁系统；
7—电缆头；8—接地开关；9—电缆室；10—主母线室；11—主母线；12—触头盒

高压开关柜除上面介绍的两种外，还有 GFC 型手车封闭式开关拒、GSG 型固定式双母线开关柜、JYN 型户内交流金属封闭移开式开关拒、GWC 型户外手车式开关柜（以上产品额定电压至 10 kV）以及 GBC 型手车开启式开关柜（额定电压至 35 kV）等多种。

习　题

6.1 什么是组合电器和成套电器？

6.2 敞开式和封闭式的组合及成套电器各有何特点？

6.3 若有一车间的设备平均总功率为 $P=100$ kW，其功率因数值为 $\cos\varphi_1=0.65$，今欲将它提高到 $\cos\varphi_2=0.95$，求所需补偿电容器的无功功率容量。

6.4 SF_6全封闭式高压组合电器有何优缺点？

6.5 发展 SF_6高压复合电器有何意义？

6.6 成套电器的五种防误功能包含哪些内容？

6.7 手车有几个位置，对手车的移动应采取哪些连锁措施？

第7章　电器控制线路

7.1　概　　述

继电器接触器控制系统是应用最早的控制系统，是由按钮、接触器、继电器等组成的控制系统。它具有结构简单、容易掌握、维修方便、价格低廉等优点，多年来在各种生产机械的电器控制领域中一直获得广泛的应用。虽然生产机械的种类繁多，所要求的控制线路也是千变万化、多种多样的，但是它们都遵循一定的原则和规律。只要我们通过典型控制线路的分析和研究，掌握其规律，还是能够阅读控制线路和设计控制线路的。

1. 电器控制线路的定义、组成和表示方法

电器控制线路是用导线将电机、电器、仪表等电气元件连接起来，并实现某种要求的电器线路。电器控制线路应本着简单易懂、分析方便的原则用规定的方法和符号进行绘制。

电器控制线路根据通过电流的大小可分为主电路和控制电路。电动机、发电机及其相连的电器元件组成的通过大电流的电路称为主电路。接触器、继电器线圈及连锁电路、保护电路、信号电路等通过小电流的电路称为控制电路。

电器控制线路的表示方法有两种：安装图和原理图。安装图是按照电器实际位置和实际接线线路用规定的图形符号画出来的，这种电路便于安装和检修调试。原理图是根据电路工作原理用规定的图形符号绘制的，这种电路能够清楚地表明电路的功能，分析系统的工作原理。

2. 绘制原理图应遵循的原则

(1)控制系统内的全部电动机、电器和其他器械的带电部件，都应在原理图中表示出来。

(2)原理图的绘制应布局合理、排列均匀、看图方便，可以水平布置，也可以垂直布置。

(3)所用图形符号及文字符号应符合 IEC 标准的规定。

(4)为了突出或区分某些电路、功能等，可采用不同粗细的图线来表示，如主电路可用粗线，控制电路可用细线。

(5)电路或元件应按功能布置，并尽可能按工作顺序排列，对因果次序清楚的原理图，其布局顺序应该是从左到右，从上到下。

(6)元件、器件和设备的可动部分，通常应表示在非激励或不工作的状态和位置。

(7)同一电器元件的不同部分，如线圈和触点，采用同一文字符号标明。

(8)功能相关项目应靠近绘制。

3. 电器控制线路的符号

(1)图形符号

在绘制电路图时，其图形符号应符合 IEC 标准的规定，如附录 A 所示。

(2)文字符号

根据IEC标准的规定,文字符号分为基本文字符号(单字母或双字母)(附录B)、辅助文字符号(附录C)和附加数字符号。

单字母符号按拉丁字母将各种电气设备装置和元器件划分为23大类,每一大类用一个专用字母符号表示,如"K"表示继电器、接触器,"S"表示控制电路开关器件。

双字母符号由一个表示种类的单字母符号与另一个字母组成,该字母应按有关电器名词术语国家标准或专业标准中规定的英文术语缩写而成。以单字母在前,另一字母在后,如"KT"表示时间继电器,其中K表示继电器;T表示时间。

辅助文字符号是用来表示电气设备装置和元器件及线路的功能状态和特征的。

附加数字符号是用来区别具有相同的基本文字符号、辅助文字符号的不同电器的,如接触器KM_1、KM_2等。

7.2 基本控制逻辑

基本控制逻辑是电器控制线路的基本单元,主要包括与逻辑、或逻辑、非逻辑、禁逻辑、锁定逻辑、记忆逻辑、延时逻辑。由这些逻辑可以组成各种各样的电器控制线路。

在以下逻辑关系式中,对于自变量(触点)X_1,X_2,…、X_n,定义其相应的线圈断电时$X=0$,通电时$X=1$;对于自变量(按钮)S,定义按钮松开时$S=0$,按下时$S=1$;对于函数(线圈)Y,定义线圈断电时$Y=0$,通电时$Y=1$。

在图7-1至图7-9中,左侧为触点组合,右侧为线圈。

1. 与逻辑

与逻辑(图7-1)是各触点串联的控制电路。在与逻辑中,只有全部触点为闭合状态,线圈才为通电状态,只要一个触点为断开状态,线圈就为断电状态。与逻辑的逻辑表达式为

$$Y = X_1X_2\cdots X_n = \prod_{i=1}^{n} X_i \tag{7-1}$$

等号左侧为线圈,右侧为触点组合。

2. 或逻辑

或逻辑(图7-2)是各触点并联的控制电路。在或逻辑中,只要一个触点为闭合状态,线圈就为通电状态,只有全部触点为断开状态,线圈才为断电状态。或逻辑的逻辑表达式为

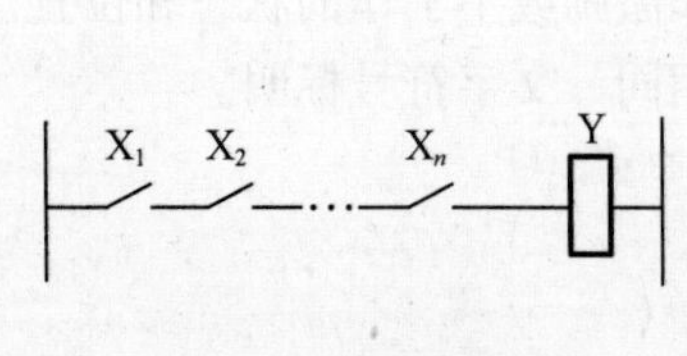

图7-1 与逻辑

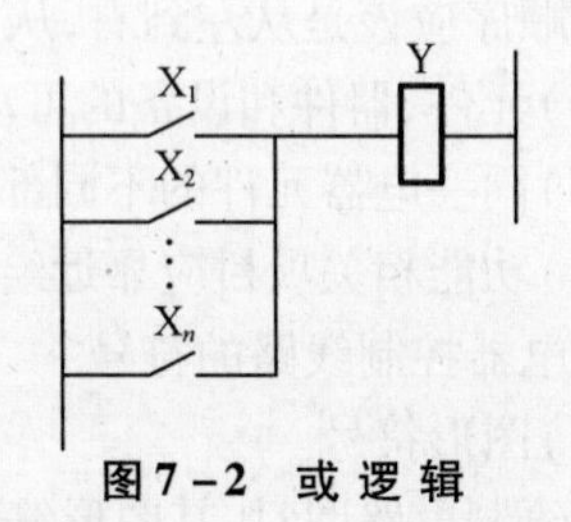

图7-2 或逻辑

$$Y = X_1 + X_2 + \cdots + X_n = \sum_{i=1}^{n} X_i \tag{7-2}$$

3. 非逻辑

非逻辑(图7-3)是触点在电器不工作时为闭合状态的控制电路。在电器不工作时,线圈为通电状态;在电器工作时,线圈为断电状态。非逻辑的逻辑表达式为

$$Y = \overline{X} \tag{7-3}$$

4. 禁逻辑

禁逻辑是一个触点的状态控制其他触点的操作能否实现的控制电路。在图7-4中,X触点对Z触点起到禁的作用。当X触点处于闭会状态时,Z触点的状态能够决定Y线圈的状态;当X触点处于打开状态时,无论Z触点处于何种状态,Y线圈的状态都不受影响,始终保持断电状态。禁逻辑的逻辑表达式为

$$Y = \overline{X}Z \tag{7-4}$$

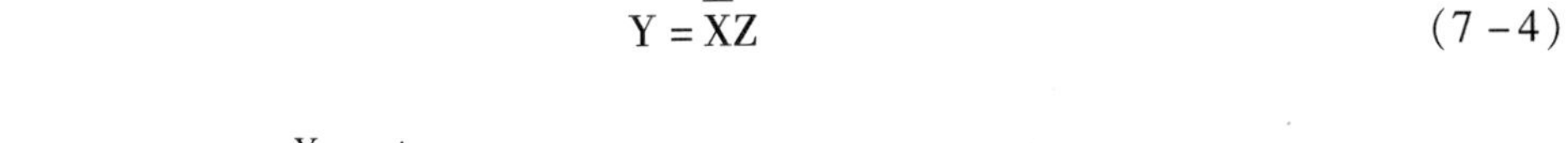

图7-3 非逻辑

图7-4 禁逻辑

5. 锁定逻辑

锁定逻辑是基本控制逻辑中很重要的一类逻辑,它主要包括3种逻辑:自锁逻辑、互锁逻辑、连锁逻辑。

(1)自锁逻辑

在图7-5中,按下按钮S,线圈Y通电,触点Y闭合。松开按钮S后,由于其并联的触点Y仍为闭合状态,线圈Y仍能继续通电。这种现象称为自锁。自锁逻辑的逻辑表达式为

$$Y = S + Y \tag{7-5}$$

(2)互锁逻辑

在图7-6中,触点X_1闭合后,线圈Y_1通电,则触点Y_1打开,使线圈Y_2断电。同理,触点X_2闭合后,线圈Y_2通电,则触点Y_2打开,使线圈Y_1断电。通过上述分析可知,当一个线圈先通电时,另一个线圈就不能再通电了,即线圈Y_1和线圈Y_2不能同时通电。这种现象称为互锁。互锁逻辑的逻辑表达式为

$$Y_1 = X_1 \overline{Y_2} \tag{7-6}$$

$$Y_2 = X_2 \overline{Y_1} \tag{7-7}$$

(3)连锁逻辑

在图7-7中,X_1触点闭合后,Y_1线圈通电,使Y_1触点闭合,从而使Y_2线圈通电成为可能,这时Y_2线圈的状态由X_2触点的状态决定。由于Y_2线圈所在电路中串入Y_1的常开触点,使得Y_1线圈通电后才允许Y_2线圈通电,即Y_1线圈和Y_2线圈的通电要按照一定的次序,Y_2线圈通电要以Y_1线圈通电为前提,这种现象称为连锁。连锁逻辑的逻辑表达式为

$$Y_1 = X_1 \tag{7-8}$$

$$Y_2 = X_2 Y_1 \tag{7-9}$$

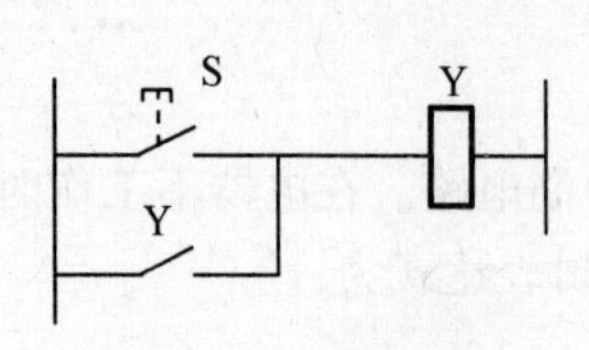

图 7－5　自锁逻辑

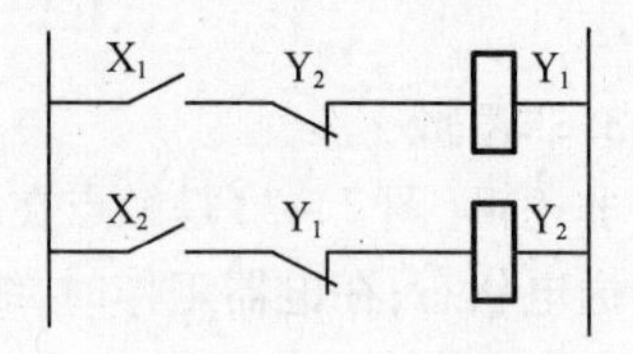

图 7－6　互锁逻辑

6. 记忆逻辑

在图 7－8 中，按下按钮 S_1，线圈 Y 通电，与按钮 S_1 并联的触点 Y 闭合，使得按钮 S_1 松开时线圈 Y 仍保持通电状态。按下按钮 S_2，线圈 Y 断电，触点 Y 打开，使得按钮 S_2 松开时线圈 Y 仍保持断电状态。总之，该逻辑能记住按钮 S_1 或按钮 S_2 动作时的状态，所以称为记忆逻辑。记忆逻辑的逻辑表达式为

$$Y=(S_1+Y)\overline{S_2} \tag{7-10}$$

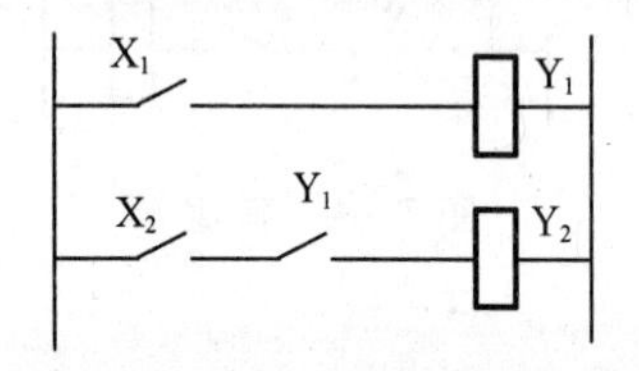

图 7－7　连锁逻辑

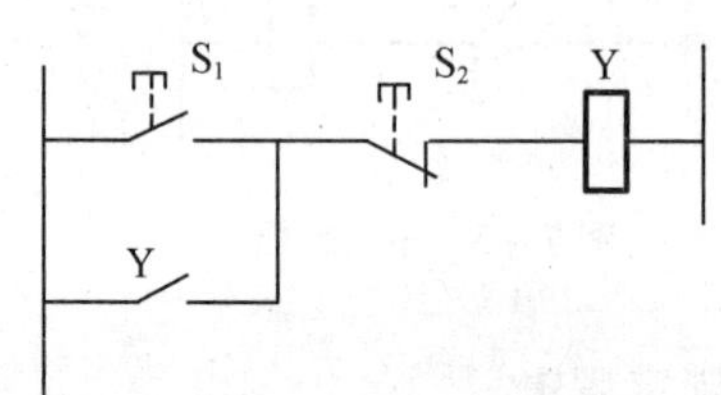

图 7－8　记忆逻辑

7. 延时逻辑

在图 7－9 中，触点 X 闭合后，时间继电器线圈 KT 通电。经过 Δt 的延时后，触点 KT 闭合，使线圈 Y 通电。从触点 X 闭合到线圈 Y 通电需经过 Δt 的时间，所以称这个逻辑为延时逻辑。延时逻辑的逻辑表达式为

$$KT=X \tag{7-11}$$

$$Y=KT\Uparrow \tag{7-12}$$

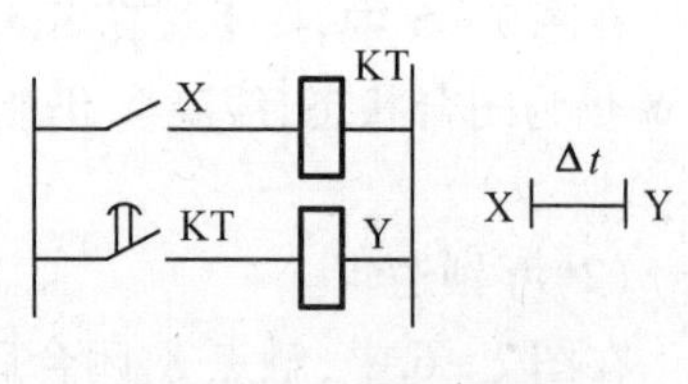

图 7－9　延时逻辑

7.3　电动机的基本控制线路

7.3.1　启停控制线路

鼠笼型电动机启停控制线路是应用广泛的、最基本的控制线路。其主电路如图 7－10 所示，由隔离开关 QS、熔断器 FU、接触器 KM、热继电器 FR 和鼠笼型电动机 M 组成。

控制电路由启动按钮 SB_2、停止按钮 SB_1、接触器 KM、热继电器 FR 的触点及接触器 KM 的线圈组成，如图 7－11。该控制电路能实现对电动机启动、停止的自动控制，远距离控制，频繁操作，并具有必要的保护，如短路、过载、零压等，其逻辑表达式为

$$KM = (SB_2 + KM)\overline{SB_1}\,\overline{FR} \quad (7-13)$$

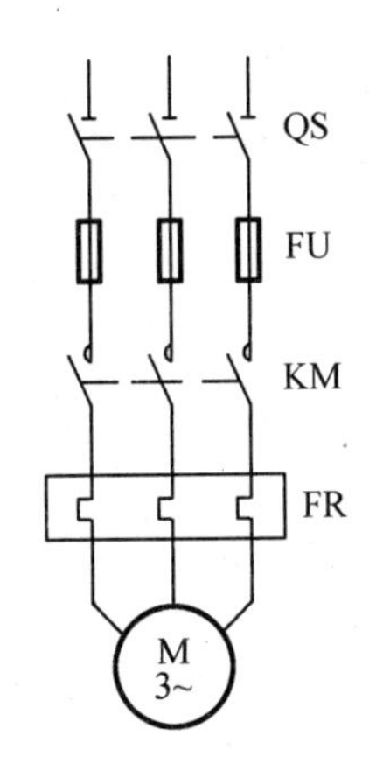

图7－10　启停控制的主电路

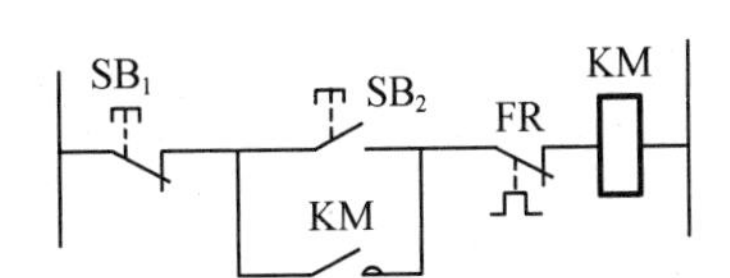

图7－11　启停控制的控制电路

在图7－11的控制电路中,控制装置根据生产工艺过程对控制对象所提出的基本要求实现其控制作用,可分为以下几个方面。

1. 启动电动机

合上刀闸开关QS,按启动按钮SB_2,接触器KM的线圈通电,其主触头KM吸合,电动机启动。由于接触器的辅助触点KM并联于启动按钮,因此当松手断开启动按钮后,线圈KM通过其辅助触点KM可以继续保持通电,维持其吸合状态。这个辅助触点称为自锁触点。

2. 停止电动机

按停止按钮SB_1,接触器KM的线圈断电,其主触头断开,电动机断电停转,同时其辅助触点KM也断开。当松手合上停止按钮后,由于启动按钮SB_2和接触器KM的触点都已断开,线圈KM保持断电。

3. 线路保护环节

(1)短路保护

短路时通过熔断器FU的熔断来切断主电路。

(2)过载保护

通过热继电器FR实现。当负载过载或电动机单相运行时,热继电器FR动作,其常闭触点将控制电路切断,线圈KM断电,切断电动机主电路。过载消除后要想启动电动机,需要重新按启动按钮。

(3)零压保护

通过接触器KM的自锁触点来实现。当电网电压消失而又重新恢复时,要求电动机及其拖动的运动机构不能自行启动,以确保操作人员和设备的安全。由于自锁触点KM的存在,当电网停电后,不重新按启动按钮,电动机就不能启动。

通过上述电路的分析可以看出,电器控制的基本方法是通过按钮发布命令信号,而由接触器通过对输入能量的控制来实现对控制对象的控制,继电器则用以测量和反映控制过程中各个量的变化,例如热继电器反映被控制对象的温度变化,并在适当时候发出控制信号,使接触器实现对主电路的各种必要的控制。

7.3.2 正反转控制线路

各种生产机械常常要求具有上、下、左、右、前、后等相反方向的运动，这就要求电动机能够正、反向工作。对于三相交流电动机，可借助正、反向接触器改变定子绕组相序来实现。图 7－12 为正反转控制的主电路，它由隔离开关 QS、熔断器 FU、两组并联但相序相反的接触器 KM_1、KM_2的触点、热继电器 FR、鼠笼型电动机 M 组成。

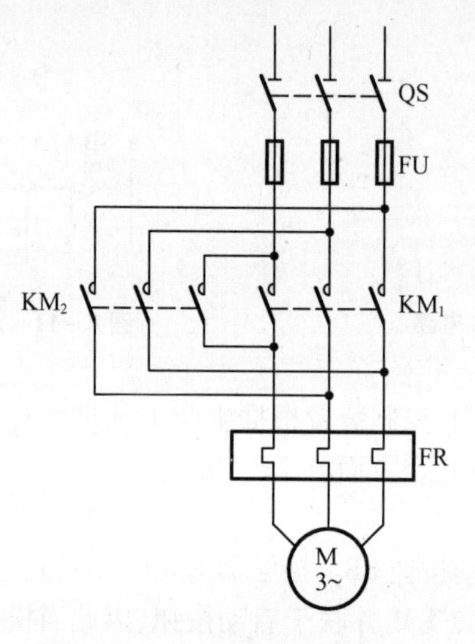

图 7－12 正反转控制的主电路

图 7－13 是正反转控制的控制电路。SB_1、SB_2、SB_3分别是停止按钮、正转启动按钮、反转启动按钮，KM_1、KM_2分别是正转接触器和反转接触器。正、反两个接触器线圈电路中互相串联一个对方的常闭触点，则任一接触器线圈通电后，即使按下相反方向按钮，另一接触器也无法得电，这种锁定关系称为互锁，即二者存在相互制约的关系，不可能同时得电。由于正、反转启动按钮所在线路互相串联一个对方的常闭触点，当一个启动按钮被按下时，另一个启动按钮所在线路的接触器线圈就被断电，使接触器互锁关系被解除，这样就可以实现不按停止按钮，直接按反转启动按钮就能使电动机反转工作。

由上可知，要求甲接触器工作时，乙接触器就不能工作，则在乙接触器的线圈电路中，需串联甲接触器的常闭触点。要求甲接触器工作时乙接触器不能工作，乙接触器工作时甲接触器不能工作，则在两接触器线圈电路中互相串联对方的常闭触点。

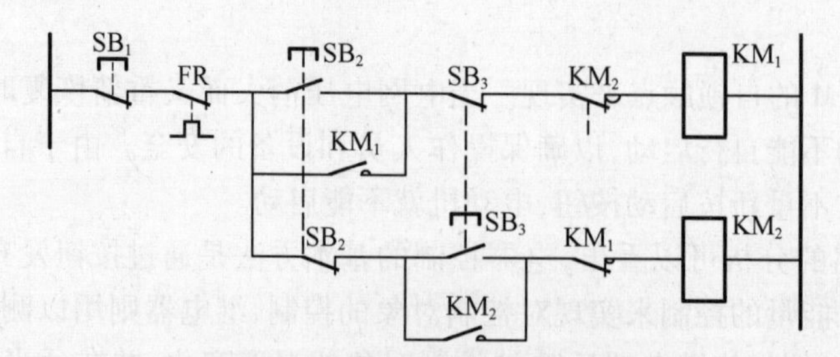

图 7－13 正反转控制的控制电路

正反转控制电路的逻辑表达式为

$$KM_1=\overline{SB_1}\,\overline{FR}(SB_2+KM_1)\overline{SB_3}\,\overline{KM_2} \tag{7-14}$$

$$KM_2=\overline{SB_1}\,\overline{FR}(SB_3+KM_2)\overline{SB_2}\,\overline{KM_1} \tag{7-15}$$

也可以写成

$$\overline{SB_1}\,\overline{FR}[(SB_2+KM_1)\overline{SB_3}\,\overline{KM_2}KM_1^*+(SB_3+KM_2)\overline{SB_2}\,\overline{KM_1}KM_2^*] \tag{7-16}$$

其中带“ * ”号的文字符号表示线圈。这种表示法便于控制电路图与逻辑表达式之间的转换,因为二者的次序是相同的。

上述方法是通过导线的连接使各电器的触点和线圈形成一定的逻辑关系,比较直观,但更改线路时比较麻烦。下面以正、反转控制电路为例,介绍一下旁路控制。

旁路控制又叫插销板控制,旁路是指对一点短路。在旁路控制中,要想改变控制线路,只需调整装有隔离二极管的插销的位置,不需要重新接导线。旁路控制电路图中的电阻为限流电阻,并且引入两种简化符号,如图 7-14。

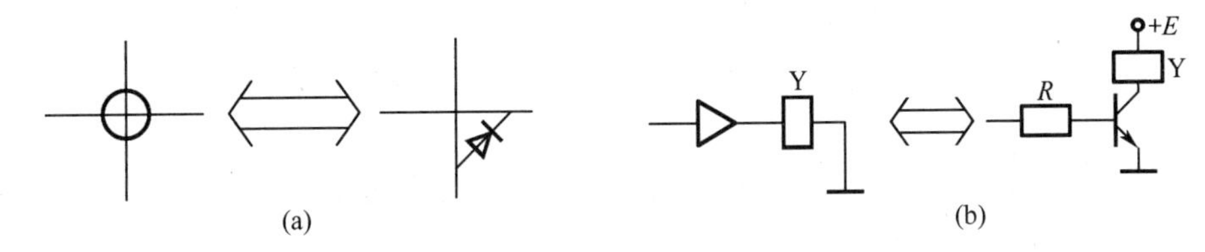

图 7-14　旁路控制中的简化符号

下面按照旁路控制规则设计正、反转控制电路的旁路控制电路图。

(1)打开全部括号

$$KM_1=\underbrace{\overline{SB_1}\,\overline{FR}SB_2\,\overline{SB_3}\,\overline{KM_2}}_{\text{第1项}}+\underbrace{\overline{SB_1}\,\overline{FR}KM_1\,\overline{SB_3}\,\overline{KM_2}}_{\text{第2项}} \tag{7-17}$$

$$KM_2=\underbrace{\overline{SB_1}\,\overline{FR}SB_3\,\overline{SB_2}\,\overline{KM_1}}_{\text{第3项}}+\underbrace{\overline{SB_1}\,\overline{FR}KM_2\,\overline{SB_2}\,\overline{KM_1}}_{\text{第4项}} \tag{7-18}$$

(2)列数 = 右侧项数

从上一步可知,逻辑式右侧共有 4 项,所以列数为 4。

(3)行数 = 触点品类数 + 线圈数

每个触点包括常开和常闭两个品类,正反转控制电路的全部逻辑表达式中共有 10 个触点品类,分别是 SB_2、$\overline{SB_2}$、SB_3、$\overline{SB_3}$、$\overline{SB_1}$、$\overline{FR}$、KM_1、$\overline{KM_1}$、KM_2、$\overline{KM_2}$,共有 2 个线圈,是 KM_1 和 KM_2,所以行数为 12。

(4)常开变常闭,常闭变常开

这与直接控制相反,是由旁路控制电路的特点决定的。

由以上规则绘制的旁路控制电路如图 7-15,其左侧为触点品类,中间为由隔离二极管构成的逻辑关系,右侧为线圈,每一项占一列,每一触点品类或线圈占一行。

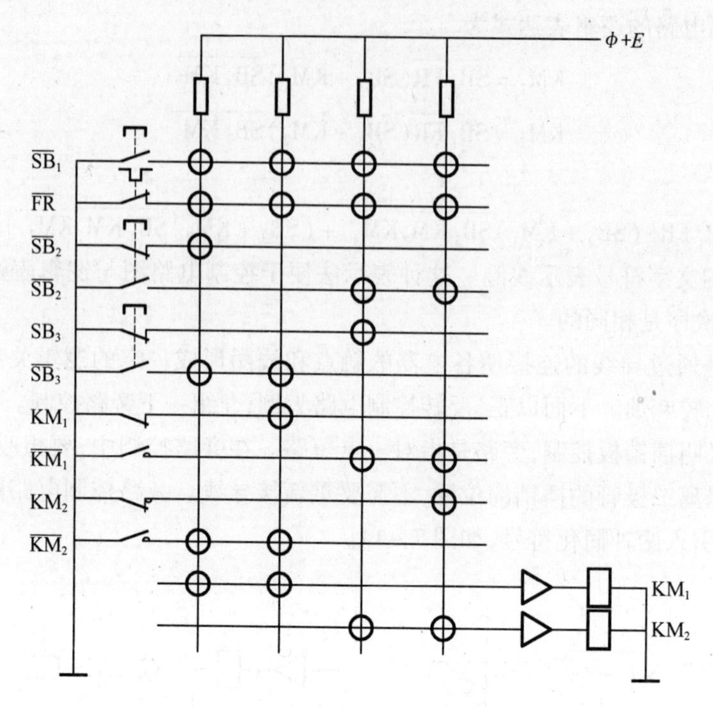

图 7-15　正反转控制电路的旁路控制电路图

7.3.3　正常启停及点动控制线路

在某些生产机械中常常需要在加工前对它进行调整，此时只要求电动机作短暂的转动。常用的办法就是采用不带自锁的按钮去控制接触器，达到“一按就动、一松就停”的要求，这种控制称为点动。当点动的调整工作进行完毕后，再按动正常工作按钮，使电动机正常运转，从而使生产机械正常工作。这里，点动与正常工作必须很好地配合，使两者既联系起来又不混淆在一起，因此必须采用连锁控制。

实现这种连锁控制的方式是十分简单的，只要将点动按钮的常闭触点并联在正常启停线路上即可。为防止误操作，在点动线路串联启动按钮的常闭触点，形成按钮的互锁。正常启停及点动控制的主电路与启停控制的主电路相同，其控制电路如图 7-16。图中 SB_1 为停止按钮，SB_2 为正常启动按钮，SB_3 为点动按钮，KM 为接触器。

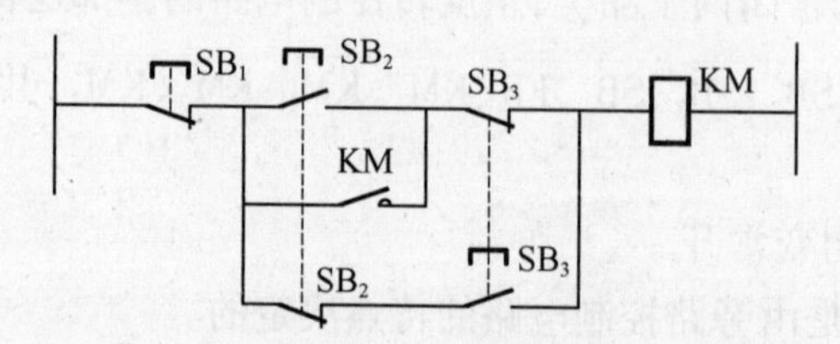

图 7-16　存在竞争的启停及点动控制电路

但是这种线路结构在实际运行中并不十分可靠。因为在点动时，如果接触器 KM 的释放时间较长，超过了点动按钮的恢复时间，即接触器 KM 的自锁常开触点还没有断开，点动按钮常闭触点就已恢复闭合了，将使自锁回路形成通路，使接触器自锁，从而造成正常工作。这样，当点动结束时，点动按钮的常闭触点复位时间与接触器自锁触点的释放时间形成竞争，使点动与正常启停之间的隔离不可靠。

要想消除竞争，可增加一个中间继电器 KA。这时自锁只对中间继电器 KA 进行，然后由中间继电器 KA 的触点接通接触器 KM 的线圈。当点动时，由点动按钮直接接通接触器 KM 的线圈，对正常启停电路不产生影响。没有竞争的正常启停及点动控制电路如图7－17。

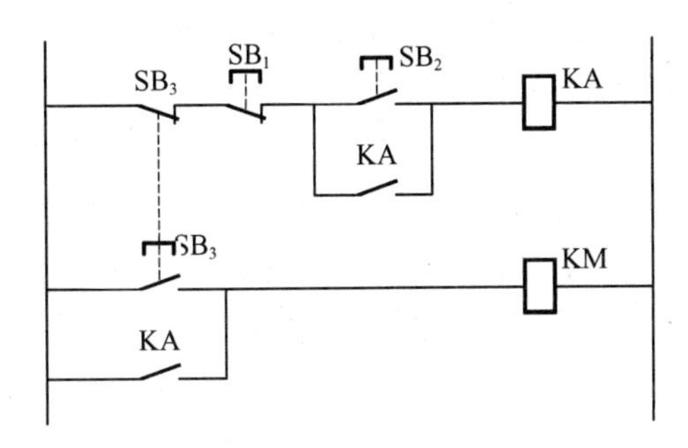

图7－17　正常启停及点动控制电路

正常启停及点动控制电路的逻辑表达式为

$$KA = \overline{SB_1}\,\overline{SB_3}(SB_2 + KA) \tag{7-19}$$

$$KM = SB_3 + KA \tag{7-20}$$

这个例子告诉我们，当运动较多，连锁关系比较复杂，往往出现连锁触点不够用时，或者运动虽然不多，但却缺乏相应电器的触点来作为连锁信号时，就可采用中间继电器来解决这种矛盾。

这个例子又说明，接触器 KM 的动作，或者决定于点动按钮 SB_3 的闭合，或者决定于正常工作信号——中间继电器常开触点 KA 的闭合，两个条件具其一即可，这是一种“或”的逻辑关系。凡用多个常开触头并联控制某一对象时，都能起到或逻辑的作用。

7.4　电器控制线路的设计方法

7.4.1　经验设计法

1. 概述

经验设计方法是根据生产工艺要求、利用各种典型的线路环节，直接设计控制线路。这种设计方法比较简单，但要求设计人员必须熟悉大量的控制线路，掌握多种典型线路的设计资料，并具有丰富的设计经验。在设计过程中往往还要经过多次反复地修改、试验，才能使线路符合设计的要求。即使这样，设计出来的线路可能不是最简，所用的电器及触点不一定最少，所得出的方案不一定是最佳方案。

由于经验设计法是靠经验进行设计的，因而灵活性很大。初步设计出来的线路可能是几个，这时要加以比较分析，甚至要通过实验加以验证，才能确定比较合理的设计方案。这种设计方法没有固定模式，通常先用一些典型线路环节拼凑起来实现某些基本要求，而后根据生产工艺要求逐步完善其功能，并加以适当的连锁及保护环节。

2. 经验设计法的原则

(1)应最大限度地实现生产机械和工艺对电器控制线路的要求

设计之前，首先要调查清楚生产要求，因为控制线路是为了整个设备和工艺过程服务的，不搞清楚要求就等于迷失了方向。生产工艺要求一般是由机械设计人员提供的，但有时所提

供的仅是一般性原则，这时电器控制设计人员就需要对同类或接近产品进行调查、分析、综合，然后提出具体、详细的要求，征求机械设计人员意见后，作为设计电器控制线路的依据。

一般控制线路只要求满足启动、反向和制动就可以了，有些则要求按规律改变转速、出现事故时需要有必要的保护和信号预报以及各部分运动要求有一定的配合和连锁关系等。如果已经有类似设备，还应了解现有控制线路的特点以及操作者对它们的反映。这些都是在设计之前应该调查清楚的。

(2)在满足生产要求的前提下，控制线路应力求简单、经济

①尽量选用标准的、常用的或经过实际考验过的线路和环节。

②尽量缩短连接导线的数量和长度。设计控制线路时，应考虑到各个元件之间的实际接线。特别要注意电器控制柜、操作台和限位开关之间的连接线，如图 7－18 所示。图 7－18(a)所示的接线是不合理的。因为按钮在操作台上，而接触器在电器控制柜内，这样接线就需要由电器控制柜二次引出连接线到操作台的按钮上，所以一般都将启动按钮和停止按钮直接连接，这样就可以减少一次引出线，如图 7－18(b)所示。

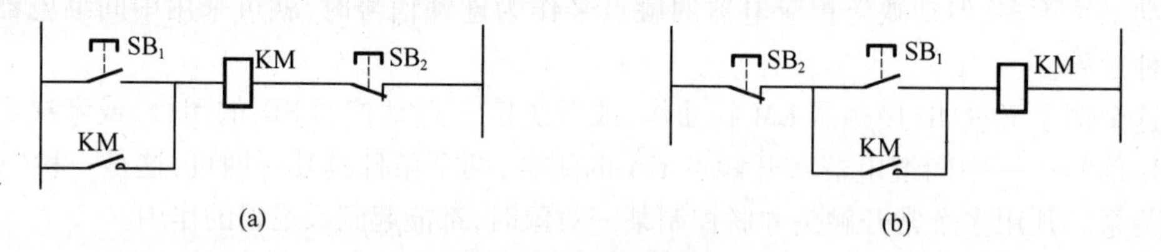

图 7－18　电器连线图

(a)不合理；(b)合理

③尽量缩减电器的数量，采用标准件，并尽可能选用相同型号。

④应减少不必要的触点，以简化线路。

⑤在工作时，控制线路除必要的电器必须通电外，其余的尽量不要通电，以节约电能。

(3)保证控制线路工作的可靠和安全

为了保证控制线路工作可靠，最主要的是选用可靠的元件，如尽量选用寿命长、结构坚实、动作可靠、抗干扰性好的电器。同时在具体线路设计中注意以下各点。

①正确连接电器的触点　同一电器的常开和常闭辅助触点靠得很近，如果分别接在电源的不同相上，如图 7－19(a)所示，限位开关 SQ 的常开触点和常闭触点，由于不是等电位，当触点断开产生电弧时很可能在两触点间形成飞弧而造成电源短路。此外绝缘不好，也会引起电源短路。如果按图 7－19(b)接线，由于两触点电位相同，就不会造成飞弧，即使引入线绝缘损坏也不会将电源短路。

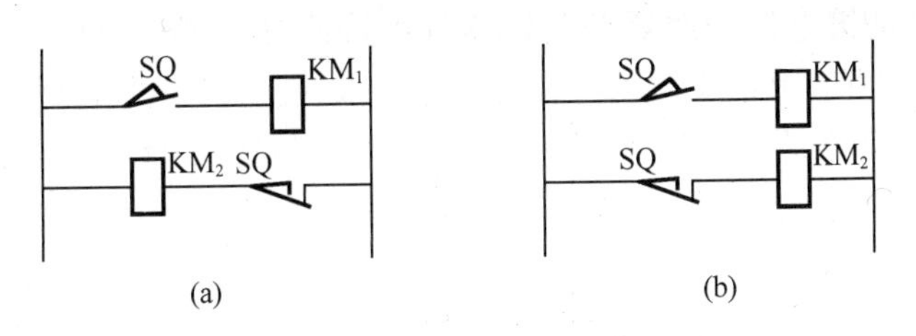

图 7-19　正确连接电器的触点

②正确连接电器的线圈　在交流控制电路中不能串入两个电器的线圈，即使外加电压是两个线圈额定电压之和，也是不允许的。因为两个电器动作总是有先有后，不可能同时吸合。假如一个接触器先吸合，由于其磁路闭合，线圈的电感显著增加。每个线圈上所分配到的电压与线圈阻抗成正比，因此在该线圈上的电压降也相应增大，从而使另一个接触器的线圈电压达不到动作电压。因而两个电器需要同时动作时其线圈应该并联。

③在控制线路中应避免出现寄生电路　在控制线路的动作过程中意外接通的电路叫寄生电路。图 7-20 所示是一个具有指示灯和热保护的正反向电路。在正常工作时，能完成正反向启动、停止和信号指示。但当热继电器 FR 动作时，线路就出现了寄生电路，如图 7-20中虚线所示，使接触器 KM_1 不能释放，起不了保护作用。

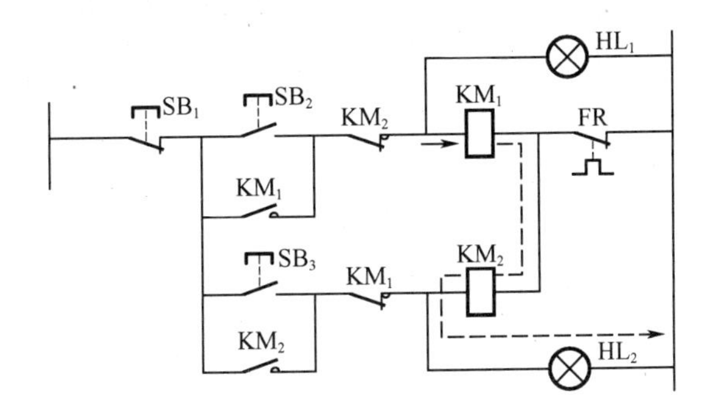

图 7-20　寄生电路

④在线路中应尽量避免许多电器依次动作才能接通另一个电器的控制线路。

⑤在频繁操作的可逆线路中，正、反向接触器间不仅要有电气连锁，还要有机械连锁。

⑥设计的线路应能适应所在电网情况　根据电网容量的大小，电压、频率的波动范围以及允许的冲击电流值等决定电动机的启动方式是直接启动还是间接启动。

⑦在线路中采用小容量继电器的触点来控制大容量接触器的线圈时，要计算继电器触点断开和接通容量是否足够。如果不够必须加小容量接触器或中间继电器，否则工作不可靠。

⑧具有完善的保护环节，以避免因误操作而发生事故　完善的保护环节包括过载、短路、过流、过压、失压等保护环节，有时还应有合闸、断开、事故、安全等必须的指示信号。

(4)力求操作、维护、检修方便

控制机构应操作简单和便利，能迅速和方便地由一种控制形式转换到另一种控制形式，如由自动控制转换到手动控制。同时希望能实现多点控制和自动转换程序，减少人工操作。为检修方便，应设隔离电器，避免带电操作。

一般不太复杂的继电器接触器控制线路都可按此方法进行设计。但对设计完的线路还必须进行反复的审核,审核线路能否满足工艺要求、还有没有多余环节或多余电器、有没有寄生电路、会不会产生误动作、保护环节是否完善、能否产生设备事故和人身事故、处理故障时是否安全方便。必要时要进行环节实验和模拟实验。

3. 实例分析

下面以龙门刨床横梁机构的控制为例介绍电器控制线路的经验设计法。

(1)龙门刨床横梁机构的工作原理

在龙门刨床(或立车)上装有横梁机构,刀架装在横梁上,随加工件大小不同横梁需要沿立柱上下移动,在加工过程中,横梁又需要保证夹紧在立柱上不允许松动。

横梁升降电动机安装在龙门顶上,通过蜗轮传动,使立柱上的丝杠转动,通过螺母使横梁上下移动。

横梁夹紧电动机通过减速机构传动夹紧螺杆,通过杠杆作用使压块将横梁夹紧或放松,如图 7-21 所示。

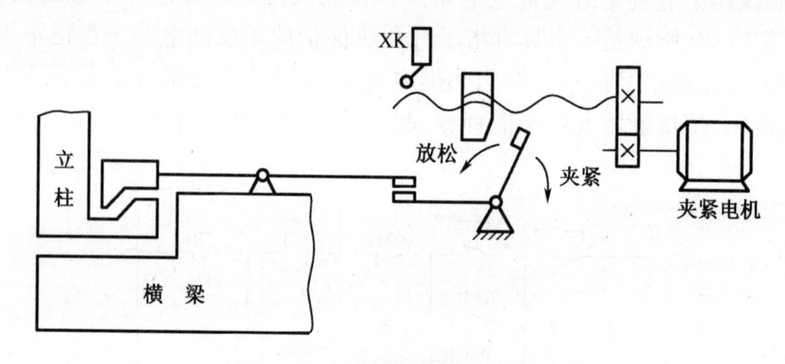

图 7-21 横梁夹紧放松示意图

(2)龙门刨床横梁机构的控制要求

①保证横梁能上下移动,夹紧机构能实现横梁的夹紧或放松。

②横梁夹紧与横梁移动之间必须有一定的操作程序

· 按向上、向下移动按钮后,首先使夹紧机构自动放松;

· 横梁放松后,自动转换到向上或向下移动;

· 移动到需要位置后,松开按钮,横梁自动夹紧;

· 夹紧后电动机自动停止运动。

③具有上下行程的眼位保护。

④横梁夹紧与横梁移动之间及正、反向运动之间具有必要的连锁。

(3)龙门刨床横梁机构的控制线路设计

①设计主电路

横梁移动和横梁夹紧需用两台异步电动机拖动。为了保证实现上下移动和夹紧放松的要求,电动机必须能实现正、反转,因此采用 KM_1、KM_2 和 KM_4、KM_3 四个接触器分别控制移动电动机 M_1 和夹紧电动机 M_2 的正、反转,如图 7-22 所示。

②设计基本控制电路

四个接触器具有四个控制线圈,因为只能用两个点动按钮去控制移动和夹紧的两个运动，所以需要通过两个中间继电器 K_1 和 K_2 进行控制。根据生产对控制系统所要求的操作程序可以设计出如图 7－22 所示的草图，但是它还不能实现在横梁放松后自动向上或向下，也不能在横梁夹紧后使夹紧电动机自动停止，这需要恰当地选择控制过程中的变化参量实现上述自动控制要求。

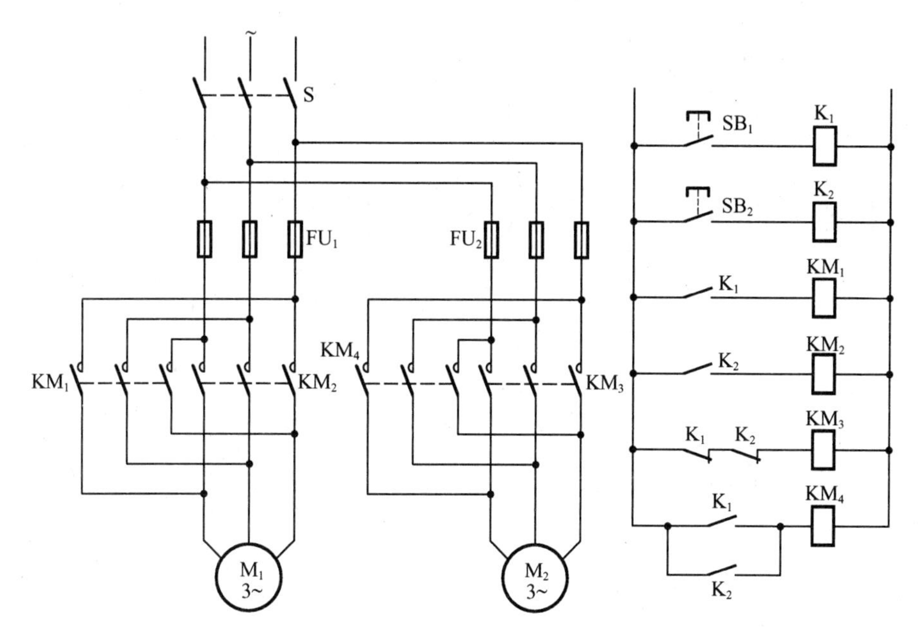

图 7－22　横梁控制线路（主电路和控制电路草图）

③选择控制参量

确定控制原则反映横梁放松的参量，可以有行程参量和时间参量。因为行程参量更加直接反映放松程度，所以采用 SQ_1 行程开关进行控制（如图 7－23）。当压块压合 SQ_1，其常闭触点断开横梁已经放松，接触器线圈 KM_4 失电；同时 SQ_1 常开触点接通向上或向下接触器 KM_1 或 KM_2。

反映夹紧程度的参量可以有行程、时间和反映夹紧力的电流。如采用行程参量，当夹紧机构磨损后，测量就不精确，如用时间参量，更不易调整准确，因此这里选用电流参量进行控制最为适宜。图 7－23 中，在夹紧电动机夹紧方向的主电路中串联接入一个电流继电器 K_3，其动作电流可整定在两倍额定电流左右。K_3 的常闭触点应该串接在 KM_3 接触器电路中。由于横梁移动停止后，夹紧电动机立即启动，在启动电流作用下，K_3 将动作，使 KM_3 又失电，故采用 SQ_1 常开触点短接 K_3 常闭触点。KM_3 接通动作后，则依靠其辅助触点自锁。一直到夹紧力增大到 K_3 动作后，KM_3 才失电，自动停止夹紧电动机的工作。

④设计连锁保护环节

设计连锁保护环节，主要是将反映相互关联运动的电器触点串联或并联接入被连锁运动的相应电器电路中。这里采用 K_1 和 K_2 的常闭触点实现横梁移动电动机和夹紧电动机正、反向工作的连锁保护。

横梁上下需要有限位保护，采用行程开关 SQ_2 和 SQ_3 分别实现向上和向下限位保护。

SQ_1 除了反映放松信号外，还起到了横梁移动和横梁夹紧间的连锁控制作用。

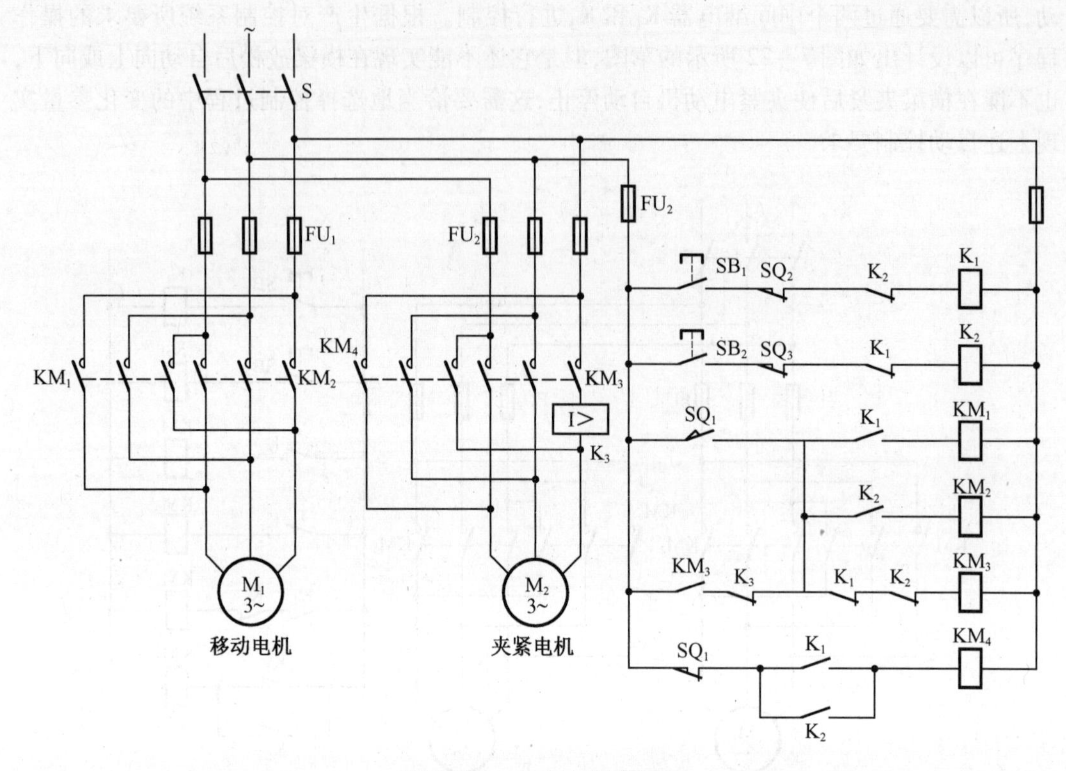

图 7－23　完整的控制线路

⑤线路的完善和校正

控制线路初步设计完毕后，可能还有不合理的地方，应仔细校核，如进一步简化以节省触点数，节省电器间连接线等等。特别应该对照生产要求再次分析所设计线路是否逐条予以实现，线路在误操作时是否会产生事故。完整的横梁移动和夹紧控制线路如图 7－23 所示。一般的电器控制线路均可按上述方法进行设计。

7.4.2　逻辑设计法

1. 概述

逻辑设计法是根据生产工艺的要求，利用逻辑代数来分析、设计线路的。用这种方法设计的线路比较合理，特别适合完成较复杂的生产工艺所要求的控制线路，但是相对而言逻辑设计法难度较大，不易掌握。

2. 电器控制线路逻辑设计中的有关规定

继电接触器组成的控制电路，分析其工作状况常以线圈通电或断电来判定。构成线圈通断的条件是供电电源及与线圈相连接的那些动合、动断触点所处的状态。若认为供电电源 E 不变，则触点的通断是决定因素。电器触点只存在接通或断开两种状态，分别用“1”“0”表示。

对于继电器、接触器等电器，线圈通电状态规定为“1”状态，失电则规定为“0”状态。有时也以线圈通电或失电作为该电器是处于“1”状态或是“0”状态。

电器的触点闭合状态规定为“1”状态，触点断开状态规定为“0”状态。控制按钮、开关触点闭会状态规定为“1”状态，触点断开状态规定为“0”状态。

作以上规定后，某一个电器的触点与线圈在原理图上采用同一文字符号命名。为了清楚地反映某一个电器状态，电器线圈、动合触点的状态用同一文字符号来表示，而动断触点的状态用同一文字符号取反来表示，若电器为“1”状态，则表示线圈“通电”，继电器吸合，其动合触点“接通”，动断触点“断开”。“通电”“接通”都是“1”状态，而断开则为“0”状态。若电器为“0”状态，则与上述相反。

以“0”“1”表征两个对立的物理状态，反映了自然界存在的一种客观规律——逻辑代数。它与数学中数值的四则运算相似，逻辑代数（也称开关代数、布尔代数）中存在着逻辑与（逻辑乘）、逻辑或（逻辑加）、逻辑非的三种基本运算，并由此而演变出一些运算规律。运用逻辑代数可以将继电器接触器系统设计得更为合理，设计出的线路能充分地发挥电器作用，使所应用的电器数量最少，但这种设计一般难度较大。在设计复杂的控制线路时，逻辑设计有明显的优点。

3. 逻辑运算法则

用逻辑函数来表达控制电器的状态，实质是以触点的状态（以同一文字符号表示）作为逻辑变量，通过逻辑与、逻辑或、逻辑非的基本运算，得出的运算结果就表明了继电接触器控制线路的结构。逻辑函数的线路实现是十分方便的。

（1）逻辑与——触点串联

图7－24所示的串联电路就实现了逻辑与的运算，逻辑与运算用符号“·”表示（也可省略），接触器的状态就是其线圈KM的状态，当线路接通，线圈KM通电，则KM＝1；如线路断开，线圈KM失电，则KM＝0。图7－24的电路就可用逻辑关系式表示为

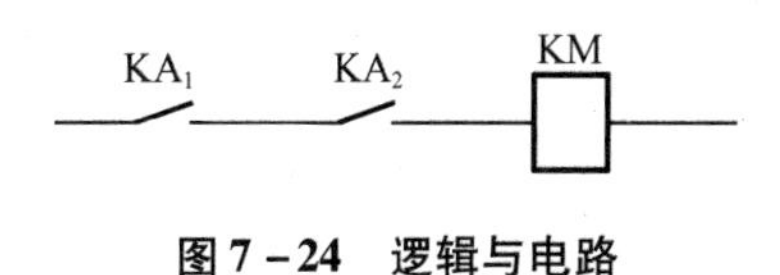

图7－24　逻辑与电路

$$KM = KA_1\ KA_2$$

若将输入逻辑变量KA_1、KA_2与输出逻辑变量KM列成表格形式，则称此表为真值表。表7－1即为逻辑与的真值表。

表7－1　逻辑与真值表

KA_1	KA_2	$KM = KA_1\ KA_2$
0	0	0
1	0	0
0	1	0
1	1	1

由真值表可总结逻辑与的运算规律，虽然“0”“1”不是数值的量度，但其运算法则在形式上与普通数学的乘法运算相同，即见0为0，全1为1。

（2）逻辑或——触点并联

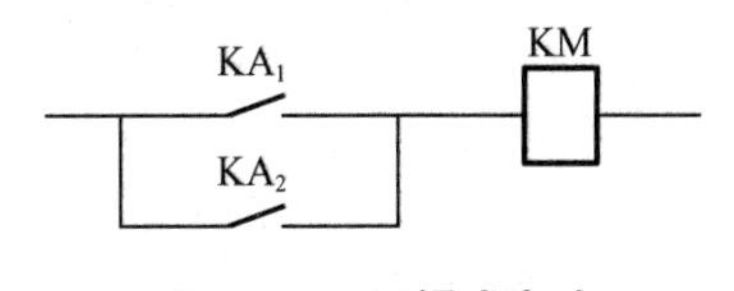

图7－25　逻辑或电路

图7－25所示的并联电路就实现逻辑或运算，逻辑或运算用符号“＋”表示。要表示接触器的状态就要确定线圈KM的状态。按照图7－25的接线，可列出逻辑或的逻辑关系式

$$KM = KA_1 + KA_2$$

也可按图示接线列出逻辑或状态的真值表,如表7-2。

表7-2 逻辑或真值表

KA_1	KA_2	$KM = KA_1 + KA_2$
0	0	0
1	0	1
0	1	1
1	1	1

按其真值表显示逻辑或的运算规律为见1出1,全0为0。

(3)逻辑非——触点状态转换

图7-26表示输入逻辑变量KA的常闭触点$\overline{KA}$与接触器KM线圈状态的控制是逻辑非关系。其逻辑关系表达式为

$$KM = \overline{KA}$$

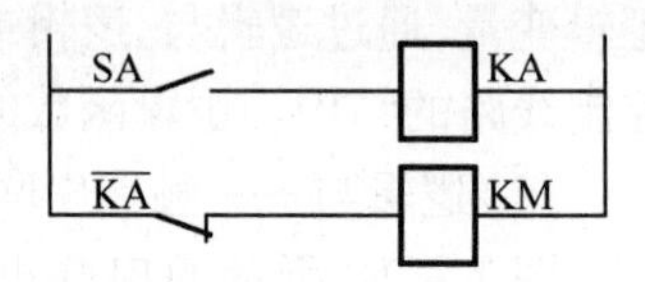

图7-26 逻辑非电路

SA合上,常闭触点$\overline{KA}$状态为"0",则KM=0,线圈不通电,KM为"0"状态;SA打开,KA=1,则KM=1,线圈通电,接触器吸合,KM为"1"状态。其真值表如表7-3所示。

表7-3 逻辑非真值表

KA	$KM = \overline{KA}$
1	0
0	1

有时也称KA对KM是"非控制"。

以上与、或、非逻辑运算其逻辑变量不超过两个,但对多个逻辑变量也同样适用。

(4)逻辑代数定理

①交换律

$$AB = BA \quad A + B = B + A$$

②结合律

$$A(BC) = (AB)C \quad A + (B + C) = (A + B) + C$$

③分配律

$$A(B + C) = AB + AC \quad A + BC = (A + B)(A + C)$$

④吸收律

$$A + AB = A \quad A(A + B) = A$$

$$A + \overline{A}B = A + B \quad \overline{A} + AB = \overline{A} + B$$

⑤重叠律

$$AA = A \quad A + A = A$$

⑥非非律

$$\overline{\overline{A}} = A$$

⑦反演律(摩根定理)

$$\overline{A+B} = \overline{A}\,\overline{B} \quad \overline{AB} = \overline{A} + \overline{B}$$

以上基本定律都可用真值表或继电器电路证明。

4. 逻辑函数的化简

逻辑函数化简可以使继电接触器电路简化,因此有重要的实际意义。这里介绍公式法化简,关键在于熟练掌握基本定律,综合运用提出因子、并项、扩项、消去多余因子、多余项等方法,并进行化简。

化简时经常用到常量与变量关系

$$A + 0 = A \quad A1 = A$$

$$A + 1 = 1 \quad A0 = 0$$

$$A + \overline{A} = 1 \quad A\overline{A} = 0$$

对逻辑代数式的化简,就是对继电接触器线路的化简,但是在实际组成线路时,有些具体因素必须考虑。

①接点容量的限制特别要检查担负关断任务的触点容量。触点的额定电流比触点电流分断能力约大10倍,所以在化简后要注意触点是否有此分断能力。

②在有多余接点,并且多用些接点能使线路的逻辑功能更加明确的情况下,不必强求化简来节省触点。

5. 继电器开关的逻辑函数

前面已经阐明,继电器线路是开关线路,符合逻辑规律。它以执行电器作为逻辑函数的输出变量,而以检测信号、中间单元及输出逻辑变量的反馈触点作为逻辑变量,可按一定规律列出其逻辑函数表达式。下面通过两个简单线路说明列逻辑函数表达式的规律。

图7－27(*a*)(*b*)为两个简单的启－保－停电路。

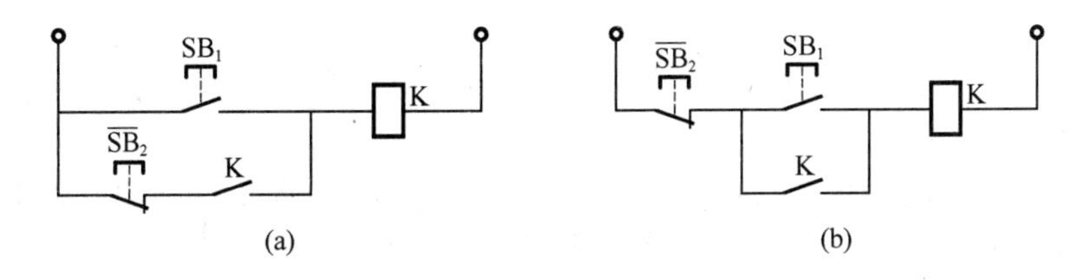

图7－27　启－保－停电路

组成电路的触点按原约定,动断触点以逻辑非表示。线路中 SB_1 为启动信号(开启),SB_2 为停止信号(关断),K 的动合触点状态 K 为保持信号。

对图7－27(a)可列出逻辑函数 $f_K = SB_1 + \overline{SB_2}K$,其一般形式为

$$f_K = X_{开} + X_{关}K \tag{7-21}$$

式中 $X_{开}$ 为开启信号;$X_{关}$ 为关断信号;K 为自保信号;F_K 为继电器 K 的逻辑函数。

对图 7－27(*b*)可列出逻辑函数 $f_K=\overline{SB_2}(SB_1+K)$，其一般形式为

$$f_K=X_{关}(X_{开}+K) \tag{7-22}$$

式(7－21)、式(7－22)所示的逻辑函数都有相同的特点，就是它们有三个逻辑变量 $X_{开}$、$X_{关}$和 K，其中 $X_{开}$为继电器 K 的开启信号，应选取在继电器开启边界线上发生状态转变的逻辑变量。若这个逻辑变量是由“0”转换到“1”，就取其原变量形式；若是由“1”转换到“0”，则取其反变量形式。

$X_{关}$为继电器 K 的关断信号，应选取在继电器关闭边界线上发生状态转变的逻辑变量。若这个逻辑变量是由“1”转换到“0”，就取其原变量形式；若是由“0”转换到“1”，则取其反变量形式。

K 为继电器 K 本身的动合触点，属于继电器的内部反馈逻辑变量，起自保作用，以维持 K 得电后的吸会状态。

这两个电路都是启－保－停电路，其逻辑功能相仿，但从逻辑函数表达式来看，式(7－21)中 $X_{开}=1$，则 $F_K=1$；$X_{关}$在这种状态下不起控制作用，称此电路为开启从优形式。式(7－22)中 $X_{关}=0$，则 $F_K=0$；$X_{开}$在这种状态下不起控制作用，称此电路为关断从优形式。

实际的启－保－停电路有许多连锁条件，例如铣床的自动循环工作必须在主轴旋转条件下进行；而龙门刨返回行程油压不足也不能停车，必须到原位停车，因此对开启信号及关断信号都增加了约束条件，这样可将式(7－21)、式(7－22)扩展，就能全面地表示输出逻辑函数。

对于开启信号来说，当开启的转换主令信号不只一个，还需具备其他条件才能开启，则开启信号用 $X_{开主}$表示，其他条件称开启约束信号，用 $X_{开约}$表示。显然，条件都具备才能开启，说明 $X_{开主}$与 $X_{开约}$是“与”的逻辑关系，用 $X_{开主}X_{开约}$的去代替式(7－21)、式(7－22)中 $X_{开}$。当关断信号不止一个、要求其他几个条件都具备才能关断时，则关断信号用 $X_{关主}$表示，其他条件称为关断的约束信号，以 $X_{关约}$表示。“0”状态是关断状态，显然 $X_{关主}$与 $X_{关约}$全为“0”时，则关断信号应为“0”；$X_{关主}$为“0”而 $X_{关约}=1$ 时，则不具备关断条件，所以二者是“或”的关系。以 $X_{关主}+X_{关约}$代替式(7－21)、式(7－22)中 $X_{关}$，则可得启、保、停电路的一般形式，式(7－21)扩展成式(7－23)；式(7－22)扩展成式(7－24)。

$$f_K=X_{开主}X_{开约}+(X_{关主}+X_{关约})K \tag{7-23}$$

$$f_K=(X_{关主}+X_{关约})(X_{开主}X_{开约}+K) \tag{7-24}$$

例如利用式(7－23)和(7－24)可设计具有开启条件和关断条件的动力头主轴电动机的启－保－停电路。如滑台停在原位时，压行程开关 SQ_1；表示进给的需要位置时，压行程开关 SQ_2。启动按钮为 SB_1，停止接钮为 SB_2，其中

$$X_{开主}=SB_1,\quad X_{开约}=SQ_1,\quad X_{关主}=\overline{SB_2},\quad X_{关约}=\overline{SQ_2}$$

按式(7－23)

$$f_K=SB_1SQ_1+(\overline{SB_2}+\overline{SQ_2})K$$

按式(7－24)

$$f_K=(\overline{SB_2}+\overline{SQ_2})(SB_1SQ_1+K)$$

上述二式对应的电路图如图 7－28(a)(b)所示。

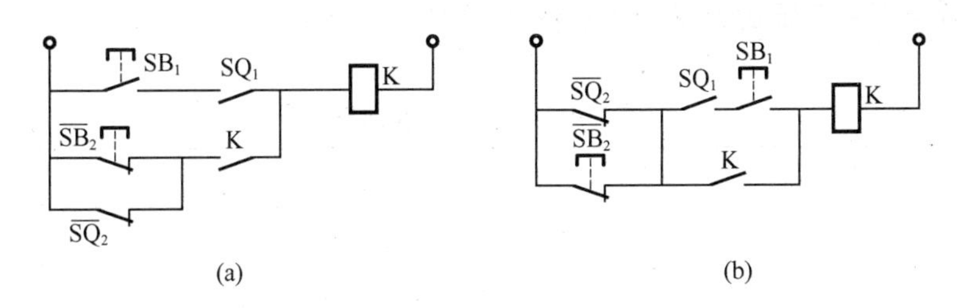

图7－28　动力头控制电路

继电接触器控制线路采用逻辑设计方法，可以使线路简单，充分运用电器电器，得到较合理的线路。对复杂线路的设计，特别是自动生产线、组合机床等的控制线路的设计，采用逻辑设计法比经验设计法更为方便、合理。

逻辑设计法一般按以下步骤进行：

步骤1　充分研究加工工艺过程，做出工作循环圈或工作示意图；

步骤2　按工作循环图作执行电器节拍表及检测电器状态表——转换表；

步骤3　根据转换表，确定中间记忆电器的开关边界线，设置中间记忆电器；

步骤4　列写中间记忆电器逻辑函数式及执行电器逻辑函数式；

步骤5　根据逻辑函数式建立电路结构图；

步骤6　进一步完善电路，增加必要的连锁、保护等辅助环节，检查电路是否符合原控制要求，有无寄生回路，是否存在竞争现象等。

完成以上六步，则可得一张完整的继电接触器控制原理图。若需实际制作，还需要对原理图上所有电器选择具体型号。热继电器、过流继电器、时间继电器等需要按电力拖动的要求和具体的工艺循环去整定其动作值。将原理图编上线号，最后画出装配图，完成设计任务。

逻辑设计法一般仅完成了前面六步内容，以下举出两个例子说明如何进行逻辑设计。

6. 实例分析

(1)某电动机只有在继电器 KA_1、KA_2、KA_3 中任何一个或两个动作时才能运转，而在其他条件下都不运转，试设计其控制线路。

设计步骤：

①列出控制电器的动作状态表，如表7－4所示。

②根据表7－7写出接触器KM的逻辑代数式

$$KM=\overline{KA_1}\ \overline{KA_2}KA_3+\overline{KA_1}KA_2\overline{KA_3}+KA_1\overline{KA_2}\ \overline{KA_3}+\overline{KA_1}KA_2KA_3+KA_1\overline{KA_2}KA_3+KA_1KA_2\overline{KA_3}$$

③化简

$$\begin{aligned}KM&=\overline{KA_1}(\overline{KA_2}KA_3+KA_2\overline{KA_3}+KA_2KA_3)+KA_1(\overline{KA_2}\,\overline{KA_3}+\overline{KA_2}KA_3+KA_2\overline{KA_3})\\&=\overline{KA_1}[KA_3(\overline{KA_2}+KA_2)+KA_2\overline{KA_3}]+KA_1[\overline{KA_3}(\overline{KA_2}+KA_2)+\overline{KA_2}KA_3]\\&=\overline{KA_1}(KA_3+KA_2\overline{KA_3})+KA_1(\overline{KA_3}+\overline{KA_2}KA_3)\\&=\overline{KA_1}(KA_3+KA_2)+KA_1(\overline{KA_3}+\overline{KA_2})\end{aligned}$$

④根据简化了的逻辑式绘制控制电路,如图 7-29 所示。

表 7-4 例(1)的状态表

KA_1	KA_2	KA_3	KM
0	0	0	0
0	0	1	1
0	1	0	1
0	1	1	1
1	0	0	1
1	0	1	1
1	1	0	1
1	1	1	0

上例电路的状态只和触点的组合有关,称为组合开关电路。另有一类电路,它不仅与触点最后组合有关,而且与组合过程的次序有关,这类电路称为时序开关电路。

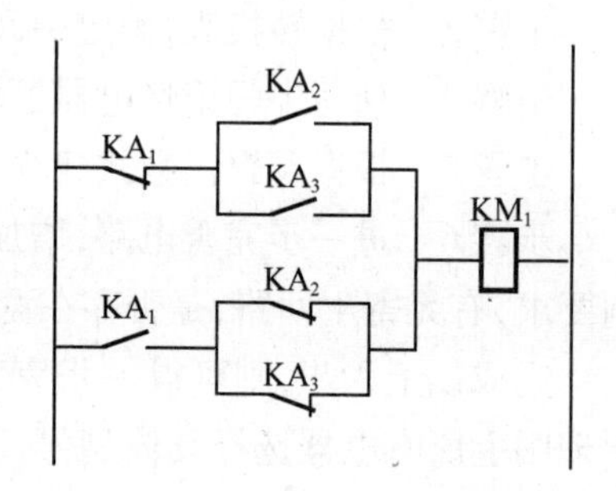

图 7-29 例(1)的控制电路

为了设计时序电路,必须编制状态表(亦称动作表、程序表、顺序图)。任一电器动作一次作为一个程序(亦称节拍、步序)。一般时序电路都要设置中间记忆电器,以区别那些触点逻辑组合相同但组合顺序不同的程序。简单电路则根据状态表,可直接列出逻辑代数式,经变换化简绘制相应电路。

(2)有三个继电器 KA_1、KA_2、KA_3,要求在开关 S 闭合后继电器能顺序地接通,然后再按同一顺序断开,在 S 保持闭合时,工作循环重复进行,试设计该线路。

按题意要求,可列出状态表(表 7-5),从中可以看出,1~6 节拍为一个工作循环。

现讨论开关闭合(S 始终为 1)后的情况。

由状态表可见,继电器 K_1 在节拍 2、3、4 吸合,触点动作(常开触点闭合,常闭触点打开),节拍 4 以后状态要发生变化。另外节拍 1 是 K_1 动作的条件,也就是说从节拍 1 开关 S 闭合开始,继电器 K_1 线圈就通电,具备吸会动作的条件,因此对继电器 K_1 线圈通电来说,应前后提前一拍,按节拍 1~3 来写它接通的结构式,即有

$$f(K_1)=S\overline{K_1}\,\overline{K_2}\,\overline{K_3}+S\cdot K_1\overline{K_2}\,\overline{K_3}+S\cdot K_1K_2\overline{K_3}$$

化简为

$$f(K_1)=S\overline{K_3}(\overline{K_1}\,\overline{K_2}+K_1\overline{K_2}+K_1K_2)=S\overline{K_3}(\overline{K_2}+K_1K_2)=S\overline{K_3}(\overline{K_2}+K_1)$$

表 7-5 例(2)的状态表

节 拍	0	1	2	3	4	5	6	7	8	9	10	…
电器状态	S	1	1	1	1	1	1	1	1	1	1	…
	0	0	1	1	1	0	0	0	1	1	1	…
	0	0	0	1	1	1	0	0	0	1	1	…
	0	0	0	0	1	1	1	0	0	0	1	…

一个循环

对应的电路如图 7-30(a)所示。结合状态表对它还可进一步简化。由表 7-8 可看出，在一个工作循环(1 ~6)节拍中，$K_1=1$ 所在的节拍是 2、3、4 三拍；$\overline{K_2}=1$ 即 $K_2=0$ 是 1、2、6、7 四拍；K_1 和 $\overline{K_2}$ 并联，就是说逻辑相加后，它们在 1 ~4、6、7 六个节拍中均为 1；而与之串联的 $S\overline{K_3}$ 却只在 1 ~3 三个节拍内为 1(只有这三个节拍内 S 和 $\overline{K_3}$ 同时为 1)，在其他节拍时 $S\overline{K_3}=0$，因此 $S\overline{K_3}(K_1+\overline{K_2})$ 的逻辑功能，实际上由 $S\overline{K_3}$ 决定，$(K_1+\overline{K_2})$ 可以省略。换句话说，凡触点串联，节拍多的部分可除去，这并不影响逻辑功能，却可使电路简化。于是继电器 K_1 的结构式可写为

$$f(K_1)=S\overline{K_3}$$

相应的电路如图 7-30(b)所示。

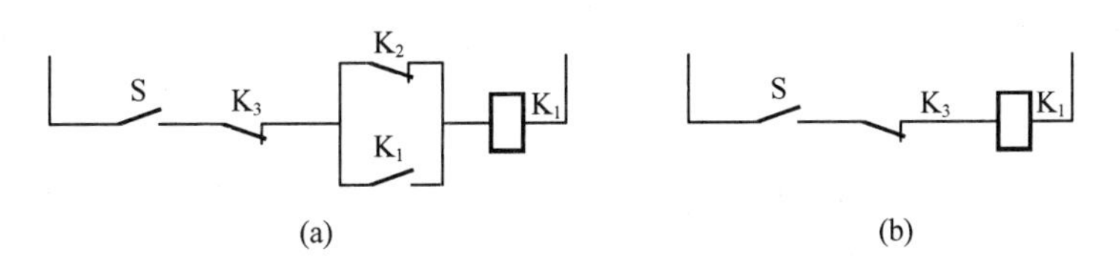

图 7-30 K_1 的控制电路

同样，对继电器 K_2 应按节拍 2、3、4 写出它的线圈通电结构式为

$$\begin{aligned} f(K_2) &= S\cdot K_1\overline{K_2}\,\overline{K_3}+S\cdot K_1K_2\overline{K_3}+S\cdot K_1K_2K_3 \\ &= S\cdot K_1(\overline{K_2}\,\overline{K_3}+K_2\overline{K_3}+K_2K_3) \\ &= S\cdot K_1(\overline{K_3}+K_2K_3) \\ &= S\cdot K_1(\overline{K_3}+K_2) \end{aligned}$$

同理，$K_2=1$ 和 $\overline{K_3}=1(K_3=0)$ 占了 1 ~5 和 7 六拍，而 $S\cdot K_1$ 只在 2 ~4 三拍，因此(K_2+K_3)可省略，从而得到

$$f(K_2)=S\cdot K_1$$

对继电器 K_3 有

$$\begin{aligned} f(K_3) &= S\cdot K_1K_2\overline{K_3}+S\cdot K_1K_2K_3+S\cdot\overline{K_1}K_2K_3 \\ &= S\cdot K_2(K_1\overline{K_3}+K_1K_3+\overline{K_1}K_3) \\ &= S\cdot K_2(K_1+\overline{K_1}K_3) \end{aligned}$$

$$=S\cdot K_2(K_1+K_3)$$

逻辑功能可由 $S\cdot K_2$决定，所以

$$f(K_3)=S\cdot K_2$$

整个电路的代数式

$$f=S\overline{K}_3+S\cdot K_1+S\cdot K_2=S(\overline{K}_3+K_1+K_2)$$

相应的电路如图 7－31 所示。

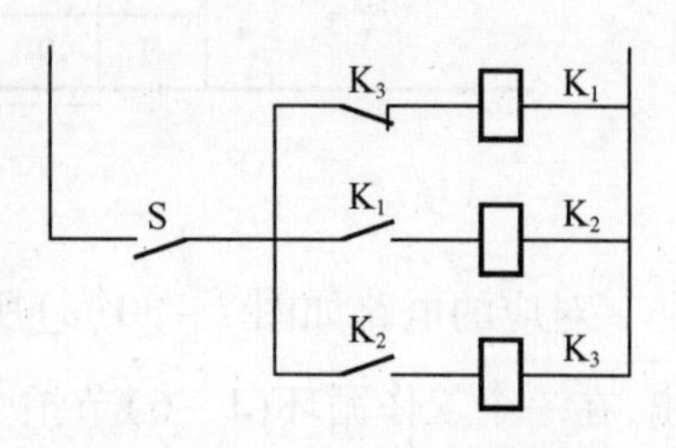

图 7－31　例(2)的控制电路

当然，对这样简单的时序电路，可以直接由动作表列出结构式，因为由动作表可看出，K_1是在 S 闭合和 K_3断开时线圈接通，所以 $f(K_1)=S\overline{K}_3$；K_2继电器线圈的接通和断开取决于 K_1的动作情况，即 $f(K_2)=S\cdot K_1$；K_3继电器线圈的接通和断开取决于 K_2的动作情况，即 $f(K_3)=S\cdot K_2$，这样就得到与上述相同的结构式和电路图。

用逻辑法设计出的控制电路一般是最简电路，再配上相应的主电路即可正常工作了。

上面举的是一些简单例子。一般复杂的电路，在某个信号作用下，从一个稳定状态转换到另一个稳定状态，常常有几个电器的状态变化。对于时序电路来说，如果有几个状态变化，则称电路存在“竞争”，因此电路设计完后要进行检查，看是否有触点竞争、寄生电路、电器元件触点是否够等。可见，用逻辑设计法设计复杂的控制线路，难度也是较大的。但用它简化某一部分线路，或实现某种简单逻辑功能时，又是比较方便而又易行的手段；对于一般不太复杂，而又难免带有自馈和交叉互馈环节的继电接触控制线路，一般采用经验设计法较为简单。

7.4.3　电器工作流程图法

1. 概述

电器工作流程图法是按照电器工作次序来设计控制电路的一种方法。这种方法的设计思想比较简单，易于掌握，对设计人员的设计经验要求不高，具有一定的灵活性。在设计过程中需要根据设计要求进行多次修改，直至解决可能存在的全部问题为止。在理论上完成设计之后，还要通过实验来检验，以便发现在设计中被忽视的问题。对于与次序无关的电器可任意安排其次序，为了设计需要还可能增加辅助电器，所以设计结果可能不唯一。

2. 电器工作流程图法的设计步骤

(1)绘制电器工作流程图

电器工作流程图的绘制是按照电器工作次序从左到右进行的。首先在左侧列出控制中需要的全部电器，如按钮、接触器、继电器等，每个电器占一行，然后按照电器工作的时间顺序从左到右依次画出各电器的状态框，每个电器的状态框与左侧相同电器画在同一行上，并且框内写入相应电器的文字符号。状态框分为黑框、白框和按钮框，见图 7－32。黑框表示该电器的的线圈通电，也称为该电器动作；白框表示该电器的线圈断电，也称为该电器释放；按钮框表示该电器为点动按钮。对于控制电路中的电器，其状态框用实线连接，对于非控制电路中的设备，其状态框用虚线连接。电器工作流程图一般分为两个阶段，即启动阶段和停止阶段，这两个阶段之间为正常工作状态，在图中是断开的。

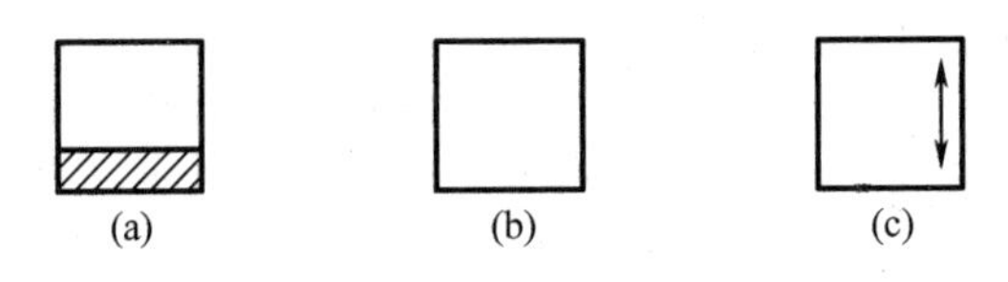

图7-32　状态框

(a)黑框;(b)白框;(c)按钮框

(2)写导通逻辑表达式

导通逻辑表达式是电器工作流程图法中最基本的公式,是从电器工作流程图过渡到控制电路图的桥梁。因为一个电器的线圈要保持通电状态,不但要求电器启动,而且要求电器没有释放,所以导通逻辑表达式的一般形式为

$$\text{导通条件}=\text{启动条件}\cdot\overline{\text{释放条件}} \tag{7-25}$$

将每个电器的实际的启动条件和释放条件代入导通逻辑表达式的一般形式,就得到该电器的逻辑表达式。需要写逻辑表达式的电器是有线圈的电器,如继电器、接触器。

最初得到的是基本逻辑,它们是必不可少的逻辑,可能出现以下问题。

①启动条件不能覆盖电器工作的整个周期

在这种情况下,释放条件还未来临时,电器就释放了。为了避免这种情况,需要对启动条件加自锁,即在启动条件上并联电器的一个常开触点。启动条件为按钮时都要求加自锁。

②电器条件不满足唯一性

如果一个电器条件对应着某一电器的两个状态,则此电器条件不唯一。如果电器条件不满足唯一性,采取以下处理办法:找出可区别同样逻辑条件的其他电器条件进行复合,使之成为唯一性;无可借用的逻辑条件时,则需增加电器来创造出唯一性复合逻辑。

③存在矛盾逻辑

矛盾逻辑就是不能实现的逻辑,要想解决矛盾逻辑,可以在不影响控制要求的情况下预先使一路接通。有时调整不影响控制要求的电器工作次序或增加辅助电器时,矛盾逻辑自然消除。

主要逻辑设计完成后,还需要根据要求补充次要逻辑,如保护、互锁。

(3)绘制电器控制线路图

绘制电器控制线路图,即是将逻辑表达式等号左边的一个文字符号画成线圈,右边的一行文字符号画成按要求连接的触点。在画触点时,不带求反符号的画成常开触点,带求反符号的画成常闭触点。每个含线圈的线路都并联,左右两侧分别接到竖线上,这两条竖线为三相电路中的两相,所以控制线路两端是380 V的线电压。

如果释放条件中有延时触点,那么其文字符号不能直接转换成图形符号,需要通过等效处理把延时符号移出求"非"符号后才能转换成图形符号。释放条件包括黑框和白框两种,它们的等效处理如图7-33。

设计完后还需进行简化,使连线和触点数尽量少,然后统计同一电器的触点数,不够时需扩展。最后通过模拟试验检查是否存在竞争问题,如果存在,则调整线路消除竞争。

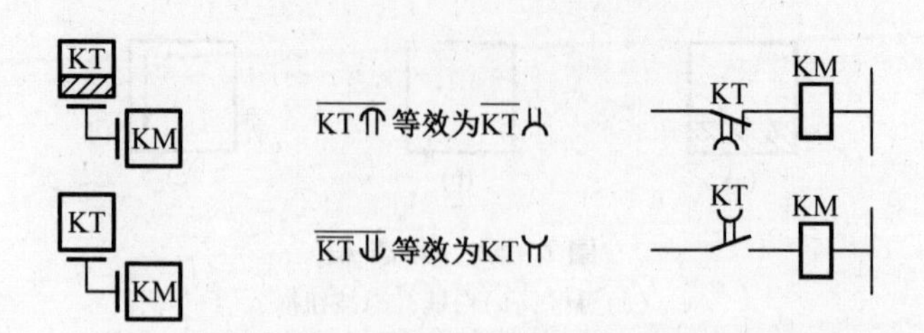

图 7－33　含有延时触点的释放条件的等效处理

3. 实例分析

（1）能耗制动

能耗制动的设计思想是制动时在定子绕组中任意两相通入直流电流，形成固定磁场，它与旋转着的转子中的感应电流相互作用，从而产生制动转矩。制动时间的控制由时间继电器来完成。

能耗制动的主电路如图 7－34 所示，由隔离开关 QS、熔断器 FU、主接触器 KM_1、能耗制动接触器 KM_2、热继电器 FR、电动机 M 组成。

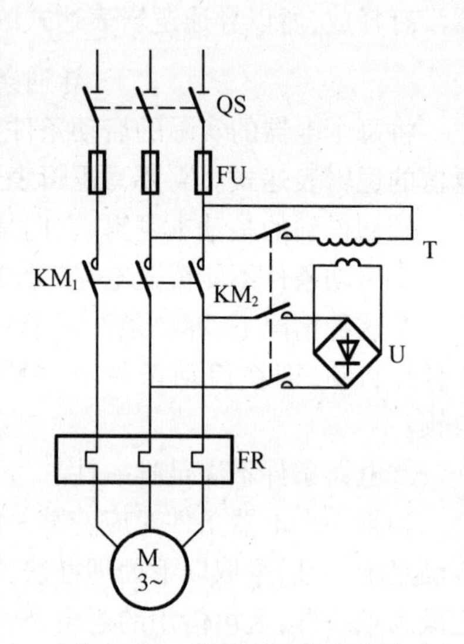

图 7－34　能耗制动的主电路

现在用电器工作流程图法设计能耗制动的控制电路。

首先根据能耗制动的工作过程绘制电器工作流程图。能耗制动的工作过程：按启动按钮 SB_1，主接触器线圈 KM_1 通电，接通主电路，电动机开始工作。需要电动机停转时，按下停止按钮 SB_2，使主接触器线圈断电，断开主电路，同时能耗制动接触器 KM_2 和时间继电器 KT 动作。经过预定的延时 Δt 后，电动机 M 停转，这时让能耗制动接触器 KM_2 和时间继电器 KT 释放，断开能耗制动电路。电器工作流程图如图7－35。

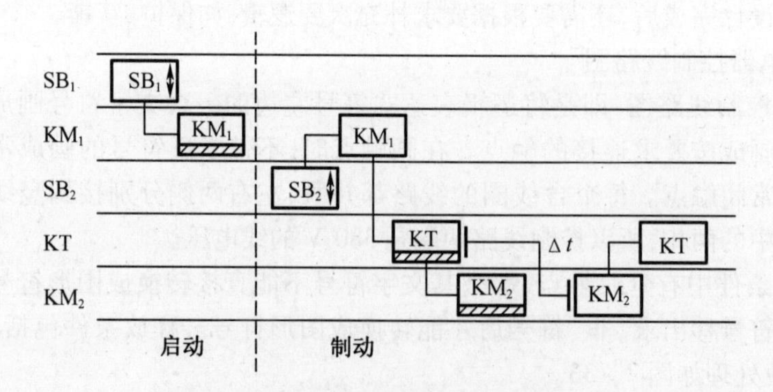

图 7－35　能耗制动的电器工作流程图

然后根据电器工作流程图写主接触器 KM_1、时间继电器 KT 和能耗制动接触器 KM_2 的逻辑表达式。因为启动按钮作为启动条件时显然不能覆盖相应电器的整个工作周期，所以以启动按钮作为启动条件的电器必须加自锁，这一点可以在写基本逻辑时直接实现。初步得到的逻辑表达式为

$$KM_1 = (SB_1 + KM_1)\overline{SB_2} \tag{7-26}$$

$$KT = \overline{KM_1}\,\overline{\overline{KM_2}} = \overline{KM_1}KM_2 \tag{7-27}$$

$$KM_2 = KT\,\overline{KT}\ \Uparrow \tag{7-28}$$

逻辑表达式(7－27)、式(7－28)互相含有对方的常开触点，这使得线圈 KT 的通电以触点 KM_2 的闭合，即线圈 KM_2 的通电为前提。同理，线圈 KM_2 的通电以线圈 KT 的通电为前提。这样，线圈 KT 和线圈 KM_2 都不能通电，出现了矛盾逻辑。

时间继电器 KT 的启动条件为 $\overline{KM_1}$，在电器工作流程图中是白框，即接触器 KM_1 的白框作为时间继电器 KT 的启动条件，对应着 KT 的黑框。而在 KM_1 的黑框之前为所有电器的白框区间，即在这个区间 KM_1 的白框对应着 KT 的白框。这样，启动条件 $\overline{KM_1}$ 对应着 KT 的两种状态，不满足唯一性条件。

为了使逻辑表达式(7－27)中的启动条件 $\overline{KM_1}$ 满足唯一性，需用一个电器来区分 $\overline{KM_1}$ 是否动作过。在本例中可以利用 KT，而不必增加电器。具体做法是，把 KT 的黑框移至 $\overline{KM_1}$ 的黑框和白框之间，使复合逻辑 KT $\overline{KM_1}$ 作为启动条件，就满足了唯一性。改进后的电器工作流程图如图 7－36。

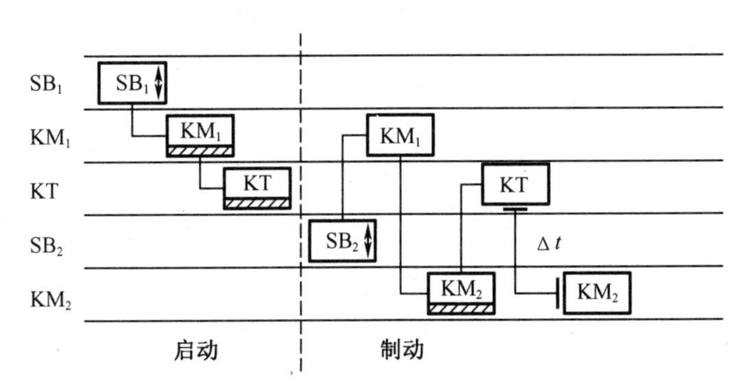

图 7－36　改进后的能耗制动电器工作流程图

下面根据电器工作流程图写出主接触器 KM_1、时间继电器 KT 和能耗制动接触器 KM_2 的逻辑表达式。

KM_1 的启动条件为 SB_1，它不能覆盖 KM_1 的整个周期，所以要加自锁，改为 $SB_1 + KM_1$。KM_1 的释放条件为 SB_2。KM_1 的逻辑表达式为

$$KM_1 = (SB_1 + KM_1)\overline{SB_2} \tag{7-29}$$

KT 的启动条件为 KM_1，它不能覆盖 KT 的整个工作周期，需加自锁，改为 $KM_1 + KT$。KT 的释放条件为 KM_2。KT 的逻辑表达式为

$$KT = (KM_1 + KT)\overline{KM_2} \tag{7-30}$$

KM_2的启动条件为$\overline{KM_1}$，KM_1对应着KM_2的两种状态，是不唯一的，所以要在KM_1的白框之前，黑框之后找一个电器条件KT与之复合，启动条件改为$\overline{KM_1}KT$，这时KT不能覆盖KM_2的全部工作周期，需加自锁，启动条件进一步改为$(\overline{KM_1}KT+KM_2)$。KM_2的释放条件为$\overline{KT\Cup}$，根据释放条件中延时触点求反的规则，$\overline{KT\Cup}\Leftrightarrow KT\curlyvee$。$KM_2$的逻辑表达式为

$$KM_2=(\overline{KM_1}KT+KM_2)KT\curlyvee \tag{7-31}$$

根据逻辑表达式(7－29)至成(7－31)画出的控制电路图如图7－37。

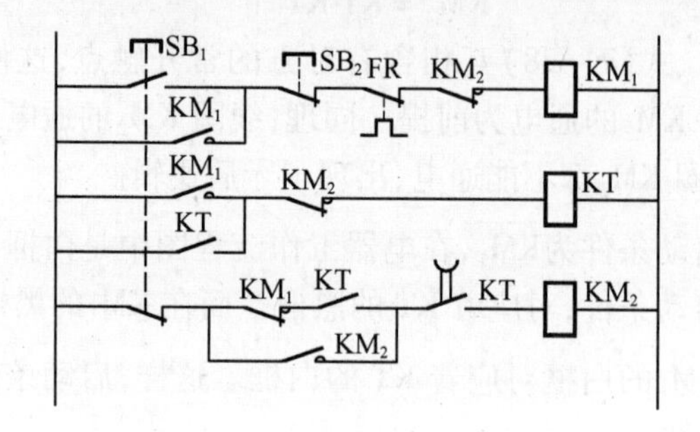

图7－37　能耗制动的控制电路图1

在图7－37中，增加了一些次要逻辑。主接触器KM_1工作时间长，需加热保护，在其线路中串入热继电器FR的常闭触点。主接触器KM_1和能耗制动接触器KM_2不允许同时工作，需加互锁，KM_2的线路中已有互锁功能，只需在KM_1的线路中串入KM_2的常闭触点，这样就构成了接触器互锁。为了构成按钮互锁，在KM_2的线路中串入SB_1的常闭触点。

能耗制动的控制电路图经改进后，对应的的逻辑表达式为

$$KM_1=(SB_1+KM_1)\overline{SB_2}\,\overline{FR}\,\overline{KM_2} \tag{7-32}$$

$$KT=(KM_1+KT)\overline{KM_2} \tag{7-33}$$

$$KM_2=\overline{SB_1}(\overline{KM_1}KT+KM_2)KT\curlyvee \tag{7-34}$$

下面再介绍一种能耗制动的方案，其电器工作流程图如图7－38。

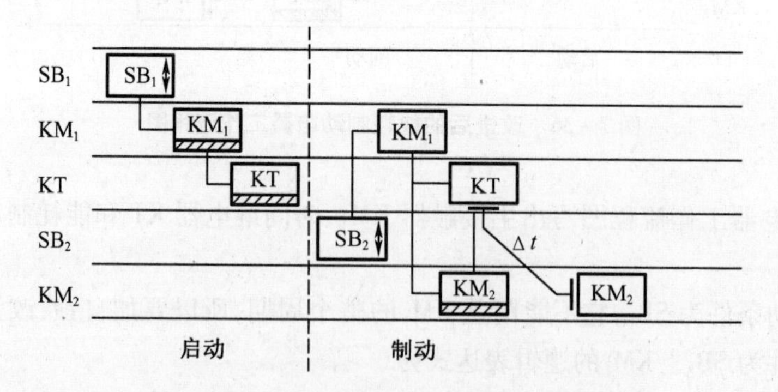

图7－38　能耗制动的另一种电器工作流程图

根据图 7－38 写出 KM_1、KT 和 KM_2的逻辑表达式

$$KM_1 = (SB_1 + KM_1)\overline{SB_2} \tag{7-35}$$

$$KT = KM_1 \tag{7-36}$$

$$KM_2 = \overline{KM_1}KT\curlyvee\overline{KT\Cup} = \overline{KM_1}KT\curlyvee \tag{7-37}$$

在这种能耗制动的方案中，KT 的逻辑表达式达到了最简形式。KM_2的启动条件$\overline{KM_1}$不唯一，需复合电器条件 KT，KT 与 KT$\curlyvee$是等价的，为了化简，把 KT 改为 KT$\curlyvee$。KM_2的释放条件$\overline{KT\Cup}$求反后等价于 KT$\curlyvee$。经化简，KM_2的逻辑表达式为式(7－37)。

根据逻辑表达式(7－35)至式(7－37)画出的控制电路图如图 7－39。

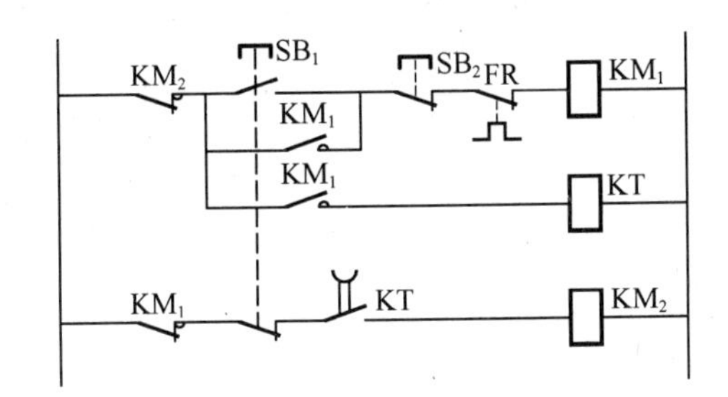

图 7－39　能耗制动的控制电路图 2

在图 7－39 中，KM_1的线路中增加了热继电器 FR 的常闭触点和能耗制动接触器 KM_2的常闭触点，以构成热保护和接触器互锁。KT 的线路中增加了能耗制动接触器 KM_2的常闭触点。在控制电路图中两个能耗制动接触器的常闭触点可公用一个，这样可以节省一个常闭触点。在 KM_2的线路中增加了启动按钮 SB_1的常闭触点以构成按钮互锁。

图 7－39 对应的逻辑表达式为

$$KM_1 = \overline{KM_2}(SB_1 + KM_1)\overline{SB_2}\,\overline{FR} \tag{7-38}$$

$$KT = \overline{KM_2}KM_1 \tag{7-39}$$

$$KM_2 = \overline{SB_1}\,\overline{KM_1}KT\curlyvee \tag{7-40}$$

能耗制动是利用转子中的储能进行的，所以能量损耗小，制动电流小，制动准确，但需要整流电源，制动速度较慢，适用于要求平稳制动的场合。

(2) 反接制动

反接制动的工作原理与反转线路相似，制动时使电源反相序，制动到接近零速时，电动机电源自动切除。检测元件采用直接反映转速信号的速度继电器。由于反接制动电流较大，如果电动机容量较大，制动时需在定子回路中串入电阻降压以减小制动电流；当电动机容量不大时，可以不串制动电阻以简化线路。这时，可以考虑选用比正常使用大一号的接触器，以适应较大的制动电流。

速度继电器主要用于鼠笼型异步电动机的反接制动控制，也称反接制动继电器。感应式速度继电器是依靠电磁感应原理实现触点动作的，因此它的电磁系统与一般电磁式电器的电磁系统是不同的，而与交流电动机的电磁系统相似，即由定子和转子组成其电磁系统。感应式速度继电器在结构上主要由定子、转子和触点三部分组成，如图 7－40 所示。转子由永久磁铁制成，定子的结构与笼型电动机的转子相似，是由硅钢片叠制而成，并装有绕组。

继电器轴 2 与电动机轴相连接，当电动机转动时，继电器的转子 1 随着一起转动，这样，永久磁铁的静止磁场就成了旋转磁场。转子固定在继电器轴上，定子与继电器轴同心。当定子 3 内的绕组 4 因切割磁场而感生电势和产生电流时，电流与旋转磁场相互作用产成电磁转矩，于是定子跟着转子相应偏转。转子转速越高，绕组内产生的电流越大，电磁转矩也就越大。当定子偏转到一定角度时，在定子柄 5 的作用下使常闭触点打开而常开触点闭合。当电动机转速下降时，继电器的转子转速也随之下降，绕组内产生的电流也相应地减少，因而使电磁转矩也相应地减小。当继电器转子的速度下降到接近零时，电磁转矩减小，定子柄在弹簧力的作用下返回到原来位置，使对应的触点恢复到原来状态。

反接制动的主电路如图 7－41 所示，由隔离开关 QS、熔断器 FU、线路接触器 KM_1、反接制动接触器 KM_2、限流电阻 R、热继电器 FR、电动机 M 和速度继电器 KV 组成。

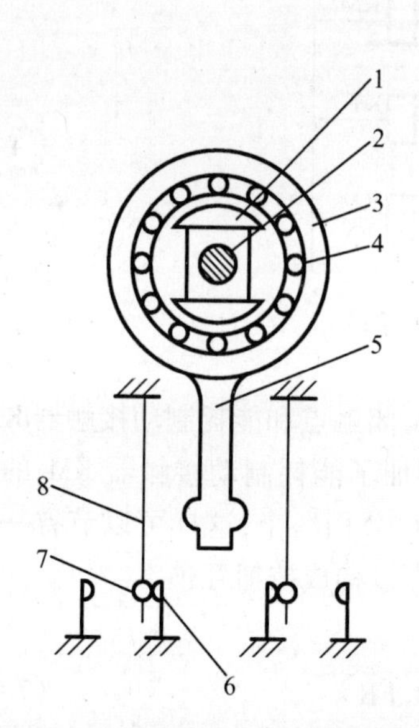

图 7－40　速度继电器结构原理图

1—转子；2—继电器轴；3—定子；4—绕组；
5—定子柄；6—静触点；7—动触点；8—簧片

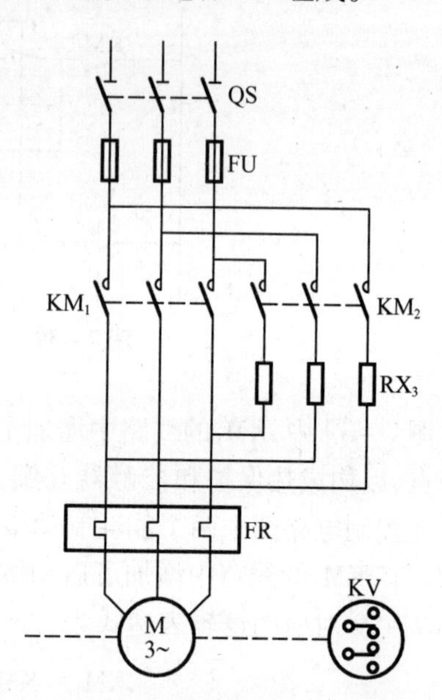

图 7－41　反接制动的主电路

反接制动的工作过程：按启动按钮 SB_1，线路接触器 KM_1 动作，接通主电路，电动机开始工作，然后速度继电器 KV 动作。制动时，按下停止按钮 SB_2，使线路接触器 KM_1 释放，断开主电路，然后反接制动接触器 KM_2 动作，使电动机转速下降，当转速接近零时，速度继电器 KV 释放，然后反接制动接触器 KM_2 释放。根据上述工作过程绘制的电器工作流程图如图7－42。

然后根据电器工作流程图写线路接触器 KM_1 和反接制动接触器 KM_2 的逻辑表达式。

KM_1 的启动条件为 SB_1，它不能覆盖 KM_1 的整个工作周期，所以要加自锁，改为 $SB_1 + KM_1$。KM_1 的释放条件为 SB_2。KM_1 的逻辑表达式为

$$KM_1 = (SB_1 + KM_1)\overline{SB_2} \tag{7-41}$$

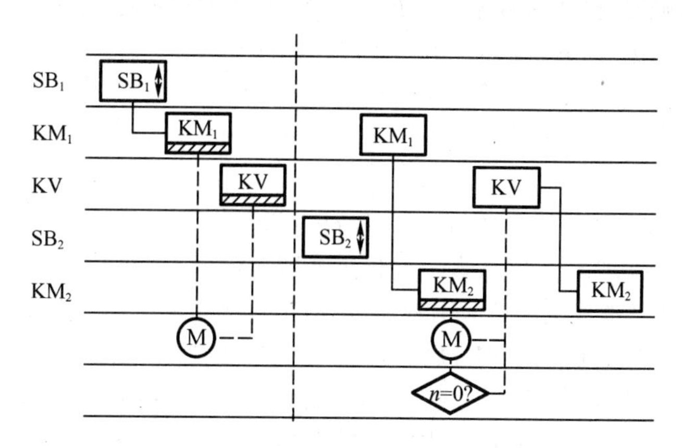

图7－42　反接制动的电器工作流程图

KM_2的启动条件为$\overline{KM_1}$，$\overline{KM_1}$对应着KM_2的两种状态，是不唯一的，所以要在KM_1的白框之前、黑框之后找一个电器条件KV与之复合，启动条件改为$\overline{KM_1}KV$。KM_2的释放条件为$\overline{KV}$。KM_2的逻辑表达式为

$$KM_2=\overline{KM_1}KV\ \overline{\overline{KV}}=\overline{KM_1}KV \tag{7-42}$$

根据逻辑表达式(7－41)式(7－42)画出的控制电路图见图7－43。

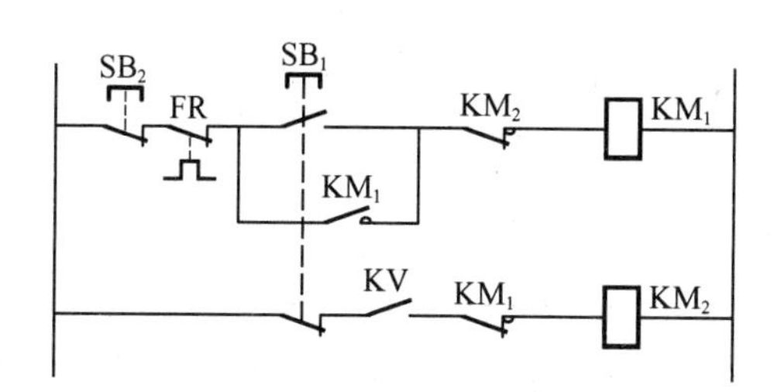

图7－43　反接制动的控制电路图

在图7－43中，增加了一些次要逻辑。线路接触器KM_1工作时间长，需加热保护，在其线路中串入热继电器FR的常闭触点。线路接触器KM_1和反接制动接触器KM_2不允许同时工作，需加互锁，KM_2的线路中已有KM_1的常闭触点，只需在KM_1的线路中串入KM_2的常闭触点，这样就构成了接触器互锁。为了构成按钮互锁，在反接制动接触器KM_2的线路中串入启动按钮SB_1的常闭触点。

反接制动的控制电路图经改进后，对应的逻辑表达式为

$$KM_1=(SB_1+KM_1)\overline{SB_2}\,\overline{FR}\,\overline{KM_2} \tag{7-43}$$

$$KM_2=\overline{SB_1}KV\ \overline{KM_1} \tag{7-44}$$

反接制动的优点是制动能力强、制动时间短。缺点是能量损耗大、制动准确度差。但采用以转速为变化参量的速度继电器检测转速信号，能够准确地反映转速，不受外界因素干扰，有很好的制动效果。反接制动适用于生产机械的迅速停车与迅速反向。

(3)带重载接触器的正反转控制

当电动机的主电路负载较大时，由于普通接触器的通断能力差，需在主电路中串入通

断能力强的重载接触器,接通过程中让它最后动作,断开过程中让它最先释放。

带重载接触器的正反转控制的主电路如图7-44所示,由隔离开关QS、熔断器FU、重载接触器KM_1、正转接触器KM_2、反转接触器KM_3、热继电器FR、电动机M组成。

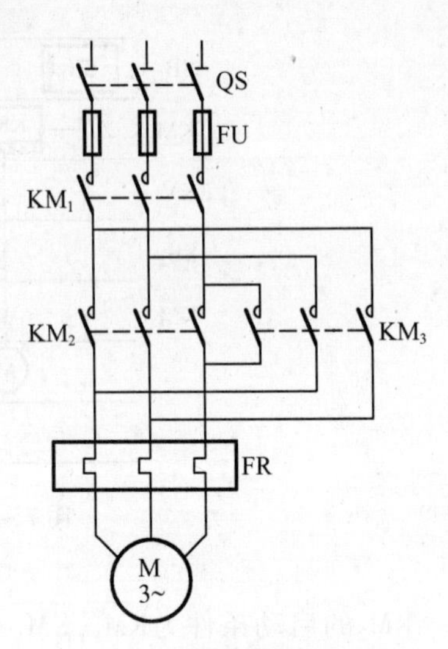

图7-44 带重载接触器的正反转控制的主电路

带重载接触器的正反转控制的工作过程:按正转启动按钮SB_2,正转接触器KM_2动作,然后重载接触器KM_1动作;按停止按钮SB_1,重载接触器KM_1释放,然后正转接触器KM_2释放;按反转启动按钮SB_3,反转接触器KM_3动作,然后重载接触器KM_1动作;按停止按钮SB_1,重载接触器KM_1释放,然后反转接触器KM_3释放。根据上述工作过程绘制的电器工作流程图如图7-45。

然后根据电器工作流程图写重载接触器KM_1、正转接触器KM_2和反转接触器KM_3的逻辑表达式。

重载接触器KM_1的工作过程分为两个阶段,第一个阶段是正转阶段,启动条件为KM_2,释放条件为SB_1,逻辑表达式为$KM_1 = KM_2\overline{SB_1}$;第二个阶段是反转阶段,启动条件为$KM_3$,释放条件为$SB_1$,逻辑表达式为$KM_1 = KM_3\overline{SB_1}$;把两个阶段合起来,重载接触器$KM_1$的逻辑表达式为

$$KM_1 = (KM_2 + KM_3)\overline{SB_1} \tag{7-45}$$

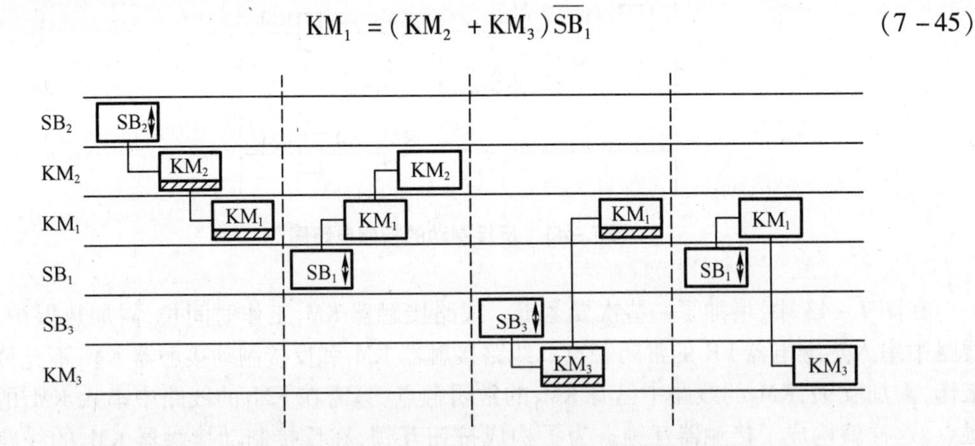

图7-45 带重载接触器的正反转控制的电器工作流程图1

正转接触器KM_2的启动条件为$SB_2 + KM_2$,释放条件为$\overline{KM_1}$,逻辑表达式为

$$KM_2 = (SB_2 + KM_2)KM_1 \tag{7-46}$$

反转接触器KM_3的启动条件为$SB_3 + KM_3$,释放条件为$\overline{KM_1}$,逻辑表达式为

$$KM_3 = (SB_3 + KM_3)KM_1 \tag{7-47}$$

从逻辑表达式(7-45)至式(7-47)中可以看出,$(KM_2 + KM_3)$与KM_1互相包含对方的常开触点,因此为矛盾逻辑,使重载接触器KM_1及正转接触器KM_2(或反转接触器KM_3)的动作不可能实现。

解决上述问题的方法是，增加一个中间继电器 KA，以反映启动后的状态，从而在启动过程中为正转接触器 KM_2（或反转接触器 KM_3）提供通路。增加中间继电器 KA 后，电器工作流程图变为图 7－46。

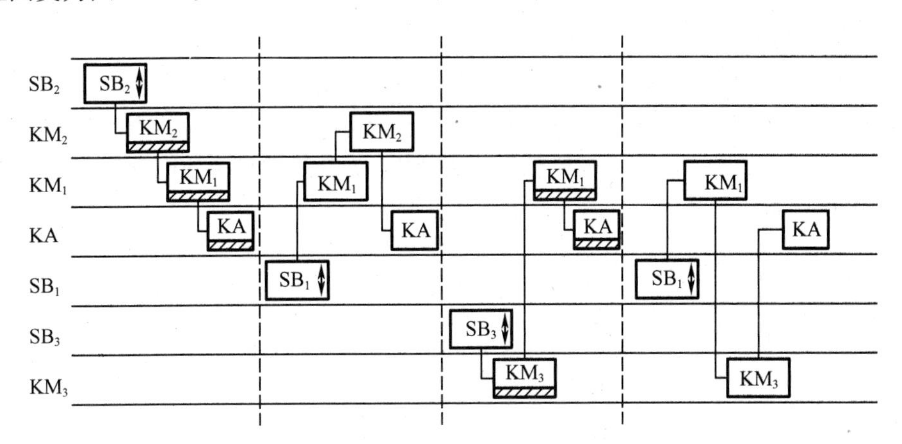

图 7－46　带重载接触器的正反转控制的电器工作流程图 2

根据图 7－46 写出重载接触器 KM_1、正转接触器 KM_2、反转接触器 KM_3 和中间继电器 KA 的逻辑表达式，并补充所需要的次要逻辑。

$$KM_1 = (KM_2 + KM_3)\overline{SB_1}\,\overline{FR} \tag{7-48}$$

$$KM_2 = (SB_2 + KM_2)\overline{\overline{KM_1}KA} = (SB_2 + KM_2)(KM_1 + \overline{KA})$$

加接触器互锁和按钮互锁后

$$KM_2 = (SB_2 + KM_2)(KM_1 + \overline{KA})\overline{KM_3}\,\overline{SB_3} \tag{7-49}$$

$$KM_3 = (SB_3 + KM_3)\overline{\overline{KM_1}KA} = (SB_3 + KM_3)(KM_1 + \overline{KA})$$

加接触器互锁和按钮互锁后

$$KM_3 = (SB_3 + KM_3)(KM_1 + \overline{KA})\overline{KM_2}\,\overline{SB_2} \tag{7-50}$$

$$KA = (KM_1 + KA)\overline{\overline{KM_2}} + (KM_1 + KA)\overline{\overline{KM_3}} = (KM_1 + KA)(KM_2 + KM_3) \tag{7-51}$$

根据逻辑表达式（7－48）至式（7－51）画出的控制电路图如图 7－47。

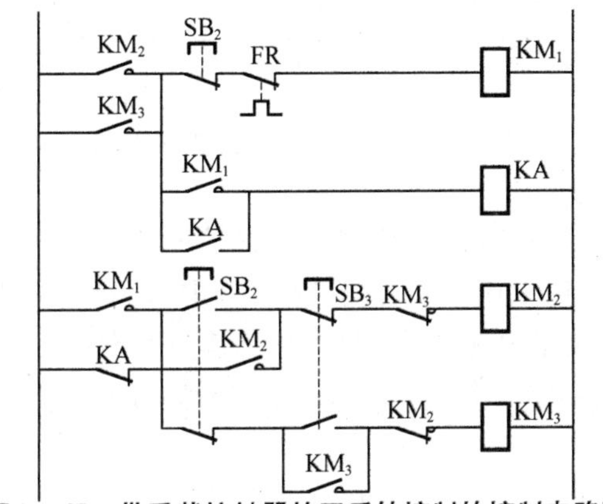

图 7－47　带重载接触器的正反转控制的控制电路图

带重载接触器的正反转控制比一般的正反转控制工作可靠性高，可承受大负载，接通过程中由重载接触器承受电动力，断开过程中由重载接触器承受电弧，而正转接触器和反转接触器只负责改变相序，不要求具有通断大负载的能力。

(4)吸风－纺纱电动机的自动控制

吸风－纺纱电动机的自动控制是连锁控制，就是按照一定的先后顺序进行的控制。

吸风－纺纱电动机自动控制的主电路如图 7－48 所示，由隔离开关 QS、熔断器 FU、吸风接触器 KM_1、纺纱接触器 KM_2、吸风热继电器 FR_1、纺纱热继电器 FR_2、吸风电动机 M_1 和纺纱电动机 M_2 组成。

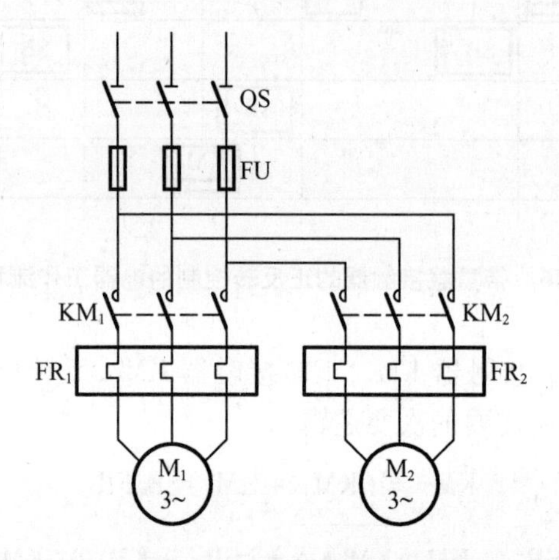

图 7－48　吸风—纺纱电动机自动控制的主电路

吸风－纺纱电动机自动控制的工作过程：按下启动按钮 SB_1，吸风接触器 KM_1 动作，吸风电动机 M_1 开始工作，经过 10 s，纺纱接触器 KM_2 动作，纺纱电动机 M_2 开始工作；按下停止按钮 SB_2，纺纱接触器 KM_2 释放，纺纱电动机 M_2 停止工作，经过 10 s，吸风接触器 KM_1 释放，吸风电动机 M_1 停止工作。上述工作过程的时序如图 7－49。

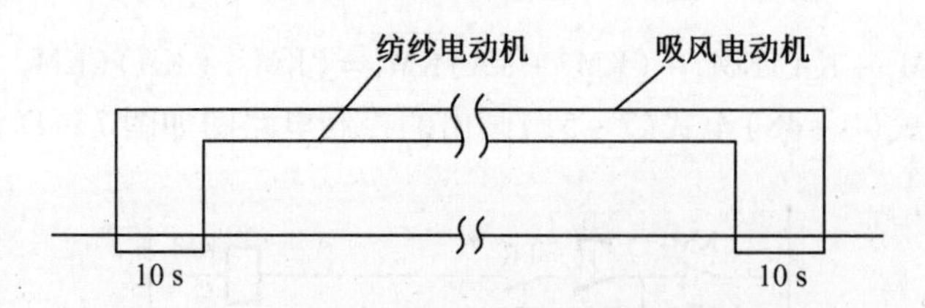

图 7－49　吸风－纺纱电动机自动控制的时序图

根据上述工作过程绘制的电器工作流程图如图 7－50。

在图 7－50 中，两次延时只用一个时间继电器 KT 来实现，可节省一个时间继电器，增加一个中间继电器 KA 是为了出现不唯一性时作为消除不唯一性的标志。

下面根据电器工作流程图写吸风接触器 KM_1、纺纱接触器 KM_2、时间继电器 KT 和中间继电器 KA 的逻辑表达式。

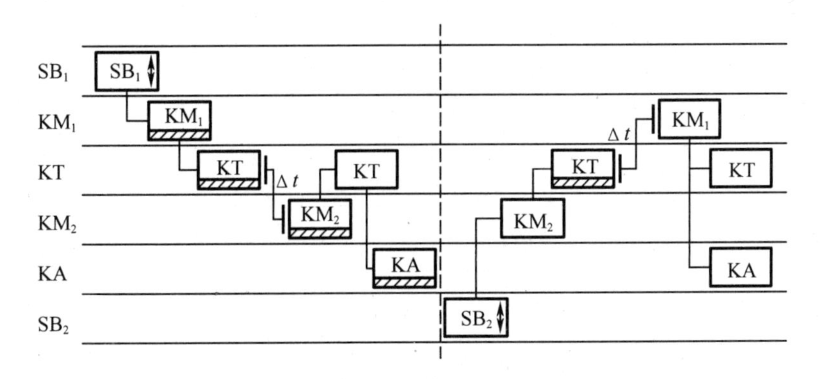

图7－50　吸风—纺纱电动机自动控制的电器工作流程图

KM_1的启动条件为SB_1，它不能覆盖KM_1的整个周期，所以要加自锁，改为SB_1+KM_1。KM_1的释放条件为KT⇑，它对应着KM_1的两种状态，是不唯一的，应在KT⇑的第二个黑框与它前面的白框之间找一个标志KA与之复合，使KA·KT⇑作为KM_1的释放条件。KM_1的逻辑表达式为

$$KM_1 = (SB_1 + KM_1)\overline{KA \cdot KT\Uparrow} = (SB_1 + KM_1)(\overline{KA} + \overline{KT}\Downarrow \tag{7-52}$$

KM_2的启动条件为KT⇑，它对应着KM_2的两种状态，是不唯一的，应找一个标志$\overline{KA}$与之复合，但KT⇑和$\overline{KA}$都不能覆盖KM_2的整个工作区间，需加自锁，这样KM_2的启动条件变为$(\overline{KA}KT\Uparrow + KM_2)$。$KM_2$的释放条件为$SB_2$。$KM_2$的逻辑表达式为

$$KM_2 = (\overline{KA}KT\Uparrow + KM_2)\overline{SB_2} \tag{7-53}$$

KT的工作过程分为两个阶段，第一个阶段是启动阶段，启动条件为KM_1，释放条件为KM_2，逻辑表达式为$KT = KM_1\overline{KM_2}$；第二个阶段是停止阶段，启动条件为$\overline{KM_2}$，释放条件为$\overline{KM_1}$，逻辑表达式为$KT = \overline{KM_2}KM_1$。把两个阶段合起来，KT的逻辑表达式为

$$KT = KM_1\ \overline{KM_2} \tag{7-54}$$

KA的启动条件为$\overline{KT}$，它对应着KA的两种状态，是不唯一的，应在KT的第一个白框与它前面的黑框之间找一个标志KM_2与之复合，但$\overline{KT}$和KM_2都不能覆盖KA的整个工作周期，需加自锁，这样KA的启动条件为$(\overline{KT}KM_2 + KA)$。KA的释放条件为$\overline{KM_1}$。KA的逻辑表达式为

$$KA = (\overline{KT}KM_2 + KA)KM_1 \tag{7-55}$$

根据逻辑表达式(7－52)至式(7－55)画出的控制电路图如图7－51。

在图7－51中，KM_1和KM_2线路的时间继电器KT的触点用一个转换触点来实现，KA和KT线路共用一个KM_1的常开触点。

(5)星－三角启动

对于大容量的电动机，当电动机容量超过其供电变压器的规定值(变压器只供动力用时，取25%；变压器供动力、照明公用时，取5%)，一般应采用减压启动方式，以防止过大的启动电流引起电源电压的下降。星－三角启动是一种常用的减压启动方式。

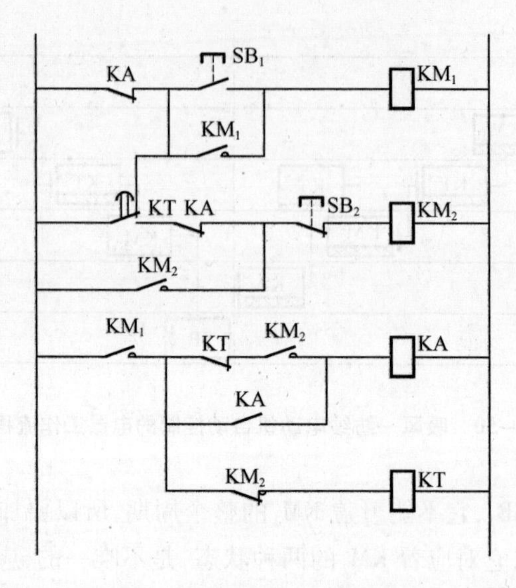

图 7－51 吸风－纺纱电动机自动控制的控制电路图

星－三角启动控制线路的设计思想是按时间原则控制启动过程，启动时将电动机定子绕组接成星形，加在电动机每根绕组上的电压为额定值的 $1/\sqrt{3}$，从而减小了启动电流对电网的影响。待启动后按预先整定的时间换接成三角形接法，使电动机在额定电压下正常运转。

现在以星－三角启动为例介绍减压启动控制线路的设计。

星－三角启动的主电路如图 7－52 所示，由隔离开关 QS、熔断器 FU、主接触器 KM_2、三角接触器 KM_3、星接触器 KM_1、热继电器 FR 和电动机 M 组成。

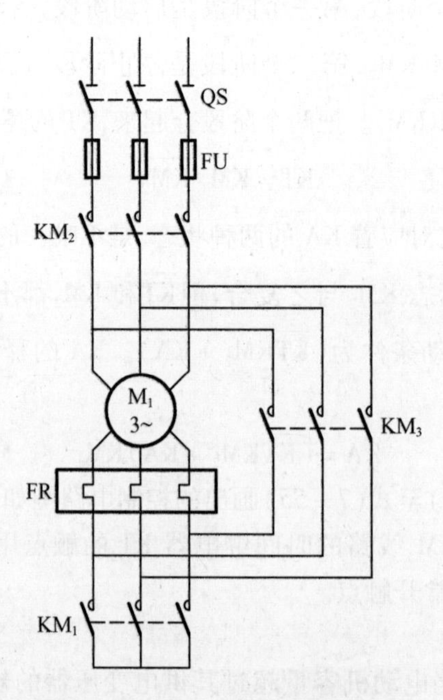

图 7－52 星－三角启动的主电路

星－三角启动的工作过程：按下启动按钮 SB_1，星接触器 KM_1 动作，然后主接触器 KM_2 动作，经过预定时间的延时，星接触器 KM_1 释放，然后三角接触器 KM_3 动作。按下停止按钮 SB_2，主接触器 KM_2 和三角接触器 KM_3 释放。根据上述工作过程绘制的电器工作流程图见图7－53。

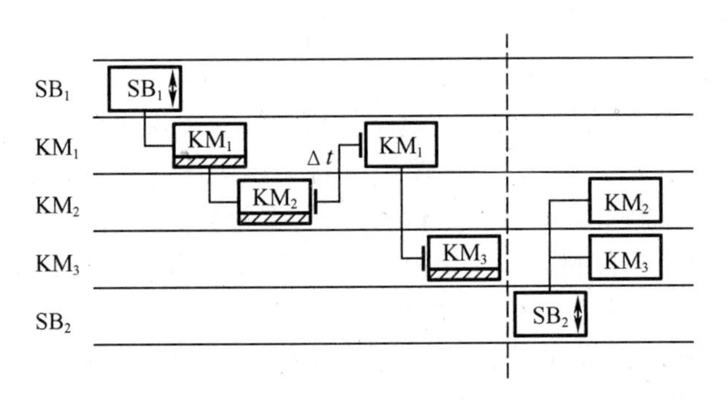

图7－53　星－三角启动的电器工作流程图

根据电器工作流程图写星接触器 KM_1、主接触器 KM_2、三角继电器 KM_3 的逻辑表达式。

KM_1 的启动条件为 SB_1+KM_1，释放条件为 $KM_2\Uparrow$，逻辑表达式为

$$KM_1=(SB_1+KM_1)\overline{KM_2\Uparrow}=(SB_1+KM_1)\overline{KM_2}\Downarrow \tag{7-56}$$

KM_2 的启动条件为 KM_1，它不能覆盖 KM_2 的整个工作周期，需加自锁，启动条件改为 (KM_1+KM_2)。KM_2 的释放条件为 SB_2。KM_2 的逻辑表达式为

$$KM_2=(KM_1+KM_2)\overline{SB_2} \tag{7-57}$$

KM_3 的启动条件为 $\overline{KM_1}$，它对应着 KM_3 的两种状态，是不唯一的，所以要在 KM_1 的白框之前，黑框之后找一个电器条件 $KM_2\Uparrow$ 与之复合，启动条件改为 $KM_2\Uparrow\overline{KM_1}$。$KM_3$ 的释放条件为 $\overline{SB_2}$。KM_3 的逻辑表达式为

$$KM_3=KM_2\Uparrow\overline{KM_1}\,\overline{SB_2} \tag{7-58}$$

根据逻辑表达式(7－56)至式(7－58)画出的控制电路图如图7－54。

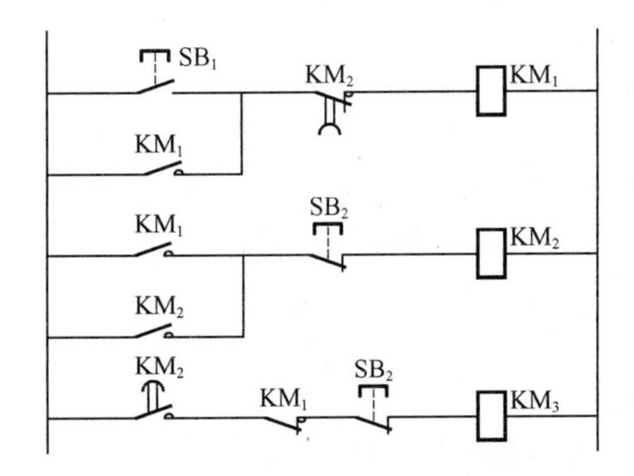

图7－54　星－三角启动的控制电路图

星－三角启动的优点:星形启动电流只是原来三角形接法的 1/3,启动电流特性好;结构简单,价格便宜。缺点:启动转矩也相应下降为原来三角形接法的 1/3,转矩特性差。

7.4.4 电器控制线路设计方法的比较

电器控制线路在各种生产机械的控制领域中一直应用很广泛,以往均采用经验设计法和逻辑设计法来设计。经验设计法是根据生产工艺要求,利用各种典型的线路环节,直接设计控制线路。逻辑设计法是根据生产工艺的要求,利用逻辑代数来分析、设计线路的。本书又提出了电器工作流程图法,它是按照电器工作次序来设计电器控制线路的一种方法,包括绘制电器工作流程图、写导通逻辑表达式、绘制电器控制线路图等步骤。以往对各种电器控制线路设计方法的特点和应用领域介绍得很少,本文对经验设计法、逻辑设计法、电器工作流程图法进行比较,论述它们的特点和应用领域,为设计者选用方法提供指导。

经验设计法比较简单,但要求设计人员必须熟悉大量的控制线路,掌握多种典型线路的设计资料,同时具有丰富的设计经验;在设计过程中往往还要经过多次修改和试验,才能使线路符合设计要求。

逻辑设计法设计的线路比较合理,特别适合完成较复杂的生产工艺所要求的控制线路。但是相对而言逻辑设计法难度较大,不易掌握。

电器工作流程图法的设计思想比较简单,易于掌握,对设计人员的设计经验要求不高,具有一定的灵活性。对于与次序无关的电器可任意安排其次序,为了设计需要还可能增加辅助电器,所以设计结果可能不唯一。

三种电器控制线路设计方法各有特色,设计者可根据设计要求的特点及自己的熟练程度选取其中的一种。电器工作流程图法按照时间原则设计电器控制线路,弥补了经验设计法需要丰富经验和逻辑设计法难度较大的不足,便于初学者使用。

习　题

7.1 什么是电器控制线路?

7.2 简述安装图和原理图的区别与联系。

7.3 基本控制逻辑有哪些?

7.4 电动机的基本控制线路有哪些?

7.5 简述主电路和控制电路的区别与联系。

7.6 简述经验设计法和逻辑设计法的区别与联系。

7.7 什么是电器工作流程图法?

7.8 电器工作流程图法有哪些设计步骤?

7.9 什么是矛盾逻辑?

7.10 简述能耗制动和反接制动的区别与联系。

7.11 简述全压启动和减压启动的区别与联系。

7.12 综述各种电器控制线路设计方法的优缺点。

附录A 电器常用图形符号

名称	图形符号	名称	图形符号	名称	图形符号
三相鼠笼型电动机	M 3~	热继电器驱动器件		延时闭合动合触点	
三相鼠笼型电动机	M 3~	按钮开关动合触点		延时断开动合触点	
串励直流电动机	M	按钮开关动断触点		延时闭合动断触点	
并励直流电动机	M	接触器动合触头		延时断开动断触点	
换向绕组补偿绕组		接触器动断触头		三极刀开关	
串励绕组		继电器动合触点		隔离开关	
并励绕组他励绕组		继电器动断触点		断路器开关	
接触器继电器线圈		热继电器触点		熔断器	
缓吸继电器线圈		行程开关动合触点		转换触点	
缓释继电器线圈		行程开关动断触点		桥接触点	

附录B 电器常用基本文字符号

元器件种类	元件名称	基本文字符号	
		单字母	双字图
变换器	测速发电机	B	BR
电容器		C	
保护器件	熔断器 过流继电器 过压继电器 热继电器	F	FU FA FV FR
发电机	同步发电机 异步发电机	G	GS GA
信号器件	指示灯	H	HL
接触器继电器	接触器 时间继电器 中间继电器 速度继电器 电压继电器 电流继电器	K	KM KT KA KV KV KA
电抗器		L	
电动机		M	
电力电路开关器件	断路器 保护开关 隔离开关	Q	QF QM QS

元器件种类	元件名称	基本文字符号	
		单字母	双字母
控制电路开关器件	控制开关 按钮开关 限位开关	S	SA SB SQ
电阻器	电位器 压敏电阻	R	RP RV
变压器	电流互感器 电压互感器 控制变压器 电力变压器	T	TA TV TC
电子管晶体管	二极管 晶体管 晶闸管 电子管	V	 VE
操作器件	电磁铁 电磁制动器 电磁阀	Y	YA YB YU

附录 C　电器常用辅助文字符号

名称	文字符号	名称	文字符号	名称	文字符号
电流	A	上	U	中	M
电压	V	下	D	额定	RT
直流	DC	控制	C	负载	LD
交流	AC	反馈	FD	转矩	T
速度	V	励磁	E	测速	BR
启动	ST	平均	ME	升	H
制动	B	附加	ADD	降	F
向前	FW	导线	W	大	L
向后	BW	保护	P	小	S
高	H	输入	IN	补偿	CO
低	L	输出	OUT	稳定	SD
正	F	运行	RUN	等效	EQ
反	R	闭合	ON	比较	CP
时间	T	断开	OFF	电枢	A
自动	A	加速	ACC	动态	DY
手动	M	减速	DEC	中线	N
吸合	D	左	L	分流器	DA
释放	L	右	R	稳压器	VS
并励	E	串励	D		

附录 D　解析法气隙磁导计算公式

No.	磁极形状	气隙磁导计算公式
1	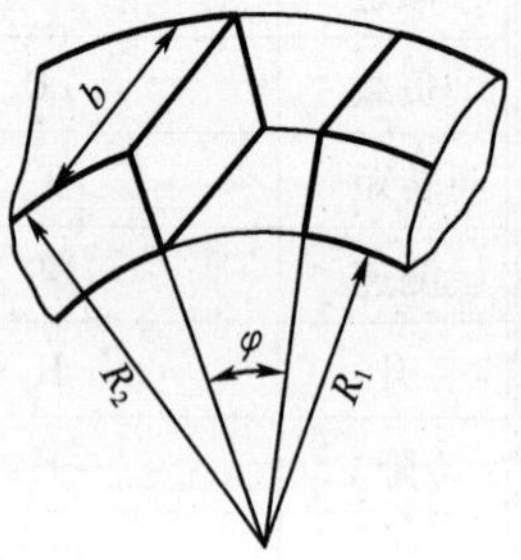	$\Lambda_\delta=\mu_0\frac{b}{\varphi}\ln\frac{R_2}{R_1}$
2	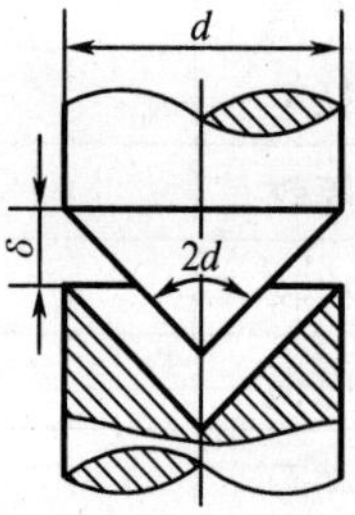	$\Lambda_\delta=\mu_0\frac{\pi d}{2\delta\cos\alpha}\left(\delta\sin\alpha-\frac{d}{2\cos\alpha}\right)$
3	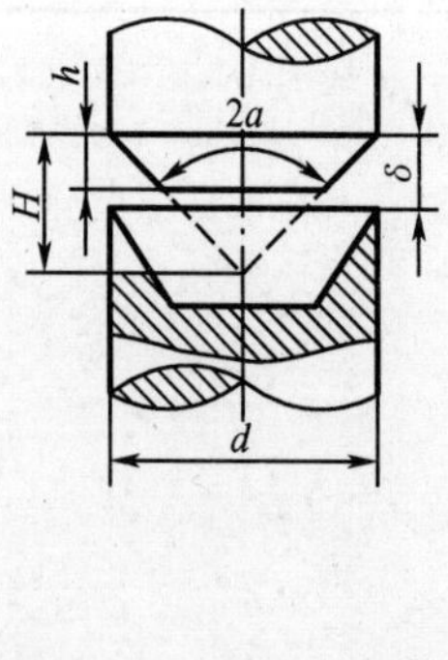	$\Lambda_\delta=\mu_0 d\left\{\frac{\pi d}{4\delta\sin^2\alpha}-\frac{0.157}{\sin^2\alpha}-\frac{1.97}{\sin\alpha}\times(1-\eta)\left[\frac{0.6-\eta}{\ln\left(1+\frac{\delta}{d}\sin2\alpha\right)}+\frac{1+\eta}{\ln\left(1+5\frac{\delta}{d}\sin\alpha\right)}\right]+0.75\right\}$ 式中　$\eta=\frac{h}{H}+0.29\tan\left(1-\frac{h}{H}\right)$ ［当 $\delta/d<h/(H\sin2\alpha)$ 时］ $\eta=\delta\sin2\alpha/d$ ［当 $\delta/d\geqslant h/(H\sin2\alpha)$ 时］ $\eta=1$ ［当 $\delta/d>1/(2\tan\alpha)$ 时］

附录 D(续一)

No.	磁极形状	气隙磁导计算公式
4	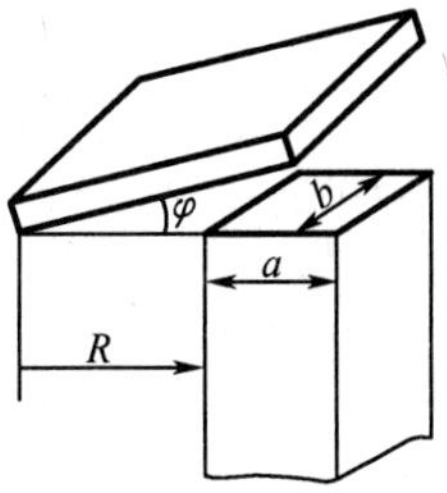	$\Lambda_\delta = \mu_0 \dfrac{b}{\varphi} \ln\left(1 + \dfrac{a}{R}\right)$
5	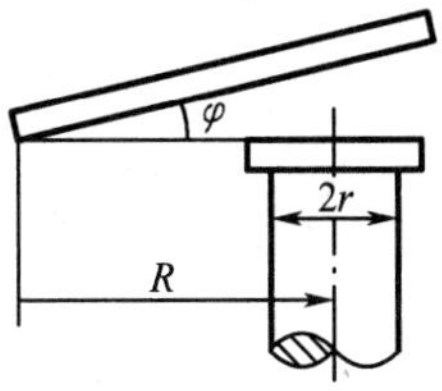	$\Lambda_\delta = \mu_0 \dfrac{2\pi R}{\varphi}\left(1 - \sqrt{1 - \dfrac{r^2}{R^2}}\right)$
6	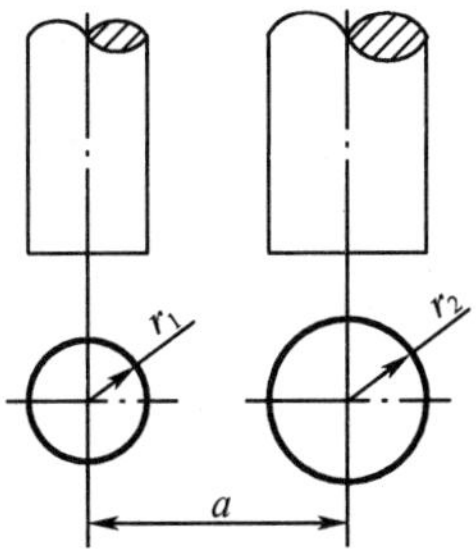	$\Lambda_\delta = \mu_0 \dfrac{2\pi l}{\ln(u + \sqrt{u^2 + 1})}$ 式中 $u = (a^2 - r_1^2 - r_2^2)/(2r_1 r_2)$
7	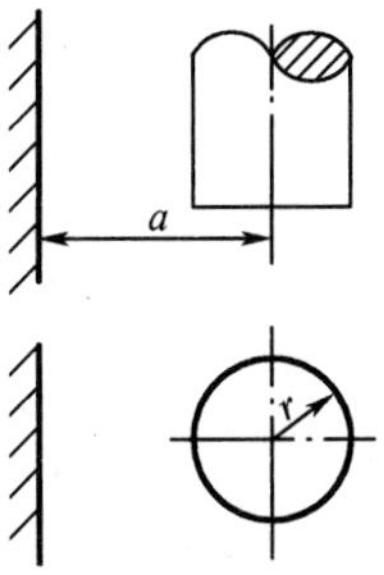	$\Lambda_\delta = \mu_0 \dfrac{2\pi l}{\ln(u + \sqrt{u^2 - 1})}$ 式中 $u = 2a/r$

（续2）

No.	磁极形状	气隙磁导计算公式
8	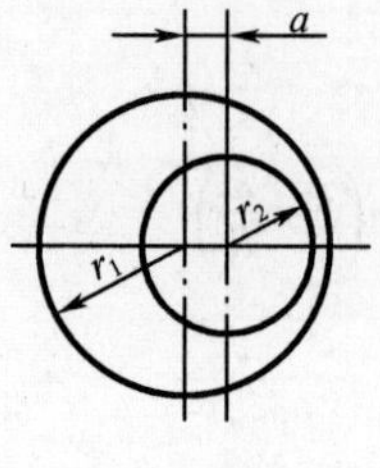 a, r_1, r_2	$\Lambda_\delta = \mu_0 \dfrac{2\pi l}{\ln(u+\sqrt{u^2-1})}$ 式中　$u=(r_1^2+r_2^2-a^2)/(2r_1r_2)$
9	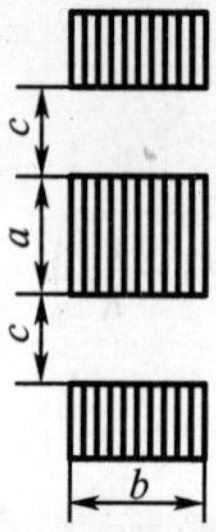 c, a, c, b	$\Lambda_\delta = 2\mu_0\left(\dfrac{b}{c}+\dfrac{a}{c+\dfrac{\pi a}{4}}\right)l$
10	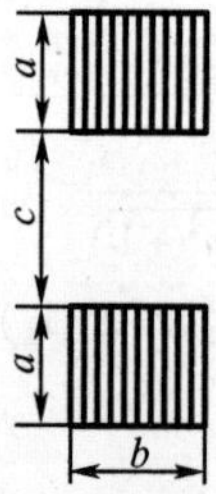 a, c, a, b	$\Lambda_\delta = \mu_0\left(\dfrac{b}{c}+\dfrac{2a}{c+\dfrac{\pi a}{2}}\right)l$

附录 E　磁场分割法气隙磁导计算公式

No.	磁通管形状	名称	气隙磁导计算公式
1	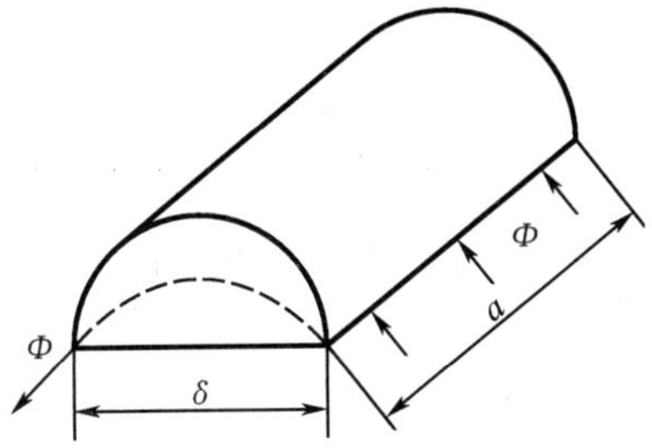 Φ Φ δ a	半圆柱体	$\Lambda_1 = 0.264\mu_0 a$
2	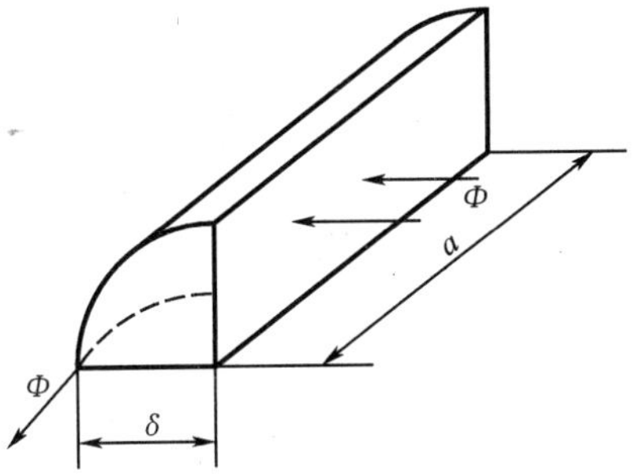 Φ Φ δ a	$\frac{1}{4}$圆柱体	$\Lambda_2 = 0.528\mu_0 a$
3	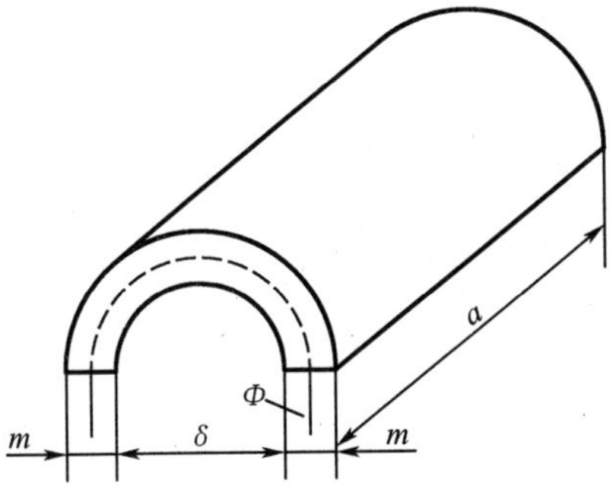 Φ m δ m a	半圆筒	$\Lambda_3 = \mu_0 \frac{2a}{\pi} \frac{1}{\left(\frac{\delta}{m} + 1\right)}$ 当 $\delta < 3m$ 时， $\Lambda_3 = \mu_0 \frac{a}{\pi} \ln\left(1 + \frac{2m}{\delta}\right)$

附录 E(续一)

No.	磁通管形状	名称	气隙磁导计算公式
4	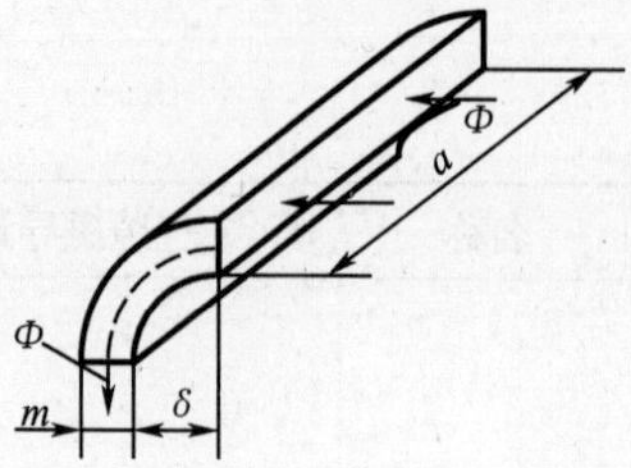	$\frac{1}{4}$圆筒	$\Lambda_4=\mu_0\frac{2a}{\pi}\frac{1}{\left(\frac{\delta}{m}+\frac{1}{2}\right)}$ 当 $\delta<3m$ 时, $\Lambda_4=\mu_0\frac{2a}{\pi}\ln\left(1+\frac{m}{\delta}\right)$
5	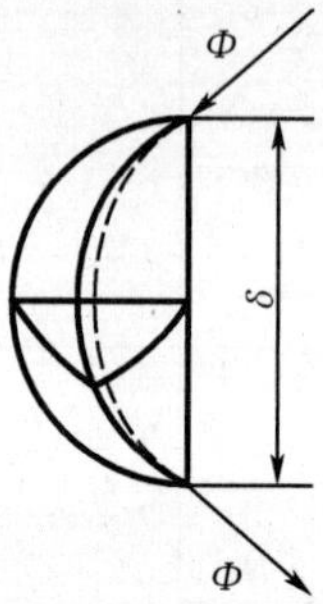	$\frac{1}{4}$球体	$\Lambda_5=0.077\mu_0\delta$
6	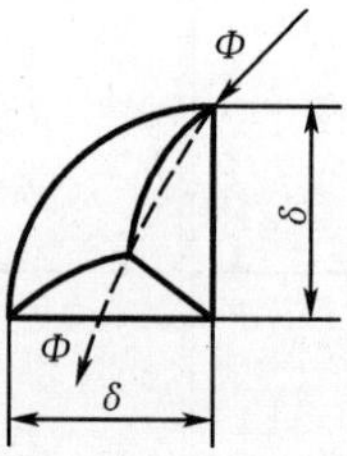	$\frac{1}{8}$球体	$\Lambda_6=0.308\mu_0\delta$
7	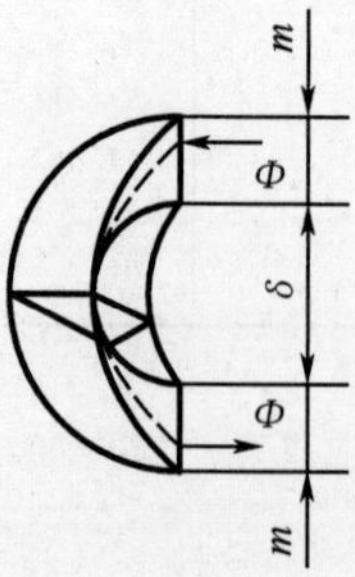	$\frac{1}{4}$球壳	$\Lambda_7=0.25\mu_0 m$

附录 E(续二)

No.	磁通管形状	名称	气隙磁导计算公式
8	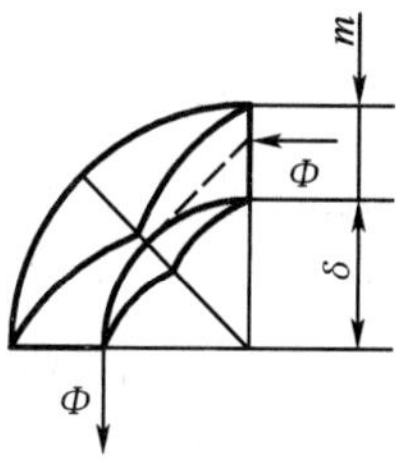 m Φ δ Φ	$\frac{1}{8}$球壳	$\Lambda_8=0.5\mu_0 m$
9	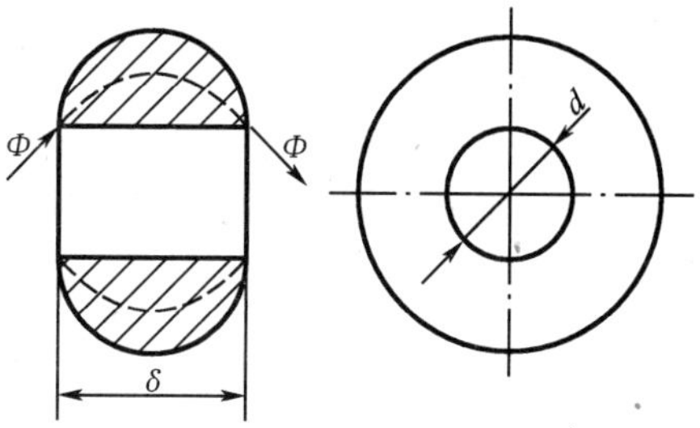 Φ Φ δ d	半圆旋转体	$\Lambda_9=0.83\mu_0\left(d+\frac{\delta}{2}\right)$
10	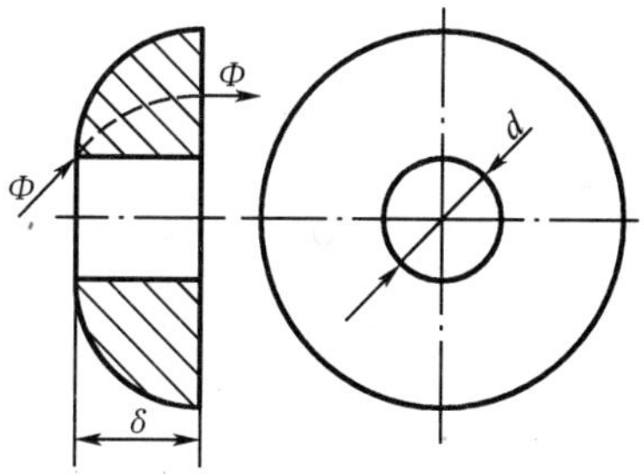 Φ Φ δ d	$\frac{1}{4}$圆旋转体	$\Lambda_{10}=1.63\mu_0(d+\delta)$
11	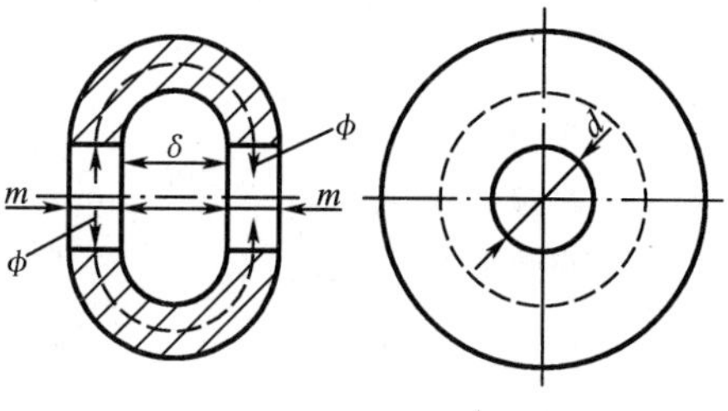 δ m m ϕ ϕ d	半圆环旋转体	$\Lambda_{11}=\mu_0\frac{2(d+\delta)}{\left(\frac{\delta}{m}+1\right)}$ 当 $\delta<3m$ 时， $\Lambda_{11}=\mu_0(d+\delta)\ln\left(1+\frac{2m}{\delta}\right)$

附录 E(续三)

No.	磁通管形状	名称	气隙磁导计算公式
12	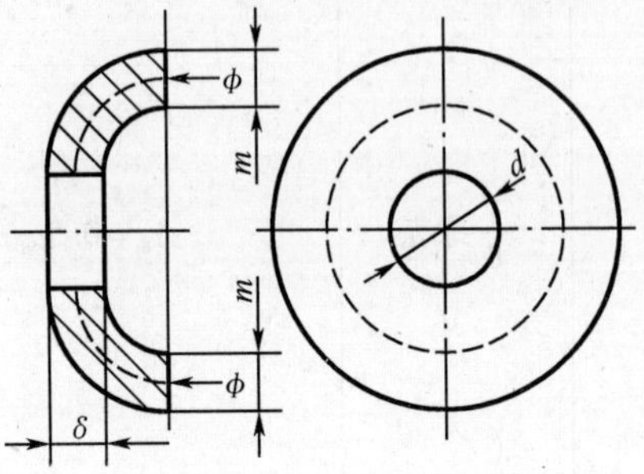	$\frac{1}{4}$圆环 旋转体	$\Lambda_{12}=\mu_0\frac{4(d+2\delta)}{\left(\frac{2\delta}{m}+1\right)}$ 当 $\delta<3m$ 时， $\Lambda_{12}=2\mu_0(d+2\delta)\ln\left(1+\frac{m}{\delta}\right)$
13	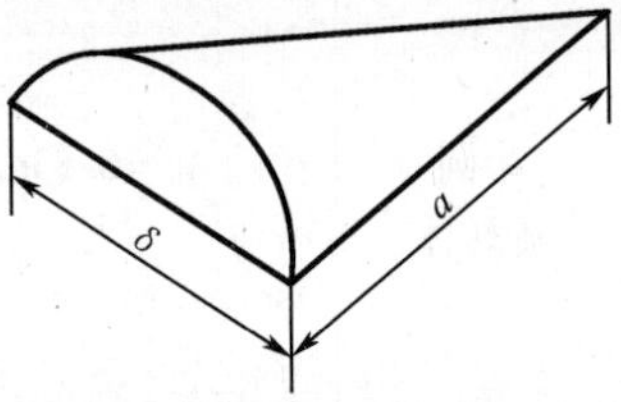	半圆锥体	$\Lambda_{13}=0.35\mu_0 a$
14	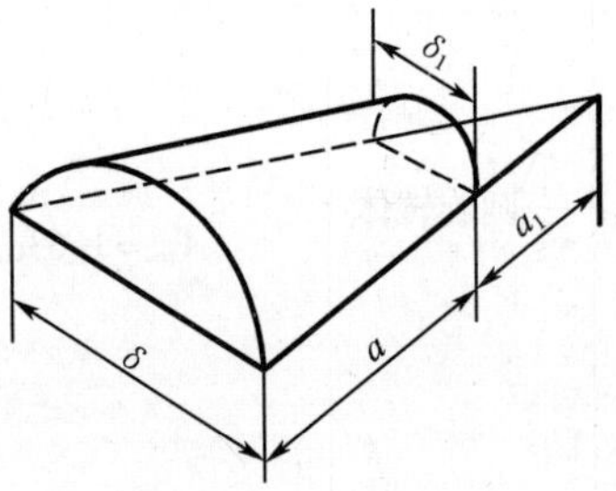	半截头 圆锥体	$\Lambda_{14}=0.35\mu_0\frac{\delta^2 a-\delta_1^2 a_1}{(\delta+\delta_1)^2}$
15	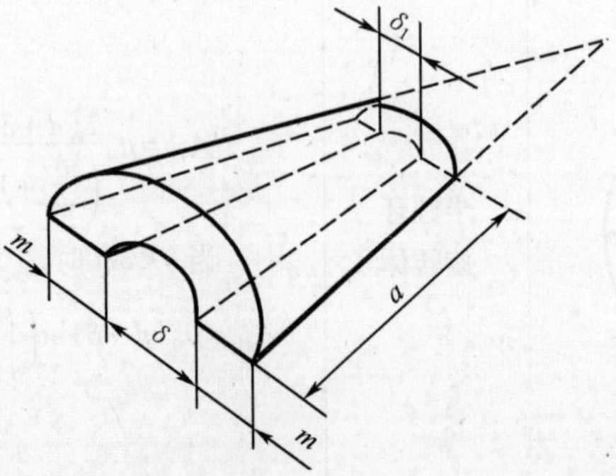	均匀壁厚 半截头中 空圆锥体	$\Lambda_{15}=\mu_0\frac{2a}{\pi\left(\frac{\delta+\delta_1}{2m}+1\right)}$

附录 E(续四)

No.	磁通管形状	名称	气隙磁导计算公式
16	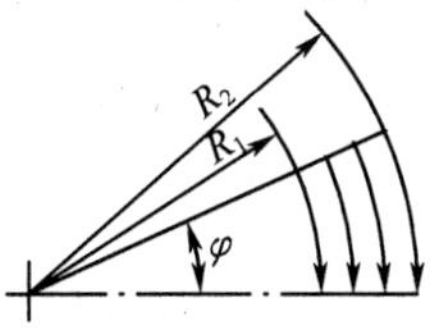 R_2 R_1 φ	部分圆环	单位长度的磁导 $\lambda = \frac{\mu_0}{\varphi}\ln\frac{R_2}{R_1}$
17	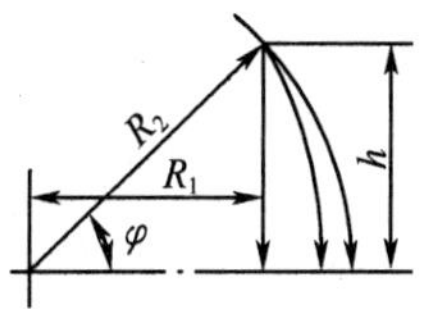 R_2 R_1 φ h	半弓形	单位长度的磁导 $\lambda = 1.335\mu_0\frac{R_2 - R_1}{h + R_2\varphi}$
18	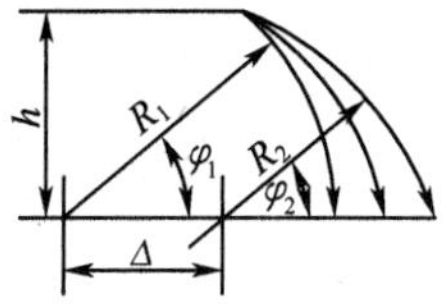 h R_1 φ_1 R_2 φ_2 Δ	半月形	单位长度的磁导 $\lambda = 1.335\mu_0\frac{R_2 + \Delta - R_1}{\varphi_1 R_1 + \varphi_2 R_2}$

附录 F　常用电器术语中英文对照表

接触器	contactor	触头开距	contacts gap
继电器	relay	触头超行程	over – travel of the contact
断路器	circuit breaker	触头初压力	contact initial pressure
熔断器	fuse	触头终压力	contact terminate pressure
刀开关	knife switch	接触压力	contact force
隔离开关	switch – disconnector	电动力	electrodynamic force
行程开关	travel switch	电磁吸力	electromagnetic force
辅助开关	auxiliary switch	触头振动/弹跳	contact bounce
电磁阀	electromagnetic valve	工作气隙	work air gap
电磁系统	electromagnetic system	非工作气隙	no – work air gap
电磁铁	electro – magnet	零电流分断	zero current interrupt
永久磁铁	permanent magnet	瞬态恢复电压	transient recovery voltage
动铁芯	moving iron – core	电弧电压峰值	peak arc voltage
静铁芯	static iron – core	燃弧时间	arcing time
磁扼	magnet yoke	误动作	misoperation
衔铁	armature	自锁	sutolocking
励磁线圈	magnet exciting coil	自动重合闸	auto – reclosing
脱扣线圈	trip coil	八小时工作制	8 – hour duty
合闸线圈	close coil	不间断工作制	uninterrupted duty
释放线圈	releasing coil	短时工作制	short – time duty
触头弹簧	contact spring	反复短时工作制	intermittent periodic duty
分间弹簧	trip spring	重燃	re – ignition
储能弹簧	chargeable spring	熔焊	fusion welding
动触头	moving contact	电弧电压峰值	peak arc voltage
静触头	static contact	接通能力	making capacity
主触头	main contact	分断能力	breaking capacity
弧触头	arcing contact	燃弧时间	arcing time
辅助触头	auxiliary contact	通断时间	make – break time

分磁环	divide magnetic ring	电动稳定性	electric stability
欠励脱扣器	under – voltage releaser	热稳定性	thermostability
分闸脱扣器	tripping releaser	吸力特性	attraction characteristic
操作机构	operating device	反力特性	counterforce characteristics
脱扣机构	tripping device	静态特性	static characteristic
复位机构	re – setting device	动态特性	dynamic characteristic
灭弧介质	arc – extinguishing medium	机械寿命	mechanical durability
灭弧室	arc extinguish chamber	电(气)寿命	electrical durability
熔体	fuse – element	电弧放电	arc discharge
熔管	cartridge	恢复电压	recovery voltage
电接触	electrical contact	介质恢复强度	dielectric recovery strength
接触电阻	contact resistance	弧柱	arc column
收缩电阻	contraction	电弧间隙	arc gap
膜电阻	membrane	等离子体	plasma

附录G　与电器有关的学术组织、学术会议及期刊

1. 与电器有关的主要国际学术组织

1.1　IEEE——Institute of Electrical and Electronics Engineers

中文名称:电气与电子工程师学会

简介:电气与电子工程师学会(IEEE)于1963年由美国电气工程师学会(American Insti - tute of Electrical Engineers——AIEE,1894年成立)和无线电工程师学会(Institute of Radio En - gineers——IRE,1912年成立)合并而成,其运行中心等主要机构设在美国。

网址:http://www.ieee.org

期刊:Proceedings of IEEE(IEEE学报)

按照具体的专业领域,IEEE又有许多专业学会,其中与电器关系较为密切的专业学会如下。

1.1.1　IAS——Industry Applications Society

中文名称:工业应用学会

简介:IEEE工业应用协会的专业领域是电气与电子设备、装置、系统和控制的设计、研发、制造及其在各种工业和商业领域的应用。含有制造系统开发与应用、制造与加工工业、工业与商用电力系统、工业电能变换系统四个学术分部。

网址: http://www.ewh.ieee.org/soc/ias

期刊:

(1)IEEE Transactions on Industry Applications(IEEE工业应用学报),双月刊。

(2)IEEE Industry Applications Magazine(IEEE工业应用杂志),双月刊。

学术会议:IEEE Industry Applications Society Annual Meeting(IEEE工业应用学会年会)。

1.1.2　IES - Industrial Electronics Society

中文名称:工业电子学会

简介:IEEE工业电子学会的专业范围包括应用电气和电子科学以提升工业和制造过程的各个学术领域,包括智能及计算机控制系统、机器人、工厂通信及自动化、柔性制造、数据采集及信号处理、视觉系统以及电力电子技术。

网址:http://www.ieee - ies.org

期刊:IEEE Transactions on Industrial Electronics(IEEE工业电子学报),月刊。

学术会议:Annual Conference of IEEE Industry Electronics Society——IECON(IEEE工业电子学会年会)。

1.2　IET——Institution of Engineering and Technology

中文名称:工程与技术学会

简介:工程与技术学会(IET)于2006年由总部设在英国的电气工程师学会(Institution

ofElectrical Engineers——IEE,1871 年成立)和协同工程师学会(Institution of Incorporated Engi - neers - IIE,1948 年成立)合并而成。其总部仍设在英国。

网址:http://www.Theiet.org

2. 与电器有关的国内主要学术组织

2.1 中国电工技术学会

英文名称:CES——China Electrotechnical Society

简介:中国电工技术学会成立于1981年,是以电气工程师为主体的电工科学技术工作者和电气领域中从事科研、设计、制造、应用、教学和管理等工作的单位、团体自愿组成并依法登记的社会团体法人,是全国性的非营利性社会团体,是中国科学技术协会的组成部分,总部设在北京。其涵盖的专业领域包括电工理论的研究与应用、电工新技术的研究与开发、电工装备与电器产品的设计、制造、测试技术、电工材料与工艺、电工技术与电气产品在电力、冶金、化工、石油、交通、矿山、建筑、水工业、轻纺等系统及其他领域中的应用。学会中与电力电子技术有关的分会有:电力电子学会、电控装置与系统专业委员会。

网址: http://www.ces.org.cn

期刊:电工技术学报(Transactions of China Electrotechnical Society),月刊。刊载电工技术领域内电机、电器、电力电子、计算机应用、自动控制等方面的理论探讨、科研成果,也报道学会的学术活动。

2.2 中国电机工程学会

英文名称:CSEE——Chinese Society for Electrical Engineering

简介:中国电机工程学会成立于1934年,是全国电机工程科学技术工作者自愿组成并依法登记成立的非营利性的学术性法人社会团体,是中国科学技术协会的组成部分,总部设在北京。中国电机工程学会的专业范围主要涉及电力工业生产建设、电工制造、高电压技术、系统稳定控制、电网调度、继电保护、远动通信、供用电、电磁场、电机、电器、火力发电、汽轮机、水轮机、锅炉及自动化等领域。学会下设多个分会、专业委员会等机构。

网址:http://www.csee.org.cn

期刊:中国电机工程学报(Proceedings of the Chinese Society for Electrical Engineering),

中文核心期刊,半月刊,创刊于1964年。报道我国电机工程的先进技术和科研成果。包括电力工业生产建设、电工制造、高电压技术、系统稳定控制、电网调度、继电保护、远动通信、供用电、电磁场、电机、电器、火力发电、汽轮机、水轮机、锅炉及自动化等方面的规划、设计、施工、运行实践和科学研究等。

3. 其他有关期刊

3.1 电器与能效管理技术(Electrical & Energy Management Technology)

主要刊载电器和能效管理技术方面的科学研究和应用技术论文,设有智能电器、配电自动化、能源管理、分布式电源及并网技术、微电网技术、储能技术、电动汽车充电桩技术等栏目。刊物创刊于1959年(原名《低压电器》,2014年改为现名),半月刊。

3.2 高压电器(High Voltage Apparatus)

主要刊载高压电器方面的科学研究和应用技术文章。设有研究与分析、设计技术、技术讨论、综述、技术交流等栏目。刊物创刊于1958年,月刊。

参 考 文 献

[1] 许志红.电器理论基础[M].北京:机械工业出版社,2014.
[2] 贺湘琰,李靖.电器学[M].3版.北京:机械工业出版杜,2011.
[3] 夏天伟,丁明道.电器学[M].北京:机械工业出版社,1999.
[4] 曹云东.电器学原理[M].北京:机械工业出版社,2012.
[5] 孙鹏,马少华.电器学[M].北京:科学出版社,2012.
[6] 郭凤仪.电器学[M].北京:机械工业出版社,2013.
[7] 尹天文.低压电器技术手册[M].北京:机械工业出版社,2014.
[8] 陆俭国,何瑞华,陈德桂.中国电气工程大典:配电工程[M].北京:电力工业出版社,2009.
[9] 李英姿.低压电器应用技术[M].北京:机械工业出版社,2009.
[10] 苏保明.低压电器选用手册[M].北京:机械工业出版社,2008.
[11] 周志敏,周纪海,纪爱华.低压电器实用技术问答[M].北京:电子工业出版社,2004.
[12] 佟为明,翟国富.低压电器及电器及其控制系统[M].哈尔滨:哈尔滨工业大学出版社,2003.
[13] 王仁祥.常用低压电器原理及其控制技术[M].2版.北京:高等教育出版社,2008.
[14] 闫和平.常用低压电器与电气控制技术[M].北京:机械工业出版社,2006.
[15] 倪远平.现代低压电器及其控制技术[M].重庆:重庆大学出版社,2003.
[16] 李仁.电器控制[M].北京:机械工业出版让,1999.
[17] 付家才.电气控制实验与实践[M].北京:高等教育出版社,2004.
[18] 付家才.电气控制工程实践技术[M].北京:化学工业出版社,2004.
[19] 程周.电机与电气控制实验及课程设计[M].北京:中国轻工业出版社,2000.
[20] 程周.电器控制技术与应用[M].福州:福建科学技术出版社,2004.
[21] 顾德英,罗长杰.现代电气控制技术[M].北京:北京邮电出版让,2006.
[22] 张文义,佟为明,梁慧敏.电器工作流程图法——一种新的电器控制线路设计方法[J].低压电器.1999,(4):43-45,55.
[23] 张文义,赵志衡,张荣岭.电器工作流程图法在控制电路设计中的应用[J].低压电器.2002,(3):40-42.
[24] 张文义,王新芝,蒋燎.基于电器工作流程图法的重载可逆运行电路的设计[J].低压电器.2010,(8):9-12.
[25] 张文义,王大伟,王荣豫.电器控制线路设计方法的比较研究[J].低压电器,2013,(12):39-4.
[26] 林莘.现代高压电器技术[M].2版.北京:机械工业出版社,2011.
[27] 周志敏,周纪海,纪爱华.高压电器实用技术问答[M].北京:电子工业出版社,2004.
[28] 方大千.实用高低压电器维修技术[M].北京:人民邮电出版社,2004.